新数学入門シリーズ21

一松　信 編集

統計解析入門

赤平　昌文 著

森北出版株式会社

第 II 期刊行に当たって

このシリーズも第 I 期は幸い比較的好評をもって迎えられた．当初の大学と高校数学の谷間を埋める役も，ある程度は果たすことができたと信じる．

今回このシリーズの本来の目標である，理工系大学初年級の教科書を，第 II 期として刊行することになった．それぞれの内容は，各著者の主体性にお任せしたが，編集者として以下のような点に留意したつもりである．

まずは多様化に対する対応と，数学を道具として活用する目的が中心になることを鑑み，数学そのものの体系化や厳密な証明よりも，個々の結果のイメージやその使い方に重点をおいた．定理を一般化することよりも，必要ならば実用上に十分な程度に限定して扱うことをねらった．場合によっては，適切な図によって「見てわかる」ことを心掛けた．

次になるべく現実に現れる典型的な実例を豊富にあげ，実例を通して学習する方向を心掛けた．最初に一般論を示して論じるのが「効率的」であるが，それが数学をわかりにくくしていることを反省したしだいである．

もちろん現在の専門的な学問は著しく細分化されている．たとえば「工学部の共通な数学」の内容にしても，ごく初歩的な微分積分や線形代数を除いて，昔のような標準的「工業数学」をまとめること自体が不可能になっている．

このシリーズは一応理工系大学の第 1，2 学年を目標にした．ただし必ずしもこの全部を講義しているとは限らないだろう．さらに現実にはこの範囲の一部を，もっと後の学年の講義に回している場合も多い．他方，文科系大学や高専・短大などで，必要な部分を活用していただくことも当然可能である．

第 II 期の刊行後，さらに進んだ数学の範囲を第 III 期として計画している．コンピュータのための数学など，どちらかというと「応用数学の方法的」な話題は，第 III 期に予定した．このことは本第 II 期の各書において，コンピュータを活用することを否定するものではない．あくまで必要ならばその場所で活用して下さい，という主旨である．

大学での数学の内容は，各大学それぞれの特色があるのが当然であるが，けっきょくのところ，いたずらにマニア的な興味に走ることなく，正統的な数学をきちんと教えるのが主要目標である．もちろんそれは伝統的な方式を墨守せよ，というのでなく，材料，方法などに各種の工夫を盛りこむ必要があるのはいうまでもない．

第 I 期の諸書と併せて，御利用を賜れば幸いである．

1996 年 9 月

編集者　一松　信

は し が き

最近のような情報化社会では，さまざまな情報があふれていて，その中から如何にして適切な情報を抽出するかという問題があり，一方で，医学データのように少数のデータしか得られないこともあり，それに基づいて何らかの結論を導く必要に迫られることもある．このような場合に，統計的推測の方法は有用であり，その理解を目的に本書を組み立ててある．本書は第 1 章から第 9 章までの本論と補遺の二重構造の形になっていて，本論で統計学の基礎的な知識を修得できるようにしてあり，内容が無味乾燥にならないように，新聞記事等からの実際のデータによる例をいくつか挙げて，理解が深まるように努めた．また，統計的分布については，本論では基本的なものだけを取り上げて，後は補遺に回した．そして，推定，検定についても，本論では，どちらかと言えば，それらの方式の利用に重点をおいてあり，その理論的根拠については，補遺に回したので，補遺およびそこで挙げた文献によって統計的推測に対するより深い理解が得られるであろう．詳しくは以下の通りである．

第 1 章の序論では具体的な問題を挙げて，その解決のために統計的定式化が重要であり，推測方式の必要性が述べられている．第 2 章では記述統計の観点からデータの分類と整理について，度数分布表，ヒストグラム等から母集団分布に関する特性値等について述べた．現在のようにコンピュータによって統計ソフトが簡単に使える環境にある方々には，不必要かもしれないが，データは統計学の基になるという観点から述べてある．第 3 章では，統計的結論の精度を表す概念として重要な役割を果たす「確率」とその性質について論じている．また，第 4 章では統計学で有用な「確率変数」の概念およびその分布について述べ，第 5 章で確率変数の関数として定義される統計量の性質およびその分布についても述べている．小標本論の場合，すなわち標本の大きさが固定された場合の推測においては，その有効な方式は分布が指数型分布族等に限定せざるを得ないことが多い (第 7 章の前半)．しかし，大標本論の場合，すなわち，標本の大きさが大きい場合には，一般的な分布の下で，推測方式の性質を論じることができる (第 7 章の後半)．その理論的基礎を与えるのが，第 6 章の近似法則であり，大数の法則，中心極限定理等が論じられている．第 8 章の区間推定における信頼区間は，理論的には第 9 章の検定の受容域に対応して導出されるが，実際問題では，極めて有用なので，章として独立させてある．また，そこでは予測区間についても言及している．第 9 章では，様々な統計的検定問題における検定方式が挙げてあり，一定の水準の下に，それなりの結論を導くことができるであろう．そして，その方式の理論的な裏付けについては，補遺にある程度述べてある．また，補遺で，分散分析についても少し触れている．さらに，統計解析の理解を確かなものにするために問題・演習問題を挙げ，そして，そこにおいても本論では触れることができなかったいくつかの事柄も含めている．

最後に，本書を完成するに当たって，小池健一講師，佐藤道一氏，田中秀和助手には原稿を読んで貴重な御意見を頂き，また，髙橋邦彦助手には原稿の整理，打ち込み等に辛抱強く協力して頂き，さらに，飛田英祐氏には図表の作成，大谷内奈穂さん，舞原寛祐君，柿爪智行君，小貫律子さんには原稿の打ち込み等をして頂いたことを心から感謝申し上げたい．

本書の出版にあたっては，石田達雄氏にはいろいろお世話になり，また，森崎満氏には私のいろいろな希望を快く受け入れて頂いたことを心から感謝申し上げたい．

2003 年 3 月

著　者

目　次

ギリシャ文字

大文字	小文字	読み方	大文字	小文字	読み方
A	α	アルファ	N	ν	ニュー
B	β	ベータ	Ξ	ξ	クシー
Γ	γ	ガンマ	O	o	オミクロン
Δ	δ	デルタ	Π	π, ϖ	パイ (ピー)
E	ϵ, ε	エプシロン	P	ρ	ロー
Z	ζ	ゼータ (ツェータ)	Σ	σ, ς	シグマ
H	η	イータ (エータ)	T	τ	タウ
Θ	θ, ϑ	シータ (テータ)	Υ	υ	ユープシロン
I	ι	イオータ	Φ	ϕ, φ	ファイ (フィー)
K	κ	カッパ	X	χ	カイ (クヒー)
Λ	λ	ラムダ	Ψ	ψ	プサイ (プシー)
M	μ	ミュー	Ω	ω	オメガ

記号, 略号

$\boldsymbol{R}^n$	n 次元ユークリッド空間
$\bar{x}_n$	平均値 (第 2.3 節)
$x_{\mathrm{med}}(n)$	中央値 (メディアン)(第 2.3 節)
$x_{\mathrm{mod}}(n)$	最頻値 (モード)(第 2.3 節)
$Q_1(n), Q_3(n)$	下位四分位数，上位四分位数 (第 2.4 節)
s_n^2	分散 (第 2.4 節)
s_n	標準偏差 (第 2.4 節)
Ω	標本空間 (第 3.1 節)
$A \cup B$	事象 A, B の和事象 (第 3.1 節)
$A \cap B$	事象 A, B の積事象 (第 3.1 節)
$P(A)$	事象 A の生起確率 (第 3.1 節)
$(\Omega, \mathcal{A}, P)$	確率空間 (第 3.1 節)
$\#\{\cdots\}$	$\cdots$を満たす元の数 (第 3.1 節)
$P(A\|B)$	条件付確率 (第 3.2 節)
r.v. X	確率変数 (random variable) X (第 4.1 節)
P_X	r.v. X の確率分布 (第 4.1 節)
c.d.f. F_X	r.v. X の累積分布関数 (cumulative distribution function) (第 4.1 節)
p.m.f. f_X	r.v. X の確率量関数 (probability mass function) (第 4.1 節)
$E(X)$	r.v. X の期待値 (平均)(第 4.2 節)
$V(X)$	r.v. X の分散 (第 4.2 節)
$D(X)$	r.v. X の標準偏差 (第 4.2 節)
$\mu_r^{'}$	原点周りの r 次の積率 (モーメント)(第 4.2 節)
μ_r	平均周りの r 次の積率 (モーメント)(第 4.2 節)
$B(n,p)$	2 項分布 (第 4.3 節)
$\mathrm{Ber}(p)$	ベルヌーイ分布 (第 4.3 節)
$\mathrm{Po}(\lambda)$	ポアソン分布 (第 4.3 節)
$H(n, M, N)$	超幾何分布 (A.4.3 節)
$\mathrm{NB}(r,p)$	負の 2 項分布 (A.4.3 節)
$N(\mu, \sigma^2)$	正規分布 (第 4.4 節)
$\mathrm{Exp}(\lambda)$, $\mathrm{Exp}(\mu, \lambda)$	指数分布 (第 4.4 節)
$U(a,b)$	一様分布 (第 4.4 節)
χ_n^2 分布	自由度 n のカイ 2 乗分布 (A.4.4 節)
$G(\alpha, \beta)$	ガンマ分布 (A.4.4 節)
t_ν 分布	自由度 ν の t 分布 (A.4.4 節)
$\mathrm{Be}(\nu_1, \nu_2)$	ベータ分布 (A.4.4 節)
F_{ν_1,ν_2} 分布	自由度 ν_1, ν_2 の F 分布 (A.4.4 節)
$\mathrm{LN}(\mu, \sigma)$	対数正規分布 (A.4.4 節)
$W(\alpha, \lambda)$	ワイブル分布 (A.4.4 節)
m.g.f.	積率母関数 (moment generating function) (第 4.5 節)
$\mathrm{T\text{-}Exp}(\mu, \lambda)$	両側指数分布 (第 4.5 節)
j.p.m.f $f_{\boldsymbol{X}}$	確率ベクトル $\boldsymbol{X}$ の同時確率量関数 (joint p.m.f.) (第 5.1 節)
p.d.f. f_X	r.v. X の確率密度関数 (probability density function) (第 5.1 節)

j.p.d.f $f_{\boldsymbol{X}}$	確率ベクトル $\boldsymbol{X}$ の同時確率密度関数 (joint p.d.f.) (第 5.1 節)
j.m.g.f.	同時積率母関数 (joint m.g.f.) (第 5.1 節)
m.m.g.f.	周辺積率母関数 (marginal m.g.f.)(第 5.1 節)
j.c.d.f. $F_{\boldsymbol{X}}$	確率ベクトル $\boldsymbol{X}$ の同時累積分布関数 (joint c.d.f.)(第 5.1 節)
m.c.d.f.	周辺累積分布関数 (marginal c.d.f.)(第 5.1 節)
m.p.m.f.	周辺確率量関数 (marginal p.m.f.)(第 5.1 節)
m.p.d.f.	周辺確率密度関数 (marginal p.d.f.)(第 5.1 節)
$N_2(\mu_1, \mu_2, \sigma_1^2, \sigma_2^2, \rho)$	2 変量正規分布 (第 5.1 節)
$N(\boldsymbol{\mu}, \Sigma)$	多変量正規分布 (演習問題 5-5)
$\bar{X}$	標本平均 (第 5.4 節)
S^2	標本分散 (第 5.4 節)
S_0^2	不偏分散 (第 5.4 節)
c.p.m.f.	条件付確率量関数 (conditional p.m.f.) (第 5.2 節)
c.p.d.f.	条件付確率密度関数 (conditional p.d.f.) (第 5.2 節)
$X_n \xrightarrow{P} X$	X_n は X に確率収束 (第 6.1 節)
$X_n \xrightarrow{L} X$ または $\mathcal{L}(X_n) \to F$	X_n は X に法則収束, または X_n は漸近的に分布 F に従う (第 6.2 節)
e.d.f.	経験分布関数 (empirical distribution function) (第 6.1 節)
MLE	最尤推定量 (maximum likelihood estimator) (第 7.1 節)
MSE	平均 2 乗誤差 (mean squared error) (第 7.3 節)
UMVU 推定量	一様最小分散不偏 (uniformly minimum variance unbiased) 推定量 (第 7.4 節)
F 情報量	フィッシャー (Fisher) 情報量 (第 7.4 節)
C–R の不等式 (下界)	クラメール・ラオ (Cramér–Rao) の不等式 (下界) (第 7.4 節)
K–L 情報量	カルバック・ライブラー (Kullback–Leibler) 情報量 (第 7.6 節)
AIC	赤池情報量規準 (Akaike's information criterion) (第 7.6 節)
$P(\mu, \sigma^2)$	平均 μ, 分散 σ^2 をもつ分布 (第 8.2 節)
BAN 推定量	最良漸近正規 (best asymptotically normal) 推定量 (A.7.5 節)
α_R	棄却域 R の第 1 種の過誤の確率 (第 9.1 節)
β_R	棄却域 R の第 2 種の過誤の確率 (第 9.1 節)
MP 検定	最強力 (most powerful) 検定 (A.9.2 節)
UMP 検定	一様最強力 (uniformly MP) 検定 (A.9.2 節)
UMPU 検定	一様最強力不偏 (UMP unbiased) 検定 (A.9.2 節)
LSE	最小 2 乗推定量 (least squares estimator) (第 5.3 節)
u_α	$N(0,1)$ の上側 100α %点 (第 8.2 節，付表)
$t_\alpha(n)$	t_n 分布の上側 100α %点 (第 8.2 節，付表)
$\chi^2_\alpha(n)$	χ^2_n 分布の上側 100α %点 (第 8.5 節，付表)
$F_\alpha(n_1, n_2)$	F_{n_1,n_2} 分布の上側 100α %点 (第 8.5 節，付表)

第1章 序論

最近のような情報化社会では，情報があふれていてそれに基づいて適切な結論を得ることが容易でないことも多い．一方，医学データ等のように必ずしも十分にデータを得ることができないために，なかなか結論を導くことが難しい場合もある．たとえば，次の事項 (i)～(iii) を考察してみよう．

(i) マスコミが世論調査の一環として，内閣支持率，政党支持率等の調査を行って結果を公表している．その結果はしばしば内閣の政策決定に影響を及ぼすこともあるので，国民の意思伝達方法の 1 つと考えられる．この場合には，調査対象者は全有権者であるが，その数は膨大で時間，費用等の制約上，全有権者を対象にした調査 (全数調査) を行うことはできない．そこで，たとえば千人の有権者を選び，電話等による聞き取り調査を実施して，全回答数に対する支持，不支持の割合によって (この調査による) 支持率，不支持率を得ることができる．このとき，求めた支持率は全有権者の支持率の推定と考えてもよいだろうか．

統計学においては，個体の集まりを母集団というが，もっと対象を明確化して，各個体の特定の属性の集合を**母集団** (population) という．なお，上記のような調査では，全有権者の支持，不支持に関する回答が母集団になる．また，その母集団から抽出された千人の有権者のその回答のように，調査対象として抽出した母集団の部分を**標本** (sample) という．さて，この際，問題になるのは，千人の有権者の選び方，すなわち標本抽出法である．このような調査では，**無作為抽出法** (random sampling method)，すなわち母集団のどの要素も抽出される可能性が同じであるような方法が望ましい．このことは，トランプなどのゲームで，始める前に十分に札を切るという操作を行うという原理と同様である．

また，抽出する**標本の大きさ** (size of sample) は，一般には多ければ多いほど良いが, 時間, 費用等の関係で制限されることが少なくない．たとえば，ある病気に対して薬が開発されても，それが高価な場合にはその薬が投与されて得られた標本の大きさは，小さいことが多い．しかし，そのように標本の大きさが小さいときに，適切な結論を導くことは難しいが求め得ることも少なくない．さらに，ある精度で推定するために標本の大きさをどの位にとればよいかということも考えた方がよい (第8.2節参照)．上記のことを考慮して，問題に応じて標本の大きさを定める必要がある．上記のように，標本を抽出して分類，整理等を行うことを**記述統計** (descriptive statistics) という．しかし，それだけでは母集団に関する妥当な結論を得ることは難しい．そこで，標本に基づく統計的方式を用いて，母集団に関する適切な結論を導くことを**統計的推測** (statistical inference) という．ここで，統計的方式といっても沢山存在するので，できるだけ良い方式が望ましいことは言うまでもない．

(ii) 胃癌を早く見つけて手術した後に，念のため抗癌剤を使う治療を続けて延命効果があるかどうかという問題について考えてみよう．もし，効果がなければ，抗癌剤による副作用が避けられ，医療費も減らせることになる．そこで，早期胃癌の患者に手術を施した後に，手術だけのグループと抗癌剤を使うグループに無作為に分けて，これら2つのグループの5年後の生存者数を調べる．このとき，それぞれのグループの5年後の生存率を推定することができ，また，術後に使う抗癌剤の延命効果があるか否かを検定することもできる (例8.4.2, 第9.4節の例8.4.2(続) 参照)．

(iii) ある病院で，最近，医療ミスの回数が多いので事故原因究明委員会が設けられて検討された．たとえば，手術前，手術中，手術後に分けてそれぞれにおいて事故が起こる比率を推定したり，それらの比率が同じかどうかを検定して，事故原因の究明の1つの方法とすることができる．

上記のような (i)，(ii)，(iii) などの問題において，適切な大きさの標本に基づいて母集団に関する何らかの結論を導くためには，推定方式，検定方式などの推測方式が有用である．たとえば (ii) において，5年後の生存率の推定方式として，それぞれのグループの人数に対する5年後の生存者数の割合を用いるのが自然であるが，この推定方式は望ましいものであろうか．また，2つのグループの5年後の生存率は同じであるという仮説に対して，これが正しいかどうかを判定する検定方式はいろいろ考えられるが，果たして望ましい検定方式は存在するだろうか (第 9 章参照).

上記のことから分かるように，統計学では与えられた問題に対して結論を述べる際に，100 %正しい判定を下すことは無理であり，判定には誤差があることを十分認識しなければならない．そこで通常，あらかじめ与えられた精度に対して適当な推測方式を用いて，適切な標本に基づく結論を述べることが多い．たとえば，(ii) において「95 %の精度で 2 つのグループの 5 年後の生存率の差は, 標本に基づいたある区間に入る」という形式等で述べられる (第 8 章参照). この精度は，確率と密接に関連する「信頼係数」という言葉で述べられることも多く，そのためには確率の概念について論じる必要がある (第 3 章参照). 日常的には天気予報の確率予報が，確率という言葉が使われる身近な例であろう．

最後に，実際問題についての統計的定式化について考えてみよう．まず，ベルリンの壁の崩壊年の予想について，推測の立場から考える．

例 1.1[1]　1969 年に米国の青年が夏休みを欧州で過ごしていたとき，ふとベルリンの壁を訪れた．東西冷戦の象徴であるベルリンの壁は 1961 年に築かれていて，ちょうど 8 年が経過していた．その青年はその壁に対峙（たいじ）して，この壁の存在する状況はあとどのくらい続くかを考えた．そのとき，その青年は築年数だけでその壁の存続する期間を見積もる方法を思いついた．まず，訪れた時点は壁が存在する期間の任意の時点であり，何か特別な時点ではないと考えた．そして，壁が築かれてから存続する期間を θ 年とすれば，区間

$$[1961 + (\theta/4), 1961 + (3\theta/4)]$$

の中に，訪れている時点 $(1961 + X)$ 年が入る可能性が確率 50 %であると考えた (図 1.1 参照). 実際，壁がその時点 $(1961 + X)$ 年から存続する期間は $(\theta - X)$ 年であるから，$\theta/4 \leq X \leq 3\theta/4$ より

$$\frac{X}{3} \leq \theta - X \leq 3X \tag{1.1}$$

となり，壁を訪れた時点からその壁が存続する期間が，築年数の 1/3 倍から築年数の 3 倍になる確率が 50 %になる．今の場合，$X = 8$ であるから，その青年

---

[1] この例は Gott III, J. R.(1997). A grim reckoning. *New Scientist*, pp.36–39, Nov. 15 (邦訳：サイアス (朝日新聞社), 1998 年 1 月 2，16 日号，78–79) を基にしている．また，統計的推測の観点からの関連した考察は Sato, M.(1999). *J. Japan Statist. Soc.* **29**(2) の掲載論文にある．

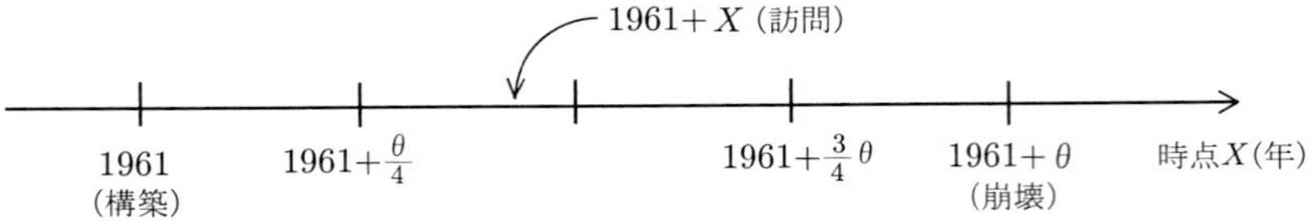

図 1.1　ベルリンの壁の歴史

がその壁を去る前に，この壁の存続期間は 50 %の確率で 2 年 8ヶ月以上 24 年以下であろうと友人に予言した．実際，この壁は 20 年後の 1989 年 11 月に崩壊した．その崩壊は突然であったが，その予言はまあ予想通りではあった．同様の考え方で，壁を訪れた時点からその壁が存続する期間は築年数の 1/39 倍から築年数の 39 倍になる確率は 95 %であることが示される．なお，この青年は後に，米国のプリンストン大学教授 (宇宙物理学) になった．

例 1.1 では，$\theta - X$ の推測になるため，通常の θ の推測とは異なるものであるが，その変形版とも考えることができる (演習問題 8-7 参照)．次に，1998 年の大リーグではホームラン数の新記録達成の可能性について，多くの人達の注目を集めた．残り試合が少なくなった時点で，マグワイア (McGwire) 選手とソーサ (Sosa) 選手があと何本ホームランを打つのかという話題で興奮するのは当然である．さて，残り試合で両選手のホームラン数は何本かを予測したい．そこで，1 人の選手がその時点までに打ったホームラン数を X とし，残り試合で打つであろうホームラン数を Y とすると，その時点では X は観測可能であるが，Y は未観測である．このとき，X に基づいて Y を予測する方式について考え，実際のデータを用いてその予測方式の妥当性を検討できる (第 8.7 節参照)．

現実の問題を統計的に解決しようとする場合には，その目的を把握した上で，統計的設定をいかに適切に作るかということが重要になる．それが作られれば，推定，検定等の推測に関する知識に基づいて，その問題解決に向けて試行錯誤を繰り返すことになるであろう．

問 1.1　人類が誕生して約 20 万年が経過している．今，この瞬間が特別なものでないとして，今後，人類が生存する期間を確率 50 %および 95 %で求めよ．

問 1.2　1923 年 9 月 1 日に関東大震災が起った．今，この瞬間が特別なものでないとして，関東地方に関東大震災級の地震が起こらない状況が存続する期間を確率 50 %および 95 %で求めよ．

第 2 章 データの分類と整理

無限母集団のとき，すなわちその構成要素数が (非常に) 大きいと見なせるとき，その母集団から標本 (データ) を無作為に抽出して，それに基づいて母集団に関する妥当な結論を得たい．そこで，データがもつ母集団に関する情報を引き出すためには，そのデータを分類し整理して，表やグラフを利用する (実際には，統計ソフトを用いてコンピュータ処理可能な状況にある)．そして，そのデータがもつ母集団に関する特性が見えてくることが多い．本章においては，記述統計に関する特性値などを含む基本的な手続きについて論じる．

2.1 連続変量，離散変量

ある大学に入学した学生から無作為に抽出した学生の登録カードから, 次のデータを得たとする. (i) 性別, (ii) 本籍, (iii) 所属学部, (iv) 身長, (v) 体重, (vi) 兄弟姉妹の数. まず, 身長, 体重については, たとえば 173 cm, 65 kg と測定されても，身長計や体重計のような計測器の精度上そのように測定されているだけで，真の値は未知であるが，それぞれ区間 [172.5, 174.4]，区間 [64, 66] のある値であると考える．そのような実数値をとる変量を**連続変量** (continuous variate) という．また，兄弟姉妹の数のように，整数値をとる変量を**離散変量** (discrete variate) という．一方，身長，体重，兄弟姉妹の数のように測定値，計数値などの数値をとる変量を量的変量といい，また，性別，本籍，所属学部のような質的属性をもつ変量を質的変量という．現実には質的変量も数値化して，たとえば，性別については男性を 1，女性を 0 に対応させたり，学部についても，文学部，経済学部，商学部，理学部，工学部，… にそれぞれ数字 1，2，3，4，5，6，… を対応させて学籍番号の中にその情報を入れておくこともある．

具体的なデータとして，次の例を挙げる．

例 2.1.1　N大学のS学部の1年生から男子学生20名を抽出したところ，その体重は次の通りであった.

83, 67, 50, 76, 62, 60, 65, 55, 56, 58
62, 65, 70, 55, 75, 103, 60, 69, 62, 62 (kg)

なお，上記の数値は1 kg未満を四捨五入して得られたものとする.

例 2.1.2　数理科学関係の洋書の輸入販売会社が出している洋書のリストの中から，統計学に関する著書20冊を抽出したところ，その価格は次の通りであった.

25, 8, 6, 6, 9, 13, 9, 14, 8, 10
5, 4, 10, 7, 11, 10, 9, 5, 4, 4 (千円)

なお，上記の数値は千円未満を四捨五入して得られたものとする.

例 2.1.3　ある地区から21世帯を抽出して，子供の数を調べたところ，その数は次の通りであった.

1, 2, 3, 2, 1, 2, 2, 3, 2, 2
2, 2, 3, 2, 2, 2, 4, 2, 2, 2, 2

例 2.1.4　あるサイコロを60回投げたところ，次の結果を得た.

表 2.1.1

目の数	1	2	3	4	5	6
度数	10	10	7	10	12	11

ここで，度数は60回の投げたうちの各目の出た回数を表している.

注意 2.1.1　著書の価格は，本来は離散変量と考えられるが，例2.1.2において与えられたデータは千円未満を四捨五入して得られているため，真の価格は未知で，ある区間内の値と考えられるので，この場合には連続変量として扱えるであろう.

一般に，標本(データ)を単にながめているだけでは，母集団に関する状況を把握することは難しい．そこで，その標本がもつ母集団に関する情報を引き出すためには，その標本を分類して整理する必要があり，その際に，表やグラフ等を利用することが多い.

2.2 度数分布表，ヒストグラム

連続変量の場合，母集団からの無作為抽出による標本 (データ) を $x_1, \cdots, x_n$ とする．これらを k 個の級 (グループ) に分類して，次のような**度数分布表**をつくる．ただし $k \leq n$ とする．

表 2.2.1 度数分布表

級	級中央値	度数
$a_0 \sim a_1$	b_1	f_1
$a_1 \sim a_2$	b_2	f_2
$\cdots$	$\cdots$	$\cdots$
$a_{i-1} \sim a_i$	b_i	f_i
$\cdots$	$\cdots$	$\cdots$
$a_{k-1} \sim a_k$	b_k	f_k

ここで，各 $i = 1, \cdots, k$ について，データ x が級 $a_{i-1} \sim a_i$ に入るということは，$a_{i-1} \leq x < a_i$ であることとし，a_{i-1} を級の下側限界，a_i を級の上側限界という．また b_i は a_{i-1} と a_i の中点，すなわち $(a_{i-1} + a_i)/2$ とし，これを**級中央値**という．さらに，f_i は級 $a_{i-1} \sim a_i$ に入るデータの個数とし，これを度数という．ここで，$\sum_{i=1}^{k} f_i = n$ になることに注意．

度数分布表において，k の値の決め方，級の間隔のとり方が問題になる．級の間隔を一定にした場合に，k の値を大きくするとデータの分類が細か過ぎ，また k の値を小さくすると分類が粗過ぎて，データから母集団に関する情報を引き出し難くなる．

注意 2.2.1 級の数 k の値を決める 1 つの経験則として，**スタージェス (Sturges) の方法**，すなわち，データの数を n について $k \fallingdotseq 1 + 3.3 \log_{10} n$ となる k によって，級の数を決める方法がある．たとえば n が 120 のときには，$k \fallingdotseq 8$ となる．

次に，度数分布表に基づいて，横軸に級の幅をとり，その上に度数に比例した面積をもつ長方形を描くことによって，柱状グラフをつくる．このグラフを**ヒストグラム** (histogram) という．離散変量の場合，母集団からの無作為抽出による標本を調べたい特性に応じて，度数分布表や棒グラフで表すことが多い．

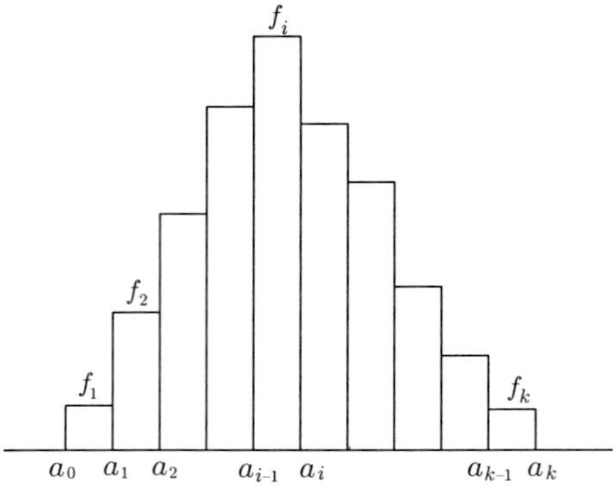

図 2.2.1　ヒストグラム

例 2.1.1(続)$_1$　N 大学 S 学部の 1 年生の男子学生 20 名の体重のデータにおいて，最大値は 103(kg) で，最小値は 50(kg) であるから，その差は 53(kg) になる．そこで，級の間隔を 5(kg) で，級の数を 11 とする．また，級をつくる際に，級の境界にデータが落ちるのを避けるために，単位 (kg) の半分，すなわち 0.5(kg) だけずらして，49.5(kg) から始めて度数分布表とヒストグラムをつくる (表 2.2.2，図 2.2.2 参照)．

ここで，図 2.2.2 のヒストグラムを見ると，データの数が 20 しかない割合に凹凸があるので，級の間隔を 10(kg) で級の数を 6 として，度数分布表，ヒストグラムをつくる (表 2.2.3，図 2.2.2 参照)．

問 2.2.1　統計学に関する著書 20 冊の価格において，最大値は 25(千円) で，最小値は 4(千円) であるから，その差は 21(千円) になる．そこで，級の間隔を 2 (千円) で，級の数を 11 とする．例 2.1.1 (続)$_1$ のように度数分布表とヒストグラムを作成せよ．また，級の間隔を 4(千円) とし，級の数を 6 として度数分布表とヒストグラムを作成し前のものと比較せよ．

表 2.2.2　体重の度数分布表

級	級中央値 b_i	度数 f_i
49.5 ～ 54.5	52	1
54.5 ～ 59.5	57	4
59.5 ～ 64.5	62	6
64.5 ～ 69.5	67	4
69.5 ～ 74.5	72	1
74.5 ～ 79.5	77	2
79.5 ～ 84.5	82	1
84.5 ～ 89.5	87	0
89.5 ～ 94.5	92	0
94.5 ～ 99.5	97	0
99.5 ～ 104.5	102	1

表 2.2.3　体重の度数分布表

級	級中央値 b_i	度数 f_i
49.5 ～ 59.5	54.5	5
59.5 ～ 69.5	64.5	10
69.5 ～ 79.5	74.5	3
79.5 ～ 89.5	84.5	1
89.5 ～ 99.5	94.5	0
99.5 ～ 109.5	104.5	1

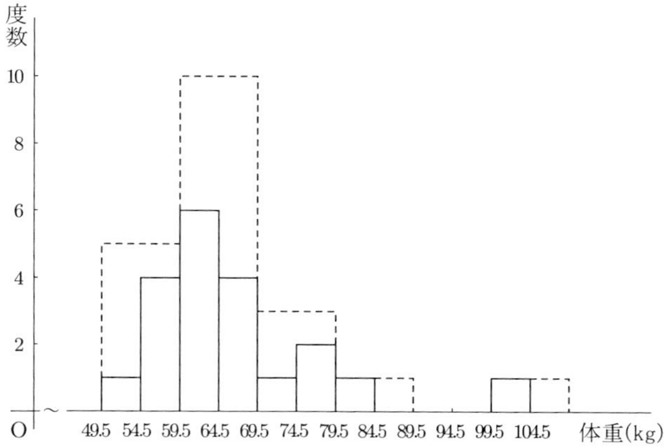

図 2.2.2　体重のヒストグラム

例 2.1.3(続)　ある地区の 21 世帯の子供の数の度数分布表，棒グラフは図 2.2.3 のようになる．

問 2.2.2　表 2.1.1 からサイコロの目の数の棒グラフを描け．

表 2.2.4　子供の数の度数分布表

子供の数	1	2	3	4
度数	2	15	3	1

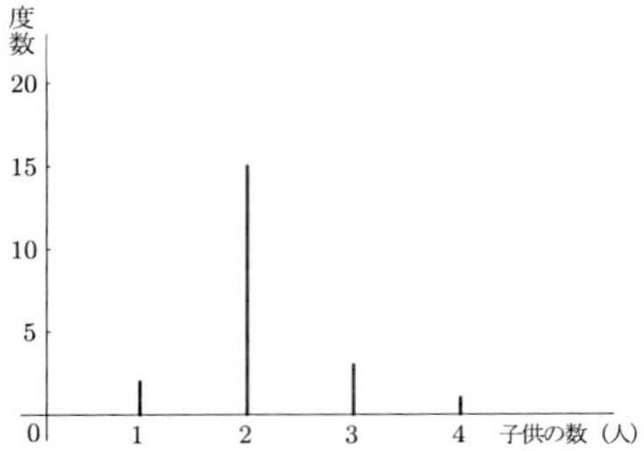

図 2.2.3　子供の数の棒グラフ

2.3　中心的位置を表す特性値

前節において，度数分布表やヒストグラムをつくることによって，データから母集団に関する傾向をある程度知ることができたが，もっと客観的に数値としてデータから知ることができる．まず，中心的位置を表す**特性値**として次のものがある．

(i) 平均値　生(なま)データ $x_1, \cdots, x_n$ について，その算術平均 $\bar{x}_n = \sum_{i=1}^{n} x_i/n$ を**平均値** (average) という．また，度数分布表 (表 2.2.1) による平均値を $\bar{x}_n^* = \sum_{i=1}^{k} b_i f_i/n$ によって定義する．

(ii) 中央値　生データ $x_1, \cdots, x_n$ を小さい方から大きさの順に並べかえたものを $x_{(1)} \leq \cdots \leq x_{(n)}$ とする．このとき，**中央値**または**メディアン** (median) を

$$x_{\mathrm{med}}(n) = \begin{cases} x_{\left(\frac{n+1}{2}\right)} & (n \text{ が奇数のとき}), \\ \dfrac{1}{2}\left\{x_{\left(\frac{n}{2}\right)} + x_{\left(\frac{n}{2}+1\right)}\right\} & (n \text{ が偶数のとき}) \end{cases}$$

によって定義する．また，度数分布表 (表 2.2.1) から，$\sum_{j=1}^{m-1} f_j \leq n/2, \sum_{j=1}^{m} f_j > n/2$ となる m を求める．このとき

$$x_{\mathrm{med}}^*(n) = a_{m-1} + (a_m - a_{m-1})\left\{\left(\frac{n}{2} - \sum_{j=1}^{m-1} f_j\right)\Big/ f_m\right\} \tag{2.3.1}$$

によって，度数分布表による**中央値** $x_{\mathrm{med}}^*(n)$ を定義する．

また，中央値 $x_{\mathrm{med}}^*(n)$ の意味を理解するために，度数分布表 (表 2.2.1) から次のような**累積度数分布表**をつくる (表 2.3.1).

さらに，この累積度数分布表から**累積度数折線** $F(a)$ を描く．このとき，$F(a)$

表 2.3.1　累積度数分布表

級の上側限界	度数	累積度数
a_1	f_1	f_1
a_2	f_2	$f_1 + f_2$
$\vdots$	$\vdots$	$\vdots$
a_i	f_i	$\sum_{j=1}^{i} f_j$
$\vdots$	$\vdots$	$\vdots$
a_k	f_k	$\sum_{j=1}^{k} f_j$

において $F(a) = n/2$ となる a の値が (2.3.1) で定義された度数分布表による中央値 $x^*_{\mathrm{med}}(n)$ になる．実は，図 2.3.1 からも分かるように $x^*_{\mathrm{med}}(n)$ は線形補間によって求めていることになる．

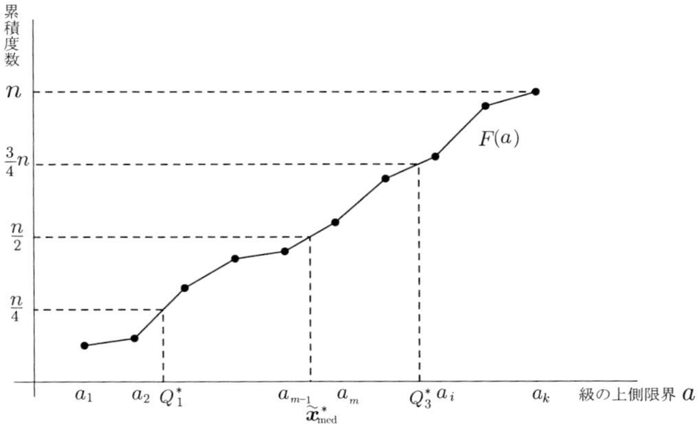

図 2.3.1　累積度数折線 $F(a)$

(iii) 最頻値　生データ $x_1, \cdots, x_n$ の中で最も多く出現する数値を生データによる**最頻値**，または**モード** (mode) といい，$x_{\mathrm{mod}}(n)$ で表す．また，度数分布表による最頻値を最大の度数をもつ級の級中央値で定義し，$x^*_{\mathrm{mod}}(n)$ で表す．最頻値は必ずしも一意的ではないことに注意．

(iv) 範囲の中央　生データ $x_1, \cdots, x_n$ を並べかえたものを $x_{(1)} \leq \cdots \leq x_{(n)}$ とするとき，$x_{(1)}$ と $x_{(n)}$ の中点，すなわち $x_{\mathrm{mid}}(n) = \left(x_{(1)} + x_{(n)}\right)/2$ を**範囲**

の中央 (mid-range) という．この尺度は少し荒っぽいが，簡単に求められるという利点をもっている．

なお，度数分布表による特性値は，生データによる特性値の近似値と考えられる．

例 2.1.1(続)$_2$　N大学S学部の1年生の男子学生20名の体重について，生のデータをそれぞれ $x_1, \cdots, x_{20}$ と表すと，生データによる平均は

$$\bar{x}_{20} = \frac{1}{20}\sum_{i=1}^{20} x_i = \frac{1315}{20} = 65.75 \text{ (kg)} \tag{2.3.2}$$

になる．また，度数分布表 (表 2.2.3) から表 2.3.2 をつくり，そこから平均

$$\bar{x}^*_{20} = \frac{1}{20}\sum_{i=1}^{6} b_i f_i = \frac{1330.0}{20} = 66.5 \text{ (kg)} \tag{2.3.3}$$

を得る．これは，生データによる平均 $\bar{x}$ の値にほぼ等しい．

表 2.3.2　体重の度数分布表 (2)

級中央値 b_i	度数 f_i	$b_i f_i$	${b_i}^2 f_i$
54.5	5	272.5	14851.25
64.5	10	645.0	41602.50
74.5	3	223.5	16650.75
84.5	1	84.5	7140.25
94.5	0	0.0	0.00
104.5	1	104.5	10920.25
縦計	20	1330.0	91165.00

次に，生データを小さい方から大きさの順に並べかえると，

$$50, 55, 55, 56, 58, 60, 60, 62, 62, 62, 62, 65, 65, 67, 69, 70, 75, 76, 83, 103 \tag{2.3.4}$$

になり，これらを $x_{(1)} \leq x_{(2)} \leq \cdots \leq x_{(20)}$ と表す．よって，生データによる中央値は

$$x_{\text{med}}(20) = \frac{1}{2}\left(x_{(10)} + x_{(11)}\right) = \frac{1}{2}(62 + 62) = 62 \text{ (kg)} \tag{2.3.5}$$

になり，また，度数分布表 (表 2.2.3) から累積度数分布表と累積度数折線をつくる．このとき，(2.3.1) から度数分布表による中央値は

$$x^*_{\mathrm{med}}(20) = 59.5 + (69.5 - 59.5) \times \frac{5}{10} = 64.5 \text{ (kg)} \tag{2.3.6}$$

になる (表 2.3.3，図 2.3.2 参照).

表 2.3.3　体重の累積度数分布表

級の上側限界 a_i	度数	累積度数
59.5	5	5
69.5	10	15
79.5	3	18
89.5	1	19
99.5	0	19
109.5	1	20

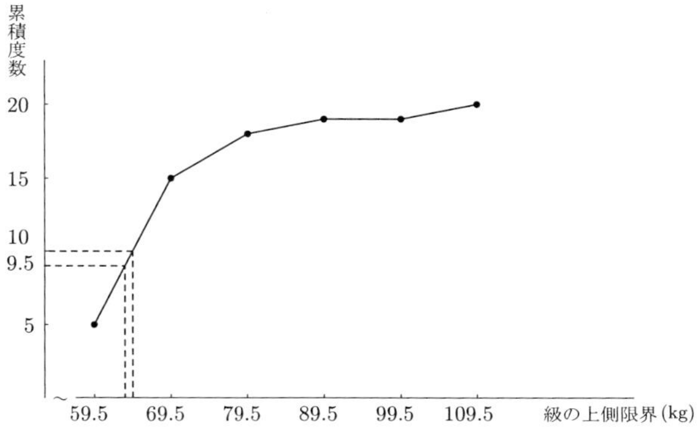

図 2.3.2　体重の累積度数折線

さらに，生データによる最頻値は (2.3.4) より $x_{\mathrm{mod}}(20) = 62$ (kg) になり，度数分布表 (表 2.3.2) による最頻値は $x^*_{\mathrm{mod}}(20) = 64.5$ (kg) になる．そして，(2.3.4) より範囲の中央は

$$x_{\mathrm{mid}}(20) = (50 + 103)/2 = 76.5 \text{ (kg)} \tag{2.3.7}$$

になる．

ここで，生データをよく見てみると，他の数値に比べて 103(kg) という値が極端に離れた値である．実はこの体重の学生は相撲部に属していた．このような極端な値を**異常値**または**外れ値** (outlier) という．そこで，生データからこの異常値 103 を除いた 19 個のデータについて考えると，生データによる平均値

は (2.3.2) より

$$\bar{x}_{19} = 1212/19 \fallingdotseq 63.8 \text{ (kg)} \tag{2.3.8}$$

になる．また，表 2.3.2，(2.3.3) より度数分布表による平均値は

$$\bar{x}^*_{19} = 1225.5/19 = 64.5 \text{ (kg)} \tag{2.3.9}$$

になる．さらに，(2.3.4) から生データによる中央値は

$$x_{\text{med}}(19) = x_{(10)} = 62 \text{ (kg)} \tag{2.3.10}$$

になり，(2.3.1) から

$$x^*_{\text{med}}(19) = 59.5 + (69.5 - 59.5) \times \frac{4.5}{10} = 64.0 \text{ (kg)} \tag{2.3.11}$$

になる (表 2.3.3，図 2.3.2 参照)．そして，生データによる最頻値は $x_{\text{mod}}(19) = 62$(kg) になり，度数分布表 (表 2.3.2) による最頻値は $x^*_{\text{mod}}(19) = 64.5$(kg) になる．また範囲の中央は (2.3.4) より

$$x_{\text{mid}}(19) = (50 + 83)/2 = 66.5 \text{ (kg)} \tag{2.3.12}$$

になる．

上記のことから，平均値については (2.3.2)，(2.3.3)，(2.3.8)，(2.3.9) より，その値は異常値を含めるか否かに依り，また (2.3.7)，(2.3.12) より範囲の中央についてもその値は異常値を含めるか否かに著しく依っているが，これはそれらの定義から当然である．一方，中央値については (2.3.5)，(2.3.6)，(2.3.10)，(2.3.11) より，異常値の存在にはほとんど影響されないし，最頻値についても同様である．そのことは定義からも明らかである．なお，データが得られたときに，ある値が異常値であるかどうかを判断することは必ずしも容易でないことも多いので，その状況をよく調べる必要がある．

注意 2.3.1　(度数分布表による) 平均値 $\bar{x}^*_n$，中央値 $x^*_{\text{med}}(n)$，最頻値 $x^*_{\text{mod}}(n)$ の間の関係について，次の 3 つの典型的なヒストグラムにおいて考える．(i) 対称なヒストグラムの場合には，$\bar{x}^*_n = x^*_{\text{med}}(n)$ になり，さらに**単峰形**[1] であれば，$x^*_{\text{mod}}(n)$ にも等しくなる．(ii) 右に歪んだヒストグラムの場合には，$\bar{x}^*_n > x^*_{\text{med}}(n)$ になり，(iii) 左に歪んだヒストグラムの場合には，$x^*_{\text{med}}(n) > \bar{x}^*_n$ になる (図 2.3.3，図 2.3.4，図 2.3.5 参照)．

---

[1] 唯一の最頻値 (モード) をもつ場合．

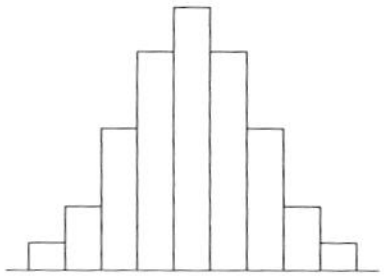

図 2.3.3 対称な場合

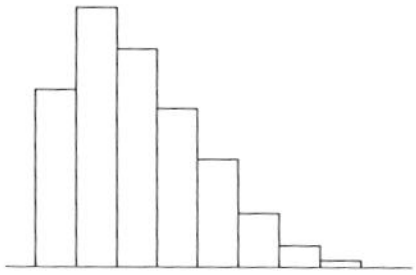

図 2.3.4 右に歪んだ場合

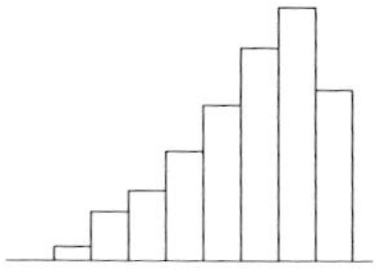

図 2.3.5 左に歪んだ場合

注意 2.3.2 平均値 $\bar{x}_n$，$\bar{x}_n^*$ を計算する場合に，次の簡便法が知られている．まず，生データ $x_1, \cdots, x_n$ について

$$y_i = cx_i + d \quad (c,\ d \text{ は定数}) \tag{2.3.13}$$

と変数変換すると，$y_1, \cdots, y_n$ について平均値をとると

$$\bar{y}_n = \frac{1}{n}\sum_{i=1}^{n} y_i = c\bar{x}_n + d \tag{2.3.14}$$

になる．そこで $c \neq 0$ とすれば，(2.3.14) より

$$\bar{x}_n = (\bar{y}_n - d)/c \tag{2.3.15}$$

となり，生データを適当に線形変換 (2.3.13) を行って $\bar{y}_n$ の値を求め，(2.3.15) から生データによる平均値 $\bar{x}_n$ を得ることができる．次に，度数分布表 (表 2.2.1) による平均値 $\bar{x}_n^* = \sum_{j=1}^{k} b_j f_j/n$ については，各 $j = 1, \cdots, k$ に対して級中央値 b_j を

$$B_j = cb_j + d \quad (c,\ d \text{ は定数}) \tag{2.3.16}$$

と変数変換すると，そのときの平均値は

$$\bar{y}_n^* = \frac{1}{n}\sum_{j=1}^{k} B_j f_j = c\bar{x}_n^* + d \tag{2.3.17}$$

となる．そこで $c \neq 0$ とすれば (2.3.17) より

$$\bar{x}_n^* = (\bar{y}_n^* - d)/c \tag{2.3.18}$$

となり，$b_i (i = 1, \cdots, k)$ を適当な線形変換 (2.3.16) を行って $\bar{y}_n^*$ の値を求め，(2.3.18) を用いて度数分布表による平均値 $\bar{x}_n^*$ を得ることができる．

問 2.3.1 例 2.1.1 における男子学生 20 名の体重のデータをそれぞれ $x_1, \cdots, x_{20}$ として，(2.3.13) において $c = 1,\ d = -65$ として $y_1, \cdots, y_{20}$ の平均値 $\bar{y}_{20}$ を求めて (2.3.15) から生データによる平均値 $\bar{x}_{20}$ を求めよ．また，その体重の度数分布表 (表 2.2.3) の級中央値をそれぞれ $b_1, \cdots, b_6$ として，(2.3.16) において $c = 10,\ d = -645$ として，$B_1, \cdots, B_6$ の値から (2.3.17) より $\bar{y}_{20}^*$ の値を求め，(2.3.18) より度数分布表による平均値 $\bar{x}_{20}^*$ を求めよ．

2.4　変動を表す特性値

前節では，母集団に関する傾向を知るために中心的位置を表す特性値を考えたが，ここでは，変動 (ばらつき) を表す**特性値**として，次のものを考える．

(i) 範囲　生データ $x_1, \cdots, x_n$ を小さい方から大きさの順に並べかえたものを $x_{(1)} \leq \cdots \leq x_{(n)}$ とする．このとき $R_n = x_{(n)} - x_{(1)}$ によって，**範囲** (range)R_n を定義する．この量は変動の特性値としては簡便ではあるが，前節において論じたようにデータの中に異常値がある場合には，その影響を受け易い．そこで，これを避けるために次の量を考える．

(ii) 四分位範囲　生データ $x_1, \cdots, x_n$ による中央値を

$$x_{\text{med}}(n) = \begin{cases} x_{\left(\frac{n+1}{2}\right)} & (n \text{ が奇数のとき}), \\ \dfrac{1}{2}\left\{x_{\left(\frac{n}{2}\right)} + x_{\left(\frac{n}{2}+1\right)}\right\} & (n \text{ が偶数のとき}) \end{cases}$$

で定義した．このとき

$$\underbrace{x_{(1)} \leq \cdots \leq x_{\left(\frac{n-1}{2}\right)}}_{\text{(I)}} \leq x_{\left(\frac{n+1}{2}\right)} \leq \underbrace{x_{\left(\frac{n+3}{2}\right)} \leq \cdots \leq x_{(n)}}_{\text{(II)}} \quad (n \text{ が奇数のとき}), \tag{2.4.1}$$

$$\underbrace{x_{(1)} \leq \cdots \leq x_{\left(\frac{n}{2}-1\right)}}_{\text{(I)}} \leq x_{\left(\frac{n}{2}\right)} \leq x_{\left(\frac{n}{2}+1\right)} \leq \underbrace{x_{\left(\frac{n}{2}+2\right)} \leq \cdots \leq x_{(n)}}_{\text{(II)}} \quad (n \text{ が偶数のとき}) \tag{2.4.2}$$

になり，いずれの場合にも (I) の部分での中央値を $Q_1(n)$，(II) の部分での中央値を $Q_3(n)$ とすれば，$Q_1(n)$ を**下位四分位数**，$Q_3(n)$ を**上位四分位数**といい，それらの差 $Q_3(n) - Q_1(n)$ を**四分位範囲** (interquartile range)，また，$\{Q_3(n) - Q_1(n)\}/2$ を**半四分位範囲** (semi-interquartile range) という．

度数分布表による場合には，累積度数折線 $F(a)$ において $F(a) = n/4$ となる a の値を $Q_1^*(n)$，$F(a) = 3n/4$ となる a の値を $Q_3^*(n)$ とするとき，$Q_1^*(n)$ を**下位四分位数**，$Q_3^*(n)$ を**上位四分位数**といい，$Q_3^*(n) - Q_1^*(n)$ を**四分位範囲**，また $\{Q_3^*(n) - Q_1^*(n)\}/2$ を**半四分位範囲**という (図 2.3.1 参照)．

上記において，生データによる中央値 x_{med} を $Q_2(n)$ とし，度数分布表によ

る中央値 x^*_{med}，すなわち $F(a) = n/2$ となる a を $Q^*_2(n)$ とするとき，$Q_1(n)$, $Q_2(n)$，$Q_3(n)$ を生データによる四分位数，$Q^*_1(n)$，$Q^*_2(n)$，$Q^*_3(n)$ を度数分布表による四分位数といい，標本数 n を 4 等分する点と考えられる．また，同様にして標本数 n を百等分する点として，**百分位数** (percentile) を考えることができる．特に，$0 < \alpha < 1$ に対して $F(a) = n\alpha$ となる a を (下側)**100α パーセント (%) 点** (percentage point) という．

(iii) 分散, 標準偏差　　生データ $x_1, \cdots, x_n$ による**分散** (variance) を

$$s_n^2 = \frac{1}{n}\sum_{i=1}^{n}(x_i - \bar{x}_n)^2 \tag{2.4.3}$$

によって定義する．ただし，$\bar{x}_n$ は生データによる平均，すなわち $\bar{x}_n = \sum_{i=1}^{n} x_i/n$ とする．この分散 s_n^2 は，生データの平均 $\bar{x}_n$ の周りでの (算術) 平均 2 乗誤差で，$\bar{x}_n$ の周りでの変動の度合を表している．ここで，データの単位と分散の単位は同じでない．たとえば，体重のデータを kg で表すと分散の単位は $(\text{kg})^2$ になる．そこで，データの単位にそろえるために

$$s_n = \sqrt{s_n^2} = \sqrt{\frac{1}{n}\sum_{i=1}^{n}(x_i - \bar{x}_n)^2} \tag{2.4.4}$$

によって，生データによる**標準偏差** (standard deviation) を定義する．

度数分布表 (表 2.2.1) による分散を

$$s_n^{*\,2} = \frac{1}{n}\sum_{j=1}^{k}(b_j - \bar{x}^*_n)^2 f_j \tag{2.4.5}$$

によって定義する．ただし，$\bar{x}^*_n$ は度数分布表による平均値，すなわち $\bar{x}^*_n = \sum_{j=1}^{k} b_j f_j/n$ とする．この分散 $s_n^{*\,2}$ も，級中央値を用いて，データの平均値 $\bar{x}^*_n$ の周りでの変動の度合を表している．このときも，生データの場合と同様に，度数分布表による**標準偏差**を

$$s^*_n = \sqrt{s_n^{*\,2}} = \sqrt{\frac{1}{n}\sum_{j=1}^{k}(b_j - \bar{x}^*_n)^2 f_j} \tag{2.4.6}$$

によって定義する．

また，(2.4.3)，(2.4.5) はそれぞれ

$$s_n^2 = \frac{1}{n}\sum_{i=1}^{n}x_i^2 - \bar{x}_n^2, \quad s_n^{*\,2} = \frac{1}{n}\sum_{j=1}^{k}b_j^2 f_j - \bar{x}_n^{*\,2} \tag{2.4.7}$$

のように変形でき，この形の方が計算が容易である．

(iv) 平均偏差　　生データ $x_1, \cdots, x_n$ による**平均偏差** (mean deviation) を

$$d_n = \frac{1}{n}\sum_{i=1}^{n}|x_i - \bar{x}_n| \tag{2.4.8}$$

によって定義する．これはデータと平均値 $\bar{x}_n$ との絶対誤差の算術平均で，データの $\bar{x}_n$ の周りでの変動の度合を表している．データの単位と平均偏差の単位は一致している．また，度数分布表 (表 2.2.1) による**平均偏差**を

$$d_n^* = \frac{1}{n}\sum_{j=1}^{k}|b_j - \bar{x}_n^*|\, f_j \tag{2.4.9}$$

によって定義する．これも，級中央値を用いて，データの平均値 $\bar{x}_n^*$ の周りでの変動の度合を表している．

例 2.1.1(続)$_3$　N 大学 S 学部の 1 年生の男子学生 20 名の体重について，上記で述べた変動を表す特性値を求め，20 個のデータから異常値 103(kg) を除いた 19 個のデータについてもその特性値を求めよう．

(i) 範囲．(2.3.4) より，範囲は $R_{20} = 103 - 50 = 53$(kg) になる．また，20 個のデータから異常値 103 を除いた 19 個のデータについては，その範囲は $R_{19} = 83 - 50 = 33$(kg) になる．したがって，R_{20} 値は異常値の影響を受けていることが分かる．

(ii) 四分位範囲．20 個のデータを大きさの順に並べかえると，(2.3.4) より

$$\underbrace{50, 55, 55, 56, 58, 60, 60, 62, 62}_{(\mathrm{I})}, 62, 62, \underbrace{65, 65, 67, 69, 70, 75, 76, 83, 103}_{(\mathrm{II})}\ (\mathrm{kg})$$

となり，データ数が偶数であることに注意して，上の (I)，(II) の部分での中央値は，それぞれ

$$Q_1(20) = 58\ (\mathrm{kg}) \quad (\text{下位四分位数}),$$

$$Q_3(20) = 70\ (\mathrm{kg}) \quad (\text{上位四分位数})$$

になる．したがって，四分位範囲は

$$Q_3(20) - Q_1(20) = 12\ (\mathrm{kg}) \tag{2.4.10}$$

になり，半四分位範囲は

$$\{Q_3(20) - Q_1(20)\}/2 = 6 \text{ (kg)} \tag{2.4.11}$$

になる．また，20 個のデータから異常値 103 を除いた 19 個のデータについては

$$\underbrace{50, 55, 55, 56, 58, 60, 60, 62, 62}_{(\text{I})}, 62, \underbrace{62, 65, 65, 67, 69, 70, 75, 76, 83}_{(\text{II})} \text{ (kg)}$$

となり，データ数が奇数であることに注意して，上の (I)，(II) の部分での中央値は，それぞれ

$$Q_1(19) = 58 \text{ (kg) (下位四分位数)}, \quad Q_3(19) = 69 \text{ (kg) (上位四分位数)}$$

になる．したがって，四分位範囲は

$$Q_3(19) - Q_1(19) = 11 \text{ (kg)} \tag{2.4.12}$$

になり，半四分位範囲は

$$\{Q_3(19) - Q_1(19)\}/2 = 5.5 \text{ (kg)} \tag{2.4.13}$$

になる．したがって，(2.4.10) と (2.4.12) を比較し，(2.4.11) と (2.4.13) を比較すると，四分位範囲，半四分位範囲の値は異常値の影響をあまり受けていないことが分かる．

(iii) 分散，標準偏差．20 個のデータによる平均値，度数分布表 (表 2.2.3) による平均値は，(2.3.2)，(2.3.3) よりそれぞれ

$$\bar{x}_{20} = 65.75 \text{ (kg)}, \quad \bar{x}^*_{20} = 66.5 \text{ (kg)} \tag{2.4.14}$$

であった．生データによる分散，度数分布表 (表 2.2.3，表 2.3.2) による分散は (2.4.7) より，それぞれ

$$\left.\begin{aligned} s_{20}^2 &= \frac{89125}{20} - 65.75^2 \fallingdotseq 133.19 \text{ (kg}^2\text{)}, \\ {s_{20}^*}^2 &= \frac{91165.00}{20} - 66.5^2 \fallingdotseq 136.00 \text{ (kg}^2\text{)} \end{aligned}\right. \tag{2.4.15}$$

となり，また，それぞれの標準偏差は

$$s_{20} \fallingdotseq 11.54 \text{ (kg)}, \quad s^*_{20} \fallingdotseq 11.66 \text{ (kg)} \tag{2.4.16}$$

になる．さらに，20 個のデータから異常値 103 を除いた 19 個のデータによる分散，度数分布表による平均値は，(2.3.8)，(2.3.9) よりそれぞれ

$$\bar{x}_{19} \fallingdotseq 63.8 \text{ (kg)}, \quad \bar{x}^*_{19} = 64.5 \text{ (kg)} \tag{2.4.17}$$

であり，またそれらの分散は，(2.4.7) よりそれぞれ

$$s_{19}^2 = \frac{78516}{19} - 63.8^2 \fallingdotseq 61.98\ (\mathrm{kg}^2),$$
$$s_{19}^{*}{}^2 = \frac{80244.75}{19} - 64.5^2 \fallingdotseq 63.16\ (\mathrm{kg}^2) \tag{2.4.18}$$

になる (表 2.2.3，表 2.3.2 参照)．そして，それぞれの標準偏差は

$$s_{19} \fallingdotseq 7.87\ (\mathrm{kg}), \quad s_{19}^* \fallingdotseq 7.95\ (\mathrm{kg}) \tag{2.4.19}$$

となる．よって，(2.4.15) と (2.4.18) を比較し，(2.4.16) と (2.4.19) を比較すれば，分散，標準偏差はともに異常値の影響を受けていることが分かる．

(iv) 平均偏差．20 個のデータによる平均偏差，度数分布表 (表 2.2.3) による平均偏差は，(2.4.14) の平均値を用いて，(2.4.8)，(2.4.9) より

$$d_{20} = 165.5/20 \fallingdotseq 8.28\ (\mathrm{kg}), \quad d_{20}^* = 160.0/20 = 8.0\ (\mathrm{kg}) \tag{2.4.20}$$

になる．また，20 個のデータから異常値 103 を除いた 19 個のデータによる平均偏差，度数分布表 (表 2.2.3) による平均偏差は，(2.4.17) の平均値を用いて，(2.4.8)，(2.4.9) より

$$d_{19} = 119.4/19 \fallingdotseq 6.28\ (\mathrm{kg}), \quad d_{19}^* = 100/19 \fallingdotseq 5.26\ (\mathrm{kg}) \tag{2.4.21}$$

になる．よって，(2.4.20) と (2.4.21) を比較すれば，平均偏差は異常値の影響を受けていることが分かる．

演習問題 2

1. 例 2.1.2 の統計学に関する著書 20 冊の価格に対して，生データによる場合，問 2.2.1 の級間隔 2(千円) の度数分布表による場合について，次の値を求め，異常値についても考察せよ．

(1)　平均値，中央値，最頻値

(2)　範囲，四分位範囲，半四分位範囲，分散，標準偏差，平均偏差

2. 例 2.1.3 の 21 世帯の子供の数のデータに基づいて，問 1 の (1)，(2) の値を求めよ．

3. 例 2.1.4 のサイコロの目の数のデータに基づいて，問 1 の (1)，(2) の値を求めよ．

4. 1998 年のサッカーのワールドカップの 6 月 22 日までの試合の得点のデータ (一部) は次のようであった.

2, 2, 2, 0, 2, 2, 1, 0, 0, 1, 0, 2, 0, 0, 5, 0, 2, 2, 3, 1

(1) 上のデータから度数分布表，棒グラフを作成せよ.

(2) 上のデータに基づいて問 1 の (1)，(2) の値を求めよ．また，上のデータから最高得点の 5 を除いたデータについても考察せよ.

5. ある大学の男子学生 27 名の身長のデータは次の通りであった.

177, 175, 178, 166, 175, 167, 172, 172, 167,

175, 171, 182, 181, 177, 165, 173, 171, 167,

174, 175, 168, 173, 161, 165, 165, 181, 178 (cm)

(1) 上のデータに基づいて，問 1 の (1)，(2) の値を求めよ.

(2) 上のデータから度数分布表，ヒストグラム，累積度数折線を作成せよ.

(3) (2) に基づいて，平均値，中央値，最頻値を求め，また，分散，標準偏差，平均偏差の値を求め，(1) の値と比較せよ.

6. 生データ $x_1, \cdots, x_n$ について，$y_i = ax_i + b$ $(i = 1, \cdots, n)$ とする．ただし，a，b は定数とする．また，

$$\bar{x}_n = \textstyle\sum_{i=1}^n x_i/n, \qquad \bar{y}_n = \textstyle\sum_{i=1}^n y_i/n,$$

$$s_{x,n}^2 = \textstyle\sum_{i=1}^n (x_i - \bar{x}_n)^2/n, \qquad s_{y,n}^2 = \textstyle\sum_{i=1}^n (y_i - \bar{y}_n)^2/n$$

とする.

(1) $\bar{y}_n = a\bar{x}_n + b$ であることを示せ.

(2) $s_{y,n}^2 = a^2 s_{x,n}^2$ であることを示せ.

第 3 章 確率とその性質

第 1 章において述べたように，統計的問題において，あらかじめ与えられた精度に対して，適当な推測方式を用いて結論を出すことが多い．この精度を考える際には，確率という概念が重要な役割を果たす．本章において，確率とその対象となる事象を含めて，確率の理論的基礎を与える．

3.1 事象と確率

反復可能な実験あるいは観測を**試行** (trial) といい，ある試行の結果が起こる可能性の度合を表す測度を考えよう．

例 3.1.1 1 個の偏りのないサイコロを投げる試行において，その試行の可能な結果全体の集合 Ω は $\{1, 2, 3, 4, 5, 6\}$ になる．この試行において，偶数の目が出る可能性の度合を調べるときに，この試行を反復して全試行回数 n に対する偶数の目の頻度 x の相対比率 x/n で考えるのは自然であろう．今の場合，Ω の元 (要素) はいずれも公平に起こると考えられるから，$A = \{2, 4, 6\}$ とおくと n を大きくすれば，その相対比率は A の**期待相対比率**

$$r(A) = \#A/\#\Omega = 3/6 = 1/2 \tag{3.1.1}$$

に収束すると考えられる (第 6.1 節参照)．ただし，$\#A$，$\#\Omega$ はそれぞれ A，Ω の元の数を表す．したがって，試行の結果が起こる可能性の度合を表す測度として，期待相対比率が考えられる．

例 3.1.2 1 枚の偏りのないコインを独立に 3 回投げる試行において，コインの表が出たら 1，裏が出たら 0 とすれば，可能な結果全体の集合 Ω は

$$\Omega = \{111, 110, 101, 011, 100, 010, 001, 000\}$$

になる．この試行において，表が 2 回，裏が 1 回出る可能性の度合は，$B = \{110, 101, 011\}$ とすれば，例 3.1.1 と同様にして，B の期待相対比率は

$$r(B) = \#B/\#\Omega = 3/8 \tag{3.1.2}$$

になる．ここで，Ω の元はいずれも公平に起こると考えられることに注意.

例 3.1.1，例 3.1.2 において，サイコロやコインが偏りがある場合には，Ω の元がいずれも公平に起こるとは限らないから，その試行の結果の起こる可能性の度合を期待相対比率 (3.1.1)，(3.1.2) によって表すことはできない.

そこで一般に，ある試行の可能な結果全体の集合を**標本空間** (sample space) といい，これを Ω で表し，Ω の元を**単一事象** (simple event)，Ω の部分集合 E，すなわち単一事象の集まりを**複合事象** (composite event) という．また，単一事象, 複合事象を区別しないとき，単に**事象**という．そして，Ω の部分集合 (事象)A，B について，その和集合 $A \cup B$ を A，B の**和事象**，すなわち A, B の少なくとも一方が起こるという事象といい，また，A，B の共通部分 $A \cap B$ を A，B の**積事象**，すなわち A，B の両方がともに起こるという事象という．さらに，Ω の部分集合 (事象)A について，A の補集合 A^c を A の**余事象**，すなわち A が起こらないという事象といい，Ω そのものを**全事象**といい，Ω の補集合 (余事象) は空集合 ϕ で，これを**空事象**，すなわち何も起こらないという事象という.

次に，上記の事象が起こる可能性の度合を表す測度として，確率を考える．しかし，確率の定義域として必ずしも Ω の部分集合全体を考える必要はない．そこで，確率の定義域として，Ω の部分集合で次の性質 (A1)～(A3) を満たす集合族 $\mathcal{A}$ を考え，$\mathcal{A}$ の元を改めて事象ということにする.

(A1)　$\Omega \in \mathcal{A}$

(A2)　$A \in \mathcal{A}$ のとき，$A^c \in \mathcal{A}$

(A3)　$A_i \in \mathcal{A}\ (i = 1, 2, \cdots)$ のとき，$\displaystyle\bigcup_{i=1}^{\infty} A_i \in \mathcal{A}$

上の性質 (A1)，(A2)，(A3) をもつ集合族 $\mathcal{A}$ を**完全加法族**[1] (または σ-加法族) という．ここで，(A1) は全事象が $\mathcal{A}$ に属すること，(A2) は事象 A が $\mathcal{A}$ に属

[1] 完全加法族は確率の対象 (定義域) になる事象の族と考えればよい.

するとき，その余事象 A^c も $\mathcal{A}$ に属すること，(A3) は事象 A_i $(i=1,2,\cdots)$ が $\mathcal{A}$ に属するとき，それらの和事象 $\bigcup_{i=1}^{\infty} A_i$，すなわち A_i $(i=1,2,\cdots)$ の少なくとも1つが起こるという事象も $\mathcal{A}$ に属することを意味している．そして，完全加法族 $\mathcal{A}$ に属する事象に (集合) 演算 $\cup$，^{c} を高々可付番無限回施して得られる事象は $\mathcal{A}$ に属することを意味している．したがって，確率の定義域として完全加法族を考えることは妥当であろう．なお，(A3) の代わりに

(A3′)　$A_i \in \mathcal{A}$ $(i=1,\cdots,n)$ のとき，$\bigcup_{i=1}^{n} A_i \in \mathcal{A}$

に置き換えて，性質 (A1)，(A2)，(A3′) をもつ集合族 $\mathcal{A}$ を**有限加法族**といい，Ω が有限集合であれば有限加法族は完全加法族になる．

例 3.1.3　　次の Ω の集合族 $\mathcal{A}_1$, $\mathcal{A}_2$, $\mathcal{A}_3$ は完全加法族である．

(1)　$\mathcal{A}_1 = \{\phi, \Omega\}$

(2)　$A \subset \Omega$ とするとき，$\mathcal{A}_2 = \{\phi, A, A^c, \Omega\}$

(3)　$\mathcal{A}_3$ は Ω のすべての部分集合から成る集合族

さて，完全加法族 $\mathcal{A}$ 上の**確率** (測度) (probability (measure)) P を次の性質 (P1)～(P3) を満たすものとして定義する．

(P1)　任意の $A \in \mathcal{A}$ について，$P(A) \geq 0$ である．

(P2)　$P(\Omega) = 1$.

(P3)　$A_i \in \mathcal{A}$ $(i=1,2,\cdots)$ について，任意の i, j $(i \neq j)$ に対して $A_i \cap A_j = \phi$ ならば $P\left(\bigcup_{i=1}^{\infty} A_i\right) = \sum_{i=1}^{\infty} P(A_i)$ である．

なお，性質 (P1) は確率 P の非負性，(P3) は P の完全加法性 (または可算加法性) といい，(P3) における $A_i \cap A_j = \phi$ $(i \neq j)$ のことを (事象) A_i と A_j はたがいに排反であるという．また，$(\Omega, \mathcal{A}, P)$ という組を**確率空間** (probability space) といい，$P(A)$ を A の生起確率という．

一般に，P の加法性の1つとして，任意の A_1, $A_2 \in \mathcal{A}$ について

$$P(A_1 \cup A_2) = P(A_1) + P(A_2) - P(A_1 \cap A_2) \qquad (3.1.3)$$

が成り立つ (演習問題 3-1)．

例 3.1.1 (続)$_1$ 全事象は $\Omega = \{1, 2, 3, 4, 5, 6\}$ であるから，$\mathcal{A}$ として Ω のすべての部分集合から成る集合族にとれば，例 3.1.3 より $\mathcal{A}$ は完全加法族になる．このとき任意の $A \in \mathcal{A}$ について

$$P(A) = \#A/\#\Omega = \#A/6 \tag{3.1.4}$$

によって，確率 P を定義する．これは，A の期待相対比率に等しいことに注意．また，この P が性質 (P1)，(P2)，(P3) を満たすことは明らかである．次に，$A_1 = \{2, 4, 6\}$, $A_2 = \{4, 5, 6\}$ とすれば，

$$P(A_1 \cup A_2) = P(\{2, 4, 5, 6\}) = 2/3,$$

$$P(A_1) = P(A_2) = 1/2,$$

$$P(A_1 \cap A_2) = P(\{4, 6\}) = 1/3$$

より，加法性 (3.1.3) が成り立つ．例 3.1.2 の場合にも上記と同様に確率 P を定義できる．

注意 3.1.1 一般に，集合 A_i $(i = 1, 2, \cdots)$ について，次のことが成り立つ．

(1) $A_1 \cup A_2 = A_2 \cup A_1$, $A_1 \cap A_2 = A_2 \cap A_1$ (交換律)

(2) $(A_1 \cup A_2) \cup A_3 = A_1 \cup (A_2 \cup A_3)$,
$(A_1 \cap A_2) \cap A_3 = A_1 \cap (A_2 \cap A_3)$ (結合律)

(3) $A_1 \cup (A_2 \cap A_3) = (A_1 \cup A_2) \cap (A_1 \cup A_3)$,
$A_1 \cap (A_2 \cup A_3) = (A_1 \cap A_2) \cup (A_1 \cap A_3)$ (分配律)

(4) $\left(\bigcup_{i=1}^{\infty} A_i\right)^c = \bigcap_{i=1}^{\infty} A_i^c$, $\left(\bigcap_{i=1}^{\infty} A_i\right)^c = \bigcup_{i=1}^{\infty} A_i^c$
(**ド・モルガン** (de Morgan) **の法則**)

3.2 条件付確率

確率空間 $(\Omega, \mathcal{A}, P)$ において，$B \in \mathcal{A}$ を $P(B) > 0$ とする．このとき，任意の $A \in \mathcal{A}$ について

$$P(A|B) = P(A \cap B)/P(B) \tag{3.2.1}$$

によって，事象 B が起こったときの事象 A が起こる**条件付確率** (conditional probability) を定義し，(3.2.1) の左辺の記号で表す．

注意 3.2.1　$P(B)=0$ のときには，事象 B が起こるということを考えること自体意味がないが，便宜上 $P(A|B)=P(A)$ と定義しておいてもよい．

ここで，その条件付確率 $P(\cdot|B)$ は性質 (P1)，(P2)，(P3) を満たす．また，(3.2.1) より，$P(A)>0$，$P(B)>0$ となる任意の A，$B\in\mathcal{A}$ について

$$P(A\cap B)=P(B)P(A|B)=P(A)P(B|A) \tag{3.2.2}$$

が成り立つ．なお，(3.2.2) の後半の等式は (3.2.1) において A と B を交換したものから得られる．

例 3.2.1　1つの箱の中に，赤，青，黄，白の色の玉がそれぞれ 5，15，30，50 個入っているとする．この箱から無作為に1個抽出し，さらに，もう1個を**非復元抽出** (sampling without replacement) する，すなわち最初に抽出した1個を元に戻さないで，もう1個抽出する．このとき，2個とも青色の玉である確率を求めよう．まず，A_1 を最初の1個が青であるという事象，A_2 を2個目が青色であるという事象とする．このとき，$P(A_1)=3/20$，$P(A_2|A_1)=14/99$ であるから，2個とも青色である確率は，(3.2.2) より $P(A_1\cap A_2)=P(A_1)P(A_2|A_1)=7/330$ になる．

注意 3.2.2　一般に，母集団から要素を抽出した後に，それをすべて元に戻してまた抽出することを**復元抽出** (sampling with replacement) という．

問 3.2.1　確率空間 $(\Omega,\mathcal{A},P)$ において，A_1，A_2，$A_3\in\mathcal{A}$ について次のことが成り立つことを示せ．

(1)　$P(A_1^c|A_2)=1-P(A_1|A_2)$

(2)　$P(A_1\cup A_2|A_3)=P(A_1|A_3)+P(A_2|A_3)-P(A_1\cap A_2|A_3)$

問 3.2.2　例 3.1.2 における試行において，そのコインを3個投げたときに表がちょうど2回または裏がちょうど2回出るという事象を C とする．このとき，事象 C が起こったときの事象 B が起こる条件付確率 $P(B|C)$ の値を求めよ．

3.3　事象の独立性

事象 A，$B \in \mathcal{A}$ について

$$P(A \cap B) = P(A)P(B) \tag{3.3.1}$$

が成り立つとき，A と B は (たがいに) **独立** (independent) であるという．この独立性の意味については，(3.3.1) より $P(B) > 0$ のとき $P(A|B) = P(A \cap B)/P(B) = P(A)$ になるから，これは，事象 B の生起が事象 A が起こる確率に無関係であることを意味している．

一般に，有限個の事象 $A_i \in \mathcal{A}$ $(i = 1, \cdots, n)$ が (たがいに) 独立であることを $A_1, \cdots, A_n$ の中の任意の有限個の $A_{i_1}, \cdots, A_{i_k}$ $(1 \leq i_1 < \cdots < i_k \leq n)$ について

$$P(A_{i_1} \cap \cdots \cap A_{i_k}) = P(A_{i_1}) \cdots P(A_{i_k}) \tag{3.3.2}$$

が成り立つことによって定義する．さらに，もっと一般に，可付番無限個の事象 (列)$A_i \in \mathcal{A}$ $(i = 1, 2, \cdots)$ が (たがいに) **独立**であることを $A_1, A_2, \cdots$ の中の任意の有限個の $A_{i_1}, \cdots, A_{i_k}$ $(1 \leq i_1 < \cdots < i_k)$ について (3.3.2) が成り立つことと定義する．

たとえば，$n = 3$ の場合に

$$P(A_1 \cap A_2 \cap A_3) = P(A_1)P(A_2)P(A_3) \tag{3.3.3}$$

$$\begin{cases} P(A_1 \cap A_2) = P(A_1)P(A_2), \quad P(A_1 \cap A_3) = P(A_1)P(A_3), \\ P(A_2 \cap A_3) = P(A_2)P(A_3) \end{cases} \tag{3.3.4}$$

を満たすとき，A_1，A_2，A_3 はたがいに独立であるという．この定義において (3.3.3)，(3.3.4) の両方が必要になる．そのことを次の例で示す．

例 3.1.2 (続)$_1$　1 枚の偏りのないコインを 3 回投げる試行を考える．

(i) (3.3.3) から (3.3.4) を導けないことを示す．A_1 を 1 回目に表が出るという事象，A_2 を 2 回目に裏が出るという事象，A_3 を表が 2 回以上出るという事象とする．このとき，$A_1 = \{111, 110, 101, 100\}$，$A_2 = \{101, 100, 001, 000\}$，$A_3 = \{111, 110, 101, 011\}$ になるから，$P(A_1) = P(A_2) = P(A_3) = 1/2$ となり，$P(A_1 \cap A_3) = 3/8 \neq 1/4 = P(A_1)P(A_3)$，$P(A_2 \cap A_3) = 1/8 \neq 1/4 = P(A_2)P(A_3)$ になり，(3.3.4) は成り立たない．一方，$P(A_1 \cap A_2 \cap A_3) = 1/8 =$

$P(A_1)P(A_2)P(A_3)$ となって，(3.3.3) は成り立つ．

(ii) (3.3.4) から (3.3.3) を導けないことを示す．A_1 を1回目に表が出るという事象，A_2 を2回目に表が出るという事象，A_3 を表が1回目，2回目がともに表あるいは裏にはならないという事象とする．このとき，$A_1 = \{111, 110, 101, 100\}$，$A_2 = \{111, 110, 011, 010\}$，$A_3 = \{101, 011, 100, 010\}$ になるから，$P(A_1) = P(A_2) = P(A_3) = 1/2$ であり，$P(A_i \cap A_j) = P(A_i)P(A_j) = 1/4$ $(i \neq j; i, j = 1, 2, 3)$ となり (3.3.4) が成り立つ．しかし，$P(A_1 \cap A_2 \cap A_3) = 0 \neq 1/8 = P(A_1)P(A_2)P(A_3)$ となって，(3.3.3) は成り立たない．

3.4　ベイズの定理

2段階実験において，第1段階 (実験) の標本空間 Ω の事象を A_i $(i = 1, \cdots, n)$ とし，第2段階 (実験) の (Ω の) 事象を B とする．いま，各 $i = 1, \cdots, n$ について，第1段階に A_i が起きたときに，第2段階に B が起きる条件付確率 $P(B|A_i)$ は分かっているとする．この条件は，時間的経過からみて妥当であろう．このとき，第2段階に事象 B が起こったときに，第1段階に事象 A_i が起こっていたという条件付確率 $P(A_i|B)$ を求めよう．

例 3.4.1　　統計学の試験を2回行ったとし，いずれの試験の成績も A，B，C，D で表すこととし，A，B，C は合格，D は不合格とする．また，第1回目の試験の成績が分かったときに，第2回目の試験に合格するという条件付確率は分かっているとする．このとき，第2回目の試験に合格したときに，第1回目の試験の成績が D であったという条件付確率を求める問題が考えられる．この問題を解くためには，次の**ベイズ** (Bayes) **の定理**が有用になる．

定理 3.4.1　　標本空間 Ω の n 個の事象 $A_1, \cdots, A_n$ はたがいに排反で，それらの和事象が Ω である，すなわち $\Omega = \bigcup_{i=1}^{n} A_i$ とする．このとき，B を Ω のある事象とし，$P(B) > 0$ とするとき

$$P(A_i|B) = \frac{P(B|A_i)P(A_i)}{\sum_{k=1}^{n} P(B|A_k)P(A_k)} \quad (i = 1, \cdots, n) \tag{3.4.1}$$

が成り立つ．ただし，$P(A_i) > 0\,(i = 1, \ldots, n)$ とする．

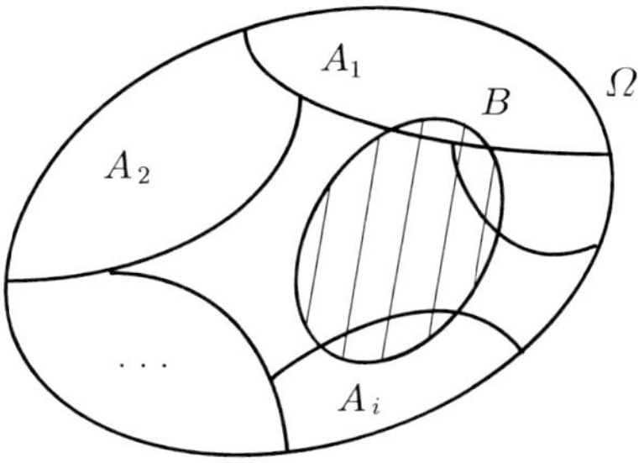

図 3.4.1

証明　まず，(3.2.1) より

$$P(A_i|B) = \frac{P(A_i \cap B)}{P(B)} \quad (i = 1, \cdots, n) \tag{3.4.2}$$

になる．また，(3.2.2) より

$$P(A_i \cap B) = P(B|A_i)P(A_i) \quad (i = 1, \cdots, n) \tag{3.4.3}$$

になる．一方，注意 3.1.1 の (3) より

$$B = \Omega \cap B = \left(\bigcup_{k=1}^{n} A_k \right) \cap B = \bigcup_{k=1}^{n} (A_k \cap B)$$

となり，$A_k \cap B$ $(k = 1, \cdots, n)$ はたがいに排反であるから，確率 P の完全加法性 (P3) より

$$P(B) = P\left(\bigcup_{k=1}^{n} (A_k \cap B) \right) = \sum_{k=1}^{n} P(A_k \cap B) \tag{3.4.4}$$

になる．さらに，(3.2.2) から

$$P(A_k \cap B) = P(B|A_k)P(A_k) \quad (k = 1, \cdots, n)$$

となるから，(3.4.4) より

$$P(B) = \sum_{k=1}^{n} P(B|A_k)P(A_k) \tag{3.4.5}$$

になる．よって，(3.4.2)，(3.4.3)，(3.4.5) から (3.4.1) を得る．□

例 3.4.1 (続)$_1$　統計学の試験を 2 回行ったとき，第 1 回目の試験で成績 A，B，C，D をとる学生の割合はそれぞれ 0.2，0.3，0.4，0.1 であるとする．また，それぞれの成績の学生が第2回目の試験に合格する割合を 0.9，0.8，0.6，0.5 とする．このとき，第2回目の試験に合格したある学生が第1回目の試験の成績が D であった確率は，ベイズの定理から

$$P\{D_1|(\text{合})_2\}$$

$$= \frac{P\{(\text{合})_2|D_1\}P\{D_1\}}{P\{(\text{合})_2|A_1\}P\{A_1\} + P\{(\text{合})_2|B_1\}P\{B_1\} + P\{(\text{合})_2|C_1\}P\{C_1\} + P\{(\text{合})_2|D_1\}P\{D_1\}}$$

$$= \frac{0.5 \times 0.1}{0.9 \times 0.2 + 0.8 \times 0.3 + 0.6 \times 0.4 + 0.5 \times 0.1} \fallingdotseq 0.07$$

になる．ただし，A_1，B_1，C_1，D_1 は第1回目の試験でそれぞれ成績 A，B，C，D をとるという事象，$(\text{合})_2$ は第2回目の試験で合格するという事象とする．

問 3.4.1　例 3.4.1 において，第2回目の試験に合格したある学生が第1回目の試験の成績が A であった確率の値を求めよ．また，第2回目の試験で不合格であったある学生が第1回目の試験の成績が A であった確率の値を求めよ．

演習問題 3

1.　確率空間 $(\Omega, \mathcal{A}, P)$ において，次のことが成り立つことを示せ．

(1)　$P(\phi) = 0$

(2)　$A_i \in \mathcal{A}$ $(i = 1, \cdots, n)$ について，任意の i, j $(i \neq j)$ に対して A_i と A_j がたがいに排反ならば

$$P\left(\bigcup_{i=1}^{n} A_i\right) = \sum_{i=1}^{n} P(A_i)$$

である (有限加法性).

(3)　任意の $A \in \mathcal{A}$ について $P(A^c) = 1 - P(A)$ である．

(4)　A_1，$A_2 \in \mathcal{A}$ について，$A_1 \subset A_2$ ならば $P(A_1) \leq P(A_2)$ である．

(5)　任意の $A \in \mathcal{A}$ について $P(A) \leq 1$ である．

また，P の加法性の1つとして (3.1.3) が成り立つことを示せ．

2.　確率空間 $(\Omega, \mathcal{A}, P)$ において，$\{A_n\}$ を $\mathcal{A}$ における増加列，すなわち $A_n \subset A_{n+1}$ $(n = 1, 2, \cdots)$ とする．このとき $\lim_{n\to\infty} A_n = \bigcup_{n=1}^{\infty} A_n$ とすれば

$$P\left(\lim_{n\to\infty} A_n\right) = \lim_{n\to\infty} P(A_n)$$

であることを示せ．また，$\{A_n\}$ を $\mathcal{A}$ における減少列，すなわち $A_n \supset A_{n+1}$ $(n = 1, 2, \cdots)$ とし，$\lim_{n\to\infty} A_n = \bigcap_{n=1}^{\infty} A_n$ とすれば

$$P\left(\lim_{n\to\infty} A_n\right) = \lim_{n\to\infty} P(A_n)$$

であることを示せ．(この性質は**確率の連続性**と呼ばれている．)

3. 確率空間 $(\Omega, \mathcal{A}, P)$ において，次のことが成り立たない反例を挙げよ．

(1)　$P(A|B^c) = 1 - P(A|B) \quad (A, B \in \mathcal{A})$

(2)　$P(C|A \cup B) = P(C|A) + P(C|B) \quad (A, B, C \in \mathcal{A}, A \cap B = \phi)$

4. 1 つの箱の中に 12 個の同一のボールが入っていて，そのうち 5 個は赤色，4 個は白色，3 個は青色であるとする．このとき，この箱から 3 個のボールを非復元抽出するとき，最初に赤色，2 番目に白色，3 番目に青色のそれぞれのボールになる確率を求めよ．

5. 確率空間 $(\Omega, \mathcal{A}, P)$ において，任意の A，$B \in \mathcal{A}$ について，A，B がたがいに独立ならば次の対がたがいに独立であることを示せ．

(1)　A と B^c，　　(2) A^c と B^c

6. $\Omega = \{\omega_1, \omega_2, \omega_3, \omega_4\}$ とし，Ω の部分集合全体を $\mathcal{A}$ とし，P を $\mathcal{A}$ 上の確率とする．いま，$P(\{\omega_i\}) = 1/4 \ (i = 1, \cdots, 4)$ とし，$A_1 = \{\omega_1, \omega_2\}$，$A_2 = \{\omega_1, \omega_3\}$，$A_3 = \{\omega_1, \omega_4\}$ とするとき

$$P(A_i \cap A_j) = P(A_i)P(A_j) \quad (i \neq j)$$

であるが，$P(A_1 \cap A_2 \cap A_3) \neq P(A_1)P(A_2)P(A_3)$ となることを示せ．

7. ある問題は，その解答を 6 つの選択肢の中から選ぶというものであった．ある学生にこの問題をレポートにして解答させると正しい解を選び，試験形式にすると 6 つの選択肢から無作為に 1 つを選ぶとする．いま，この学生がレポート形式にするか試験形式にするかのいずれかを確率的に選ぶことができるとし，確率 p でレポート形式を選ぶとする．さて，その学生が正しい解答をしたときに，解答形式がレポートであったという確率を求めよ．また，$p = 0.8$，0.6，0.3 とするときにその確率の値も求めよ．

8. ある大学のサークルに日本国籍をもつ 7 人の学生がいるとき，この中に少なくとも 2 人が同じ都道府県出身である確率の値を見積りたい．

(1)　各都道府県毎等確率を仮定したときの値を求めよ．

(2)　(1) の仮定が満たされない場合の値は，(1) で求めた値より大きいことを示せ．

第 4 章 確率分布

母集団の構成要素が何らかの確率法則に従って分布していると考え，その分布を**母集団分布** (population distribution) という．いま，母集団の特性を調べるために，母集団分布が特定化できると便利である．そこで，母集団から標本を抽出して度数分布表をつくることにより．母集団分布を想定し確率分布を考える．したがって，確率分布を理論モデルと見なすこともできる．たとえば，ある大学の 1 年生の男子学生の体重の (母集団) 分布を考えるために，抽出した標本に基づいて度数分布表をつくり，ヒストグラムを求め，標本数が大きいときそのヒストグラムに適合するような近似曲線を確率分布と見なすことができる．また，例 3.1.2 の 1 枚の偏りのないコインを 3 回投げる試行においては，試行の可能な結果 ω_i $(i=1,\cdots,8)$ が公平に起こると考えられるから，この試行における確率分布を $P(\{\omega_i\})=1/8$ $(i=1,\cdots,8)$ と考えた．

4.1 確率変数とその分布

通常，何らかの関心あるいは目的をもって実験を行う．たとえば，2 つのサイコロを投げる試行では出た目の和，コインを 3 回投げる試行では表が出る回数に関心をもつ．そのような関心事を変数で表した方が都合が良い．

一般に，確率空間を $(\Omega,\mathcal{A},P)$ とし，Ω 上で定義された実数値関数を X とする．このとき，任意の $x\in\boldsymbol{R}^1$ について

$$\{\omega|X(\omega)\leq x\}\in\mathcal{A} \tag{4.1.1}$$

であれば，X を**確率変数** (random variable 略して r.v.) という．このことは $\{\omega|X(\omega)\leq x\}$ が Ω の事象となることを意味し，確率の対象として考えることができる．

注意 4.1.1 $\boldsymbol{R}^1$ のすべての開区間全体 $\mathcal{I}$ を含む最小の完全加法族 $\mathcal{B}$ を**ボレル** (Borel) **集合族**という．ここでの最小性は $\mathcal{I}$ を含む任意の完全加法族 $\mathcal{B}'$ について $\mathcal{B}$ は $\mathcal{B}'$ の部

分集合族となることとする．なお，$\mathcal{B}$ の元をボレル集合という．また，実数値関数 X が (4.1.1) を満たせば，任意の $B \in \mathcal{B}$ について

$$\{\omega | X(\omega) \in B\} \in \mathcal{A}$$

になり，このとき X を ($\mathcal{A}$-) **可測関数**[1] という．さらに，任意の $B \in \mathcal{B}$ について

$$P_X\{X \in B\} = P\{X(\omega) \in B\}$$

とすれば，P_X は $\mathcal{B}$ 上の確率になり，P_X を P から X によって誘導された確率という[2]．そして，$(\boldsymbol{R}^1, \mathcal{B}, P_X)$ は確率空間になる．r.v. X の値域[3] を X の**標本空間** (sample space) といい，それを $\mathcal{X}$ とすれば，$\mathcal{X}$ は元の標本空間 Ω の縮約になる．

例 3.1.2(続)$_2$　1 枚の偏りのないコインを 3 回投げる試行において，標本空間

$$\Omega = \{111, 110, 101, 011, 100, 010, 001, 000\}$$

のすべての部分集合全体を $\mathcal{A}$ とし，任意の $A \in \mathcal{A}$ について $P(A) = \#A/8$ で定義すれば，$(\Omega, \mathcal{A}, P)$ は確率空間になる．いま，この試行で表が出る回数に関心があり，それを X とすればその標本空間は $\mathcal{X} = \{0, 1, 2, 3\}$ になり，Ω の縮約になる．このとき，X は確率変数になる．

問 4.1.1　例 3.1.2 において，X が確率変数であることを示せ．

次に，X を確率変数とし，任意の $x \in \boldsymbol{R}^1$ について

$$F_X(x) = P(\{\omega | X(\omega) \leq x\}) = P_X\{X \leq x\} \tag{4.1.2}$$

で，F_X を定義するとき，F_X を X の**累積分布関数** (cumulative distribution function 略して c.d.f.) という．また X の c.d.f. F_X は次の性質をもつ．

(i) $F_X(\cdot)$ は単調非減少関数である．すなわち $x_1 < x_2$ ならば $F_X(x_1) \leq F_X(x_2)$ である．

(ii) $\lim_{x \to -\infty} F_X(x) = 0$，$\lim_{x \to \infty} F_X(x) = 1$

(iii) $F_X(\cdot)$ は右連続関数である．すなわち，任意の $x \in \boldsymbol{R}^1$ について $\lim_{h \to 0+} F_X(x + h) = F_X(x)$ である．

実際，(i) について，$x_1 < x_2$ であるとき，$\{\omega | X(\omega) \leq x_1\} \subset \{\omega | X(\omega) \leq x_2\}$ となるから，(4.1.2) より，$F_X(x_1) \leq F_X(x_2)$ が成り立つ．(ii) について，

---

[1] 連続関数は可測関数になる．

[2] $P_X\{X \in B\}$ を $P_X(B)$ とも表す．

[3] $X(\Omega) = \{X(\omega) | \omega \in \Omega\}$ を X の値域 (range) という．

$x_n \downarrow -\infty$ [4] とすれば $\{\omega | X(\omega) \leq x_n\} \downarrow \phi$ [5] になるから，確率 P の連続性 (演習問題 3-2) と (4.1.2) より $F_X(x_n) \downarrow 0$ になる．また，$x_n \uparrow \infty$ とすれば，$\{\omega | X(\omega) \leq x_n\} \uparrow \Omega$ になるから，(4.1.2) より $F_X(x_n) \uparrow 1$ になる．(iii) について，$x_n \downarrow x$ とすれば，$\{\omega | X(\omega) \leq x_n\} \downarrow \{\omega | X(\omega) \leq x\}$ になるから，確率 P の連続性と (4.1.2) により $F_X(x_n) \downarrow F_X(x)$ になる．

いま，r.v. X の標本空間 $\mathcal{X} \subset \boldsymbol{R}^1$ が高々可付番無限個の値から成る場合，すなわち $\mathcal{X} = \{x_1, x_2, \cdots, x_n, \cdots\}$ である場合に

$$\sum_{i=1}^{\infty} P_X\{X = x_i\} = 1 \tag{4.1.3}$$

とするとき，$\boldsymbol{R}^1$ 上の関数 $f_X(x) = P_X\{X = x\}$ を X の**確率量関数** (probability mass function 略して p.m.f.) または 確率関数 (probability function 略して p.f.) といい[6]，P_X を X の**離散型** (確率) **分布** (discrete (probability) distribution) という．また，(4.1.3) となる X を**離散型確率変数** (discrete r.v.) という．

注意 4.1.2　r.v. X が離散型の場合に，確率空間 $(\boldsymbol{R}^1, \mathcal{B}, P_X)$ において，任意の $B \in \mathcal{B}$ に対して $P_X\{X \in B\} = \sum_{i:x_i \in B} f_X(x_i)$ になる[7]．逆に，$p_i \geq 0$ $(i = 1, 2, \cdots, n, \cdots)$ で $\sum_{i=1}^{\infty} p_i = 1$ となる数列 $\{p_i\}$ をとり，$x_i \in \boldsymbol{R}^1$ $(i = 1, 2, \cdots, n, \cdots)$ をとる．このとき，任意の $B \in \mathcal{B}$ について $P_X\{X \in B\} = \sum_{i:x_i \in B} p_i$ によって，P_X を定義すれば $(\boldsymbol{R}^1, \mathcal{B}, P_X)$ は確率空間になり，$f_X(x_i) = p_i$ $(i = 1, 2, \cdots, n, \cdots)$，$f_X(x) = 0$ (その他) となる f_X は X の p.m.f. になる．また，X の c.d.f. は $F_X(x) = \sum_{i:x_i \leq x} f(x_i)$ になる．このとき，各 x_i における F_X のジャンプの幅 $F_X(x_i) - F_X(x_i - 0)$ が $f_X(x_i)$ の値になることに注意すれば，c.d.f. F_X から p.m.f. f_X を求めることができる (演習問題 4-1, 4-4)．ただし，$F_X(x - 0) = \lim_{\varepsilon \downarrow 0} F_X(x - \varepsilon)$ とする．

例 3.1.2 (続)$_3$　1枚の偏りのないコインを3回投げる試行において，表が出る回数 X の p.m.f. f_X および c.d.f. F_X は下表のようになる．

統計学では，元の確率空間 $(\Omega, \mathcal{A}, P)$ に戻らずに，確率空間を $(\boldsymbol{R}^1, \mathcal{B}, P_X)$ を出発点として始めることが多い．

次に，身長，体重，気温，雨量などのように，実際には測定機器の精度から

4) 一般に，$a_n \downarrow a (a_n \uparrow a)$ は実数 a_n が単調に減少 (増加) して a に収束することを意味する．
5) 一般に，$A_n \downarrow A (A_n \uparrow A)$ は集合 A_n が単調減少 (増加) して A に収束，すなわち $A = \cap_{n=1}^{\infty} A_n (A = \cup_{n=1}^{\infty} A_n)$ を意味する．
6) $f_X(x) = 0$ $(x \notin \mathcal{X})$ となるから，f_X を $\mathcal{X}$ 上においてのみ考えることが多い．
7) この和は，$x_i \in B$ となるすべての i についての和を意味する．

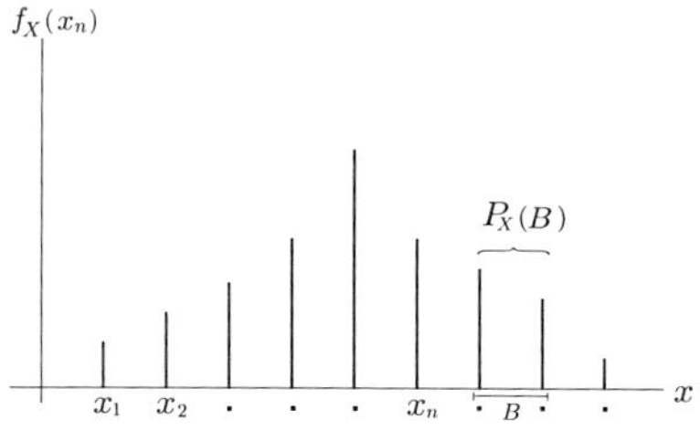

図 **4.1.1** r.v. X の p.m.f. f_X

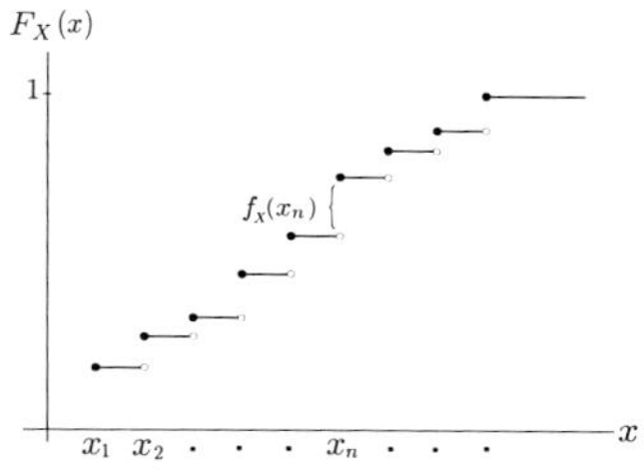

図 **4.1.2** r.v. X の c.d.f. F_X

表 4.1.1 表が出る回数 X の p.m.f. f_X

x	0	1	2	3
$f_X(x)$	1/8	3/8	3/8	1/8

表 4.1.2 表が出る回数 X の c.d.f. F_X

x	$x<0$	$0 \leq x < 1$	$1 \leq x < 2$	$2 \leq x < 3$	$x \geq 3$
$F_X(x)$	0	1/8	1/2	7/8	1

測定値は離散的にならざるを得ないが，本当は $\boldsymbol{R}^1$ のある区間の任意の値をとり得ると考えられる．たとえば，体重を確率変数 X とすれば，その標本空間は区間 (l,u) になる．そこで，体重のヒストグラムの面積が 1 となるように，ヒストグラムを作れば，区間 (l,u) の任意の部分区間 (a,b) の中に X が入る確率は．その区間上のヒストグラムの面積で近似できる．さらにヒストグラムの階級の幅を小さくとっていけば，ヒストグラムは滑らかな曲線に近づくことと考えられ，区間 (a,b) の中に X が入る確率もその区間上の近似曲線の面積に近づくであろう (図 4.1.3 参照).

一般に，r.v. X の c.d.f. F_X が，任意の $x \in \boldsymbol{R}^1$ について

$$F_X(x) = P_X\{X \leq x\} = \int_{-\infty}^{x} f_X(t)dt \tag{4.1.4}$$

のように積分表示できるとき，P_X を X の**連続型** (確率) **分布** (continuous (probability) distribution) といい f_X を**確率密度関数** (probability density function 略して p.d.f.) という[8)]．また (4.1.4) となる X を**連続型確率変数**

[8)] c.d.f. (4.1.4) をもつ分布を連続型分布というが，これは F_X が絶対連続であるという意味であり，一般に関数が連続であっても絶対連続であるとは限らないことに注意.

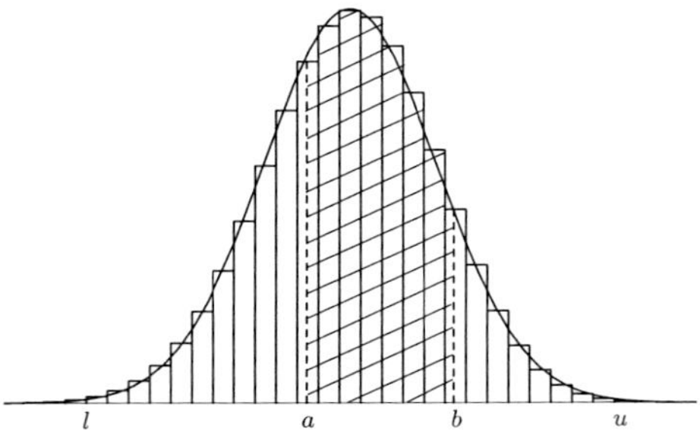

図 4.1.3 ヒストグラムと近似曲線

(continuous random variable) という．さらに p.d.f. f_X は

$$f_X(x) \geq 0 \quad (x \in \boldsymbol{R}^1), \quad \int_{-\infty}^{\infty} f_X(x)dx = 1 \tag{4.1.5}$$

を満たす．また $f_X(x)$ の連続点 x において

$$F'_X(x) = \frac{d}{dx}F_X(x) = f_X(x)$$

が成り立つ．

また，逆に (4.1.5) を満たすある関数 f が存在して，任意の $x \in \boldsymbol{R}^1$ について

$$F_X(x) = \int_{-\infty}^{x} f(t)dt \tag{4.1.6}$$

によって，r.v. X の c.d.f. F_X を定義できれば，$f_X(x) = f(x)$ $(x \in \boldsymbol{R}^1)$ となる f_X は X の p.d.f. になり，X は連続型確率変数になる[9]．

さらに，連続型確率変数 X の特徴の 1 つとして，任意の定数 c について $P_X\{X = c\} = 0$ となり (演習問題 4-1)，これは離散型の場合と著しく異なる点であることに注意．

上記において定義した離散型分布，連続型分布以外の分布も存在する．

例 4.1.1 r.v. X の c.d.f. が，$F_X(x) = 0$ $(x < 0)$; $= 1/3$ $(x = 0)$; $1 - (2/3)e^{-x}$ $(x > 0)$ とする．ここで，F_X は $x = 0$ で $1/3$ のジャンプをもつから，離散型であり，$x > 0$ では $F_X(x) = (1/3) + \int_0^x (2/3)e^{-t}dt$ となるから，連続型分布になる．よって，X は離散型と連続型の混合型分布に従っている．

9) (4.1.5) を満たす関数 f を単に p.d.f. といい，(4.1.6) による F を (f による) c.d.f. ということもできる．

注意 4.1.3　1つの分布から適当な変換によって得られる分布族を考える．まず，確率変数 Z の c.d.f. を F_Z とする．このとき，任意の定数 a について

$$X = Z + a \tag{4.1.7}$$

とおくと，X の c.d.f. は

$$F_X(x; a) = P_X\{X \leq x\} = F_Z(x - a), \quad x \in \boldsymbol{R}^1$$

になる．このとき，X の c.d.f. の族 $\{F_X(\ \cdot\ ; a) | a \in \boldsymbol{R}^1\}$ を c.d.f. F_Z による**位置母数分布族** (location parameter family of distributions) といい，a を**位置母数** (location parameter) という．また，任意の正の定数 b について

$$X = bZ \tag{4.1.8}$$

とおくと，X の c.d.f. は

$$F_X(x; b) = P_X\{X \leq x\} = F_Z(x/b), \quad x \in \boldsymbol{R}^1$$

になる．このとき，X の c.d.f. の族 $\{F_X(\ \cdot\ ; b) | 0 < b < \infty\}$ を c.d.f. F_Z による**尺度母数分布族** (scale parameter family of distributions) といい，b を**尺度母数** (scale parameter) という．さらに，変換 (4.1.7)，(4.1.8) を同時に行って

$$X = a + bZ \quad (a \in \boldsymbol{R}^1, 0 < b < \infty) \tag{4.1.9}$$

とすれば，X の c.d.f. は

$$F_X(x; a, b) = P_X\{X \leq x\} = F_Z((x - a)/b), \quad x \in \boldsymbol{R}^1$$

になる．このとき，X の c.d.f. の族 $\{F_X(\ \cdot\ ; a, b) | a \in \boldsymbol{R}^1, 0 < b < \infty\}$ を c.d.f. F_Z による**位置尺度母数分布族** (location-scale parameter family of distributions) という．特に，Z が p.d.f. f_Z をもつとき，(4.1.9) の変換による X の p.d.f. は

$$f_X(x; a, b) = (1/b) f_Z((x - a)/b) \tag{4.1.10}$$

になる．

4.2　確率変数の積率

まず，r.v. X が p.m.f. または p.d.f. f_X をもつ分布に従うとする．すなわち

$$\begin{cases} \text{p.m.f.} \quad f_X(x_i) = P_X\{X = x_i\} = p_i \quad (i = 1, 2, \cdots, n, \cdots) & (\text{離散型}), \\ \text{p.d.f.} \quad f_X(x) \quad (x \in \boldsymbol{R}^1) & (\text{連続型}) \end{cases}$$

とする．このとき，r.v. X の**期待値** (expectation) または**平均** (mean) を

$$E(X) = \begin{cases} \sum_{i=1}^{\infty} x_i f_X(x_i) = \sum_{i=1}^{\infty} x_i p_i & (\text{離散型}), \\ \int_{-\infty}^{\infty} x f_X(x) dx & (\text{連続型}) \end{cases} \tag{4.2.1}$$

で定義し，左辺の記号で表す．ここで，$E(X)$ の値は r.v. X の分布の中心的位置を表すと考えられる．一般に，実数値関数[10] g について，r.v. $g(X)$ の**期待値**を

$$E[g(X)] = \begin{cases} \sum_{i=1}^{\infty} g(x_i) f_X(x_i) = \sum_{i=1}^{\infty} g(x_i) p_i & (\text{離散型}), \\ \int_{-\infty}^{\infty} g(x) f_X(x) dx & (\text{連続型}) \end{cases} \tag{4.2.2}$$

で定義し，左辺の記号で表す．なお，(4.2.1)，(4.2.2) においては，右辺の絶対値の無限級数，積分が有限確定なことを仮定しておく．

また，r.v. X と関数 g_1，g_2 について，$E[g_1(X)]$，$E[g_2(X)]$ が存在するとし，c_1，c_2，c_3 を定数とする．このとき，次のことが成り立つ．

(i) $E[c_1 g_1(X) + c_2 g_2(X) + c_3] = c_1 E[g_1(X)] + c_2 E[g_2(X)] + c_3$

(ii) 任意の x について $g_1(x) \geq 0$ ならば，$E[g_1(X)] \geq 0$ である．

(iii) 任意の x について $g_1(x) \geq g_2(x)$ ならば，$E[g_1(X)] \geq E[g_2(X)]$ である．

(iv) 任意の x について $c_1 \leq g_1(x) \leq c_2$ ならば，$c_1 \leq E[g_1(X)] \leq c_2$ である．

問 4.2.1　　上の (i)〜(iv) を示せ．

例 4.2.1　　1 枚 300 円の宝くじを買ったところ，等級は 9 種類であった．それらを $x_1, \cdots, x_9$ としたとき，それぞれの当せん金と本数は次のようであった．また，売り出された総本数は 1 千万本であった．いま，ハズレという結果を x_{10} で表して，買い求めた 1 枚の宝くじの結果を X とすれば, X は離散型確率変数で X の標本空間は $\mathcal{X} = \{x_1, x_2, \cdots, x_{10}\}$ であり，各 $i = 1, \cdots, 10$ について，$g(x_i)$ を等級 x_i の当せん金とする．ただし，$g(x_{10}) = 0$ とする．また，X の p.m.f. f_X は表 4.2.2 のようになる．このとき， 買い求めた 1 枚の宝くじの期待当せん金額は $E[g(X)] = \sum_{i=1}^{10} g(x_i) f_X(x_i) \fallingdotseq 155(\text{円})$ になった．よって，

[10] 厳密には可測関数 (注意 4.1.1 参照)．

表 4.2.1　宝くじの等級，当せん金，本数

等級	x_1	x_2	x_3	x_4	x_5
当せん金 (円)	6×10^7	2×10^7	1.5×10^5	10^7	10^6
本数	6	8	396	4	30

等級	x_6	x_7	x_8	x_9
当せん金 (円)	10^5	10^4	10^3	5×10^6
本数	1,000	10,000	500,000	40

1 枚の宝くじの価格は 300 円であったことに注意し，期待賞金額と当たる確率の小さい高額の当せん金額も考慮に入れて，宝くじを買うか否かの決定をした方がよさそうである．

次に，r.v. X の平均を $\mu=E(X)$ とし，$g(x)=(x-\mu)^2$ とするとき，$g(X)$ の期待値

$$V(X)=E[(X-\mu)^2] \tag{4.2.3}$$

を X の**分散** (variance) といって，左辺の記号で表す．また，X の分散 $V(X)$ は

$$V(X)=E(X^2)-\{E(X)\}^2=E(X^2)-\mu^2 \tag{4.2.4}$$

になり，これは $V(X)$ の値を求めるときに有用である．さらに (4.2.3), (4.2.4) から，不等式

$$E(X^2)\geq\{E(X)\}^2 \tag{4.2.5}$$

が成り立つ．一般に，$g:\boldsymbol{R}^1\to\boldsymbol{R}^1$ を凸関数とするとき，r.v. X について

$$E[g(X)]\geq g(E(X)) \qquad \text{(イェンセン (Jensen) の不等式)}$$

が成り立つ．

次に，r.v. X の分散 $V(X)$ の値は X の平均 μ の周りでの分布の変動 (ばら

表 4.2.2　r.v. X の p.m.f.

等級 x	x_1	x_2	x_3	x_4	x_5
$f_X(x)$	6×10^{-7}	8×10^{-7}	3.96×10^{-5}	4×10^{-7}	3×10^{-6}

等級 x	x_6	x_7	x_8	x_9	x_{10}
$f_X(x)$	10^{-4}	10^{-3}	5×10^{-2}	4×10^{-6}	$1-\sum_{i=1}^{9} f(x_i)$

つき) の大きさを表すと考えられるが，$V(X)$ の単位は X のそれの2乗となっていて，X の単位とは異なる．そこで，$D(X) = \sqrt{V(X)}$ によって，X の**標準偏差** (standard deviation) を定義する．これも X の平均 μ の周りでの変動の大きさを表し，単位は X と同じになるという利点をもっている．なお，分散については，任意の定数 c について

$$V(X+c) = V(X), \quad V(cX) = c^2 V(X) \tag{4.2.6}$$

が成り立つ．

また，$\mu = E(X)$ とするとき，各 $r = 1, 2, \cdots$ について

$$\mu'_r = E(X^r), \quad \mu_r = E[(X-\mu)^r]$$

によって，**原点周りの r 次の積率**または**モーメント**(moment) μ'_r，**平均周りの r 次の積率** μ_r を定義する．ただし，$\mu'_1 = \mu$ とする．また，μ'_r と μ_r の間に次の関係式が成り立つ．

$$\mu'_2 = \mu_2 + \mu^2,\ \mu'_3 = \mu_3 + 3\mu\mu_2 + \mu^3,\ \mu'_4 = \mu_4 + 4\mu\mu_3 + 6\mu^2\mu_2 + \mu^4, \cdots$$

$$\mu_2 = \mu'_2 - \mu^2,\ \mu_3 = \mu'_3 - 3\mu\mu'_2 + 2\mu^3,\ \mu_4 = \mu'_4 - 4\mu\mu'_3 + 6\mu^2\mu'_2 - 3\mu^4, \cdots$$

さらに，$1 \leq r < s$ について、$x^r \leq x^s + 1\ (x > 0)$ であるから，s 次の積率 μ'_s が存在すれば r 次の積率 μ'_r も存在する．

一般に，r.v. X の分布が与えられたときに，X の積率の値は定義から直接計算して求められるが，他に積率母関数を用いて得られることも多い (第4.5節，補遺の A.4.5 節参照).

例 3.1.2 (続)$_5$　1枚の偏りのないコインを3回投げる試行において，コインの表が出る回数 X の p.m.f. f_X は表 4.1.1 のようになった．このとき

$$\mu = E(X) = \sum_{x=0}^{x} x f_X(x) = 3/2, \quad \mu'_2 = E(X^2) = \sum_{x=0}^{3} x^2 f_X(x) = 3$$

になり，X の分散，標準偏差はそれぞれ $\sigma^2 = V(X) = \mu'_2 = 3/4$, $\sigma = D(X) = \sqrt{V(X)} = \sqrt{3}/2$ になる．

次節において，離散型分布，連続型分布のうちでよく用いられる分布について述べる．

4.3 典型的な離散型分布

(1) 2 項分布

1 回の試行の結果が成功と失敗の 2 通りのいずれかで，それぞれが起こる確率は p, q で $p+q=1$ とする．また，この試行を独立に繰り返しても p の値が一定であるとする．このような試行を **2 項試行** (binomial trials) または**ベルヌーイ試行** (Bernoulli trials) という．いま，n 回の 2 項試行において，成功する回数を X とすれば，X は離散型確率変数になり，X の標本空間は $\mathcal{X}=\{0,1,\cdots,n\}$ になる．このとき，X の p.m.f. は

$$f_X(x)=P_X\{X=x\}=\binom{n}{x}p^x q^{n-x}$$

$$(x=0,1,\cdots,n;\ 0<p<1, q=1-p) \tag{4.3.1}$$

になる[11)]．この p.m.f. をもつ離散型分布を **2 項分布** (binomial distribution) といい，記号 $B(n,p)$ で表し，r.v. X が $B(n,p)$ に従うことを $X \sim B(n,p)$ で表す．特に，$n=1$ の場合，すなわち 2 項分布 $B(1,p)$ を**ベルヌーイ分布** (Bernoulli distribution) といって $\mathrm{Ber}(p)$ で表す．なお，X の p.m.f.(4.3.1) は $(p+q)^n$ の 2 項展開の一般項になっていることに注意．

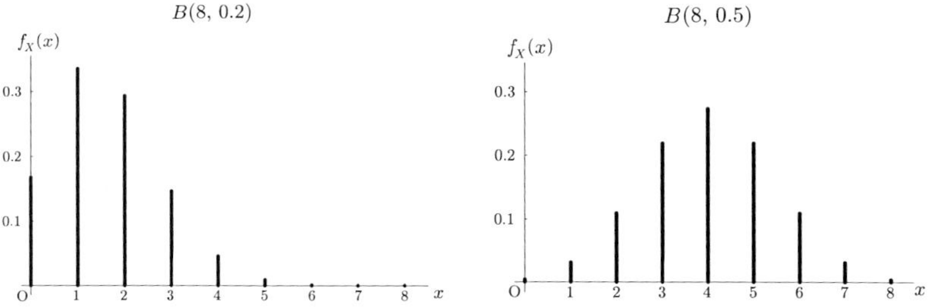

図 4.3.1　2 項分布 $B(n,p)$ の p.m.f.

例 3.1.2(続)$_6$　1 枚の偏りがあるかもしれないコインを投げるという試行において，そのコインの表が出る確率を p とする．ただし，$0<p<1$ とし，$q=1-p$

11) $\binom{n}{x}$ は n 個のものから x 個をとり出す場合の数で，**組合せ** (combination) といい，${}_n\mathrm{C}_x$ でも表す．また，$\binom{n}{x}=\frac{n!}{x!(n-x)!}$ である．さらに，一般に $\alpha \in \boldsymbol{R}^1$ について $\binom{\alpha}{n}=\frac{\alpha(\alpha-1)\cdots(\alpha-n+1)}{n!}$ とする．

とする．いま，このコインを独立に 3 回投げたとき，その試行の結果全体を Ω とし，その元を ω とすれば，ω が起こる確率は得られる．また，3 回の試行のうち表が出る回数の X の標本空間 $\mathcal{X} = \{0, 1, 2, 3\}$ の元を x とする．このとき，X の p.m.f. f_X は下表のようになるから，$X \sim B(3, p)$ となることが分かる．また，同様にして，このコインを独立に n 回投げるという 2 項試行を考えれば，n 回のうち表が出る回数 X が $B(n, p)$ に従うことが分かる．

表 4.3.1　X の p.m.f. f_X

ω	111	110	101	011	100	010	001	000
$P\{\omega\}$	p^3	p^2q	p^2q	p^2q	pq^2	pq^2	pq^2	q^3
x	3	2			1			0
$f_X(x)$	p^3	$3p^2q = \binom{3}{2}p^2q$			$3pq^2 = \binom{3}{1}pq^2$			q^3

r.v. $X \sim B(n, p)$ であるとき

$$\mu_1' = E(X) = np, \quad \mu_2 = V(X) = npq, \tag{4.3.2}$$

$$\mu_3 = npq(q - p), \quad \mu_4 = 3n^2p^2q^2 + npq(1 - 6pq) \tag{4.3.3}$$

(2) ポアソン分布

r.v. X が p.m.f

$$f_X(x) = P_X\{X = x\} = \frac{e^{-\lambda}\lambda^x}{x!} \quad (x = 0, 1, 2, \cdots; \lambda > 0) \tag{4.3.4}$$

をもつ離散型分布に従うとき，この分布を**ポアソン分布** (Poisson distribution) といい，記号で $\mathrm{Po}(\lambda)$ で表す．実際には，一定の時間間隔内における機器の故障数，電話がかかってくる回数，交通事故数などの分布がポアソン分布に従うことが知られていて，λ はその時間間隔内におけるそれらの平均になる．

r.v. $X \sim Po(\lambda)$ であるとき

$$\mu_1' = E(X) = \lambda, \quad \mu_2 = V(X) = \lambda, \quad \mu_3 = \lambda, \quad \mu_4 = \lambda + 3\lambda^2$$

また，X の p.m.f (4.3.4) は，e^λ のマクローリン (Maclaurin) 展開 $e^\lambda = \sum_{k=0}^{\infty} \lambda^k/k!$ から得られるとも考えられる．

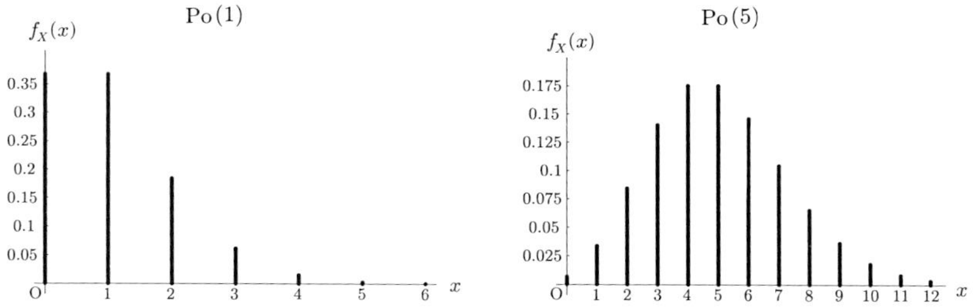

図 4.3.2 ポアソン分布の p.m.f. f_X

上記の他にも離散型分布として，超幾何分布，負の 2 項分布等がある[12) (補遺の A.4.3 参照).

4.4 典型的な連続型分布

(1) 正規分布

確率変数 X の p.d.f.

$$f_X(x) = \frac{1}{\sqrt{2\pi}\sigma} e^{-\frac{(x-\mu)^2}{2\sigma^2}} \quad (-\infty < x < \infty; -\infty < \mu < \infty, \sigma > 0) \tag{4.4.1}$$

をもつ (連続型) 分布に従うとき，この分布を**正規分布** (normal distribution) または**ガウス分布** (Gauss distribution) といって，記号で $N(\mu, \sigma^2)$ で表す[13)]．実際には，身長や実験誤差の分布は正規分布に近い分布になることが知られている．

r.v. $X \sim N(\mu, \sigma^2)$ であるとき $\mu_1' = E(X) = \mu, \quad \mu_2 = V(X) = \sigma^2, \quad \mu_3 = 0, \quad \mu_4 = 3\sigma^4$

特に，$N(0, 1)$ を**標準正規分布** (standard normal disrtibution) といい，その p.d.f. を

$$\phi(x) = \frac{1}{\sqrt{2\pi}} e^{-x^2/2} \quad (-\infty < x < \infty) \tag{4.4.2}$$

12) 典型的な離散型分布の詳細については，竹内啓・藤野和建 (1981).「2 項分布とポアソン分布」(東京大学出版会) 参照.

13) 正規分布の詳細については，柴田義貞 (1981). 「正規分布」(東京大学出版会) 参照.

で表し，X の c.d.f. を $\Phi(x) = \int_{-\infty}^{x} \phi(t)dt$ $(-\infty < x < \infty)$ で表す[14)]．なお，r.v. X が (4.4.1) の p.d.f. f_X をもつとき，その c.d.f. は $F_X(x) = \int_{-\infty}^{x} f_X(t)dt$ になる．

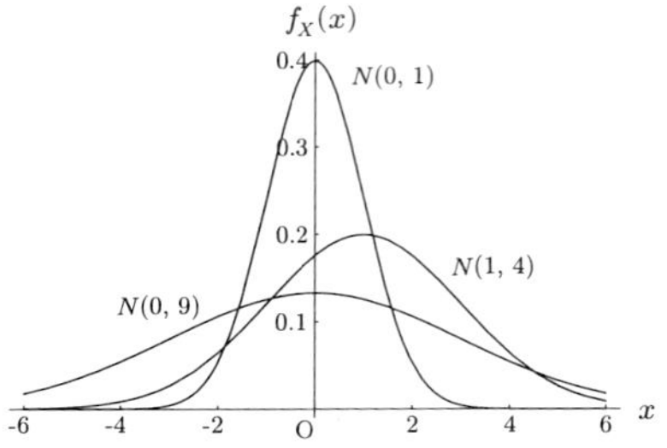

図 4.4.1　正規分布 $N(\mu, \sigma^2)$ の p.d.f. f_X

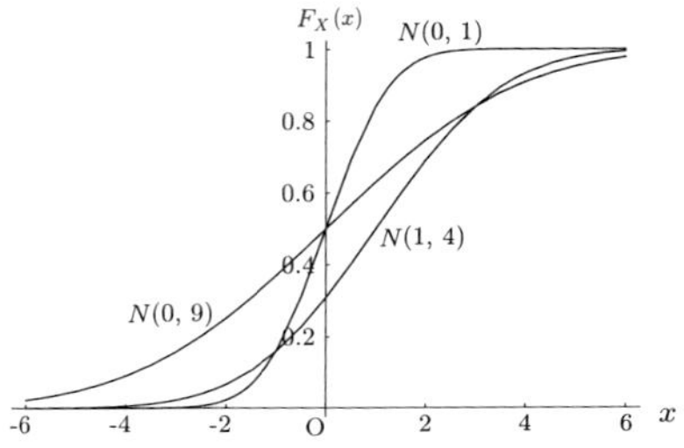

図 4.4.2　$N(\mu, \sigma^2)$ の c.d.f. F_X

(2) 指数分布

r.v. X が p.d.f.

$$f_X(x) = \begin{cases} \dfrac{1}{\lambda} e^{-x/\lambda} & (x \geq 0), \\ 0 & (x < 0) \end{cases} \tag{4.4.3}$$

をもつ分布に従うとき，この分布を**指数分布** (exponential distribution) といって記号で Exp(λ) と表す．ただし，$\lambda > 0$ とする．たとえば，機器類の寿命は指数分布に従うことが知られている．

> r.v. $X \sim \mathrm{Exp}(\lambda)$ であるとき
>
> $$\mu_1' = E(X) = \lambda, \quad \mu_2 = V(X) = \lambda^2, \quad \mu_3 = 2\lambda^3, \quad \mu_4 = 9\lambda^4$$

また，r.v. X の c.d.f. は $F_X(x) = 0$ $(x < 0)$; $= 1 - e^{-x/\lambda}$ $(x \geq 0)$ になる．

(3) 一様分布

r.v. X の p.d.f.

14) 微積分の重積分によって $\int_0^{\infty} e^{-x^2} dx = \sqrt{\pi}/2$ になることを用いれば，$\int_{-\infty}^{\infty} \phi(x)dx = 1$ を示すことができる．

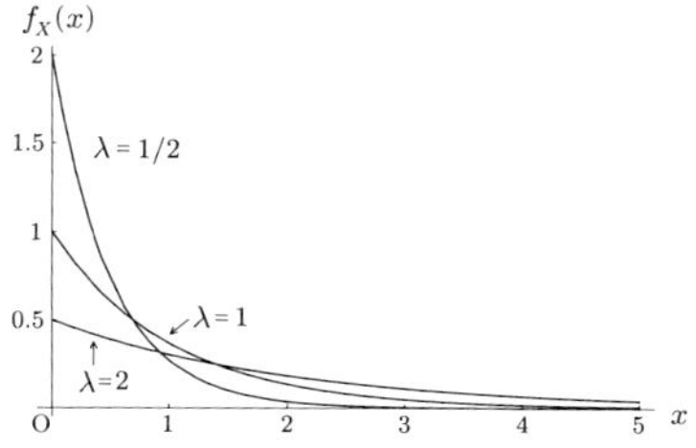

図 4.4.3　指数分布 Exp(λ) の p.d.f. f_X

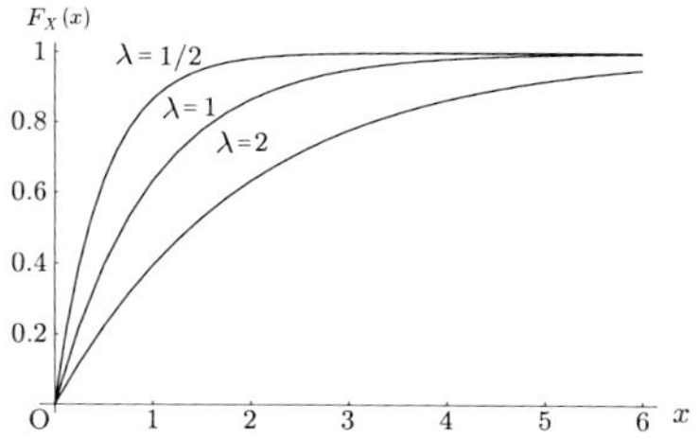

図 4.4.4　指数分布 Exp(λ) の c.d.f. F_X

$$f_X(x) = \begin{cases} \dfrac{1}{b-a} & (a \le x \le b), \\ 0 & (\text{その他}) \end{cases} \tag{4.4.4}$$

をもつ分布に従うとき，この分布を (区間 $[a, b]$ 上の) **一様分布** (uniform distribution) または**矩形分布** (rectangular distribution) といって，記号で $U(a, b)$ と表す．ただし，$a < b$ とする．たとえば，丸め誤差は一様分布 $U(-0.5, 0.5)$ に従うと考えられる．

> r.v. $X \sim U(a, b)$ であるとき
>
> $$\mu_1' = E(X) = (a+b)/2, \quad \mu_2 = V(X) = (b-a)^2/12,$$
>
> $$\mu_3 = 0, \quad \mu_4 = (b-a)^4/80$$

また，X の c.d.f. は，$F_X(x) = 0\ (x < a);\ = (x-a)/(b-a)\ (a \le x \le b);\ = 1\ (x > b)$ になる．

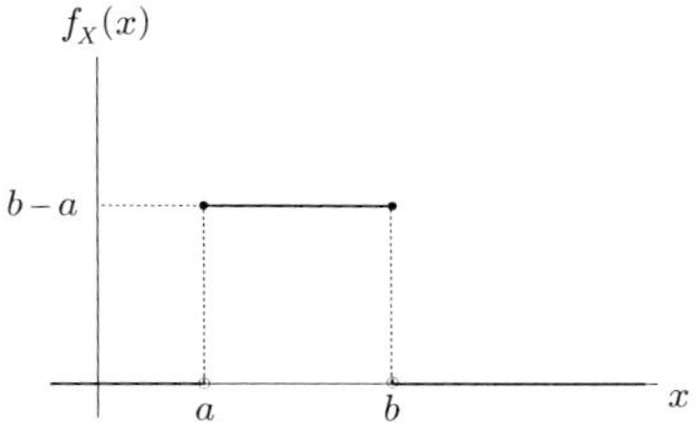

図 4.4.5　一様分布 $U(a, b)$ の p.d.f. f_X

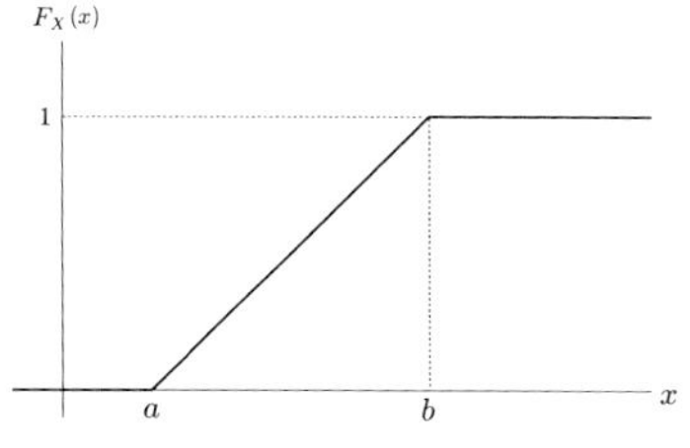

図 4.4.6　一様分布 $U(a, b)$ の c.d.f. F_X

上記の他にも連続型分布として，カイ 2 乗分布，ガンマ分布，t 分布，ベータ分布，F 分布等がある (補遺 A.4.4 参照).

次に，位置尺度母数分布族について考える.

例 4.4.1

(i) r.v. Z が $N(0,1)$ に従うとし，その c.d.f. を Φ とする．このとき $X = \mu + \sigma Z$ $(\mu \in \boldsymbol{R}^1, 0 < \sigma < \infty)$ とすれば，X の c.d.f. は $F_X(x;\mu,\sigma) = \Phi((x-\mu)/\sigma)$, $x \in \boldsymbol{R}^1$ になり，X の c.d.f. の族 $\{F_X(\cdot;\mu,\sigma) | \mu \in \boldsymbol{R}^1, 0 < \sigma < \infty\}$ は c.d.f. Φ による位置尺度母数分布族になる．また，μ，σ はそれぞれ位置母数，尺度母数になる.

(ii) 確率変数 Z が指数分布 Exp(1) に従うとし

$$X = \mu + \lambda Z \quad (\mu \in \boldsymbol{R}^1, 0 < \lambda < \infty) \tag{4.4.5}$$

とすれば，(4.1.10)，(4.4.3) より X の p.d.f. は

$$f_X(x;\mu,\lambda) = \begin{cases} \dfrac{1}{\lambda} e^{-(x-\mu)/\lambda} & (x \geq \mu), \\ 0 & (x < \mu) \end{cases} \tag{4.4.6}$$

になる．このとき，この p.d.f. をもつ分布族は位置尺度母数分布族になる．ここで，(4.4.6) の p.d.f. をもつ指数分布を $\mathrm{Exp}(\mu,\lambda)$ で表す．よって $\mathrm{Exp}(0,\lambda)$ は $\mathrm{Exp}(\lambda)$ になる.

(iii) 確率変数 Z が一様分布 $U(-1/2, 1/2)$ に従うとき，変換 (4.4.5) による X の p.d.f. は，(4.1.10)，(4.4.4) より

$$f_X(x;\mu,\lambda) = \begin{cases} \dfrac{1}{\lambda} & \left(\mu - \dfrac{\lambda}{2} < x < \mu + \dfrac{\lambda}{2}\right), \\ 0 & (\text{その他}) \end{cases}$$

になる．このとき，この p.d.f. をもつ分布族は位置尺度母数分布族になる.

注意 4.4.1　　確率変数 X の p.d.f. または p.m.f. が

$$f_X(x,\theta) = \exp\{Q(\theta)T(x) + C(\theta) + S(x)\} \tag{4.4.7}$$

の形になるとき，その分布を **1 母数指数型分布族** (one-parameter exponential family of distributions) という (k 母数の場合については，定理 A.7.4.3 参照)．ただし，$\theta \in \Theta$ で Θ を $\boldsymbol{R}^1$ の開区間とし，Q，T，S，C は実数値関数とする．たとえば，2 項分布，ポアソン分布，正規分布等は指数型分布族に属する (演習問題 4-8).

4.5 積率母関数

確率変数 X の分布の形の特徴を示すときに，X の積率が用いられる．まず，X の平均，分散，標準偏差をそれぞれ $\mu = E(X)$，$\sigma^2 = V(X)$，$\sigma = D(X) = \sqrt{V(X)}$ とするとき

$$Z = (X - \mu)/\sigma \tag{4.5.1}$$

とおくと，$E(Z) = 0$，$V(Z) = 1$ となり，このような X から Z への 1 次変換 (4.5.1) を X の**規準化** (normalization) または**標準化** (standardization) という．

次に，X の分布の非対称性の度合を表す量として，規準化 (4.5.1) を行って

$$\alpha_3 = E(Z^3) = \mu_3/\sigma^3 \tag{4.5.2}$$

の値を考え，これを X の分布の**歪度**(わいど)(skewness) という．また，$\alpha_3 > 0$ のとき，分布の右裾が長く (重く)[15]，$\alpha_3 < 0$ のとき，分布の左裾が長い (重い) [16] ことが分かる．

例 4.5.1 r.v. X が 2 項分布 $B(8, p)$ に従うとして，$p = 0.5$ と $p = 0.2$ の場合について考える．

(i) $p = 0.5$ の場合．このとき，X の平均 $\mu = E(X) = 4$ となり，また，(4.3.1) から X の p.m.f. f_X は $x = 4$ に関して対称になる (図 4.3.1)．したがって，$\mu_3 = 0$ となり (4.5.2) から，歪度は $\alpha_3 = 0$ になる．

(ii) $p = 0.2$ の場合．このとき，X の平均 $\mu = E(X) = 1.6$ となり，X の p.m.f. f_X は $x = 1.6$ に関して対称でない (図 4.3.1)．そこで，(4.3.2)，(4.3.4) より $\sigma = \sqrt{1.28} \fallingdotseq 1.131$，$\mu_3 = 0.768$ となるから，(4.5.2) より $\alpha_3 \fallingdotseq 0.530$ になる．よって，2 項分布 $B(8, 0.2)$ は右裾が長いことが分かる (図 4.3.1)．

次に，X の分布の尖(とが)りの度合を表す量として，$\alpha_4 = E(Z^4)$ の値を考える．これは分布の平均 $\mu = E(X)$ の周りでの尖りの様子を表していて，α_4 を**尖度**(せんど)(kurtosis) という．また，X の分布が正規分布 $N(\mu, \sigma^2)$ であれば，$\alpha_4 = E(Z^4) = 3$ となるから，これを基準にしてその差 $\beta_4 = \alpha_4 - 3$ を X の分布の

[15] X の p.m.f. または p.d.f. f_X について，$x \to \infty$ のとき $f_X(x) \to 0$ となる収束の速さが遅い．

[16] 上の f_X について $x \to -\infty$ のとき $f_X(x) \to 0$ となる収束の速さが遅い．

尖度ということもある．そして，$\beta_4 > 0$ のとき，この分布は $N(\mu, \sigma^2)$ より尖っていて，$\beta_4 < 0$ のとき $N(\mu, \sigma^2)$ より尖っていない．なお，尖度は裾の長さの尺度にもなっていて，たとえば $\beta_4 > 0$ なら，その分布は $N(\mu, \sigma^2)$ より裾は長く $\beta_4 < 0$ なら裾は短い．

例 4.5.2　確率変数 X，U がそれぞれ正規分布 $N(0,2)$，一様分布 $U(-\sqrt{6}, \sqrt{6})$ に従うとする．また，Y が p.d.f.

$$f_Y(y) = (1/(2\lambda))\exp\{-|y-\mu|/\lambda\} \quad (-\infty < y < \infty) \tag{4.5.3}$$

をもつとき，**両側指数分布**[17] (two-sided exponential distribution)T-Exp(μ, λ) に従うという．ただし，$-\infty < \mu < \infty$，$\lambda > 0$ とする．いま，特に $Y \sim$ T-Exp$(0,1)$ とすれば X，U，Y のいずれの平均も 0 で，いずれの分散も 2 になる．そこで，X，U，Y のそれぞれの分布の尖度を計算すると，$\alpha_{4,X} = 3$，$\alpha_{4,U} = 9/5$，$\alpha_{4,Y} = 6$ になる．

上記のことから，r.v. X の積率が有用であることが分かる．その積率は p.d.f. または p.m.f. から直接計算できるが，その計算が面倒になることも多い．そこで，積率を求める 1 つの有効な方法を考えよう．まず，r.v. X (の分布の) **積率母関数** (moment generating function 略して m.g.f.) を

$$g_X(\theta) = E[e^{\theta X}] \tag{4.5.4}$$

によって定義する．ただし，右辺の期待値は，ある正数 ε について $\theta = 0$ の ε 近傍すなわち $|\theta| < \varepsilon$ なる θ において存在して，有限確定であるとする．いま，X の p.d.f. を f_X とすれば，X の m.g.f. は，テイラー展開を用いて，項別積分可能ならば

$$\begin{aligned} g_X(\theta) &= \int_{-\infty}^{\infty} e^{\theta x} f_X(x)dx = \int_{-\infty}^{\infty} \sum_{k=0}^{\infty} \frac{\theta^k}{k!} x^k f_X(x)dx \\ &= \sum_{k=0}^{\infty} \frac{\theta^k}{k!} E[X^k] = \sum_{k=0}^{\infty} \frac{\mu'_k \theta^k}{k!} \end{aligned} \tag{4.5.5}$$

になり，X の原点周りの k 次の積率 μ'_k は (4.5.5) の無限級数の $\theta^k/k!$ の係数になる (補遺 A.4.5 参照)．また，X が p.m.f. をもつ場合にも (4.5.5) と同様のこ

[17] 両側指数分布を **2 重指数** (double exponential) **分布**または**ラプラス** (Laplace) **分布**ともいう．

とが成り立つ．さらに，X の m.g.f. から積率を次のようにして求めることができる (系 A.4.5.1 も参照).

定理 4.5.1 r.v. X の m.g.f. を $g_X(\theta)$ とするとき，θ に関する任意次数の微分が期待値の記号下で可能ならば[18)]

$$E(X^k) = \frac{d^k}{d\theta^k} g_X(0) \quad (k = 1, 2, \cdots) \tag{4.5.6}$$

が成り立つ．

証明 (4.5.4) より

$$\frac{d^k}{d\theta^k} g_X(\theta) = E\left[\frac{\partial^k}{\partial\theta^k} e^{\theta X}\right] = E[X^k e^{\theta X}]$$

となるから，$\theta = 0$ とすれば (4.5.6) が成り立つ．□

次に，具体的な分布について m.g.f. を求め，定理 4.5.1 より積率を求めよう．

例 4.5.3 r.v. X が 2 項分布 $B(n, p)$ に従うとき，X の m.g.f. は (4.3.1) から

$$g_X(\theta) = \sum_{x=0}^{n} \binom{n}{x} (pe^\theta)^x q^{n-x} = (pe^\theta + q)^n \tag{4.5.7}$$

になり，そこで，(4.5.7) を θ について微分すると

$$g'_X(\theta) = npe^\theta (pe^\theta + q)^{n-1},$$

$$g''_X(\theta) = n(n-1)p^2 e^{2\theta}(pe^\theta + q)^{n-2} + npe^\theta (pe^\theta + q)^{n-1}$$

となる．よって，(4.5.6) より

$$\mu'_1 = E(X) = g'_X(0) = np, \quad \mu'_2 = E(X^2) = g''_X(0) = n(n-1)p^2 + np$$

になり，同様にして高次の積率も得ることができる (第 4.3 節参照).

例 4.5.4 r.v. X がポアソン分布 $Po(\lambda)$ に従うとき，X の m.g.f. は (4.3.4) から

$$g_X(\theta) = \sum_{x=0}^{\infty} \frac{e^{-\lambda}(\lambda e^\theta)^x}{x!} = e^{\lambda(e^\theta - 1)} \tag{4.5.8}$$

---

18) 実は，m.g.f. $g_X(\theta)$ が $\theta = 0$ の近傍で存在すれば，この条件は成り立つ (鍋谷 [N78]，p.37 参照).

になり，そこで，(4.5.8) を θ について微分すると，

$$g'_X(\theta) = \lambda e^{\lambda e^\theta + \theta - \lambda}, \quad g''_X(\theta) = \lambda(\lambda e^\theta + 1)e^{\lambda e^\theta + \theta - \lambda}$$

となる．よって，(4.5.6) より

$$\mu'_1 = E(X) = g'_X(0) = \lambda, \quad \mu'_2 = E(X^2) = g''_X(0) = \lambda(\lambda + 1)$$

になり，同様にして高次の積率も得ることができる (第 4.3 節，A.4.3 節参照).

例 4.5.5　r.v. X が正規分布 $N(\mu, \sigma^2)$ に従うとき，$Z = (X - \mu)/\sigma$ による規準化を行えば，Z は $N(0, 1)$ に従う．このとき，正規分布表より

$$P\{\mu - k\sigma \leq X \leq \mu + k\sigma\} = P\{|Z| \leq k\} \fallingdotseq \begin{cases} 0.6827 & (k = 1 \text{ のとき}), \\ 0.9545 & (k = 2 \text{ のとき}), \\ 0.9973 & (k = 3 \text{ のとき}) \end{cases}$$

になる．次に，X の m.g.f. は (4.4.1) から

$$g_X(\theta) = \int_{-\infty}^{\infty} \frac{1}{\sqrt{2\pi}\sigma} \exp\left[-\frac{1}{2\sigma^2}\left\{(x - \mu)^2 - 2\sigma^2\theta x\right\}\right] dx = e^{\mu\theta + \frac{\sigma^2}{2}\theta^2} \tag{4.5.9}$$

になる (演習問題 4-9)．そこで，(4.5.9) を θ で微分することによって

$$\mu'_1 = E(X) = g'_X(0) = \mu, \quad \mu'_2 = E(X^2) = g''_X(0) = \mu^2 + \sigma^2$$

になり (第 4.4 節参照)，また，一般に

$$\mu_k = E[(X - \mu)^k] = \begin{cases} 0 & (k \text{ が奇数のとき}), \\ \dfrac{k!}{2^{k/2}(k/2)!}\sigma^k & (k \text{ が偶数のとき}) \end{cases}$$

になる (演習問題 4-9 参照).

例 4.5.6　確率変数 X が指数分布 $\mathrm{Exp}(\lambda)$ に従うとき，X の m.g.f. は (4.4.3) から

$$g_X(\theta) = \int_0^{\infty} \frac{1}{\lambda} \exp\left\{-\left(\frac{1}{\lambda} - \theta\right)x\right\} dx = \frac{1}{1 - \lambda\theta} \quad \left(\theta < \frac{1}{\lambda}\right) \tag{4.5.10}$$

になる．そこで，(4.5.10) を θ で微分することによって $\mu'_1 = E(X) = g'_X(0) = \lambda$, $\mu'_2 = E(X^2) = g''_X(0) = 2\lambda^2$ になり，同様にして高次の積率を得ることができる (第 4.4 節参照).

注意 4.5.1　定理 4.5.1 より，r.v. X の m.g.f. が存在すれば，任意の次数の積率が存在する．しかし，逆は成り立たない．たとえば，r.v. $X \sim N(0,1)$ とするとき，$Y = X^4$ とおくと例 4.5.5 より Y の任意の次数の積率が存在するが，Y の m.g.f. は存在しない．

演習問題 4

1. r.v. X の c.d.f. を F_X とし，c を任意の定数とするとき，次のことを示せ．

(1) $P_X\{X = c\} = F_X(c) - F_X(c-0)$．ただし，$F_X(c-0) = \lim_{\varepsilon \downarrow 0} F_X(c-\varepsilon)$ とする．

(2) X を連続型とすれば，$P_X\{X = c\} = 0$ である．

2. r.v. X が p.m.f. $f_X(x) = 1/N$ $(x = 1, 2, \cdots, N)$ をもつ**離散一様分布** (discrete uniform distribution) に従うとする．

(1) X の平均 $E(X)$，分散 $V(X)$，標準偏差 $D(X)$ の値を求めよ．

(2) X の c.d.f. F_X を求めよ．

3. r.v. X の c.d.f. を F_X とし，X の平均 $E(X)$ が有限確定で X が p.d.f. を持つならば

$$E(X) = \int_0^{\infty} \{1 - F_X(x)\}dx - \int_{-\infty}^{0} F_X(x)dx$$

であることを示せ (ヒント：部分積分を用いよ)．

4. r.v. X の c.d.f. F_X が次のように与えられているとする．

x	$x < -1$	$-1 \leq x < 0$	$0 \leq x < 2$	$2 \leq x < 3$	$x \geq 3$
$F_X(x)$	0	1/12	7/12	2/3	1

(1) X の p.m.f. f_X を求め，図示せよ．

(2) X の平均 $E(X)$，分散 $V(X)$，標準偏差 $D(X)$ の値を求めよ．

5. r.v. X が p.m.f.

$$f_X(x) = pq^x \quad (x = 0, 1, 2, \cdots; 0 < p < 1, q = 1 - p)$$

をもつ幾何分布に従うとする (補遺の A.4.3 参照)．

(1) X の c.d.f. F_X を求め，それが第 4.1 節の c.d.f. の性質 (i)，(ii)，(iii) を満たすことを示せ．

(2) X の平均 $E(X)$，分散 $V(X)$，標準偏差 $D(X)$ の値を求めよ．

6. 機器の寿命を表す r.v. T の p.d.f. を f_T，c.d.f. を F_T とする．いま，T が指数分布 $\mathrm{Exp}(\lambda)$ に従うとする．

(1) **信頼度関数** (reliability function) $R(t) = 1 - F_T(t)$ $(t \geq 0)$ を求めよ．

(2) **ハザード比** (hazard ratio)$H(t) = f_T(t)/R(t)$ $(t > 0)$ を求めよ．（ハザード比は，時刻 t まで動いていた機器がちょうど時刻 t で故障する c.p.d.f. を表す．）

7. r.v. X が p.d.f.

$$f_X(x) = \frac{e^{-x}}{(1+e^{-x})^2} \quad (-\infty < x < \infty)$$

をもつ**ロジスティック分布** (logistic distribution) に従うとする．

(1) X の c.d.f.F_X を求めよ．

(2) F_X が c.d.f. の性質 (i)，(ii)，(iii) を満たすことを示せ．

8. 2項分布 $B(n,p)$，ポアソン分布 $\mathrm{Po}(\lambda)$，正規分布 $N(\mu,1)$ が1母数指数型分布族に属することを示せ．

9. r.v. X について，次のことを示せ．

(1) $X \sim N(\mu, \sigma^2)$ であるとき，X の m.g.f. は $g_X(\theta) = e^{\mu\theta + \frac{\sigma^2}{2}\theta^2}$ であり，$\mu = 0$，$\sigma^2 = 1$ のとき

$$E(X^k) = \begin{cases} 0 & (k \text{ が奇数のとき}), \\ \dfrac{k!}{2^{k/2}(k/2)!} & (k \text{ が偶数のとき}) \end{cases}$$

である．

(2) $X \sim \text{T-Exp}(0,\lambda)$ （両側指数分布）であるとき，X の m.g.f. は

$$g_X(\theta) = (1 - \lambda^2\theta^2)^{-1} \quad (|\theta| < 1/\lambda)$$

である．

10. r.v. X の m.g.f. を $g_X(\theta)$ $(|\theta| < \varepsilon)$ とするとき，$K_X(\theta) = \log g_X(\theta)$ を X の**キュムラント母関数** (cumulant generating function) という．$K_X(\theta)$ を $\theta = 0$ の周りでテイラー展開したものを $K_X(\theta) = \sum_{j=1}^{\infty} \kappa_j \theta^j / j!$ としたとき，κ_j は X の j 次の**キュムラント** (cumulant) と呼ばれている．このとき，$\kappa_1 = E(X)$，$\kappa_2 = V(X)$，$\kappa_3 = E[\{X - E(X)\}^3]$，$\kappa_4 = E[\{X - E(X)\}^4] - 3\kappa_2^2$ であることを示せ．

11. r.v. $X \sim N(0,1)$ とし，r.v. Y の p.m.f. f_Y を

y	$-\sqrt{3}$	0	$\sqrt{3}$
$f_Y(y)$	$1/6$	$2/3$	$1/6$

とする．このとき，$E(X^r) = E(Y^r)$ $(r = 1,2,3,4,5)$ であることを示せ．

12. r.v. $X \sim N(\mu,1)$ $(\mu > 0)$ とし，$g(x) = e^{x^2/2}\int_x^{\infty} e^{-t^2/2}dt$ とするとき，$E[g(X)] = 1/\mu$ であることを示せ．

第 5 章
統計量の性質と分布

本章では，確率変数の独立性について論じた上に，ある母数をもつ母集団分布からの無作為標本の関数，すなわち統計量の性質について考え，その分布を適当な変数変換によって求める．また，統計量は標本の縮約と見なすことができるので，標本がもつ母数に関する情報を損失しないような適切な統計量，すなわち十分統計量について考えよう．さらに，母集団分布が母数をもたないような場合には，無作為標本を大きさの順に並べかえた統計量，すなわち順序統計量が重要になり，それに関する分布について考えよう．

5.1 多変量分布

2 つの確率変数 $X = X(\omega)$，$Y = Y(\omega)$ について，これらを成分としてもつベクトル (X, Y) を (2 次元) **確率ベクトル** (random vector) という．ここで，一般に，確率変数を成分にもつベクトルを確率ベクトルという．このとき，任意の $(x, y) \in \boldsymbol{R}^2$ について

$$F_{X,Y}(x,y) = P\left(\{\omega | X(\omega) \leq x,\ Y(\omega) \leq y\}\right) = P_{X,Y}\{X \leq x,\ Y \leq y\} \tag{5.1.1}$$

によって，$F_{X,Y}$ を定義して，これを (X, Y) の**同時累積分布関数** (joint(j.)c.d.f.) という [1]．また，(5.1.1) より

$$F_X(x) = \lim_{y \to \infty} F_{X,Y}(x,y) = P_{X,Y}\{X \leq x,\ Y < \infty\} = P_X\{X \leq x\},\ x \in \boldsymbol{R}^1,$$

$$F_Y(y) = \lim_{x \to \infty} F_{X,Y}(x,y) = P_{X,Y}\{X < \infty,\ Y \leq y\} = P_Y\{Y \leq y\},\ y \in \boldsymbol{R}^1$$

を X，Y のそれぞれの**周辺累積分布関数** (marginal(m.)c.d.f.) として 定義する．さらに，(X, Y) の j.c.d.f. $F_{X,Y}$ は, 第 4.1 節の 1 変量の場合と同様の性質をもつ (補遺 A.5.1 節参照).

---

[1] 注意 4.1.1 と同様にして，P から $\boldsymbol{R}^2$ のボレル集合族 $\mathcal{B}^2$ 上に確率 $P_{X,Y}$ を導くことができ，$(\boldsymbol{R}^2, \mathcal{B}^2, P_{X,Y})$ が確率空間になる．

次に，2つの確率変数 X，Y のそれぞれの標本空間を

$$\mathcal{X} = \{x_1, x_2, \cdots, x_i, \cdots\}, \quad \mathcal{Y} = \{y_1, y_2, \cdots, y_j, \cdots\}$$

とすれば，2次元確率ベクトル (X,Y) の標本空間は，$\mathcal{X}$ と $\mathcal{Y}$ の直積空間

$$\mathcal{X} \times \mathcal{Y} = \{(x,y)|x = x_i \ (i = 1, 2, \cdots), \ y = y_j \ (j = 1, 2, \cdots)\}$$

になる[2)]．いま，第4.1節の1次元の場合と同様にして

$$\sum_{i=1}^{\infty}\sum_{j=1}^{\infty} P_{X,Y}\{X = x_i, \ Y = y_j\} = 1 \tag{5.1.2}$$

とするとき，$\boldsymbol{R}^2$ 上の関数 $f_{X,Y}(x,y) = P_{X,Y}\{X = x, \ Y = y\}$ を (X,Y) の**同時確率量関数** (joint(j.)p.m.f.) または 同時確率関数 (joint p.f.) といい[3)]，$P_{X,Y}$ を (X,Y) の **2変量離散型** (確率) **分布**[4)] という．また，(5.1.2) となる (X,Y) を (2次元) **離散型確率ベクトル** (discrete random vector) という．

注意 5.1.1　(X,Y) が離散型の場合に，確率空間 $(\boldsymbol{R}^2, \mathcal{B}^2, P_{X,Y})$ において，任意の $B \in \mathcal{B}^2$ に対して $P_{X,Y}(B) = \sum_{(x,y)\in B} f_{X,Y}(x,y)$ になる．

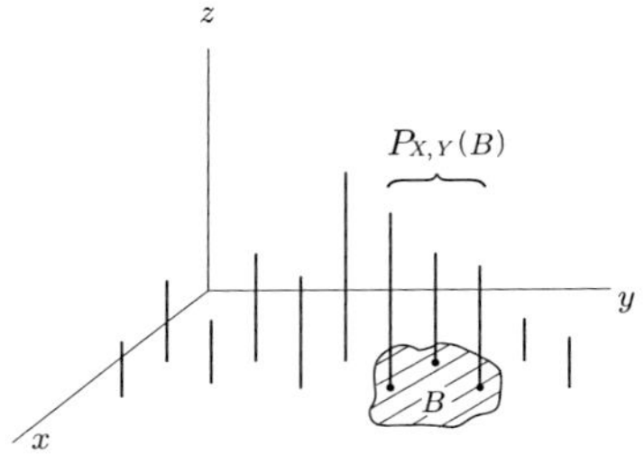

図 5.1.1　確率ベクトル (X,Y) の j.p.m.f. と確率 $P_{X,Y}(B) = P_{X,Y}\{(X,Y) \in B\}$

また，(X,Y) の j.c.d.f. $F_{X,Y}$ は，任意の $(x,y) \in \boldsymbol{R}^2$ について

$$F_{X,Y}(x,y) = \sum_{x_i \le x}\sum_{y_j \le y} f_{X,Y}(x_i, y_j)$$

になる．そして，

$$f_X(x) = \sum_{y\in\mathcal{Y}} f_{X,Y}(x,y) = \sum_{j=1}^{\infty} f_{X,Y}(x, y_j), \quad x \in \mathcal{X},$$

---

2) $\mathcal{X} = \{x_1, \cdots, x_m\}$, $\mathcal{Y} = \{y_1, \cdots, y_n\}$ の場合も同様にして $\mathcal{X} \times \mathcal{Y}$ を考える．

3) $f_{X,Y}(x,y) = 0$ $((x,y) \notin \mathcal{X} \times \mathcal{Y})$ となるから，$f_{X,Y}$ を $\mathcal{X} \times \mathcal{Y}$ においてのみ考えることが多い．

4) 単に，(X,Y) の同時分布ともいう．

$$f_Y(y) = \sum_{x \in \mathcal{X}} f_{X,Y}(x, y) = \sum_{i=1}^{\infty} f_{X,Y}(x_i, y), \quad y \in \mathcal{Y}$$

によって，X，Y のそれぞれの**周辺確率量関数** (marginal(m.) p.m.f.) を定義する．

例 5.1.1　2人の学生I君，J君の統計学の成績をそれぞれ X，Y とし，ただし，成績A，B，C，Dは数値化して，それぞれ2，1，0，-1 とすれば，(X, Y) の標本空間は $\{(x, y) \mid x = -1, 0, 1, 2;\ y = -1, 0, 1, 2\}$ になる．いま，(X, Y) の j.p.m.f. $f_{X,Y}$ が表5.1.1で与えられているとする．

表 5.1.1　(X, Y) の j.p.m.f. $f_{X,Y}(x, y)$

$x \setminus y$	-1	0	1	2	横計
-1	0.01	0.03	0.04	0.02	0.10
0	0.02	0.06	0.08	0.04	0.20
1	0.06	0.18	0.24	0.12	0.60
2	0.01	0.03	0.04	0.02	0.10
縦計	0.10	0.30	0.40	0.20	1.00

ただし，表中の値で，たとえば0.12は，$f_{X,Y}(1, 2) = 0.12$ であることを意味する．このとき，表5.1.1の横計，縦計より X, Y のそれぞれの m.p.m.f. f_X，f_Y を下表のように得る．

表 5.1.2　X の m.p.m.f. f_X

x	-1	0	1	2
$f_X(x)$	0.10	0.20	0.60	0.10

表 5.1.3　Y の m.p.m.f. f_Y

y	-1	0	1	2
$f_Y(y)$	0.10	0.30	0.40	0.20

次に，確率ベクトル (X, Y) の j.c.d.f. $F_{X,Y}$ が，任意の $(x, y) \in \boldsymbol{R}^2$ について

$$F_{X,Y}(x, y) = P_{X,Y}\{X \leq x,\ Y \leq y\} = \int_{-\infty}^{x} \int_{-\infty}^{y} f_{X,Y}(t, u)\,dtdu \qquad (5.1.3)$$

のように積分表示できるとき，$P_{X,Y}$ を**2変量連続型** (確率) **分布**といい，$f_{X,Y}$ を (X, Y) の**同時確率密度関数** (joint(j.)p.d.f.) という．また，(5.1.3) となる (X, Y) を**連続型確率ベクトル** (continuous random vector) という．さらに，j.p.d.f. $f_{X,Y}$ は

$$f_{X,Y}(x, y) \geq 0,\ (x, y) \in \boldsymbol{R}^2; \quad \int_{-\infty}^{\infty} \int_{-\infty}^{\infty} f_{X,Y}(x, y)\,dxdy = 1 \qquad (5.1.4)$$

を満たす．そして，$f_{X,Y}$ の連続点 (x,y) において $\partial^2 F(x,y)/\partial x \partial y = f_{X,Y}(x,y)$ が成り立つ．ここで，

$$f_X(x) = \int_{-\infty}^{\infty} f_{X,Y}(x,y)dy, \quad f_Y(y) = \int_{-\infty}^{\infty} f_{X,Y}(x,y)dx$$

をそれぞれ X, Y の**周辺確率密度関数** (m.p.d.f.) という．

一般に，$k \geq 2$ として，k 個の確率変数 $X_i = X_i(\omega)$ $(i = 1, \cdots, k)$ について，これらを成分としてもつベクトル $\boldsymbol{X} = (X_1, \cdots, X_k)$ を k 次元確率ベクトルという．このとき，2 次元確率ベクトル (X, Y) の場合と同様に，任意の $\boldsymbol{x} = (x_1, \cdots, x_k) \in \boldsymbol{R}^k$ に対して

$$\begin{aligned} F_{\boldsymbol{X}}(\boldsymbol{x}) =& P(\{\omega | X_1(\omega) \leq x_1, \cdots, X_k(\omega) \leq x_k\}) \\ =& P_{\boldsymbol{X}}\{X_1 \leq x_1, \cdots, X_k \leq x_k\} \end{aligned}$$

によって，$F_{\boldsymbol{X}}$ を定義して，これを $\boldsymbol{X}$ の j.c.d.f. という[5)]．また，各 i について

$$\begin{aligned} F_{X_i}(x_i) =& \lim_{x_1 \to \infty} \cdots \lim_{x_{i-1} \to \infty} \lim_{x_{i+1} \to \infty} \cdots \lim_{x_k \to \infty} F_{\boldsymbol{X}}(\boldsymbol{x}) \\ =& P_{\boldsymbol{X}}\{X_1 < \infty, \cdots, X_{i-1} < \infty, X_i \leq x_i, X_{i+1} < \infty, \cdots, X_k < \infty\} \\ =& P_{X_i}\{X_i \leq x_i\}, \quad x_i \in \boldsymbol{R}^1 \end{aligned}$$

を X_i の m.c.d.f. として定義する．また，2 変量分布の場合と同様に，離散型の場合と連続型の場合に分けて考える．

(i) 離散型の場合　k 次元確率ベクトル $\boldsymbol{X} = (X_1, \cdots, X_k)$ の標本空間を $\mathcal{X}^k = \{\boldsymbol{x}_i = (x_{1i}, \cdots, x_{ki}) | i = 1, 2, \cdots\}$ として

$$\sum_{\boldsymbol{x} \in \mathcal{X}^k} P_{\boldsymbol{X}}\{\boldsymbol{X} = \boldsymbol{x}\} = 1 \tag{5.1.5}$$

とするとき，$\boldsymbol{R}^k$ 上の関数 $f_{\boldsymbol{X}}(\boldsymbol{x}) = P_{\boldsymbol{X}}\{\boldsymbol{X} = \boldsymbol{x}\}$ を $\boldsymbol{X}$ の j.p.m.f. といい[6)]，$P_{\boldsymbol{X}}$ を $\boldsymbol{X}$ の ***k* 変量離散型** (確率) **分布**という．そして，(5.1.5) となる $\boldsymbol{X}$ を k 次元離散型確率ベクトルという．また，$k = 2$ の場合と同様にして, $\boldsymbol{X}$ の j.c.d.f. $F_{\boldsymbol{X}}$ は任意の $\boldsymbol{x} = (x_1, \cdots, x_k) \in \boldsymbol{R}^k$ について

$$F_{\boldsymbol{X}}(\boldsymbol{x}) = \sum_{x_{1j_1} \leq x_1} \cdots \sum_{x_{kj_k} \leq x_k} f_{\boldsymbol{X}}(x_{1j_1}, \cdots, x_{kj_k})$$

---

5) 注意 4.1.1 と同様にして P から $\boldsymbol{R}^k$ 上のボレル集合族 $\mathcal{B}^k$ 上に確率 $P_{\boldsymbol{X}}$ を導くことができ，$(\boldsymbol{R}^k, \mathcal{B}^k, P_{\boldsymbol{X}})$ が確率空間になる．

6) $f_{\boldsymbol{X}}(\boldsymbol{x}) = 0$ $(\boldsymbol{x} \notin \mathcal{X}^k)$ となるから，$f_{\boldsymbol{X}}$ を $\mathcal{X}^k$ 上においてのみ考えることが多い．

になる．

(ii) 連続型の場合 k 次元確率ベクトル $\boldsymbol{X} = (X_1, \cdots, X_k)$ の j.c.d.f. $F_{\boldsymbol{X}}$ が，任意の $\boldsymbol{x} = (x_1, \cdots, x_k) \in \boldsymbol{R}^k$ について

$$F_{\boldsymbol{X}}(\boldsymbol{x}) = P_{\boldsymbol{X}}\{X_1 \leq x_1, \cdots, X_k \leq x_k\}$$
$$= \int_{-\infty}^{x_1} \cdots \int_{-\infty}^{x_k} f_{\boldsymbol{X}}(t_1, \cdots, t_k) dt_1 \cdots dt_k \qquad (5.1.6)$$

のように積分表示できるとき，$P_{\boldsymbol{X}}$ を $\boldsymbol{X}$ の $\boldsymbol{k}$ **変量連続型** (確率) **分布**[7] といい，$f_{\boldsymbol{X}}$ を $\boldsymbol{X}$ の j.p.d.f. という．また，(5.1.6) となる $\boldsymbol{X}$ を k 次元連続型確率ベクトルという．さらに，j.p.d.f. $f_{\boldsymbol{X}}$ は

$$f_{\boldsymbol{X}}(\boldsymbol{x}) \geq 0,\ \boldsymbol{x} \in \boldsymbol{R}^k; \quad \int_{-\infty}^{\infty} \cdots \int_{-\infty}^{\infty} f_{\boldsymbol{X}}(x_1, \cdots, x_k) dx_1 \cdots dx_k = 1$$

を満たし，$f_{\boldsymbol{X}}$ の連続点 $\boldsymbol{x} = (x_1, \cdots, x_k)$ において

$$\frac{\partial^k F_{\boldsymbol{X}}(x_1, \cdots, x_k)}{\partial x_1 \cdots \partial x_k} = f_{\boldsymbol{X}}(x_1, \cdots, x_k)$$

が成り立つ．

次に，$\{1, \cdots, k\}$ の任意の部分集合を $\{i_1, \cdots, i_r\}$ $(1 \leq r < k)$ とし，その補集合を $\{j_1, \cdots, j_s\}$ $(1 \leq s < k)$ とする．このとき

$$f_{X_{i_1}, \cdots, X_{i_r}}(x_{i_1}, \cdots, x_{i_r}) = \begin{cases} \displaystyle\sum_{x_{j_1}} \cdots \sum_{x_{j_s}} f_{\boldsymbol{X}}(x_1, \cdots, x_k) & (\text{離散型}), \\ \displaystyle\int \cdots \int f_{\boldsymbol{X}}(x_1, \cdots, x_k) dx_{j_1} \cdots dx_{j_s} & (\text{連続型}) \end{cases}$$

によって定義される $f_{X_{i_1}, \cdots, X_{i_r}}$ をそれぞれ $(X_{i_1}, \cdots, X_{i_r})$ の m.p.m.f., m.p.d.f. という．

例 5.1.2 2 項分布は，1 回の試行の結果が成功と失敗の 2 通りしかない場合に，この試行を n 回独立に繰り返したとき，n 回のうち成功する回数の分布であった．これを拡張して，1 つの試行の結果が $E_1, \cdots, E_k$ の k 通りあるとし，各 E_i の起こる確率を p_i とする．ここで p_i $(i = 1, \cdots, k)$ の値は試行の繰り返しを通して一定であるとする．いま，n 回の独立な試行の結果のうち，各 E_i が起こる回数を X_i とすれば，$X_1, \cdots, X_k$ の j.p.m.f. は

[7] 単に，$\boldsymbol{X} = (X_1, \cdots, X_k)$ の同時分布ともいう．

$$f_{X_1,\cdots,X_k}(x_1,\cdots,x_k) = P_{X_1,\cdots,X_k}\{X_1 = x_1,\cdots,X_k = x_k\}$$
$$= \frac{n!}{x_1!\cdots x_k!}p_1^{x_1}\cdots p_k^{x_k} \tag{5.1.7}$$

になる．ただし，$x_1,\cdots,x_k$ は非負の整数で，$x_1+\cdots+x_k=n$ とし，また，$0<p_i<1$ $(i=1,\cdots,k)$，$p_1+\cdots+p_k=1$ とする．上の (5.1.7) の j.p.m.f. をもつ離散型分布を**多項分布** (multinomial distribution) または k 項分布といって，記号で $M_k(n;p_1,\cdots,p_k)$ で表す．なお，(5.1.7) の右辺の $p_1^{x_1}\cdots p_k^{x_k}$ の係数は $(p_1+\cdots+p_k)^n$ の多項展開の $p_1^{x_1}\cdots p_k^{x_k}$ の係数であることに注意．また，$k=2$ の場合，すなわち $M_2(n;p_1,p_2)$ は2項分布 $B(n,p_1)$ になる．

例 5.1.3　確率ベクトル (X,Y) の j.p.d.f. が

$$f_{X,Y}(x,y) = \frac{1}{2\pi\sigma_1\sigma_2\sqrt{1-\rho^2}}$$
$$\cdot\exp\left[-\frac{1}{2(1-\rho^2)}\left\{\frac{(x-\mu_1)^2}{\sigma_1^2} - 2\rho\frac{(x-\mu_1)(y-\mu_2)}{\sigma_1\sigma_2} + \frac{(y-\mu_2)^2}{\sigma_2^2}\right\}\right],$$
$$\left(\begin{array}{c}-\infty<x<\infty,\ -\infty<y<\infty,\ -\infty<\mu_1<\infty,\ -\infty<\mu_2<\infty,\\ 0<\sigma_1<\infty,\ \ 0<\sigma_2<\infty,\ \ |\rho|<1\end{array}\right) \tag{5.1.8}$$

であるとき，(X,Y) は**2変量正規分布** (bivariate normal distribution) $N_2(\mu_1,\mu_2,\sigma_1^2,\sigma_2^2,\rho)$ に従うという．ここで，

$$\boldsymbol{X} = (X,Y)',\quad \boldsymbol{x} = (x,y)',\quad \boldsymbol{\mu} = (\mu_1,\mu_2)',\quad \boldsymbol{\Sigma} = \begin{pmatrix}\sigma_1^2 & \rho\sigma_1\sigma_2\\ \rho\sigma_1\sigma_2 & \sigma_2^2\end{pmatrix} \tag{5.1.9}$$

とおけば，(5.1.8) は

$$f_{\boldsymbol{X}}(\boldsymbol{x}) = \frac{1}{2\pi|\boldsymbol{\Sigma}|^{1/2}}\exp\left\{-\frac{1}{2}(\boldsymbol{x}-\boldsymbol{\mu})'\boldsymbol{\Sigma}^{-1}(\boldsymbol{x}-\boldsymbol{\mu})\right\} \tag{5.1.10}$$

と書き直すことができる[8)]．ただし，$(\boldsymbol{x}-\boldsymbol{\mu})'$ は $\boldsymbol{x}-\boldsymbol{\mu}$ の転置を表す．また，X，Y のそれぞれの m.p.d.f. は

$N(\mu_1,\sigma_1^2)$，$N(\mu_2,\sigma_2^2)$ の p.d.f. になる．

8) k 変量正規分布については演習問題 5-5 参照．

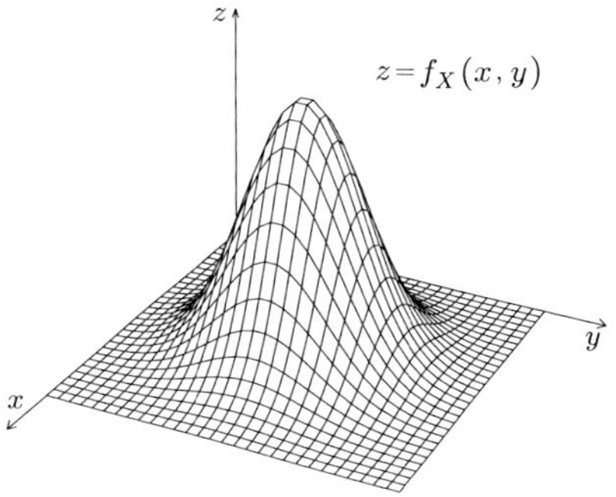

図 5.1.2　2 変量正規分布 $N_2(\mu_1, \mu_2, \sigma_1^2, \sigma_2^2, \rho)$ の p.d.f. $f_{X,Y}$

実際，$u = (y - \mu_2)/\sigma_2$ とおくと

$$f_X(x) = \int_{-\infty}^{\infty} \frac{1}{2\pi\sigma_1\sqrt{1-\rho^2}} \cdot \exp\left\{ -\frac{1}{2}\left(\frac{x-\mu_1}{\sigma_1}\right)^2 - \frac{1}{2(1-\rho^2)}\left(u - \rho\frac{x-\mu_1}{\sigma_1}\right)^2 \right\} du$$

になり，さらに $v = \{u - \rho(x-\mu_1)/\sigma_1\} / \sqrt{1-\rho^2}$ とおくと

$$f_X(x) = \frac{1}{\sqrt{2\pi}\sigma_1} e^{-\frac{(x-\mu_1)^2}{2\sigma_1^2}} \int_{-\infty}^{\infty} \frac{1}{\sqrt{2\pi}} e^{-\frac{v^2}{2}} dv = \frac{1}{\sqrt{2\pi}\sigma_1} e^{-\frac{(x-\mu_1)^2}{2\sigma_1^2}}$$

になり，X は $N(\mu_1, \sigma_1^2)$ に従う．同様にして Y が $N(\mu_2, \sigma_2^2)$ に従うことも示される．

例 5.1.4　　確率ベクトル (X, Y) の j.p.d.f. を

$$f_{X,Y}(x, y) = \begin{cases} \dfrac{1}{\pi^2} + \dfrac{1}{10}\cos x \cos y & (0 \leq x \leq \pi,\ 0 \leq y \leq \pi), \\ 0 & (\text{その他}) \end{cases}$$

とする．このとき，X，Y の周辺分布はともに一様分布 $U(0, \pi)$ になる．

次に，確率ベクトル (X, Y) の同時分布が与えられたとき，(X, Y) の実数値関数 $h(X, Y)$ の期待値は

$$E^{X,Y}\left[h(X,Y)\right]=\begin{cases}\sum_{i=1}^{\infty}\sum_{j=1}^{\infty}h(x_i,y_j)f_{X,Y}(x_i,y_j) & (\text{離散型}),\\ \int_{-\infty}^{\infty}\int_{-\infty}^{\infty}h(x,y)f_{X,Y}(x,y)dxdy & (\text{連続型})\end{cases}$$

になる．なお，上記において右辺の絶対値の無限級数，積分が有限確定になることを仮定しておく．特に $h(x,y)=h_1(x)$ のとき

$$E^{X,Y}\left[h_1(X)\right]=\begin{cases}\sum_{i=1}^{\infty}\sum_{j=1}^{\infty}h_1(x_i)f_{X,Y}(x_i,y_j)\\ =\sum_{i=1}^{\infty}h_1(x_i)f_X(x_i)=E^X[h_1(X)] & (\text{離散型}),\\ \int_{-\infty}^{\infty}\int_{-\infty}^{\infty}h_1(x)f_{X,Y}(x,y)dxdy\\ =\int_{-\infty}^{\infty}h_1(x)f_X(x)dx=E^X[h_1(X)] & (\text{連続型})\end{cases}$$

になるから，$h(X,Y)=h_1(X)$ の (X,Y) の同時分布による期待値は，それの X の周辺分布による期待値になる．また，$h(X,Y)=h_2(Y)$ のときも同様にして $E^{X,Y}[h(X,Y)]=E^Y[h_2(Y)]$ になる．よって，上記においては，期待値の記号 $E^{X,Y}$，E^X，E^Y でそれぞれ (X,Y)，X，Y の分布によることを区別して表したが，今後は単に E で表す．

次に，第 4.5 節の 1 変量の場合と同様にして，一般に $k\geq 2$ について，確率ベクトル $\boldsymbol{X}=(X_1,\cdots,X_k)$ の**同時積率母関数** (joint(j.)m.g.f.) を $\boldsymbol{0}=(0,\cdots,0)$ の近傍の点 $\boldsymbol{\theta}=(\theta_1,\cdots,\theta_k)$ について，すなわち $|\theta_i|<\varepsilon_i$ $(i=1,\cdots,k)$ なる $\boldsymbol{\theta}$ について，$g_{\boldsymbol{X}}(\boldsymbol{\theta})=E\left[\exp\left(\sum_{i=1}^k\theta_iX_i\right)\right]$ によって定義する．このとき，各 $j=1,\cdots,k$ について，$g_{\boldsymbol{X}}(0,\cdots,0,\theta_j,0,\cdots,0)=E[e^{\theta_jX_j}]$ を X_j の**周辺積率母関数** (marginal(m.)m.g.f.) という．そして，$1\leq\alpha_1\leq\cdots\leq\alpha_j\leq k$ となる任意の整数 $\alpha_1,\cdots,\alpha_j$ について，同様にして $(X_{\alpha_1},\cdots,X_{\alpha_j})$ の m.m.g.f. も定義できる．また，m.g.f. $g_{\boldsymbol{X}}(\theta)$ において非負の整数 $i_1,\cdots,i_k$ について期待値の記号下で $\theta_1,\cdots,\theta_k$ に関してそれぞれ i_1 回，$\cdots$，i_k 回偏微分可能ならば

$$\frac{\partial^{i_1+\cdots+i_k}}{\partial{\theta_1}^{i_1}\cdots\partial{\theta_k}^{i_k}}g_{\boldsymbol{X}}(\boldsymbol{\theta})=E\left[{X_1}^{i_1}\cdots{X_k}^{i_k}\exp\left(\sum_{i=1}^k\theta_iX_i\right)\right]$$

となるから

$$E\left[{X_1}^{i_1}\cdots{X_k}^{i_k}\right]=\left[\frac{\partial^{i_1+\cdots+i_k}}{\partial{\theta_1}^{i_1}\cdots\partial{\theta_k}^{i_k}}g_{\boldsymbol{X}}(\boldsymbol{\theta})\right]_{\boldsymbol{\theta}=\boldsymbol{0}}$$

になる．このことから，$\boldsymbol{X}$ の j.m.g.f. が存在すれば，これを $\theta_1, \cdots, \theta_k$ に関して偏微分することによって，その積率を求めることができる．

例 5.1.2(続) 確率ベクトル $\boldsymbol{X} = (X_1, \cdots, X_k)$ が (5.1.7) の j.p.d.f. をもつ多項分布 $M_k(n; p_1, \cdots, p_k)$ に従うとする．このとき，$\boldsymbol{X}$ の j.p.d.f. は

$$g_{\boldsymbol{X}}(\boldsymbol{\theta}) = \left(p_1 e^{\theta_1} + \cdots + p_k e^{\theta_k}\right)^n$$

になる．ここで，各 $j = 1, \cdots, k$ について

$$g_{\boldsymbol{X}}(0, \cdots, 0, \theta_j, 0, \cdots, 0) = \left\{p_j e^{\theta_j} + (1 - p_j)\right\}^n$$

となるから，例 4.5.3 より X_j は 2 項分布 $B(n, p_j)$ に従い，$E(X_j) = np_j$, $V(X_j) = np_j(1 - p_j)$ になる．また，$i \neq j$ について

$$\frac{\partial^2}{\partial\theta_i \partial\theta_j} g_{\boldsymbol{X}}(\theta) = n(n-1)p_i p_j e^{\theta_i + \theta_j} \left(p_1 e^{\theta_1} + \cdots + p_k e^{\theta_k}\right)^{n-2}$$

となるから

$$E(X_i X_j) = \left[\frac{\partial^2}{\partial\theta_i \partial\theta_j} g_{\boldsymbol{X}}(\theta)\right]_{\boldsymbol{\theta} = \boldsymbol{0}} = n(n-1)p_i p_j$$

になり，

$$E(X_i X_j) - E(X_i)E(X_j) = -np_i p_j \quad (i \neq j)$$

となる．これは X_i，X_j の共分散と呼ばれるものである (第 5.2 節参照)．

5.2 条件付分布と独立性

確率ベクトル (X, Y) の同時分布と X, Y のそれぞれの周辺分布から条件付分布を考える．まず，(X, Y) の j.p.m.f. または j.p.d.f. を $f_{X,Y}$ とし，X，Y のそれぞれの m.p.m.f. または m.p.d.f. を f_X, f_Y とする．

定義 5.2.1 $f_X(x) > 0$ となる x について

$$f_{Y|X}(y|x) = \frac{f_{X,Y}(x, y)}{f_X(x)} \tag{5.2.1}$$

による $f_{Y|X}$ を, $X = x$ を与えたときの Y の**条件付確率量関数** (conditional (c.)p.m.f.) または**条件付確率密度関数** (c.p.d.f.) という．

また，同様にして $f_Y(y) > 0$ となる y について

$$f_{X|Y}(x|y) = \frac{f_{X,Y}(x,y)}{f_Y(y)} \tag{5.2.2}$$

によって，$Y = y$ を与えたときの X の c.p.m.f. または c.p.d.f. を定義する．そして，c.p.m.f. または c.p.d.f. をもつ分布を**条件付分布** (conditional distribution) という．このとき，(5.2.1)，(5.2.2) より

$$f_{X,Y}(x,y) = f_{Y|X}(y|x)f_X(x) = f_{X|Y}(x|y)f_Y(y)$$

が成り立つ．さらに，(5.2.1) より $X = x$ を与えたときの Y の**条件付累積分布関数** (c.c.d.f.) を $F_{Y|X}(y|x) = \sum_{y' \leq y} f_{Y|X}(y'|x); = \int_{-\infty}^{y} f_{Y|X}(y'|x)dy'$ で定義し，そして，(5.2.2) より $Y = y$ を与えたときの X の c.c.d.f. $F_{X|Y}$ も同様にして定義する．

次に，$X = x$ を与えたときの Y の**条件付平均** (期待値)(conditional mean (expectation)) を

$$E(Y|x) = \begin{cases} \displaystyle\sum_y y f_{Y|X}(y|x) & \text{(離散型)}, \\ \displaystyle\int_{-\infty}^{\infty} y f_{Y|X}(y|x)dy & \text{(連続型)} \end{cases}$$

によって定義し，また，$X = x$ を与えたときの Y の**条件付分散** (conditional variance) を

$$V(Y|x) = E\left[\{Y - E(Y|x)\}^2 \middle| x\right] = E\left(Y^2|x\right) - \{E\left(Y|x\right)\}^2$$

によって定義する．

定理 5.2.1　確率ベクトル (X,Y) について，$E(Y)$，$E(Y|X)$ が存在すれば

$$E[E(Y|X)] = E(Y)$$

が成り立つ．

証明　確率変数 X，Y がともに連続型である場合に，(X,Y) の j.p.d.f. を $f_{X,Y}$ とし，$X = x$ を与えたときの Y の c.p.d.f. を $f_{Y|X}$ とし，X の m.p.d.f. を f_X とする．このとき

$$E[E(Y|X)] = \int_{-\infty}^{\infty} \left\{\int_{-\infty}^{\infty} y f_{Y|X}(y|x)dy\right\} f_X(x)dx$$

$$= \int_{-\infty}^{\infty}\int_{-\infty}^{\infty} y f_{X,Y}(x,y)dxdy = E(Y)$$

となる．また，X，Y がともに離散型である場合にも同様に示される．□

注意 5.2.1 定理 5.2.1 の命題は，もっと一般に $\boldsymbol{R}^1$ 上の実数値関数[9] $h(y)$ について $E[h(Y)]$, $E[h(Y)|X]$ が存在すれば，$E[E[h(Y)|X]] = E[h(Y)]$ が成り立つ．証明は定理 5.2.1 の場合と同様にできる．

注意 5.2.2 $\boldsymbol{R}^1$ 上の実数値関数[10] g, h について

$$E\left[g(X)h(Y)|X\right] = g(X)E[h(Y)|X]$$

が成り立つ．

例 5.1.1 (続)$_1$ 2 人の学生の I 君，J 君の成績をそれぞれ X，Y としたとき，(X,Y) の j.p.m.f. $f_{X,Y}$ は表 5.1.1 によって与えられていた．そこで，$X=1$ が与えられたとき，Y の c.p.m.f. $f_{Y|X}$ を求めよう．まず，表 5.1.2 の X の m.p.m.f. f_X より $f_X(1) = 0.60$ であるから，表 5.1.1 から $f_{Y|X}$ は次のようになる．

表 5.2.1 c.p.m.f. $f_Y(\cdot|1)$

y	-1	0	1	2
$f_Y(y\|1)$	0.1	0.3	0.4	0.2

例 5.1.3 (続)$_1$ 確率ベクトル (X,Y) が 2 変量正規分布 $N_2(\mu_1,\mu_2,\sigma_1^2,\sigma_2^2,\rho)$ に従うとすれば，X の周辺分布は $N(\mu_1,\sigma_1^2)$ になる．そこで，(5.1.8) より $X=x$ を与えたときの Y の c.p.d.f. は

$$f_{Y|X}(y|x) = \frac{f_{X,Y}(x,y)}{f_X(x)}$$

$$= \frac{1}{\sqrt{2\pi}\sigma_2\sqrt{1-\rho^2}}\exp\left[-\frac{1}{2\sigma_2^2(1-\rho^2)}\left\{y-\mu_2-\frac{\rho\sigma_2}{\sigma_1}(x-\mu_1)\right\}^2\right]$$

になり，これは正規分布 $N\left(\mu_2+(\rho\sigma_2/\sigma_1)(x-\mu_1),\ \sigma_2^2(1-\rho^2)\right)$ の p.d.f. である．このとき，条件付平均は $E(Y|x) = \mu_2 + (\rho\sigma_2/\sigma_1)(x-\mu_1)$ になり，これを $X=x$ による Y の**回帰直線**といい，$\rho\sigma_2/\sigma_1$ を**回帰係数** (regression

[9] 厳密には可測関数 (注意 4.1.1 参照).
[10] 厳密には可測関数 (注意 4.1.1 参照).

coefficient) という．また，2 変量正規分布の p.d.f. $f_{X,Y}$ は x と y (および添字 1 と 2) に関して対称であるから，$Y=y$ を与えたときの X の条件付分布は $N\left(\mu_1+(\rho\sigma_1/\sigma_2)(y-\mu_2),\ \sigma_1^2(1-\rho^2)\right)$ になる．具体的には，大学入試において受験生のセンター入試のような共通試験の成績を X とし，A 大学で行う個別入学試験の成績を Y とする．このとき，(X,Y) の同時分布が $N_2\left(\mu_1,\mu_2,\sigma_1^2,\sigma_2^2,\rho\right)$ で近似できれば，ある受験生の共通試験の成績 $X=x$ が分かったときに，Y の条件付平均 $E(Y|x)$ によって，その受験生の A 大学の個別試験の成績 Y を予測できる．

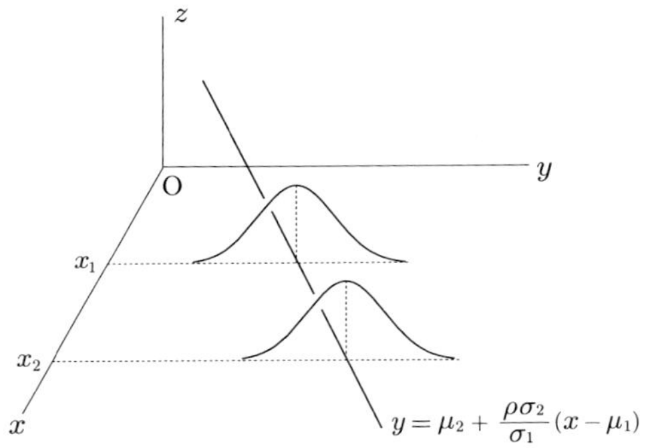

図 5.2.1　X による Y の回帰直線 $y=\mu_2+\dfrac{\rho\sigma_2}{\sigma_1}(x-\mu_1)$

問 5.2.1　ある大学の入学試験において，共通試験 (800 点満点) の成績を X，個別試験 (600 点満点) の成績を Y とし，$(X,Y)\sim N_2\left(560,370,70^2,30^2,0.65\right)$ で近似できるとする．ある受験生が共通試験で 650 点を取ったとするとき，個別入試の成績を予測せよ．

定義 5.2.2　確率ベクトル (X,Y) の j.p.m.f. または j.p.d.f. $f_{X,Y}$ について，X，Y のそれぞれの m.p.m.f. または m.p.d.f. を f_X，f_Y とするとき，任意の実数 x，y について

$$f_{X,Y}(x,y)=f_X(x)f_Y(y) \tag{5.2.3}$$

ならば，確率変数 X,Y は (たがいに) **独立** (independent) であるという．

また, (X, Y) の j.c.d.f. $F_{X,Y}$ について, X, Y それぞれの m.c.d.f. を F_X, F_Y とする. このとき, X, Y の独立性は, 任意の実数 x, y について

$$F_{X,Y}(x, y) = F_X(x)F_Y(y)$$

であることと同値になる. さらに, X, Y の独立性は (5.2.1), (5.2.3) より $f_{X|Y}(x|y) = f_X(x)$ になり, $Y = y$ を与えたときの X の c.p.m.f. または c.p.d.f. は y に無関係になること, すなわち X の条件付分布は Y の生起には影響しないことを意味し, また X と Y を入れかえれば, Y の条件付分布は X の生起にも影響しないことを意味する.

問 5.2.2　例 5.1.4 において, X, Y がたがいに独立であるかどうか調べよ.

注意 5.2.3　確率変数 X, Y がたがいに独立であれば, $\boldsymbol{R}^1$ 上の実数値関数[11] g, h について $g(X)$, $h(Y)$ もたがいに独立になる.

上記のことは, $k > 2$ のときに, k 次元確率ベクトル $\boldsymbol{X} = (X_1, \cdots, X_k)$ の場合に拡張できる. まず, $\boldsymbol{X}$ の j.p.m.f. または j.p.d.f. を $f_{\boldsymbol{X}}$ とし, 各 X_i の m.p.m.f. または m.p.d.f. を f_{X_i} とすれば, 任意の $\boldsymbol{x} = (x_1, \cdots, x_k) \in \boldsymbol{R}^k$ について

$$f_{\boldsymbol{X}}(\boldsymbol{x}) = f_{X_1}(x_1) \cdots f_{X_k}(x_k)$$

であるとき, $X_1, \cdots, X_k$ は (たがいに) **独立**であるという. また, $\boldsymbol{X}$ の j.c.d.f. を $F_{\boldsymbol{X}}$ とし, 各 X_i の m.c.d.f. を F_{X_i} とすれば, $X_1, \cdots, X_k$ がたがいに独立であるとき, 任意の $\boldsymbol{x} \in \boldsymbol{R}^k$ について $F_{\boldsymbol{X}}(\boldsymbol{x}) = F_{X_1}(x_1) \cdots F_{X_k}(x_k)$ が成り立つ.

注意 5.2.4　$k \geq 2$ のとき, $\boldsymbol{X}$ の j.m.g.f. を $g_{\boldsymbol{X}}(\boldsymbol{\theta})$ とし, 各 X_i の m.m.g.f. を $g_{X_i}(\theta_i)$ とすれば, $X_1, \cdots, X_k$ の独立性は $g_{\boldsymbol{X}}(\boldsymbol{\theta}) = \prod_{i=1}^k g_{X_i}(\theta_i)$ であることと同値になる[12]. ただし, $\boldsymbol{\theta} = (\theta_1, \cdots, \theta_k)$ で $|\theta_i| < \varepsilon_i$ $(i = 1, \cdots, k)$ とする.

注意 5.2.5　確率変数列 $X_1, X_2, \cdots, X_n, \cdots$ について, この列の任意の有限個の確率変数 $X_{i_1}, \cdots, X_{i_k}$ $(1 \leq i_1 < \cdots < i_k)$ がたがいに**独立**ならば, この確率変数列は (たがいに) 独立であるという.

---

11) 厳密には可測関数 (注意 4.1.1 参照).

12) ここで, $\prod$ は積の記号で $\prod_{i=1}^k g_{X_i} = g_{X_1} \cdots g_{X_k}$ とする.

注意 5.2.6　$k \geq 2$ のときに，k 次元確率ベクトル $\boldsymbol{X} = (X_1, \cdots, X_k)$ について，$\{1, \cdots, k\}$ の任意の部分集合を $\{i_1, \cdots, i_r\}$ $(1 \leq r < k)$ とし，その補集合を $\{j_1, \cdots, j_s\}$ $(1 \leq s < k)$ とする．このとき，$X_{i_1} = x_{i_1}, \cdots, X_{i_r} = x_{i_r}$ を与えたときの $X_{j_1}, \cdots, X_{j_s}$ の c.p.m.f. または c.p.d.f. を

$$f_{X_{j_1}, \cdots, X_{j_s} | X_{i_1}, \cdots, X_{i_r}}(x_{j_1}, \cdots, x_{j_s} | x_{i_1}, \cdots, x_{i_r}) = \frac{f_{\boldsymbol{X}}(\boldsymbol{x})}{f_{X_{i_1}, \cdots, X_{i_r}}(x_{i_1}, \cdots, x_{i_r})}$$

によって定義する．ただし，$f_{X_{i_1}, \cdots, X_{i_r}}(x_{i_1}, \cdots, x_{i_r}) > 0$ とし，$\boldsymbol{x} = (x_1, \cdots, x_k)$ とする．特に，$X_1, \cdots, X_k$ がたがいに独立とすれば

$$f_{X_{j_1}, \cdots, X_{j_s} | X_{i_1}, \cdots, X_{i_r}}(x_{j_1}, \cdots, x_{j_s} | x_{i_1}, \cdots, x_{i_r}) = \prod_{l=1}^{s} f_{X_{j_l}}(x_{j_l})$$

となり，$(x_{i_1}, \cdots, x_{i_r})$ に無関係になる．よって，$(X_{j_1}, \cdots, X_{j_s})$ の分布は $(X_{i_1}, \cdots, X_{i_r})$ の生起には影響しない．また，$k = 2$ の場合と同様にして，上記の定義から $X_{i_1} = x_{i_1}, \cdots, X_{i_r} = x_{i_r}$ を与えたときの $X_{j_1}, \cdots, X_{j_s}$ の c.c.d.f. を

$$\begin{aligned} &F_{X_{j_1}, \cdots, X_{j_s} | X_{i_1}, \cdots, X_{i_r}}(x_{j_1}, \cdots, x_{j_s} | x_{i_1}, \cdots, x_{i_r}) \\ &= \begin{cases} \displaystyle\sum_{x'_{j_1} \leq x_{j_1}} \cdots \sum_{x'_{j_s} \leq x_{j_s}} f_{X_{j_1}, \cdots, X_{j_s} | X_{i_1}, \cdots, X_{i_r}}(x'_{j_1}, \cdots, x'_{j_s} | x_{i_1}, \cdots, x_{i_r}) \\ \displaystyle\int_{-\infty}^{x_{j_1}} \cdots \int_{-\infty}^{x_{j_s}} f_{X_{j_1}, \cdots, X_{j_s} | X_{i_1}, \cdots, X_{i_r}}(x'_{j_1}, \cdots, x'_{j_s} | x_{i_1}, \cdots, x_{i_r}) dx'_{j_1} \cdots dx'_{j_s} \end{cases} \end{aligned}$$

で定義する．

一般には，2 つの確率変数 X, Y はたがいに独立とは限らないから，X，Y の間の関係の度合を表す量として

$$\mathrm{Cov}(X, Y) = E\left[\{X - E(X)\}\{Y - E(Y)\}\right]$$

によって，X，Y の**共分散** (covariance) を定義する．また，$\mathrm{Cov}(X, Y) = \mathrm{Cov}(Y, X)$ であり，$\mathrm{Cov}(X, Y) = E(XY) - E(X)E(Y)$ より，実数値をとることに注意．そして，X，Y のそれぞれの分散が正値で有限確定，すなわち，$0 < \sigma_X^2 = V(X) < \infty$，$0 < \sigma_Y^2 = V(Y) < \infty$，$\sigma_{X,Y} = \mathrm{Cov}(X, Y)$ とするとき

$$\rho_{X,Y} = \sigma_{X,Y} \Big/ \sqrt{\sigma_X^2 \sigma_Y^2} = \sigma_{X,Y} / (\sigma_X \sigma_Y)$$

によって，X，Y の**相関係数** (correlation coefficient) を定義する．ただし，$\sigma_X = \sqrt{\sigma_X^2}$，$\sigma_Y = \sqrt{\sigma_Y^2}$ とする．また，

$$|\rho_{X,Y}| \leq 1 \tag{5.2.4}$$

である．実際，まず $E(X) = E(Y) = 0$ として一般性を失わないから，$Z = cX - Y$ とおく．ただし，c は任意の実数とする．このとき

$$0 \leq E(Z^2) = E(X^2)c^2 - 2E(XY)c + E(Y^2)$$

となり，これは，c を変数とみれば，2 次不等式であるから，判別式によって

$$\{E(XY)\}^2 \leq E(X^2)E(Y^2) \tag{5.2.5}$$

と同値になる．この不等式 (5.2.5) は**シュワルツの不等式** (Schwarz's inequality) とよばれている．ここで，(5.2.5) において等号が成立するための必要十分条件は

$$P\{Y = cX\} = 1 \tag{5.2.6}$$

になる．よって，(5.2.5) から $\rho_{X,Y}^2 \leq 1$ となり，(5.2.4) を得る．

次に，(5.2.4) において等号が成り立つ，すなわち $\rho_{X,Y} = \pm 1$ であるための必要十分条件について考える．まず，$\mu_X = E(X)$，$\mu_Y = E(Y)$ とおき，

$$Z_1 = (X - \mu_X)/\sigma_X, \quad Z_2 = (Y - \mu_Y)/\sigma_Y \tag{5.2.7}$$

とすれば

$$E(Z_1) = E(Z_2) = 0, \quad E(Z_1^2) = E(Z_2^2) = 1 \tag{5.2.8}$$

となり，(5.2.5) から $\{E(Z_1Z_2)\}^2 \leq 1$，すなわち $\rho_{X,Y}^2 \leq 1$ になる．よって，(5.2.5)，(5.2.6) より $\rho_{X,Y} = \pm 1$ であるための必要十分条件は $P\{Z_2 = cZ_1\} = 1$ になる．さらに，(5.2.8) より $c = \pm 1$ になるから

$$P\{Y = \pm(\sigma_Y/\sigma_X)(X - \mu_X) + \mu_Y\} = 1$$

となり，Y は X と線形関係をもつ．

例 5.1.3 (続)$_2$　確率ベクトル $(X, Y) \sim N_2(\mu_1, \mu_2, \sigma_1^2, \sigma_2^2, \rho)$ であるとする．まず，$E(X) = \mu_1$, $E(Y) = \mu_2$ より，$\boldsymbol{\mu} = (\mu_1, \mu_2)$ を平均ベクトルという．また，X，Y のそれぞれの分散は $V(X) = \sigma_1^2$，$V(Y) = \sigma_2^2$ になり，X, Y の共分散は $\mathrm{Cov}(X, Y) = E\left[(X - \mu_1)(Y - \mu_2)\right] = \rho\sigma_1\sigma_2$ になるから[13)]，(5.1.9) より

$$\begin{pmatrix} V(X) & \mathrm{Cov}(X, Y) \\ \mathrm{Cov}(Y, X) & V(Y) \end{pmatrix} = \begin{pmatrix} \sigma_1^2 & \rho\sigma_1\sigma_2 \\ \rho\sigma_1\sigma_2 & \sigma_2^2 \end{pmatrix} = \boldsymbol{\Sigma}$$

になる[14)]．ここで，ρ は X，Y の相関係数 $\rho_{X,Y}$ になっていることに注意．

---

13) 証明については，$t = (x - \mu_1)/\sigma_1$, $u = (y - \mu_2)/\sigma_2$ として，例 5.1.2 において X の周辺分布を求めたときと同様にすればよい．

14) このような行列を (X, Y) の (分散) 共分散行列という (注意 5.2.11 参照)．

確率変数 X, Y について，X の大きい実現値に Y の大きい実現値が対応し，X の小さい実現値に Y の小さい実現値が対応するとき，$\rho_{X,Y}$ は正の値をとり，X，Y は正の相関をもつという．また，X の大きい実現値に Y の小さい実現値が対応し，X の小さい実現値に Y の大きい実現値が対応するとき，$\rho_{X,Y}$ は負の値をとり，X，Y は負の相関をもつという．さらに，$\rho_{X,Y} = 0$ のとき，X，Y は無相関であるという．

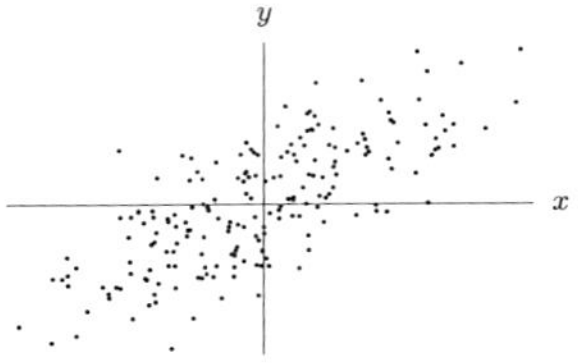

$\rho_{X,Y} = 0.7$ (正の相関)

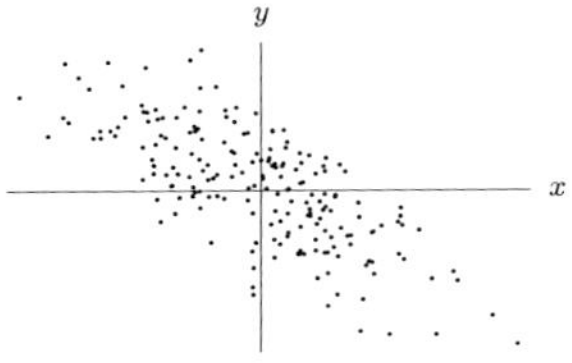

$\rho_{X,Y} = -0.7$ (負の相関)

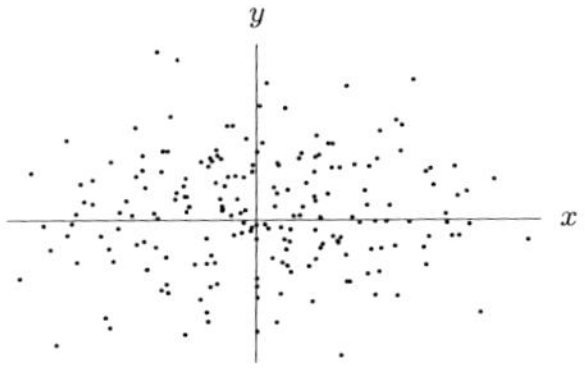

$\rho_{X,Y} = 0$ (無相関)

例 5.2.1　確率ベクトル (X, Y) の j.p.m.f. $f_{X,Y}$ が表 5.2.2 のように与えられているとする．このとき，X，Y のそれぞれの m.p.m.f. f_X，f_Y は表 5.2.3，表 5.2.4 のようになる．それらの表から，$E(XY) = 2$，$E(X) = 2$，$E(Y) = 1$ になるから，X，Y の共分散は $\mathrm{Cov}(X, Y) = 0$ になる．しかし，X，Y はたがいに独立ではない．実際，$f_{X,Y}(1, 0) \neq f_X(1) f_Y(0)$ になる．

定理 5.2.2　確率変数 X，Y がたがいに独立で，$E(XY)$，$E(X)$，$E(Y)$ が存在すれば

$$E(XY) = E(X)E(Y)$$

が成り立つ．

証明　確率変数 X，Y がともに連続型である場合に，(X, Y) の j.p.d.f. を $f_{X,Y}$，X，Y のそれぞれの m.p.d.f. を f_X，f_Y とする．このとき，独立性から

表 5.2.2 (X,Y) の j.p.m.f. $f_{X,Y}(x,y)$

$x \setminus y$	0	1	2	横計
1	1/16	3/16	1/16	5/16
2	3/16	0	3/16	6/16
3	1/16	3/16	1/16	5/16
縦計	5/16	6/16	5/16	1

表 5.2.3 X の m.p.m.f. f_X

x	1	2	3
$f_X(x)$	5/16	6/16	5/16

表 5.2.4 Y の m.p.m.f. f_Y

y	0	1	2
$f_Y(y)$	5/16	6/16	5/16

$$E(XY) = \int_{-\infty}^{\infty}\int_{-\infty}^{\infty} xy f_{X,Y}(x,y)dxdy$$
$$= \int_{-\infty}^{\infty}\int_{-\infty}^{\infty} xy f_X(x) f_Y(y)dxdy = E(X)E(Y)$$

になる．また，X，Y がともに離散型である場合にも同様に示される．□

注意 5.2.7 定理 5.2.2 の命題は，もっと一般に，X，Y がたがいに独立ならば，$\boldsymbol{R}^1$ 上の実数値関数[15] $g(x)$, $h(y)$ について $E[g(X)h(Y)]$，$E[g(X)]$，$E[h(Y)]$ が存在するとき

$$E[g(X)h(Y)] = E[g(X)]\,E[h(Y)]$$

が成り立つ．このことは，注意 5.2.3 より $g(X)$ と $h(Y)$ がたがいに独立になることから明らか．

注意 5.2.8 定理 5.2.2 の命題の逆は一般には成り立たない (例 5.2.1 参照)．しかし，その命題の対偶を考えれば，X，Y がたがいに独立でないための十分条件が $E(XY) \neq E(X)E(Y)$ になることに注意．

注意 5.2.9 確率変数 X，Y がたがいに独立とする．このとき，$\mathrm{Cov}(X,Y) = 0$ になり，また，X，Y のそれぞれの分散について，$0 < V(X) < \infty$，$0 < V(Y) < \infty$ であれば，X，Y の相関係数について

$$\rho_{X,Y} = 0 \tag{5.2.9}$$

が成り立つ．なお，一般には (5.2.9) が成り立っても，X，Y がたがいに独立になるとは限らない (例 5.2.1，演習問題 5-7 参照)．

[15] 厳密には可測関数 (注意 4.1.1 参照)．

例 5.1.3 (続)$_3$　確率ベクトル (X, Y) が 2 変量正規分布 $N_2\left(\mu_1, \mu_2, \sigma_1^2, \sigma_2^2, \rho\right)$ に従うとすれば，X，Y はそれぞれ正規分布 $N(\mu_1, \sigma_1^2)$，$N(\mu_2, \sigma_2^2)$ に従う．よって，$\rho = 0$ ならば，すべての実数 x, y について，$f_{X,Y}(x, y) = f_X(x) f_Y(y)$ となり，X，Y はたがいに独立になる．逆に，X，Y がたがいに独立とすれば，$0 < \sigma_1^2 = V(X) < \infty$，$0 < \sigma_2^2 = V(Y) < \infty$ であるから，注意 5.2.9 より X，Y の相関係数については $\rho_{X,Y} = 0$ になる．一方，$\mathrm{Cov}(X, Y) = \rho\sigma_1\sigma_2$ になるから，$\rho = \rho_{X,Y} = 0$ になる．よって，この場合には，X，Y がたがいに独立であるための必要十分条件は $\rho = 0$ になる．

注意 5.2.10　確率変数 $X_1, \cdots, X_k$ がたがいに独立で，$E\left(\prod_{i=1}^k X_i\right)$，$E(X_i)$ $(i = 1, \cdots, k)$ が存在すれば，定理 5.2.2 の証明と同様にして，$E\left(\prod_{i=1}^k X_i\right) = \prod_{i=1}^k E(X_i)$ が成り立つ．

注意 5.2.11　確率ベクトル $\boldsymbol{X} = (X_1, \cdots, X_k)$ について，$\sigma_{ij} = \mathrm{Cov}(X_i, X_j)$ $(i \neq j; i, j = 1, \cdots, k)$，$\sigma_{ii} = V(X_i)$ $(i = 1, \cdots, k)$ とするとき $\boldsymbol{\Sigma} = (\sigma_{ij})$ を $\boldsymbol{X}$ の**分散共分散行列** (variance-covariance matrix) または共分散行列という．$\boldsymbol{\Sigma}$ は対称行列になることは明らか．

5.3　標本相関係数

前節では 2 次元確率ベクトル (X, Y) について，X と Y の関係の度合を表す尺度として，X，Y の相関係数 $\rho_{X,Y} = \sigma_{X,Y}/(\sigma_X \sigma_Y)$ を考えた．ただし，$\sigma_X = \sqrt{V(X)}$，$\sigma_Y = \sqrt{V(Y)}$，$\sigma_{X,Y} = \mathrm{Cov}(X, Y)$ とする．いま，$(X_1, Y_1), \cdots, (X_n, Y_n)$ がたがいに独立に同分布に従う確率ベクトルとするとき，X_1，Y_1 のそれぞれの分散を σ_X^2, σ_Y^2 で表し，X_1，Y_1 の共分散を $\sigma_{X,Y}$ で表す．また，$\bar{X} = (1/n)\sum_{i=1}^n X_i$，$\bar{Y} = (1/n)\sum_{i=1}^n Y_i$ とする．このとき，σ_X^2，σ_Y^2，$\sigma_{X,Y}$ のそれぞれの推定量として

$$\hat{\sigma}_X^2 = \frac{1}{n-1}\sum_{i=1}^n \left(X_i - \bar{X}\right)^2, \quad \hat{\sigma}_Y^2 = \frac{1}{n-1}\sum_{i=1}^n \left(Y_i - \bar{Y}\right)^2,$$

$$\hat{\sigma}_{X,Y} = \frac{1}{n-1}\sum_{i=1}^n \left(X_i - \bar{X}\right)\left(Y_i - \bar{Y}\right)$$

をとる[16)]．そこで，X_1，Y_1 の相関係数 $\rho_{X,Y}$ の推定量として，σ_X，σ_Y，$\sigma_{X,Y}$ の代わりに $\hat{\sigma}_X = \sqrt{\hat{\sigma}_X^2}$，$\hat{\sigma}_Y = \sqrt{\hat{\sigma}_Y^2}$，$\hat{\sigma}_{X,Y}$ を用いて

$$\hat{\rho}_{X,Y} = \frac{\hat{\sigma}_{X,Y}}{\hat{\sigma}_X \hat{\sigma}_Y} = \sum_{i=1}^{n} \left(X_i - \bar{X}\right)\left(Y_i - \bar{Y}\right) \Bigg/ \sqrt{\sum_{i=1}^{n} \left(X_i - \bar{X}\right)^2 \sum_{i=1}^{n} \left(Y_i - \bar{Y}\right)^2} \tag{5.3.1}$$

を考える．この $\hat{\rho}_{X,Y}$ は X，Y の**標本相関係数**[17)] (sample correlation coefficient) と呼ばれていて，X と Y の線形関係の度合を表している．実際に，$\hat{\rho}_{X,Y}$ の値を計算する場合には，(5.3.1) を変形して

$$\hat{\rho}_{X,Y} = \left(\overline{XY} - \bar{X}\bar{Y}\right) \Bigg/ \sqrt{\left(\overline{X^2} - \bar{X}^2\right)\left(\overline{Y^2} - \bar{Y}^2\right)} \tag{5.3.2}$$

を用いる方が便利である．ただし

$$\overline{XY} = \frac{1}{n}\sum_{i=1}^{n} X_i Y_i, \quad \overline{X^2} = \frac{1}{n}\sum_{i=1}^{n} X_i^2, \quad \overline{Y^2} = \frac{1}{n}\sum_{i=1}^{n} Y_i^2$$

とする．また，シュワルツの不等式から，$|\hat{\rho}_{X,Y}| \leq 1$ であることに注意．そして $\hat{\rho}_{X,Y}$ の値による X, Y の線形関係の度合の尺度の目安としては，$|\hat{\rho}_{X,Y}|$ の値が $0.0 \sim 0.2$ のときほとんど無相関，$0.2 \sim 0.4$ のときやや相関があり，$0.4 \sim 0.7$ のとき強い相関があり，$0.7 \sim 1.0$ のときかなり強い相関があると見なされる．

例 5.3.1 1996 年のオリンピックのアトランタ大会の参加国の 1 人当たりの GNP (国民総生産，US $) X と人口千万人当たりのメダル獲得数 Y の相関について調べてみよう．まず，各国の X，Y の値は表 5.3.1 のようになった．
このとき，X，Y の標本相関係数 $\hat{\rho}_{X,Y}$ の値は 0.64 となり，X と Y の間には強い正の相関があると考えられる．また，表 5.3.1 から (X, Y) を平面上の点として表すと，図 5.3.1 のようになる．このような図を**散布図**[18)] (scatter diagram, scatter plot) といい，X と Y の相関の様子を視覚的に捉えることができる．

---

16) 実は，これらは $E(\hat{\sigma}_X^2) = \sigma_X^2$，$E(\hat{\sigma}_Y^2) = \sigma_Y^2$，$E(\hat{\sigma}_{X,Y}) = \sigma_{X,Y}$ となって不偏性をもつ (第 5.4 節参照)．

17) **ピアソン** (Pearson) **の相関係数**，**積率相関係数** (product moment correlation coefficient) ともいう．

18) 2 次元確率ベクトルの実現値 (x_i, y_i) $(i = 1, \cdots, n)$ を xy 平面上に打点 (プロット，plot) した図．

表 5.3.1　オリンピックのアトランタ大会 (1996 年) の参加国の GNP とメダル数 (人口は「世界の統計 1999」, GNP については「世界の統計 2000」(総務庁統計局編) による)

国名	GNP X (US$/人)	メダル数 Y (個/千万人)	国名	GNP X (US$/人)	メダル数 Y (個/千万人)
豪州	21450	22.42	オーストリア	28464	3.70
ニュージーランド	16177	16.81	英国	19938	2.55
ノルウェー	35771	16.00	ケニア	282	2.52
オランダ	25766	12.24	南アフリカ	3301	1.18
デンマーク	34479	11.40	日本	36971	1.11
アイルランド	16662	11.05	チェニジア	2041	1.10
スイス	45358	9.89	マレーシア	4597	0.97
ドイツ	29443	7.94	ブラジル	4832	0.95
ギリシャ	11851	7.64	エクアドル	1516	0.85
カナダ	19714	7.34	アルゼンチン	7580	0.85
フランス	26262	6.34	エチオピア	105	0.51
イタリア	20877	6.10	イラン	2178	0.49
韓国	10548	5.93	中国	573	0.41
ベルギー	26887	5.91	タイ	3007	0.33
ウクライナ	704	4.50	インドネシア	1062	0.20
スペイン	14647	4.33	フィリピン	1200	0.14
米国	28928	3.79	インド	420	0.01

例 5.3.2　各国の人口 10 万人当たりの医師数 X と人口 10 万人当たりの結核死亡率 Y の相関について調べてみよう．まず，各国の X，Y の値は表 5.3.2 のようになった．

このとき，X，Y の標本相関係数 $\hat{\rho}_{X,Y}$ の値はほぼ -0.38 となり，X と Y の間にはやや負の相関があると考えられる．また，(X, Y) の散布図は図 5.3.2 のようになる．

注意 5.3.1　確率ベクトル (X, Y) について，X と Y の関係の度合を (標本) 相関係数の値の大きさだけで判定することが適切でないこともある．たとえば，標本のとり方などによって X と Y の間の外見上の相関が生じることがあるので注意が必要になる．また，X と Y の間に何らかの構造を仮定して，それらの関係を論じることが多い．

注意 5.3.2　確率ベクトル (X_i, Y_i) $(i = 1, \cdots, n)$ において，Y_i を X_i の 1 次式，すなわち，$\hat{Y}_i = a + bX_i$ で推定するとき，**残差平方和** (residual sum of squares 略して RSS) $Q(a, b) = \sum_{i=1}^{n} (Y_i - a - bX_i)^2$ とおき，これを最小にするように a, b を定める．このようにして係数 a, b を決める方法を**最小 2 乗法** (the method of least squares) といい，ガウス (C.F.Gauss(1777-1855)) によって導入された．このとき a, b

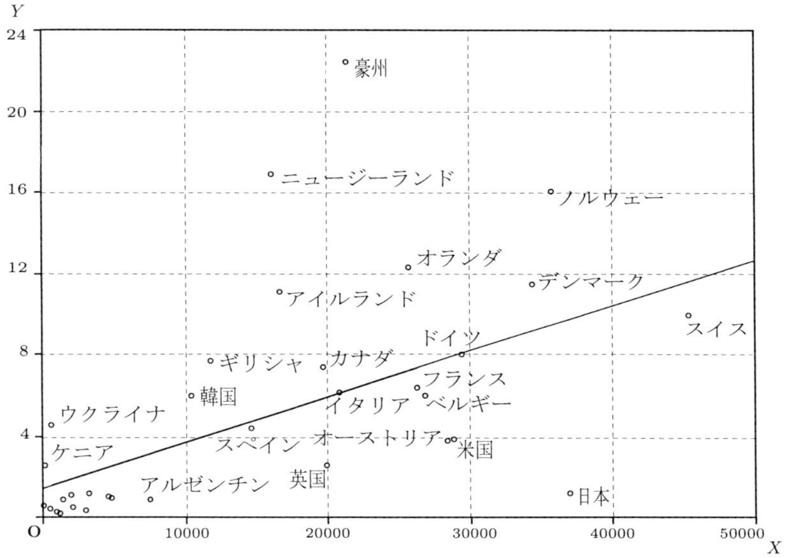

図 5.3.1 オリンピックのアトランタ大会 (1996 年) 参加国の GNP (X(US$/人)), メダル数 ($Y$(個/千万人)) の散布図と Y の X への回帰直線 $Y = 1.4175 + 0.0002X$

は $\hat{b} = \hat{\sigma}_{X,Y}/\hat{\sigma}_X^2$，$\hat{a} = \bar{Y} - \hat{b}\bar{X}$ になり，$\hat{a}, \hat{b}$ をそれぞれ a，b の**最小 2 乗推定量** (least squares estimator 略して LSE) という．また $\hat{Y} = \hat{a} + \hat{b}X$ を Y の X への回帰直線という (図 5.3.1，5.3.2 参照)．

注意 5.3.3 ある化学実験の反応速度 Y は，温度 x_1，圧力 x_2，$\cdots$，触媒量 x_k に依るとする．このとき，偶然誤差を考慮に入れて $Y = f(x_1, \cdots, x_k) + \varepsilon$ という**回帰モデル** (regression model) を考える[19]．ただし，ε は確率変数で $E(\varepsilon) = 0$ とする．ここで，このような Y を**従属変数** (dependent variable)[20]，$x_1, \cdots, x_k$ を**説明変数** (explanatory variable)[21] といい，f を**回帰関数**という．いま，**線形回帰モデル** $Y = \sum_{i=0}^{k} a_i x_i + \varepsilon$ ($x_0 = 1$) を考える[22]．ただし，確率変数 ε は $N(0, \sigma^2)$ に従うとする．そこで，説明変数 $x_1, \cdots, x_k$ を非確率変数とし，各 $j = 1, \cdots, n$ について $(x_1, \cdots, x_k) = (x_{1j}, \cdots, x_{kj})$ に対する Y を Y_j で表し，$Y_1, \cdots, Y_n$ がたがいに独立であるとき，$(x_{1j}, \cdots, x_{kj}, Y_j)$

[19] $k = 1$ のとき，単純回帰モデル，$k \geq 2$ のとき，重回帰モデルという．
[20] 被説明変数ともいう．
[21] 独立変数ともいう．
[22] $k = 1$ のとき，a_0，a_1 を回帰係数という．

表 5.3.2　各国の人口10万人当たりの医師数 X と結核死亡率 Y のデータ (このデータは総務庁統計局編「世界の統計 1997」による)

国名	医師数 X	結核死亡率 Y	国名	医師数 X	結核死亡率 Y
韓国	86	12.8	フランス	319	1.4
ルーマニア	173	8.6	アイルランド	147	1.2
香港	93	6.1	ベルギー	302	1.2
チリ	80	5.9	クウェート	151	1.1
ハンガリー	319	5.9	イタリア	424	1.0
コロンビア	84	3.8	スイス	146	0.8
アルゼンチン	270	3.7	イギリス	164	0.8
シンガポール	42	3.6	アイスランド	230	0.8
ポーランド	195	3.4	米国	214	0.7
ベネズエラ	143	3.3	ニュージーランド	174	0.5
ポルトガル	242	3.3	キューバ	191	0.5
エジプト	20	2.6	スウェーデン	264	0.5
日本	183	2.5	イスラエル	290	0.5
スペイン	313	2.0	カナダ	196	0.4
フィンランド	223	1.6	豪州	229	0.3
ギリシャ	285	1.6	オランダ	224	0.2
オーストリア	261	1.4			

(10万人当たり)

$(j=1,\cdots,n)$ をデータという．そこで，$Y_j=\sum_{i=0}^k a_i x_{ij}+\varepsilon_j$, $x_{0j}=1$ $(j=1,\cdots,n)$ として，$\varepsilon_1,\cdots,\varepsilon_n$ がたがいに独立に，いずれも $N(0,\sigma^2)$ に従う確率変数と考えてよい[23]．このとき，データから未知の**偏回帰係数** (partial regression coefficient) a_i $(i=0,1,\cdots,k)$ を注意 5.3.2 と同様にして，

$$Q(a_0,a_1,\cdots,a_k)=\sum_{j=1}^n (Y_j-a_0-a_1x_{1j}-\cdots-a_kx_{kj})^2 \tag{5.3.3}$$

を最小にする $a_0,a_1,\cdots,a_k$ を求めるために，$\partial Q/\partial a_i=0$ $(i=0,1,\cdots,k)$ として，$a_0,a_1,\cdots,a_k$ の連立一次方程式[24]を解いて，それらの解 $\hat{a}_i$ $(i=0,1,\cdots,k)$ を求めることができる．そして，σ^2 の推定量として $Q(\hat{a}_0,\hat{a}_1,\cdots,\hat{a}_k)/(n-k-1)$ をとる[25]．また，各 $j=1,\cdots,n$ について $\hat{Y}_j=\sum_{i=0}^k \hat{a}_i x_{ij}$ は $E(Y_j)$ の推定量になる．さらに，$\bar{Y}=(1/n)\sum_{j=1}^n Y_j$ とすると

$$\sum_{j=1}^n (Y_j-\bar{Y})^2=\sum_{j=1}^n (\hat{Y}_j-\bar{Y})^2+Q(\hat{a}_0,\hat{a}_1,\cdots,\hat{a}_k)$$

になり，右辺の第1項が第2項に比べて相対的に大きいほど，その線形回帰モデルがデータにあてはまっていると考えられ，$R^2=\sum_{j=1}^n(\hat{Y}_j-\bar{Y})^2\Big/\sum_{j=1}^n(Y_j-\bar{Y})^2=1-\left\{Q(\hat{a}_0,\hat{a}_1,\cdots,\hat{a}_k)\Big/\sum_{j=1}^n(Y_j-\bar{Y})^2\right\}$ を**決定係数**という．そして $R=\sqrt{R^2}$ を

[23] 推定したい母数 (係数) の数が $(k+1)$ 個であるから自由度は $n-k-1$ になる．
[24] これを正規方程式 (normal equation) という．
[25] 推定したい母数 (係数) の数が $(k+1)$ 個であるから自由度は $n-k-1$ になる．

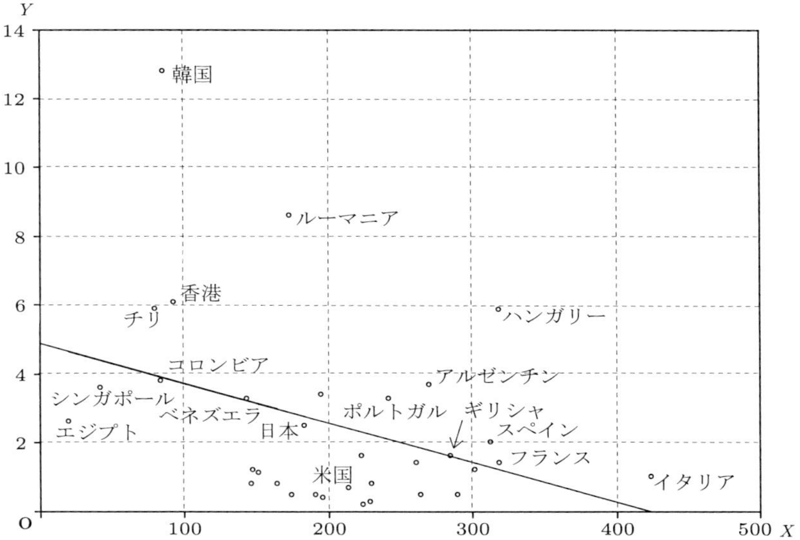

図 5.3.2 各国の人口 10 万人当たりの医師数 X と結核死亡率 Y の散布図と回帰直線 $Y = 4.8629 - 0.0115X$

$x_1, \cdots, x_k$ に対する Y の**標本重相関係数**という．$k = 1$ のとき，R は標本相関係数になる．

5.4 統計量の性質

$X_1, \cdots, X_n$ をたがいに独立に，いずれも同一分布に従う確率変数[26] とするとき，それらをその分布からの (大きさ n の) **無作為標本** (random sample) という．そして，T を $\boldsymbol{R}^n$ から $\boldsymbol{R}^p$ への関数[27] とし，$1 \leq p \leq n$ とするとき，無作為標本 $\boldsymbol{X} = (X_1, \cdots, X_n)$ に基づく $T = T(X_1, \cdots, X_n)$ を (p 次元) **統計量** (statistic) という．そこで，統計量の性質について考えよう．

まず，$X_1, \cdots, X_n$ を平均 μ，分散 σ^2 をもつ母集団分布からの無作為標本と

[26] 英語で independent and identically distributed (i.i.d.) random variables という．また，このとき，任意の $i = 1, \cdots, n$ について p.m.f. または p.d.f. p_{X_i} は同じであるから，添字の X_i を省略することも多い．

[27] 厳密には，T は可測関数で，そのとき，注意 4.1.1 と同様にして P から T によって誘導された確率 P_T を考えることができる．

すると，各 $i = 1, \cdots, n$ について，X_i の平均，分散はそれぞれ $E(X_i) = \mu$, $V(X_i) = \sigma^2$ になる．このとき，μ に関する 1 つの統計量として，**標本平均** (sample mean) $\bar{X} = (1/n)\sum_{i=1}^{n} X_i$ を考えると，$E(\bar{X}) = \mu$ になり，$X_1, \cdots, X_n$ はたがいに独立に同じ分布に従っているから，$V(\bar{X}) = E[(\bar{X} - \mu)^2] = \sigma^2/n$ になる (演習問題 5-8)．このことから，$\bar{X}$ の分布の平均は母平均 (母集団分布の平均) μ に等しく，$\bar{X}$ の分布の分散は母分散 (母集団の分散) σ^2 の $1/n$ 倍になり，$\bar{X}$ の分布の方が母集団分布より平均 μ の周りでの変動は小さく，集中していることが分かる．したがって，母平均 μ が未知のときに，μ の代わりに標本平均をとることは妥当であろう．

次に，$\mu = \mu_0$ が既知の場合に，母分散 σ^2 に関する統計量として

$$S^2(\mu_0) = \frac{1}{n} \sum_{i=1}^{n} (X_i - \mu_0)^2$$

をとれば，$E[S^2(\mu_0)] = V(X_1) = \sigma^2$ になり，また $V\left(S^2(\mu_0)\right) = (\mu_4 - \sigma^4)/n$ になる．ただし，$\mu_4 = E\left[(X_1 - \mu)^4\right]$ とする．さらに，μ が未知の場合に σ^2 に関する統計量として**標本分散** (sample variance)

$$S^2 = \frac{1}{n} \sum_{i=1}^{n} \left(X_i - \bar{X}\right)^2 \tag{5.4.1}$$

をとれば，

$$\sum_{i=1}^{n} \left(X_i - \bar{X}\right)^2 = \sum_{i=1}^{n} (X_i - \mu)^2 - n\left(\bar{X} - \mu\right)^2$$

となるから

$$E(S^2) = \left(1 - \frac{1}{n}\right)\sigma^2 \tag{5.4.2}$$

となり，S^2 の平均は母分散 σ^2 と異なる．そこで，S^2 を少し変形して

$$S_0^2 = \frac{1}{n-1} \sum_{i=1}^{n} \left(X_i - \bar{X}\right)^2 \tag{5.4.3}$$

を考えると，(5.4.2) より $E\left(S_0^2\right) = \sigma^2$ となり，S_0^2 の平均は母分散 σ^2 に等しくなる．このとき，S_0^2 を (σ^2 に対する) **不偏分散** (unbiased variance) という．よって，S_0^2 の分布の平均が σ^2 に等しいという意味で，S_0^2 が S^2 より良いといえる．しかし，(5.4.2) から分かるように，n が十分大きければ，S^2 の平均は σ^2 に近い．また，S^2, S_0^2 の分散は

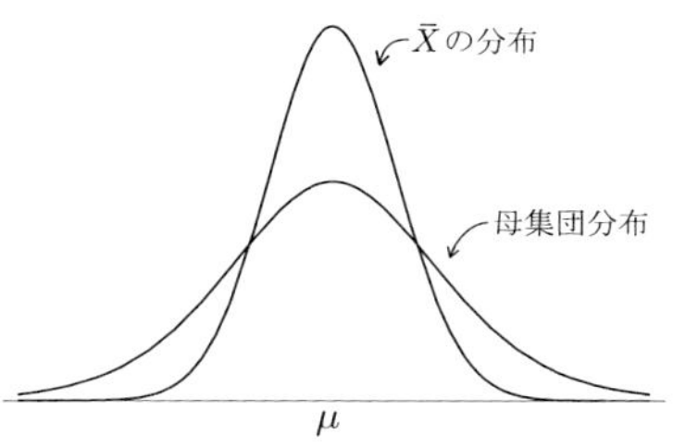

図 5.4.1 母集団分布と標本平均 $\bar{X}$ の分布

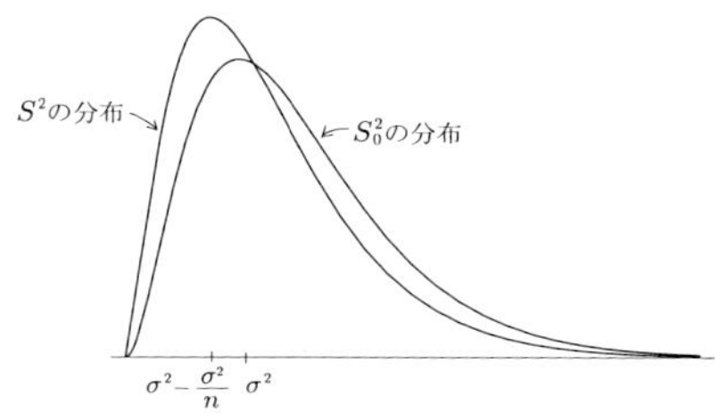

図 5.4.2 S^2 と S_0^2 の分布

$$V\left(S^2\right)=\left(1-\frac{1}{n}\right)^2 V\left(S_0^2\right), \quad V\left(S_0^2\right)=\frac{1}{n}\left(\mu_4-\frac{n-3}{n-1}\sigma^4\right) \tag{5.4.4}$$

になる.

問 5.4.1[28] (5.4.4) 式が成り立つことを示せ.

上記では，統計量の (分布の) 平均，分散しか考えなかったが，もっと詳しく，その分布そのものについて考える．まず，$X_1,\cdots,X_n$ をたがいに独立に，ある型の分布に従う確率変数とするとき，その和 $\sum_{i=1}^n X_i$ の分布もまた元と同じ型の分布に従うとき，その分布は**再生性** (reproductivity, reproductive property) をもつという．次に，再生性をもつ分布はどんな分布であるか考える．各 $i=1,\cdots,n$ について X_i の m.g.f. を g_{X_i} として，$Y=\sum_{i=1}^n X_i$ とおくと，Y の m.g.f. は

$$g_Y(\theta)=E\left[e^{\theta Y}\right]=\prod_{i=1}^n g_{X_i}(\theta) \tag{5.4.5}$$

になる.

注意 5.4.1 一般に，2 つの確率変数 X，Y について，それぞれの m.g.f. を g_X，g_Y，c.d.f. を F_X，F_Y とするとき，ある正数 ε があって，$|\theta|<\varepsilon$ に対して

$$g_X(\theta)=g_Y(\theta) \tag{5.4.6}$$

であれば，ラプラス (Laplace) 変換の一意性より，任意の $u\in\boldsymbol{R}^1$ について $F_X(u)=F_Y(u)$ となることが示される[29]．

---

28) $V(S_0^2)$ の方は難しいのでとばしてもよい.

29) この事実については，高橋陽一郎 (1998).「実関数と Fourier 解析 2」(岩波書店) の §8.2 分布関数の収束と Laplace 変換参照.

例 5.4.1　確率変数 $X_1, \cdots, X_n$ はたがいに独立で，各 X_i は2項分布 $B(m_i, p)$ に従うとすると，$Y = \sum_{i=1}^n X_i$ の m.g.f. は，(4.5.7) と (5.4.5) から

$$g_Y(\theta) = \prod_{i=1}^n \left(pe^\theta + q\right)^{m_i} = \left(pe^\theta + q\right)^{\sum_{i=1}^n m_i}$$

になる．よって，(5.4.6) から Y は2項分布 $B\left(\sum_{i=1}^n m_i,\ p\right)$ に従う．よって，共通の母数 p をもつ2項分布は再生性をもつ．

例 5.4.2　確率変数 $X_1, \cdots, X_n$ はたがいに独立で，各 X_i はポアソン分布 $\mathrm{Po}(\lambda_i)$ に従うとき，$Y = \sum_{i=1}^n X_i$ の m.g.f. は，(4.5.8) と (5.4.5) から

$$g_Y(\theta) = \prod_{i=1}^n e^{\lambda_i(e^\theta - 1)} = \exp\left\{\left(\sum_{i=1}^n \lambda_i\right)(e^\theta - 1)\right\}$$

になる．よって，(5.4.6) より Y はポアソン分布 $\mathrm{Po}\left(\sum_{i=1}^n \lambda_i\right)$ に従うから，ポアソン分布は再生性をもつ．

例 5.4.3　確率変数 $X_1, \cdots, X_n$ がたがいに独立で，各 X_i は正規分布 $N(\mu_i, \sigma_i^2)$ に従うとき，$Y = \sum_{i=1}^n X_i$ の m.g.f. は, (4.5.9) と (5.4.5) から

$$g_Y(\theta) = \prod_{i=1}^n e^{\mu_i\theta + \frac{1}{2}\sigma_i^2\theta^2} = \exp\left\{\left(\sum_{i=1}^n \mu_i\right)\theta + \frac{1}{2}\left(\sum_{i=1}^n \sigma_i^2\right)\theta^2\right\}$$

になる．特に，(5.4.6) より Y は正規分布 $N\left(\sum_{i=1}^n \mu_i,\ \sum_{i=1}^n \sigma_i^2\right)$ に従うから，正規分布は再生性をもつ．また，もっと一般に，定数 c_i $(i = 1, \cdots, n)$ について，$Y = \sum_{i=1}^n c_i X_i$ とするとき，同様にして

$$Y \sim N\left(\sum_{i=1}^n c_i\mu_i,\ \sum_{i=1}^n c_i^2\sigma_i^2\right)$$

になることが分かる．特に，$c_i = 1/n$ $(i = 1, \cdots, n)$ とすれば，標本平均 $\bar{X}$ は

$$\bar{X} \sim N\left(\frac{1}{n}\sum_{i=1}^n \mu_i,\ \frac{1}{n^2}\sum_{i=1}^n \sigma_i^2\right)$$

になる．さらに，再生性をもつ他の分布については補遺の演習問題 A-6 参照．

次に，再生性をもたない分布も含めて一般の場合を考える．連続型確率ベクトル (X, Y) の j.p.d.f. を $f_{X,Y}$ とするとき，$U = X + Y$ とおいて，U の c.d.f. は

$$F_U(u) = P_U\{U \le u\} = P_{X,Y}\{X + Y \le u\} = \int_{-\infty}^{\infty}\left\{\int_{-\infty}^{u-x} f_{X,Y}(x, y)dy\right\}dx$$

$$= \int_{-\infty}^{\infty} \left\{ \int_{-\infty}^{u} f_{X,Y}(x, t-x)dt \right\} dx = \int_{-\infty}^{u} \left\{ \int_{-\infty}^{\infty} f_{X,Y}(x, t-x)dx \right\} dt$$

になるから，U の p.d.f. は

$$f_U(u) = F'_U(u) = \int_{-\infty}^{\infty} f_{X,Y}(x, u-x)dx \tag{5.4.7}$$

になる．また，離散型確率ベクトル (X, Y) の j.p.m.f. を $f_{X,Y}$ とすると，$U = X + Y$ の p.m.f. は

$$f_U(u) = P_U\{U = u\} = P_{X,Y}\{X + Y = u\} = \sum_x f_{X,Y}(x, u-x) \tag{5.4.8}$$

になる．さらに，X，Y がたがいに独立とすれば，$f_{X,Y}(x, y) = f_X(x)f_Y(y)$ になるから，(5.4.7)，(5.4.8) より U の p.d.f. と p.m.f. はそれぞれ

$$f_U(u) = \int_{-\infty}^{\infty} f_X(x)f_Y(u-x)dx, \tag{5.4.9}$$

$$f_U(u) = \sum_x f_X(x)f_Y(u-x) \tag{5.4.10}$$

となり，これらを f_X, f_Y の**たたみこみ** (convolution) という．一般に，(5.4.9), (5.4.10) によって，U の p.d.f. と p.m.f. を求める際に，計算が面倒になることが多いので，上記の例のように m.g.f. によって分布の再生性を示せる場合には，その方が便利である．しかし，分布が再生性をもたない場合には，U の p.d.f. または p.m.f. を (5.4.9)，(5.4.10) によって求める．

例 5.4.4　　確率変数 X_1，X_2 がたがいに独立に，いずれも一様分布 $U(-1/2, 1/2)$ に従うとする．このとき，$Y = X_1 + X_2$ の分布を求めよう．まず，X_1，X_2 のそれぞれの p.d.f. を f_{X_1}, f_{X_2} とすると

$$f_{X_1}(x)f_{X_2}(y-x) = \begin{cases} 1 & \left(-\frac{1}{2} \le x \le \frac{1}{2},\ y - \frac{1}{2} \le x \le y + \frac{1}{2}\right), \\ 0 & (\text{その他}) \end{cases}$$

になる．そこで，Y の p.d.f. は (5.4.9) より，$-1 \le y \le 0$ のとき $f_Y(y) = \int_{-1/2}^{y+(1/2)} dx = y + 1$，$0 < y \le 1$ のとき $f_Y(y) = \int_{y-(1/2)}^{1/2} dx = 1 - y$ になる．よって，

$$f_Y(y) = \begin{cases} 1 - |y| & (|y| \leq 1), \\ 0 & (\text{その他}) \end{cases}$$

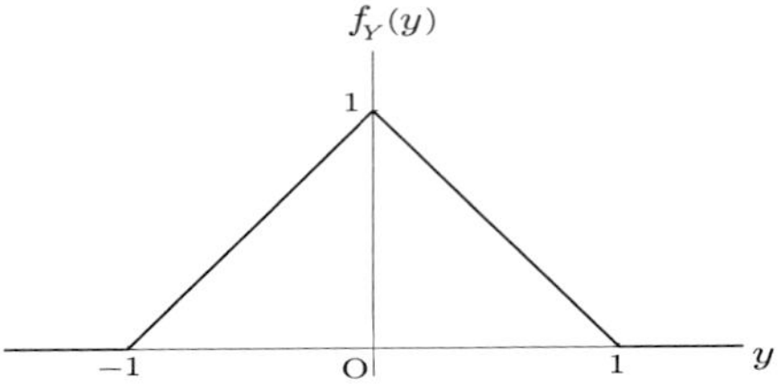

図 5.4.3　p.d.f. f_Y をもつ三角形分布

になる．上のような p.d.f. をもつ分布を**三角形分布** (triangular distribution) という．上記のことから，一様分布は再生性をもたない．

問 5.4.2　確率変数 X_1，X_2，X_3 がたがいに独立に，いずれも一様分布 $U(-1/2, 1/2)$ に従うとき，$Y = X_1 + X_2 + X_3$ の p.d.f. を求めよ．また Y の平均 $\mu_Y = E(Y)$，分散 $\sigma_Y^2 = V(Y)$ のそれぞれの値を求めよ．

5.5　統計量の分布

統計量は確率変数あるいは確率ベクトルの関数である．統計量の分布は変数変換によって得られることも多い．

まず，r.v. X の c.d.f. を F_X とし，h を $\boldsymbol{R}^1$ 上の実数値関数[30] とすれば，$Y = h(X)$ も確率変数になる．このとき，$B\,(\in \mathcal{B})$ の (h による) 逆像を $h^{-1}(B) = \{x \in \boldsymbol{R}^1 \mid h(x) \in B\}$ で定義し

$$P_Y\{Y \in B\} = P_X\{X \in h^{-1}(B)\}, \quad B \in \mathcal{B} \tag{5.5.1}$$

によって，Y の確率 (分布) を定義する．

次に，r.v. X を離散型とし，その p.m.f. を f_X とすれば，(5.5.1) より $Y = h(X)$ の p.m.f. は

$$\begin{aligned} f_Y(y) &= P_Y\{Y = y\} = P_X\{X \in h^{-1}(y)\} \\ &= \sum_{x \in h^{-1}(y)} P_X\{X = x\} = \sum_{x \in h^{-1}(y)} f_X(x) \end{aligned} \tag{5.5.2}$$

になる．ただし，$h^{-1}(y) = h^{-1}(\{y\})$ とする．

---

[30] 厳密には可測関数 (注意 4.1.1 参照).

例 5.5.1 r.v. X が2項分布 $B(n,p)$ に従うとすれば，X の p.m.f. は $f_X(x)=\binom{n}{x}p^xq^{n-x}$ $(x=0,1,\cdots,n;0<p<1,q=1-p)$ になる．このとき，$h(x)=n-x$ とすれば，r.v. $Y=h(X)$ の p.m.f. は (5.5.2) より，$y=0,1,\cdots,n$ について

$$f_Y(y)=\sum_{x\in h^{-1}(y)} f_X(x)=f_X(n-y)=\binom{n}{y}q^yp^{n-y}$$

になる．よって，Y は2項分布 $B(n,q)$ に従う．

また，X を連続型確率変数とし，その p.d.f. を f_X とする．このとき，$Y=h(X)$ の c.d.f. は

$$F_Y(y)=P_Y\{Y\le y\}=P_X\{h(X)\le y\}=\int_{\{h(x)\le y\}} f_X(x)dx, \quad y\in \boldsymbol{R}^1$$

になる．さらに，h を狭義の単調関数，f_X の台 $\mathcal{X}$ を $\{x|f_X(x)>0\}$ の閉包[31)] とし，$\mathcal{Y}=h(\mathcal{X})=\{h(x)|x\in\mathcal{X}\}$ とする．このとき，h は $\mathcal{X}$ から $\mathcal{Y}$ の上への 1-1 (1 対 1) 関数[32)] になるから

$$h^{-1}(y)=x \Longleftrightarrow y=h(x)$$

になる．そして，h が狭義の単調関数であるから

$$\{x\in\mathcal{X}|h(x)\le y\}=\begin{cases}\{x\in\mathcal{X}|x\le h^{-1}(y)\} & (h\text{ が増加であるとき}),\\ \{x\in\mathcal{X}|x\ge h^{-1}(y)\} & (h\text{ が減少であるとき})\end{cases}$$

になる．よって

$$F_Y(y)=\begin{cases}\displaystyle\int_{\{x\le h^{-1}(y)\}} f_X(x)dx=F_X(h^{-1}(y)) & (h\text{ が増加であるとき}),\\ \displaystyle\int_{\{x\ge h^{-1}(y)\}} f_X(x)dx=1-F_X(h^{-1}(y)) & (h\text{ が減少であるとき})\end{cases} \tag{5.5.3}$$

になる．ここで，f_X が $\mathcal{X}$ 上で連続で，h^{-1} が $\mathcal{Y}$ 上で連続な導関数をもつとすれば，Y の p.d.f. は

---

31) $\boldsymbol{R}^k$ の部分集合 B について，B および B の集積点全体から成る集合を B の閉包という．

32) 関数 h について，$x_1\ne x_2$ ならば $h(x_1)\ne h(x_2)$ であるとき，h は **1-1** (1 対 1) **関数**という．

$$f_Y(y) = \begin{cases} f_X\left(h^{-1}(y)\right)\left|\frac{d}{dy}h^{-1}(y)\right| & (y \in \mathcal{Y}), \\ 0 & (y \notin \mathcal{Y}) \end{cases} \tag{5.5.4}$$

になる．

注意 5.5.1　　k 次元確率ベクトル $\boldsymbol{X} = (X_1, \cdots, X_k)$ の j.p.d.f. を $f_{\boldsymbol{X}}$ とする．また，$f_{\boldsymbol{X}}$ の台 $\mathcal{X}$ を $\{\boldsymbol{x} | f_{\boldsymbol{X}}(\boldsymbol{x}) > 0\}$ の閉包とし，f_X は $\mathcal{X}$ 上で連続とする．このとき，$h_1, \cdots, h_k$ を実数値関数として，k 次元確率ベクトル

$$\boldsymbol{Y} = h(\boldsymbol{X}) = (h_1(\boldsymbol{X}), \cdots, h_k(\boldsymbol{X}))$$

を考える．ここで，h を $\mathcal{X}$ から $\mathcal{Y} = h(\mathcal{X})$ 上への 1-1 変換とすれば，逆変換

$$\boldsymbol{X} = h^{-1}(\boldsymbol{Y}) = (g_1(\boldsymbol{Y}), \cdots, g_k(\boldsymbol{Y}))$$

が存在する．また，偏導関数

$$g_{ji}(\boldsymbol{y}) = \frac{\partial}{\partial y_i} g_j(y_1, \cdots, y_k) \quad (i, j = 1, \cdots, k)$$

が存在して，$\mathcal{Y}$ 上で連続ならば，$\boldsymbol{Y}$ の p.d.f. は

$$f_{\boldsymbol{Y}}(\boldsymbol{y}) = \begin{cases} f_{\boldsymbol{X}}(h^{-1}(\boldsymbol{y}))|J| & (\boldsymbol{y} \in \mathcal{Y}), \\ 0 & (\boldsymbol{y} \notin \mathcal{Y}) \end{cases}$$

になる (補遺 A.5.5 参照)．ただし，ヤコビアン (Jacobian) J は

$$J = \frac{\partial(x_1, \cdots, x_k)}{\partial(y_1, \cdots, y_k)} = \begin{vmatrix} g_{11} & \cdots & g_{1k} \\ & \cdots & \\ g_{k1} & \cdots & g_{kk} \end{vmatrix}$$

で，$\mathcal{Y}$ 上で 0 でないとする．

例 5.5.2　　r.v. X が一様分布 $U(0,1)$ に従うとすれば，X の c.d.f. は $F_X(x) = x$ $(0 < x < 1)$; $= 1$ $(x \geq 1)$; $= 0$ (その他) になる．このとき，$h(x) = -\log x$ $(0 < x < 1)$ とすれば h は区間 (0, 1) 上で狭義の単調減少関数になり，f_X の台，h の値域はそれぞれ $\mathcal{X} = (0,1)$，$\mathcal{Y} = (0, \infty)$ になる．また，$h^{-1}(y) = e^{-y}$ $(y > 0)$ になるから，(5.5.3) より

$$F_Y(y) = \begin{cases} 1 - F_X\left(h^{-1}(y)\right) = 1 - F_X(e^{-y}) = 1 - e^{-y} & (y > 0), \\ 0 & (y \leq 0) \end{cases}$$

になる．よって，Y は指数分布 Exp(1) に従う (第 4.4 節参照)．

なお，上記の結果 (5.5.4) は，h が区分的に狭義の単調になる場合に拡張され，また，h が確率ベクトルの関数であるときに，その分布の p.d.f. についても考えることができる (補遺の A.5.5 参照).

正規分布 $N(\mu, \sigma^2)$ からの大きさ n の無作為標本を $X_1, \cdots, X_n$ とする．このとき，例 5.4.3 より，標本平均 $\bar{X} = \sum_{i=1}^n X_i/n$ が $N(\mu,\ \sigma^2/n)$ に従うことが分かる．そこで，標本分散 S^2，不偏分散 S_0^2 の分布について調べよう．まず，

$$Z_i = (X_i - \mu)/\sigma \quad (i = 1, \cdots, n) \tag{5.5.5}$$

とおく．このとき，$Z_1, \cdots, Z_n$ はたがいに独立に，いずれも $N(0,1)$ に従う．

例 5.5.3 確率変数 Z が $N(0,1)$ に従うとき，Z^2 の分布を求めるために，$Y = Z^2$ とおくと，Y の c.d.f. は $y > 0$ について

$$\begin{aligned} F_Y(y) =& P_Y\{Y \le y\} = P_Z\{Z^2 \le y\} \\ =& P_Z\{-\sqrt{y} \le Z \le \sqrt{y}\} = 2\int_0^{\sqrt{y}} \phi(z)dz \end{aligned}$$

になる．ただし，$\phi(z)$ は $N(0,1)$ の p.d.f.，すなわち $\phi(z) = (1/\sqrt{2\pi})e^{-z^2/2}$ とする．よって，Y の p.d.f. f_Y は $f_Y(y) = F'_Y(y) = (1/\sqrt{2\pi y})e^{-y/2}$ $(y > 0)$ になり，$y \le 0$ のとき $F_Y(y) = 0$ となるから，$f_Y(y) = 0$ $(y \le 0)$ になる．これは自由度 1 のカイ 2 乗分布 (χ_1^2 分布) の p.d.f. である (補遺の A.4.4 参照).

例 5.5.3 と (5.5.5) より，$Z_1^2, \cdots, Z_n^2$ はたがいに独立に，いずれも χ_1^2 分布に従うから，カイ 2 乗分布の再生性より

$$\begin{aligned} \sum_{i=1}^n Z_i^2 &= \sum_{i=1}^n (X_i - \mu)^2 / \sigma^2 \\ &= nS^2(\mu)/\sigma^2 \sim \chi_n^2 \text{ 分布} \quad (\text{自由度 } n \text{ のカイ 2 乗分布}) \end{aligned} \tag{5.5.6}$$

になる (補遺の演習問題 A-4, A-6 参照).

例 5.5.4 $X_1, \cdots, X_n$ を $N(\mu, \sigma^2)$ からの無作為標本とすれば

$$\sum_{i=1}^n (X_i - \mu)^2 = \sum_{i=1}^n \left(X_i - \bar{X}\right)^2 + n\left(\bar{X} - \mu\right)^2 \tag{5.5.7}$$

になる．このとき，$Z = \sqrt{n}\left(\bar{X} - \mu\right)/\sigma$ とおけば，$nS^2(\mu)/\sigma^2 = nS^2/\sigma^2 + Z^2$ となり，この右辺の第 1 項は χ_{n-1}^2 分布に従い，また，右辺の 2 つの項はたが

いに独立になることからも (5.5.6) が成り立つ (例 A.5.5.1 参照)．ここで，Z^2 は χ_1^2 分布に従い，$(n-1)S_0^2/\sigma^2$ は χ_{n-1}^2 分布に従う．

問 5.5.1　例 5.5.4 において，nS^2/σ^2 と Z^2 の独立性と (5.5.6) から nS^2/σ^2 が χ_{n-1}^2 分布に従うことを m.g.f. を用いて示せ．

5.6　順序統計量

まず，p.d.f. $f(x)$ $(x \in \boldsymbol{R}^1)$ をもつ分布からの大きさ n の無作為標本を X_1, $X_2, \cdots, X_n$ とし，これを小さい方から大きさの順に並べかえたものを

$$X_{(1)} \leq X_{(2)} \leq \cdots \leq X_{(n)}$$

とし，これらを**順序統計量** (order statistic) という[33]．ただし，$n \geq 2$ とする．このとき，各 $i = 1, 2, \cdots, n$ について，$Y_i = X_{(i)}$ の p.d.f. を求めてみよう．そこで，Y_i の c.d.f. を $F_{Y_i}(y)$，その p.d.f. を $f_{Y_i}(y)$ とすると

$$f_{Y_i}(y) = \lim_{h \to 0} \frac{F_{Y_i}(y+h) - F_{Y_i}(y)}{h} = \lim_{h \to 0} \frac{1}{h} P_{Y_i}\{y < Y_i \leq y+h\} \quad (y \in \boldsymbol{R}^1) \tag{5.6.1}$$

になる．ここで，$I_1 = (-\infty, y]$，$I_2 = (y, y+h]$，$I_3 = (y+h, \infty)$ なる 3 区間のそれぞれの区間に $X_1, X_2, \cdots, X_n$ が落ちる個数を Z_1，Z_2，Z_3 とすれば，Z_1，Z_2，Z_3 は 3 項分布

$$M_3\left(n; F(y), F(y+h) - F(y), 1 - F(y+h)\right)$$

に従うことが分かる．ただし，p.d.f. $f(x)$ の c.d.f. を $F(x)$ とする．ここで，$F(y)$，$F(y+h) - F(y)$，$1 - F(y+h)$ はそれぞれ区間 I_1，I_2，I_3 に大きさ 1 の標本が落ちる確率になっていることに注意．このとき

$$\begin{aligned} P_{Y_i}\{y < Y_i \leq y+h\} &= P\{Z_1 = i-1, Z_2 = 1, Z_3 = n-i\} \\ &= \frac{n!}{(i-1)!(n-i)!}\bigl\{F(y)\bigr\}^{i-1}\bigl\{F(y+h) - F(y)\bigr\}\bigl\{1 - F(y+h)\bigr\}^{n-i} \end{aligned} \tag{5.6.2}$$

になり，

---

33) 分布型を仮定しない (ノンパラメトリックの) 場合にこの統計量は有用である．

$$f(y) = \lim_{h \to 0} \frac{F(y+h) - F(y)}{h} \tag{5.6.3}$$

になるから，(5.6.1)，(5.6.2) より Y_i の p.d.f. は

$$f_{Y_i}(y) = \frac{n!}{(i-1)!(n-i)!}\big\{F(y)\big\}^{i-1}\big\{1-F(y)\big\}^{n-i}f(y) \quad (y \in \boldsymbol{R}^1) \tag{5.6.4}$$

になる．また，特に $i = 1$，n の場合に，(5.6.4) より $Y_1 = \min_{1 \leq i \leq n} X_i$，$Y_n = \max_{1 \leq i \leq n} X_i$ の p.d.f. はそれぞれ

$$f_{Y_1}(y) = n\big\{1 - F(y)\big\}^{n-1}f(y), \quad f_{Y_n}(y) = n\big\{F(y)\big\}^{n-1}f(y) \quad (y \in \boldsymbol{R}^1) \tag{5.6.5}$$

になる．

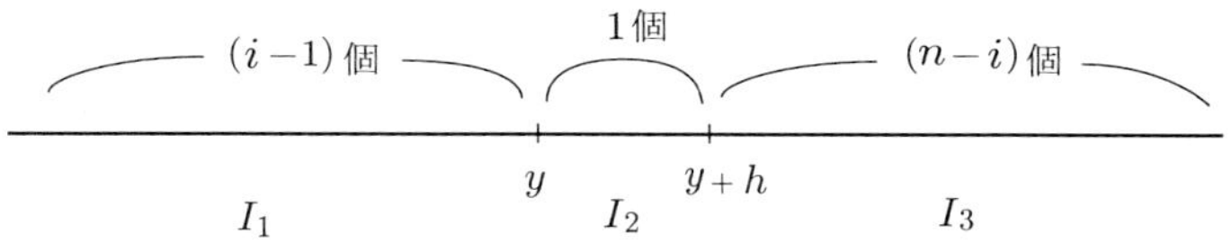

図 5.6.1　大きさ n の標本の区間 I_1，I_2，I_3 へ落ちる個数

問 5.6.1　Y_1，Y_n のそれぞれの p.d.f. を (5.6.4) を用いないで直接求めよ．

次に，$i < j$ について，Y_i，Y_j の j.p.d.f. を求めよう．まず，Y_i，Y_j の j.p.d.f. を $f_{Y_i,Y_j}(u,v)$ $\big((u,v) \in \boldsymbol{R}^2\big)$ とすると，$u < v$ に対して

$$f_{Y_i,Y_j}(u,v) = \lim_{h_1,h_2 \to 0} \frac{1}{h_1 h_2} P_{Y_i,Y_j}\{u < Y_i \leq u + h_1, v < Y_j \leq v + h_2\} \tag{5.6.6}$$

になる．ここで，$I_1 = (-\infty, u]$，$I_2 = (u, u+h_1]$，$I_3 = (u+h_1, v]$，$I_4 = (v, v+h_2]$，$I_5 = (v+h_2, \infty)$ なる 5 区間のそれぞれの区間に $X_1, X_2, \cdots, X_n$ が落ちる個数を $Z_1, \cdots, Z_5$ とすれば，$Z_1, \cdots, Z_5$ は 5 項分布

$M_5(n; F(u), F(u+h_1)-F(u), F(v)-F(u+h_1), F(v+h_2)-F(v), 1-F(v+h_2))$

に従うことが分かる (例 5.1.2 参照)．このとき

$$P_{Y_i,Y_j}\{u < Y_i \leq u + h_1, v < Y_j \leq v + h_2\}$$

$$= P\{Z_1 = i-1, Z_2 = 1, Z_3 = j-i-1, Z_4 = 1, Z_5 = n-j\}$$

$$= \frac{n!}{(i-1)!(j-i-1)!(n-j)!} \{F(u)\}^{i-1} \{F(u+h_1) - F(u)\}$$
$$\times \{F(v) - F(u+h_1)\}^{j-i-1} \{F(v+h_2) - F(v)\} \{1 - F(v+h_2)\}^{n-j}$$

となるから，(5.6.3)，(5.6.6) より，Y_i，Y_j の j.p.d.f. は，$u < v$ について

$$f_{Y_i,Y_j}(u,v) = \frac{n!}{(i-1)!(j-i-1)!(n-j)!} \{F(u)\}^{i-1} \times \{F(v) - F(u)\}^{j-i-1} \{1 - F(v)\}^{n-j} f(u)f(v) \tag{5.6.7}$$

になる．一方，$u \geq v$ について $f_{Y_i,Y_j}(u,v) = 0$ になる．

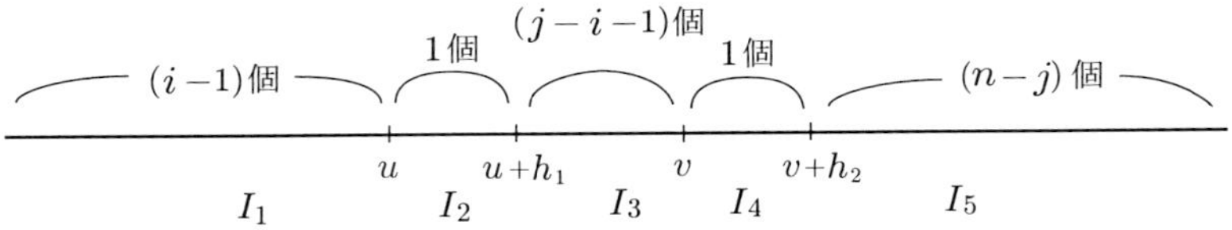

図 5.6.2　大きさ n の標本の区間 $I_1, \cdots, I_5$ へ落ちる個数

問 5.6.2　$Y_1, \cdots, Y_n$ の j.p.d.f. が $f_{Y_1,\cdots,Y_n}(y_1, \cdots, y_n) = n!f(y_1)\cdots f(y_n)$ ($y_1 < \cdots < y_n$); $= 0$ (その他) になることを示せ．

一般に，$1 \leq i_1 < \cdots < i_k \leq n$ なる整数 $i_1, \cdots, i_k$ について，$Y_{i_1}, \cdots, Y_{i_k}$ の j.p.d.f. も上記と同様にして得ることができる (補遺の定理 A.5.6.1 参照)．第 2 章において，順序統計量に基づく統計量として，(標本) 中央値

$$X_{\mathrm{med}}(n) = \begin{cases} X_{\left(\frac{n+1}{2}\right)} & (n \text{ が奇数のとき}), \\ \frac{1}{2}\left\{X_{\left(\frac{n}{2}\right)} + X_{\left(\frac{n}{2}+1\right)}\right\} & (n \text{ が偶数のとき}), \end{cases}$$

(標本) 範囲の中央 $T = X_{\mathrm{mid}}(n) = (X_{(1)} + X_{(n)})/2$，(標本) 範囲 $R = X_{(n)} - X_{(1)}$，(標本) 四分位範囲，(標本) 半四分位範囲などについて考えたが，これらの統計量の p.d.f. を導くことができる (補遺の例 A.5.6.2 参照)．たとえば，R, T のそれぞれの p.d.f. を求めてみよう．そこで，$Y_1 = X_{(1)}$ と $Y_n = X_{(n)}$ の j.p.d.f. は，(5.6.7) より $u < v$ について

$$f_{Y_1,Y_n}(u,v) = n(n-1)\{F(v) - F(u)\}^{n-2} f(u)f(v) \tag{5.6.8}$$

になる．ここで，$t = (u+v)/2$，$r = (v-u)$ とおいて，変数変換をすると

$$J = \frac{\partial(u,v)}{\partial(r,t)} = \begin{vmatrix} \dfrac{\partial u}{\partial r} & \dfrac{\partial u}{\partial t} \\ \dfrac{\partial v}{\partial r} & \dfrac{\partial v}{\partial t} \end{vmatrix} = -1$$

になるから，R，T の j.p.d.f. は (5.6.8) より

$$f_{R,T}(r,t) = n(n-1)\left\{F\left(t+\frac{r}{2}\right) - F\left(t-\frac{r}{2}\right)\right\}^{n-2} f\left(t-\frac{r}{2}\right) f\left(t+\frac{r}{2}\right)$$

$$(r > 0,\ -\infty < t < \infty) \qquad (5.6.9)$$

になる．よって，R, T のそれぞれの p.d.f. は $f_{R,T}(r,t)$ の m.p.d.f. として得ることができる．

さらに，一様分布からの無作為標本 $X_1, \cdots, X_n$ の順序統計量に関する統計量に基づく推定量の平均，分散も得ることができる (補遺の例 A.5.6.2 参照).

5.7　十分統計量

確率ベクトル $\boldsymbol{X} = (X_1, \cdots, X_n)$ の j.p.d.f. または j.p.m.f. を $f_{\boldsymbol{X}}(\boldsymbol{x}, \theta)$ $(\theta \in \Theta)$ とする．ただし，$\boldsymbol{x} = (x_1, \cdots, x_n)$ とする．一般に，標本 $\boldsymbol{X}$ がもつ θ に関する情報について，統計量 $T = T(\boldsymbol{X})$ は θ に関して情報損失を起こすと考えられるが，適切な統計量 T はそのような情報損失を起こさない (注意 7.4.1 参照). 本節ではそのような統計量を定義し，例も挙げる．

> **定義 5.7.1**　統計量 $T = T(\boldsymbol{X})$ について，$T = t$ が与えられたときに，$\boldsymbol{X}$ の c.p.m.f. または c.p.d.f. $f^{\theta}_{\boldsymbol{X}|T}(\boldsymbol{x}|t)$ が θ に無関係であるとき，T は (θ に対する) **十分統計量** (sufficient statistic) であるという．

上の定義から，十分統計量 T が与えられれば，$\boldsymbol{X}$ は θ に関して何も情報を持たないと考えられるから，T は $\boldsymbol{X}$ がもつ θ に関する情報を失っていないと考えることができる．また，統計量 T は $\boldsymbol{X}$ の縮約にもなっていることに注意．

例 5.7.1　ベルヌーイ分布 Ber(θ) からの大きさ n の無作為標本を $X_1, \cdots, X_n$ とする．このとき，$\boldsymbol{X} = (X_1, \cdots, X_n)$ の j.p.m.f. は

$$f_{\boldsymbol{X}}(\boldsymbol{x}, \theta) = \theta^{\sum_{i=1}^n x_i}(1-\theta)^{n-\sum_{i=1}^n x_i} \quad (x_i = 0, 1\ (i = 1, \cdots, n); 0 < \theta < 1)$$

になる．ただし，$\boldsymbol{x} = (x_1, \cdots, x_n)$ とする．このとき，統計量 $T = T(\boldsymbol{X}) = \sum_{i=1}^n X_i$ について，2 項分布の再生性より，$T \sim B(n, \theta)$ になるから，$T = t$ を与えたときの $\boldsymbol{X}$ の c.p.m.f. を求める．まず，$\sum_{i=1}^n x_i = t$ のとき

$$\begin{aligned} f^{\theta}_{\boldsymbol{X}|T}(\boldsymbol{x}|t) &= P^{\theta}_{\boldsymbol{X}|T}(\boldsymbol{X} = \boldsymbol{x}|T = t) \\ &= \theta^t(1-\theta)^{n-t} \Big/ \left\{ \binom{n}{t} \theta^t (1-\theta)^{n-t} \right\} = 1 \Big/ \binom{n}{t} \qquad (5.7.1) \end{aligned}$$

になる．また，$\sum_{i=1}^n x_i \neq t$ のときには $f^{\theta}_{\boldsymbol{X}|T}(\boldsymbol{x}|t) = 0$ になる．よって，$f^{\theta}_{\boldsymbol{X}|T}(\boldsymbol{x}|t)$ は θ に無関係になるから，$T = \sum_{i=1}^n X_i$ は θ に対する十分統計量になる．このことは，1 枚のコイン投げのような 2 項試行において，n 回のうち表が出る回数は T になり，表が出る確率 θ に関して $\boldsymbol{X}$ のもつ情報を T がすべてもっていることを意味する．

例 5.7.2　ポアソン分布 Po(λ) からの大きさ 2 の無作為標本を X_1，X_2 とする．このとき，$\boldsymbol{X} = (X_1, X_2)$ の j.p.m.f. は

$$f_{\boldsymbol{X}}(\boldsymbol{x}, \lambda) = \frac{\lambda^{x_1+x_2}}{x_1!x_2!} e^{-2\lambda} \quad (x_i = 0, 1, 2, \cdots (i = 1, 2); \lambda > 0)$$

になる．ただし，$\boldsymbol{x} = (x_1, x_2)$ とする．このとき，統計量 $T_1 = T_1(\boldsymbol{X}) = X_1 + X_2$ について，ポアソン分布の再生性より，$T_1 \sim Po(2\lambda)$ になるから，$T_1 = t$ を与えたときの X_1 の c.p.m.f. は

$$f^{\lambda}_{X_1|T_1}(x_1|t) = \frac{\lambda^t e^{-2\lambda}}{x_1!(t-x_1)!} \Big/ \frac{(2\lambda)^t e^{-2\lambda}}{t!} = \frac{t!}{2^t x_1!(t-x_1)!}$$

になり，これは λ に無関係となる．よって，$T_1 = t$ を与えたときの X_1，$X_2 = t - X_1$ の c.p.m.f. も λ に無関係になり，T_1 は λ に対する十分統計量になる．

次に，統計量 $T_2 = T_2(\boldsymbol{X}) = X_1 + 2X_2$ について，$T_2 = 3$ を与えたときの $\boldsymbol{X}$ の c.p.m.f. の $\boldsymbol{x} = (1, 1)$ における値は

$$\begin{aligned} f^{\lambda}_{\boldsymbol{X}|T_2}(1, 1|3) &= \frac{P^{\lambda}_{\boldsymbol{X}, T_2}\{\boldsymbol{X} = (1, 1), T_2 = 3\}}{P^{\lambda}_{T_2}\{T_2 = 3\}} \\ &= \frac{f_{\boldsymbol{X}}(1, 1; \lambda)}{f_{\boldsymbol{X}}(3, 0; \lambda) + f_{\boldsymbol{X}}(1, 1; \lambda)} = \frac{6}{\lambda + 6} \end{aligned}$$

になり，λ に依存するから，T_2 は λ に対する十分統計量ではない．

一般に，十分統計量を見つけるためには，ネイマン (J. Neyman (1894–1981)) の**因子分解** (factorization)，すなわち，統計量 $T = T(\boldsymbol{X})$ が θ に対する十分統計量であるための必要十分条件は，$\boldsymbol{X}$ の j.p.d.f. (または j.p.m.f.) $f_{\boldsymbol{X}}$ が

$$f_{\boldsymbol{X}}(\boldsymbol{x}, \theta) = g_\theta(T(\boldsymbol{x}))h(\boldsymbol{x})$$

の形に分解できるという命題が有用である (補遺 A.5.7 節参照)．この命題を用いれば，$\boldsymbol{X}$ の分布が指数型分布族に属していれば，十分統計量を見つけることが容易になる (補遺の定理 7.4.3 参照)．また，一般に，多くの十分統計量が存在するが，$\boldsymbol{X}$ の最大縮約をもつ十分統計量 (最小十分統計量) が望ましい．このことについては補遺 A.5.7 節参照．

演習問題 5

1. X_1，X_2 をたがいに独立な確率変数で，$X_1 \sim N(0,1)$, $X_2 \sim N(0,4)$ とする．このとき，$Y_1 = X_1 + X_2$，$Y_2 = X_1 - X_2$ とおく．

(1) Y_1，Y_2 の j.p.d.f. を求めよ．

(2) Y_1，Y_2 の (分散) 共分散行列の逆行列を求めよ．

2. X_1，X_2 をたがいに独立に，いずれも一様分布 $U(0,1)$ に従う確率変数とする．このとき，$\boldsymbol{X} = (X_1, X_2)$，$\bar{X} = (X_1 + X_2)/2$, $Y = (X_1 - \bar{X})^2 + (X_2 - \bar{X})^2$ とおく．

(1) $Y = (X_1 - X_2)^2/2$ であることを示せ．

(2) $P_{\boldsymbol{X}}\{\bar{X} \leq 1/4\}$，$P_{\boldsymbol{X}}\{Y \geq 1/8\}$ のそれぞれの値を求めよ．

(3) $P_{\boldsymbol{X}}\{\bar{X} \leq 1/4, Y \geq 1/8\}$ の値を求めよ．

(4) $\bar{X}$ と Y はたがいに独立であるかどうか調べよ．

3. 確率ベクトル (X, Y) が j.p.d.f.

$$f_{X,Y}(x,y) = \begin{cases} c(x-y) & (0 < y < x < 1), \\ 0 & (\text{その他}) \end{cases}$$

をもつ分布に従うとする．ただし，c はある定数とする．

(1) c の値を求めよ．(2) 確率 $P_{X,Y}\{X + Y < 1\}$ の値を求めよ．

(3) X，Y のそれぞれの m.p.d.f. f_X，f_Y を求めよ．

(4) X，Y のそれぞれの分散 σ_X^2，σ_Y^2 の値を求め，X，Y の共分散 $\sigma_{X,Y}$ の値を求めよ．また，X，Y の相関係数 $\rho_{X,Y}$ の値も求めよ．

4. 2 個の偏りのないサイコロを投げる実験において，サイコロの目の和を X，その差の絶対値を Y とする．

(1) (X, Y) の j.p.m.f. $f_{X,Y}$ を求めよ．

(2) X，Y のそれぞれの m.p.d.f. f_X，f_Y を求めよ．

(3) X，Y のそれぞれの分散 σ_X^2，σ_Y^2 の値を求め，X，Y の共分散 $\sigma_{X,Y}$ の値を求めよ．また，X，Y の相関係数 $\rho_{X,Y}$ の値も求めよ．

(4) $X = 6$ を与えたときの Y の c.p.m.f. $f_{Y|X}(\cdot|6)$ を求め，また，そのときの条件付平均 $E(Y|6)$ および条件付分散 $V(Y|6)$ のそれぞれの値を求めよ．

5. $Y_1, \cdots, Y_k$ をたがいに独立に，いずれも $N(0,1)$ に従う確率変数とし，$\boldsymbol{Y} = (Y_1, \cdots, Y_k)'$ とする．また $\boldsymbol{X} = (X_1, \cdots, X_k)' = \boldsymbol{CY} + \boldsymbol{\mu}$ とおく．ただし，$\boldsymbol{C}$ を正則な k 次正方行列，$\boldsymbol{\mu} = (\mu_1, \cdots, \mu_k)'$ とし，$\boldsymbol{C}$，$\boldsymbol{\mu}$ の成分はすべて定数とする．このとき，$\boldsymbol{\Sigma}$ を $\boldsymbol{X}$ の共分散行列とすれば，$\boldsymbol{X}$ の j.p.d.f. は

$$f_{\boldsymbol{X}}(\boldsymbol{x}) = (2\pi)^{-k/2}|\boldsymbol{\Sigma}|^{-1/2} \exp\left\{-\frac{1}{2}(\boldsymbol{x}-\boldsymbol{\mu})'\boldsymbol{\Sigma}^{-1}(\boldsymbol{x}-\boldsymbol{\mu})\right\}, \quad \boldsymbol{x} \in \boldsymbol{R}^k$$

になることを示せ．ただし，$|\boldsymbol{\Sigma}|$ を $\boldsymbol{\Sigma}$ の行列式とする．なお，このとき，$\boldsymbol{X}$ は**多変量** (multivariate) **正規分布**または k 変量 (k-variate) 正規分布 $N(\boldsymbol{\mu}, \boldsymbol{\Sigma})$ に従うという．また，$\boldsymbol{\theta} = (\theta_1, \cdots, \theta_k)'$ とするとき，上の $\boldsymbol{X}$ の m.g.f. が

$$g_{\boldsymbol{X}}(\boldsymbol{\theta}) = E\left(e^{\boldsymbol{\theta}'\boldsymbol{X}}\right) = \exp\left(\boldsymbol{\mu}'\boldsymbol{\theta} + \frac{1}{2}\boldsymbol{\theta}'\Sigma\boldsymbol{\theta}\right)$$

となることを示せ．

6. 確率ベクトル (X, Y) について，次のことを示せ．

(1) $E[f_{Y|X}(y|X)] = f_Y(y)$

(2) $E[V(Y|X)] + V(E(Y|X)) = V(Y)$

また，(X, Y) の j.p.d.f. が問 3 のように与えられるとき，(1)，(2) が成り立つことを確かめよ．

7. (1) 確率ベクトル (X, Y) について，X，Y のそれぞれの分散 σ_X^2，σ_Y^2 が等しいとする．このとき，$X+Y$，$X-Y$ の相関係数 $\rho_{X+Y,X-Y}$ の値を求めよ．

(2) X が正規分布 $N(0, \sigma^2)$ に従うとき，$Y = X^2$ とおいて，X, Y の相関係数 $\rho_{X,Y}$ の値を求めよ．

8. 確率ベクトル $(X_1, \cdots, X_m)$，$(Y_1, \cdots, Y_n)$ について，任意の定数 $a_1, \cdots, a_m$, $b_1, \cdots, b_n$ に対して，次のことが成り立つことを示せ．

(1) $\mathrm{Cov}(\sum_{i=1}^m a_i X_i, \sum_{j=1}^n b_j Y_j) = \sum_{i=1}^m \sum_{j=1}^n a_i b_j \mathrm{Cov}(X_i, Y_j)$

(2) $V(\sum_{i=1}^m X_i) = \sum_{i=1}^m V(X_i) + \sum\sum_{i \neq j} \mathrm{Cov}(X_i, X_j)$

9. 確率変数 X, Y がたがいに独立に，いずれも指数分布 $Exp(\theta)$ に従うとし，$V = X + Y$, $W = Y/X$ とする．

(1) V, W のそれぞれの c.d.f. F_V, F_W を求めよ．

(2) (V, W) の j.c.d.f. $F_{V,W}$ を求めよ．

(3) V, W がたがいに独立であるかどうか調べよ．

10. 確率変数 X, Y をたがいに独立に，それぞれポアソン分布 $\mathrm{Po}(\mu)$, $\mathrm{Po}(\lambda)$ に従うとき，たたみこみによって $Z = X + Y$ の分布を求めよ．

11. r.v. Z が $N(0,1)$ に従うとき，$Y = Z^2$ の m.g.f. を通して Y の分布を求めよ．

12. X を連続型確率変数とし，その c.d.f. を F_X とする．このとき, $Y = F_X(X)$ は一様分布 $U(0,1)$ に従うことを示せ．

13. r.v. $X \sim U(\theta - \lambda, \theta + \lambda)$ とし，$\lambda > \theta$ とする．このとき，次の (1), (2) の場合に $|X|$ の p.d.f. を求めよ．(1) $\theta = 0$, (2) $\theta > 0$.

14. r.v. $X \sim N(0,1)$ とし，$h(x) = x$ $(|x| \geq 2)$; $= -x$ $(|x| < 2)$ とするとき，$Y = h(X)$ の分布を求めよ．

15. 確率変数 X, Y がたがいに独立にいずれもベルヌーイ分布 $\mathrm{Ber}(1/2)$ に従うとき，$P\{X = Y\} \neq 1$ であることを示せ．

第 6 章
近似法則

統計的推測理論を標本の大きさを基にして大別すれば，その大きさを固定した場合の**小標本論** (small sample theory) とその大きさが無限に大きい場合の**大標本論** (large sample theory) になる．小標本論においては，精密な理論を展開できるが，前提となる母集団分布の分布型を限定しなければならないことが多い．それに比べて，大標本論においてはその分布型はそれほど限定的でなくてもよいため，一般的に論じることができ，そこで得られた結果も標本の大きさが小さいときにも当てはまることもあるし，1 つの目安を与えてくれることも多い．そこで，本章ではそのような大標本論の理論的基礎となる大数の法則や中心極限定理等の近似法則について考えてみよう．

6.1 大数の法則

1 個の偏りがないサイコロを投げるという試行を独立に繰り返すことを，コンピュータによるシミュレーション (模擬実験) をしたところ，試行回数における各目の出る比率の推移が図 6.1.1 のようになった．この図から，試行回数が増えていくと各目の出る比率が 1/6 に近づいていく様子が分かる．実は，このことは，理論的に次の命題として知られている．

定理 6.1.1 $X_1, X_2, \cdots, X_n, \cdots$ をたがいに独立に，いずれも平均 μ，分散 σ^2 をもつ同一分布に従う確率変数列とし，$\bar{X} = (1/n)\sum_{i=1}^n X_i$ とする．このとき，任意の正数 ε について

$$\lim_{n\to\infty} P_{\boldsymbol{X}}\left\{|\bar{X} - \mu| > \varepsilon\right\} = 0 \qquad (6.1.1)$$

が成り立つ．

注意 6.1.1 上の定理は，**大数の (弱) 法則** ((weak) law of large numbers) と呼ばれている．また，(6.1.1) のような収束を $\bar{X}$ が μ に確率収束 (convergence in probability)

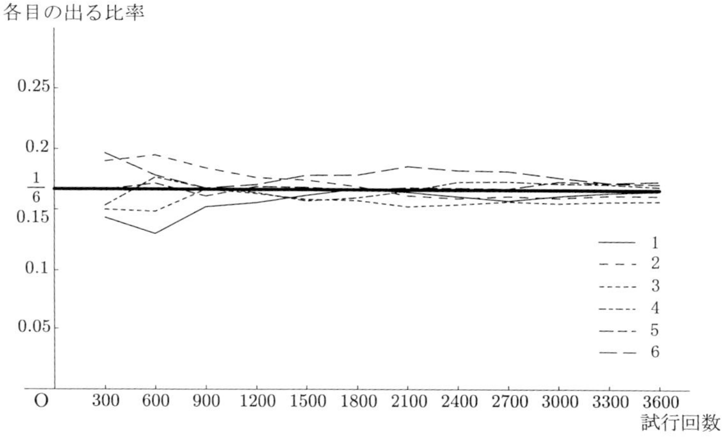

図 6.1.1 サイコロ投げの試行のシミュレーション

するといい，$\bar{X} \xrightarrow{P} \mu\ (n \to \infty)$ と表す．一般に，$\{Y_n\}$，$\{Z_n\}$ を $Y_n \xrightarrow{P} a$，$Z_n \xrightarrow{P} b$ $(n \to \infty)$ となる確率変数列とすれば $Y_n + Z_n \xrightarrow{P} a+b$，$Y_nZ_n \xrightarrow{P} ab$ になる．ただし，a, b は定数とする．また，$b \neq 0$ であれば，$Y_n/Z_n \xrightarrow{P} a/b$ になる．

注意 6.1.2 $X_1, X_2, \cdots, X_n, \cdots$ をたがいに独立にいずれも平均 μ をもつ同一分布に従う確率変数列とすれば，$P\left\{\lim_{n\to\infty} \bar{X} = \mu\right\} = 1$，すなわち，$\bar{X}$ は μ に**概収束**する (または確率 1 で収束する)．この命題を**大数の強法則** (strong law of large numbers) という[1]．概収束すれば確率収束することが知られている．通常，大数の法則というと大数の弱法則を指すことが多い．

注意 6.1.3 確率変数 X の平均 $\mu = E(X)$，分散 $\sigma^2 = V(X)(>0)$ が存在するとき，任意の正数 k に対して

$$P_X\{|X-\mu| \geq k\sigma\} \leq 1/k^2 \quad \textbf{(チェビシェフ (Chebyshev) の不等式)}$$

が成り立つ (補遺 A.6.1 参照)．ただし，$\sigma = \sqrt{\sigma^2}$ とする．

定理 6.1.1 の証明． $\bar{X}$ の平均，分散はそれぞれ $E(\bar{X}) = \mu$，$V(\bar{X}) = \sigma^2/n$ であるから，$\sigma > 0$ のとき，チェビシェフの不等式によって，任意の $\varepsilon > 0$ に対して

$$P_{\mathbf{X}}\left\{|\bar{X}-\mu| > \varepsilon\right\} \leq \sigma^2/(n\varepsilon^2)$$

---

[1] 証明については，たとえば西尾真喜子 (1978).「確率論」(実教出版) の第 6 章参照.

になる．ここで $n \to \infty$ とすれば，$\bar{X}$ は μ に確率収束する．$\sigma = 0$ のときは明らか．□

注意 6.1.4　上の証明から，任意の $\varepsilon > 0$ と任意の δ $(0 < \delta < 1)$ に対して，$n > \sigma^2/(\varepsilon^2\delta)$ となる自然数 n について，$P_{\boldsymbol{X}}\left\{|\bar{X} - \mu| < \varepsilon\right\} \geq 1 - \delta$ になる．したがって，$\sigma^2 = 1$ の場合に，$\varepsilon = 0.25$，$\delta = 0.05$ とすれば，$n > 320$ となる自然数 n をとると，$P_{\boldsymbol{X}}\{|\bar{X} - \mu| < 0.25\} \geq 0.95$ になる．

例 6.1.1　(i) $X_1, X_2, \cdots, X_n, \cdots$ をたがいに独立にいずれもベルヌーイ分布 $\mathrm{Ber}(p)$ に従う確率変数列とする．このとき，$\bar{X}$ は p に概収束し，また確率収束する．

(ii) $X_1, X_2, \cdots, X_n, \cdots$ をたがいに独立にいずれもポアソン分布 $\mathrm{Po}(\lambda)$ に従う確率変数列とする．このとき $\bar{X}$ は λ に概収束し，また確率収束する．

例 6.1.2　1個の偏りのないサイコロを投げるという試行において，1回の試行の結果を次の確率変数

$$X = \begin{cases} 1 & (1\text{ の目が出たとき}), \\ 0 & (\text{その他の目がでたとき}) \end{cases}$$

で表すと，X はベルヌーイ分布 $\mathrm{Ber}(1/6)$ に従うと考えられる．このとき，X の平均，分散は，それぞれ $\mu = E(X) = 1/6$，$\sigma^2 = V(X) = 5/36$ になる．そこで，その試行を独立に繰り返して行った結果を $X_1, X_2, \cdots, X_n, \cdots$ とすれば，$n \to \infty$ のとき $\bar{X}$ は $1/6$ に概収束し，また確率収束する．ここで，$\bar{X} = \sum_{i=1}^{n} X_i/n$ はサイコロを n 回独立に投げたときに，1の目が出る回数の比率を表すことに注意.

注意 6.1.5　$X_1, \cdots, X_n$ を c.d.f. F をもつ分布からの無作為標本とするとき，**経験分布関数** (empirical distribution function 略して e.d.f.) を

$$\hat{F_n}(x) = \#\left\{i \mid X_i \leq x\right\}/n \quad (-\infty < x < \infty)$$

によって定義する．ただし，$\#\{i \mid X_i \leq x\}$ は $(X_1, \cdots, X_n$ のうちで$)$ $X_i \leq x$ となる i の個数を表す．各 $i = 1, \cdots, n$ について，任意の実数 x に対して

$$Y_i = \begin{cases} 1 & (X_i \leq x), \\ 0 & (X_i > x) \end{cases}$$

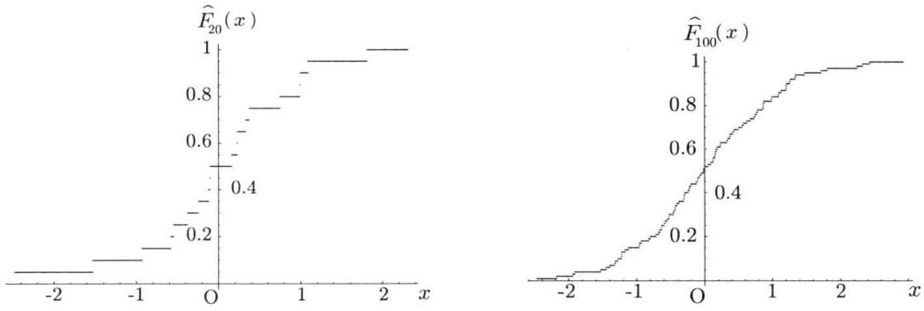

図 6.1.2　$N(0,1)$ からの大きさ n の無作為標本に基づく e.d.f. $\hat{F_n}$ $(n=20,100)$

によって確率変数 Y_i を定義する．このとき，$Y_1,\cdots,Y_n$ はベルヌーイ分布 $\mathrm{Ber}(F(x))$ からの無作為標本と考えられる．したがって，例 6.1.1 の (i) より，任意の実数 x に対して，$n\to\infty$ のとき $\hat{F_n}(x)$ は $F(x)$ に概収束し，また確率収束する (図 6.1.2 参照).

注意 6.1.6　X_n $(n=1,2,\cdots)$ と X を確率変数とし，g を $\boldsymbol{R}^1$ 上で定義された連続な実数値関数とすると，$g(X_n)$ $(n=1,2,\cdots)$，$g(X)$ も確率変数になる．そして，

$$X_n \xrightarrow{P} X \quad (n\to\infty) \Longrightarrow g(X_n) \xrightarrow{P} g(X) \quad (n\to\infty)$$

である (演習問題 6-5 参照)．また，もっと一般に，各 $i=1,\cdots,k$ について，X_{in} $(n=1,2,\cdots)$ と X_i を確率変数とし，g を $\boldsymbol{R}^k$ 上で定義された連続な実数値関数とすると，$g(X_{1n},\cdots,X_{kn})$ $(n=1,2,\cdots)$，$g(X_1,\cdots,X_k)$ も確率変数になる．このとき

$$X_{in} \xrightarrow{P} X_i \quad (n\to\infty) \quad (i=1,\cdots,k)$$
$$\Longrightarrow g(X_{1n},\cdots,X_{kn}) \xrightarrow{P} g(X_1,\cdots,X_k) \quad (n\to\infty)$$

が成り立つ．なお，上記において確率収束を概収束にも置き換えることができる．

注意 6.1.7　$X_1,X_2,\cdots,X_n,\cdots$ をたがいに独立に，いずれも平均 μ, 分散 σ^2 をもつ分布に従う確率変数列とする．このとき，大数の (弱) 法則より

$$S^2(\mu)=\frac{1}{n}\sum_{i=1}^{n}(X_i-\mu)^2 \xrightarrow{P} \sigma^2 \quad (n\to\infty)$$

になり，さらに注意 6.1.1，注意 6.1.6 より

$$S_0^2=\frac{1}{n-1}\sum_{i=1}^{n}\left(X_i-\bar{X}\right)^2=\frac{1}{n-1}\sum_{i=1}^{n}(X_i-\mu)^2-\frac{n}{n-1}(\bar{X}-\mu)^2 \xrightarrow{P} \sigma^2 \ (n\to\infty)$$

になる (第 5.4 節参照).

問 6.1.1　各 $n=1,2,\cdots$ について，r.v. X_n の p.m.f. f_{X_n} を $f_{X_n}(c+n)=1/n$, $f_{X_n}(c)=1-(1/n)$ とする．ただし，c は定数とする．このとき，$X_n \xrightarrow{P} c$ $(n\to\infty)$ であるが，$E(X_n)\nrightarrow c$ $(n\to\infty)$ であることを示せ．

6.2　中心極限定理

大数の法則から，標本平均が分布の平均に収束することが分かったが，標本平均の分布はどのような分布に収束するであろうか．たとえば，$X_1, \cdots, X_n$ を正規分布 $N(\mu, \sigma^2)$ からの無作為標本とすれば，その標本平均 $\bar{X}$ はまた正規分布 $N(\mu, \sigma^2/n)$ に従う (例 5.4.3 参照)．さらに，母集団分布が一般の分布の場合には，どうであろうか．その1つの答が**中心極限定理** (central limit theorem 略して CLT) と呼ばれているもので，標本の大きさ n が大きいときには，$\bar{X}$ が漸近的に正規分布に従うことを保証している重要な基礎定理である．

定理 6.2.1 (中心極限定理)　$X_1, X_2, \cdots, X_n, \cdots$ をたがいに独立に，いずれも平均 μ，分散 $\sigma^2 (> 0)$ をもつ同一分布に従う確率変数列とし，$\bar{X} = \sum_{i=1}^n X_i/n$ とする．このとき，$\sqrt{n}(\bar{X} - \mu)/\sigma$ の分布は，$n \to \infty$ のとき標準正規分布 $N(0, 1)$ に収束する．すなわち任意の実数 t に対して

$$\lim_{n \to \infty} P_{\mathbf{X}} \left\{ \frac{\bar{X} - \mu}{\sigma/\sqrt{n}} \leq t \right\} = \Phi(t)$$

である．ただし，$\Phi(t) = \int_{-\infty}^t \phi(x)dx$，$\phi(x) = \frac{1}{\sqrt{2\pi}} e^{-x^2/2}$ とする．

証明[2)]　まず，$Z_n = \sqrt{n}(\bar{X} - \mu)/\sigma$ とおく．$X_1, \cdots, X_n$ がたがいに独立であるから，Z_n の m.g.f. は

$$\begin{aligned} g_{Z_n}(\theta) &= E(e^{\theta Z_n}) \\ &= E\left[\exp\left\{\frac{\theta\sqrt{n}}{\sigma}(\bar{X} - \mu)\right\}\right] = E\left[\exp\left\{\frac{\theta}{\sigma\sqrt{n}}\sum_{i=1}^n (X_i - \mu)\right\}\right] \\ &= E\left[\prod_{i=1}^n \exp\left\{\frac{\theta}{\sigma\sqrt{n}}(X_i - \mu)\right\}\right] = \prod_{i=1}^n E\left[\exp\left\{\frac{\theta}{\sigma\sqrt{n}}(X_i - \mu)\right\}\right] \end{aligned}$$

になる．各 $i = 1, \cdots, n$ について $Y_i = (X_i - \mu)/\sigma$ とおいて，その m.g.f. を $g_{Y_i}(\theta)$ $(|\theta| < \sigma\varepsilon)$ とすれば

$$g_{Z_n}(\theta) = \prod_{i=1}^n g_{Y_i}(\theta/\sqrt{n}) = \{g_{Y_1}(\theta/\sqrt{n})\}^n$$

になる．次に，$g_{Y_1}(\theta/\sqrt{n})$ を原点の周りで Taylor 展開して

2) この証明では，X_i の m.g.f. $g_{X_i}(\theta)$ $(|\theta| < \varepsilon)$ が存在することを仮定しているが，m.g.f. の代わりに特性関数を用いれば仮定する必要はない (注意 A.4.5.1 参照)．

$$g_{Y_1}\left(\frac{\theta}{\sqrt{n}}\right)=g_{Y_1}(0)+\frac{\theta}{\sqrt{n}}g_{Y_1}^{(1)}(0)+\frac{\theta^2}{2n}g_{Y_1}^{(2)}(0)+R_{Y_1}\left(\frac{\theta}{\sqrt{n}}\right)$$

になる．ただし，剰余項 $R_{Y_1}(\theta/\sqrt{n})$ は $n\to\infty$ のとき $o\left(\theta^2/n\right)$ になる．また，$g_{Y_1}(0)=1$ であり

$$g_{Y_1}^{(1)}(0)=E(Y_1)=E\left[(X_1-\mu)/\sigma\right]=0,$$

$$g_{Y_1}^{(2)}(0)=E(Y_1^2)=E\left[(X_1-\mu)^2/\sigma^2\right]=1$$

より

$$g_{Y_1}\left(\frac{\theta}{\sqrt{n}}\right)=1+\frac{\theta^2}{2n}+R_{Y_1}\left(\frac{\theta}{\sqrt{n}}\right)=1+\frac{\theta^2}{2n}+o\left(\frac{\theta^2}{n}\right)$$

になる．よって

$$g_{Z_n}(\theta)=\left\{1+\frac{\theta^2}{2n}+o\left(\frac{\theta^2}{2n}\right)\right\}^n\longrightarrow e^{\frac{\theta^2}{2}}\quad(n\to\infty)$$

となり，Z_n の m.g.f. は $N(0,1)$ の m.g.f. に収束するから，Z_n の分布は $n\to\infty$ のとき $N(0,1)$ に収束する[3)]．□

注意 6.2.1 上記の中心極限定理のいろいろな一般化は行われている[4)]．

注意 6.2.2 $X_1,X_2,\cdots,X_n,\cdots$ と X を確率変数とし，各 n について X_n の c.d.f. を F_n，X の c.d.f. を F とする．そして，F の連続点 x において $\lim_{n\to\infty}F_n(x)=F(x)$ であるとき，X_n は X に**法則収束** (convergence in law) するといい，記号で $X_n\xrightarrow{L}X$ で表す．また，X_n は漸近的に F に従うといって $\mathcal{L}(X_n)\longrightarrow F$ でも表す．したがって，定理 6.2.1 の命題は，$N(0,1)$ の c.d.f. Φ に従う確率変数を Z とすると

$$\frac{\bar{X}-\mu}{\sigma/\sqrt{n}}\xrightarrow{L}Z\quad(n\to\infty),\ \mathcal{L}\left(\frac{\bar{X}-\mu}{\sigma/\sqrt{n}}\right)\longrightarrow\Phi\ (\text{または } N(0,1))\quad(n\to\infty)$$

等と表せる．さらに，その命題を n が大きいとき，$\bar{X}$ は漸近的に $N(\mu,\sigma^2/n)$ に従うといい，そして $\sum_{i=1}^n X_i$ は漸近的に $N(n\mu,n\sigma^2)$ に従うともいう．

注意 6.1.4(続) 中心極限定理より，$n\to\infty$ のとき

$$P_{\boldsymbol{X}}\left\{|\bar{X}-\mu|/\sigma\le t/\sqrt{n}\right\}\approx\Phi(t)-\Phi(-t)=2\Phi(t)-1$$

になる．ここで，$\{a_n\},\{b_n\}$ を2つの実数列とし，$\lim_{n\to\infty}(a_n-b_n)=0$ とするとき記号で $a_n\approx b_n$ で表す．そこで，正規分布表から $2\Phi(t)-1=0.95$ となる t は $t\fallingdotseq 1.96$.

3) 注意 5.4.1 参照.

4) たとえば，西尾真喜子 (1978).「確率論」(実教出版)；清水良一 (1976).「中心極限定理」(教育出版) 参照.

よって，$1.96/\sqrt{n} \fallingdotseq 0.25$ になるためには $n \fallingdotseq 62$ とすればよいから，大数の法則を用いた場合の $n > 320$ となる n よりもかなり小さい大きさの標本でよいことが分かる (注意 6.1.4 参照).

例 6.2.1　$X_1, X_2, \cdots, X_n, \cdots$ をたがいに独立に，いずれも $\mathrm{Po}(\lambda)$ に従う確率変数列とすれば，再生性より $Y_n = \sum_{i=1}^n X_i$ は $\mathrm{Po}(n\lambda)$ に従う．したがって，中心極限定理より，$Z_n = (Y_n - n\lambda)/\sqrt{n\lambda}$ の分布は $N(0,1)$ に収束する，すなわち Z_n は漸近的に $N(0,1)$ に従う (図 6.2.1 参照).

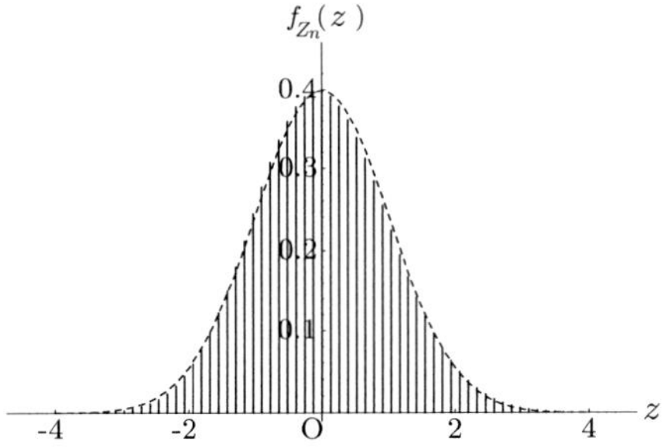

図 6.2.1　$\lambda = 3$; $n = 20$ のときの $Z_n = (Y_n - n\lambda)/\sqrt{n\lambda}$ の p.m.f. f_{Z_n}.
なお，点線による曲線は $N(0,1)$ の p.d.f.

例 6.2.2　$X_1, X_2, \cdots, X_n, \cdots$ をたがいに独立に，いずれも χ_1^2 分布に従う確率変数列とすれば，再生性より $Y_n = \sum_{i=1}^n X_i$ は χ_n^2 分布に従う (補遺の A.4.4 節，演習問題 A-6 参照)．そして，$E(Y_n) = n$，$V(Y_n) = 2n$ となるから，中心極限定理より，$Z_n = (Y_n - n)/\sqrt{2n}$ の分布は $N(0,1)$ に収束するが，χ_n^2 分布の非対称性よりその収束は遅い (図 6.2.2，第 8.5 節参照)．さらに，Z_n の分布の歪度 α_{3n}，尖度 β_{4n} を用いれば，中心極限定理による近似より精確な近似を得る (補遺の A.6.2 節参照).

問 6.2.1　問 5.4.2 で求めた $Y = X_1 + X_2 + X_3$ の分布の p.d.f. と Y の平均 μ_Y，分散 σ_Y^2 と同じ平均，分散をもつ正規分布 $N(\mu_Y, \sigma_Y^2)$ の p.d.f. のグラフを描いて比較せよ.

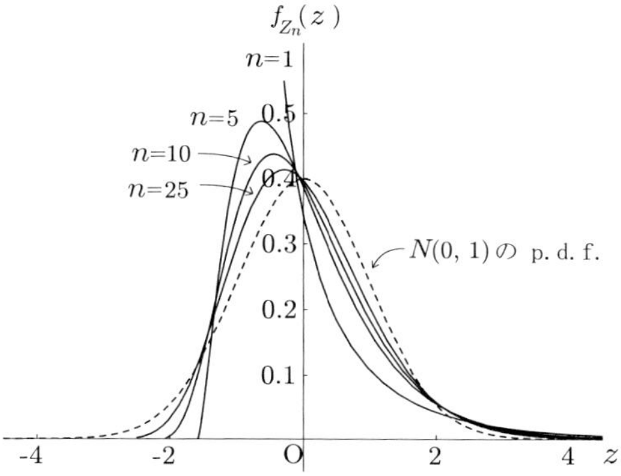

図 6.2.2　$Z_n = (Y_n - n)/\sqrt{2n}$ の p.d.f. f_{Z_n} $(n = 1, 5, 10, 25)$

6.3　2 項分布の正規近似

1 枚のコインを投げるという試行において，1 回の試行結果を X とし，表が出たとき $X = 1$，裏が出たとき $X = 0$ とし，表が出る確率を p とする，すなわち $P_X\{X = 1\} = p$ とする．ただし，$0 < p < 1$，$q = 1 - p$ とする．この試行を n 回独立に繰り返したとき，その結果を $X_1, \cdots, X_n$ とすれば，その和 $Y_n = \sum_{i=1}^{n} X_i$ は 2 項分布 $B(n,p)$ に従う (第 4.3 節参照)．ここで，Y_n は n 回の試行結果のうち表が出た回数を表すことに注意．このとき，中心極限定理により $n \to \infty$ とすれば $Z_n = (Y_n - np)/\sqrt{npq}$ の分布は $N(0,1)$ に収束する，すなわち n が大きいとき Y_n は漸近的に $N(np, npq)$ に従う．このことを 2 項分布の**正規近似** (normal approximation) という．

注意 6.3.1　2 項分布 $B(n,p)$ の正規近似については，p が 0 または 1 に近い値をとるときには，$B(n,p)$ が非対称的であるためにその正規近似の収束は遅いが，p が 1/2 に近い値をとるときには，$B(n,p)$ が対称的であるので，その正規近似の収束は速い．経験的には $p \leq 1/2$ のとき $np > 5$ となる n をとり，$p > 1/2$ のとき $nq > 5$ となる n をとることが良い近似を与える 1 つの目安になると言われている．

例 6.3.1　r.v. Y_n が $B(n,p)$ に従うとき，$p = 0.2$，$n = 30$ とすると，2 項分布の正規近似によって Y_n は漸近的に $N(6, 4.8)$ に従うと見なせる．このとき，Y_n が閉区間 $[3,5]$ に入る確率は

$$P_{Y_n}\{3 \leq Y_n \leq 5\} = f_{Y_n}(3) + f_{Y_n}(4) + f_{Y_n}(5) \fallingdotseq 0.3833 \qquad (6.3.1)$$

であるが，これを正規近似する前に補正を施してから求めた方が近似が良くなる[5)]．実際，正規近似だけでは，正規分布表から

$$P_{Y_n}\{3 \leq Y_n \leq 5\} \fallingdotseq P_{Y_n}\left\{-1.37 \leq \frac{Y_n - 6}{\sqrt{4.8}} \leq -0.46\right\} \fallingdotseq 0.2374 \qquad (6.3.2)$$

であるが，補正をしてから正規近似すれば，正規分布表から

$$P_{Y_n}\{3 \leq Y_n \leq 5\} = P_{Y_n}\{2.5 \leq Y_n \leq 5.5\}$$

$$\approx P_{Y_n}\left\{-1.60 \leq \frac{Y_n - 6}{\sqrt{4.8}} \leq -0.23\right\} \fallingdotseq 0.3543 \qquad (6.3.3)$$

になり，(6.3.2)，(6.3.3) を (6.3.1) と比較すると，補正して得た値の方が良いことが分かる (図 6.3.1 参照)．上記のような補正を**連続補正** (continuity correction)(または半整数補正) という．

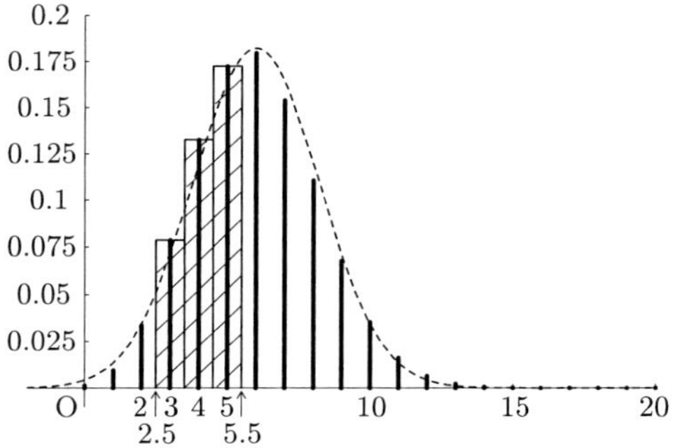

図 6.3.1　2 項分布 $B(30, 0.2)$ の p.m.f. $f_{Y_{30}}$ の正規近似 $N(6, 4.8)$ の p.d.f. と確率 $P_{Y_n}\{3 \leq Y_n \leq 5\}$ の連続補正による近似値 (斜線部分の面積)

注意 6.3.2　一般に，離散型分布を連続型分布で近似して，(6.3.1) のような確率を求める場合には，連続補正によって良い近似を得ることができる．

まず，t_1，t_2 を $t_1 < t_2$ となる非負の整数として，確率 $P\{t_1 \leq Y_n \leq t_2\}$ の値を連続補正を施してから正規近似で求めよう．実際，例 6.3.1 と同様にして，n が大きいとき

$$P_{Y_n}\{t_1 \leq Y_n \leq t_2\} = P_{Y_n}\left\{t_1 - \frac{1}{2} \leq Y_n \leq t_2 + \frac{1}{2}\right\} \qquad \text{(連続補正)}$$

$$= P_{Y_n}\left\{\frac{t_1 - np - \frac{1}{2}}{\sqrt{npq}} \leq \frac{Y_n - np}{\sqrt{npq}} \leq \frac{t_2 - np + \frac{1}{2}}{\sqrt{npq}}\right\} \qquad \text{(規準化)}$$

---

5) P_{Y_n} を，注意 4.1.1 と同様にして，P から r.v. Y_n から誘導される確率とする．

$$\approx \Phi\left(\left(t_2 - np + \frac{1}{2}\right)\Big/\sqrt{npq}\right) - \Phi\left(\left(t_1 - np - \frac{1}{2}\right)\Big/\sqrt{npq}\right) \quad (\text{正規近似})$$

になる.

例 6.3.2 [6)] T 大学で学長選挙が行われ，2 人の候補者 A 教授と H 教授の決選投票になった．ところが，1172 人の有権者が投票したところ，A，H 両教授への投票数がともに丁度 586 票ずつにきれいに割れた．(現実には，最後にこの大学の内規に従いくじ引きで A 教授が学長に選出された．) このとき，次の問題を考えよう.

(1) 決選投票において，このような事象が起こる確率を求めよ.

(2) この大学では 4 年に 1 回の割合で学長選挙が行われていて，上のようなことが起きたのは開校 112 年で初めてであったという．そこで上のような事象が起こるのは何年に 1 回であるか調べよ.

まず，(1) について，1 人の有権者が A 教授に投票する確率は 1/2 と考えて，1172 人のうち A 教授に投票する人の数を X とする．このとき，X は 2 項分布 $B(1172, 1/2)$ に従うと考えられる．また，1172 は大きいと考えられるので，X は漸近的に $N(586, 293)$ に従うと見なせる．よって，$X = 586$ となる確率は

$$P_X\{X = 586\}$$

$$\fallingdotseq P_X\left\{586 - \frac{1}{2} \leq X \leq 586 + \frac{1}{2}\right\} = P_X\left\{\frac{-0.5}{\sqrt{293}} \leq \frac{X - 586}{\sqrt{293}} \leq \frac{0.5}{\sqrt{293}}\right\}$$

$$\fallingdotseq P_Z\{-0.0292 \leq Z \leq 0.0292\} = 0.023$$

になる[7)]．ただし $Z = (X - 586)/\sqrt{293}$ とする．次に，(2) については，上のような事象が x 年に 1 回起こるとすると，$4/x = 0.023$ より $x \fallingdotseq 174$ になり，174 年に 1 回となる．この大学は，そのとき創立 112 年であったから，それほど特異なことでもなかったということになる.

[6)] この例は 1989 年 2 月 19 日付朝日新聞 (朝刊) の記事のデータによる.

[7)] 最後の数値は正規分布表から得られるが，積分の近似によって $\int_{-0.0292}^{0.0292} \phi(x)dx \fallingdotseq 2 \times 0.0292 \times \phi(0) = 0.0584/\sqrt{2\pi} \fallingdotseq 0.023$ としてもよい.

6.4　2項分布のポアソン近似

確率変数 X が2項分布 $B(n,p)$ に従うとすると，X の p.m.f. は

$$f_X(x)=\binom{n}{x}p^xq^{n-x}\quad(x=0,1,\cdots,n;0<p<1,q=1-p)$$

になる．このとき，$\lambda=np$ とし $n\to\infty$ (すなわち $p\to 0$) とすれば，

$$f_X(x)=\frac{n(n-1)\cdots(n-x+1)}{x!}\left(\frac{\lambda}{n}\right)^x\left(1-\frac{\lambda}{n}\right)^{n-x}\longrightarrow\frac{\lambda^xe^{-\lambda}}{x!}$$

となり，X の p.m.f. はポアソン分布 $Po(\lambda)$ の p.m.f. に収束する．このことを用いた近似を2項分布の**ポアソン近似**という．

例 6.4.1　2項分布のポアソン近似を数値的に確かめてみよう．まず，r.v. $X\sim B(n,p)$ とする．このとき，$\lambda=np$ として，$B(n,p)$ の p.m.f. $f_X(x,p)$ とポアソン分布 $\mathrm{Po}(\lambda)$ の p.m.f. $f(x,\lambda)$ を数値的に比較すると下表のようになる．

表 6.4.1　$n=25$，$p=0.02$，$\lambda=0.5$ の場合における2項分布 $B(25,0.02)$ の p.m.f. $f_X(x,0.02)$ のポアソン分布 $\mathrm{Po}(0.5)$ の p.m.f. $f(x,0.5)$ の数値的比較

x	0	1	2	3	4	5	6	$\cdots$
$f_X(x,0.02)$	0.6035	0.3079	0.0754	0.0118	0.0013	0.0001	0.0000	$\cdots$
$f(x,0.5)$	0.6065	0.3033	0.0758	0.0126	0.0016	0.0002	0.0000	$\cdots$

演習問題 6

1.　$X_1,\cdots,X_n$ を平均 μ，分散 σ^2 をもつ母集団分布からの無作為標本とし，$\bar{X}$ をその標本平均とする．このとき，$n=100$，$\sigma^2=4$ として

$$P_{\boldsymbol{X}}\{|\bar{X}-\mu|<\varepsilon\}\geq 0.95$$

となる ε の最小 (概略) 値をチェビシェフの不等式，中心極限定理のそれぞれを用いた場合に求め，比較せよ．

2.　r.v. の列 $\{X_n\}$ について，X_n が漸近的にある分布に従うとする．このとき，$\{X_n\}$ は**確率的に有界** (bounded in probability) である，すなわち，任意の $\varepsilon>0$ について定数 K と n_0 が存在して，任意の $n\geq n_0$ について $P\{|X_n|\leq K\}>1-\varepsilon$ であることを示せ．

3. 各 $n=1,2,\cdots$ について，r.v. X_n の p.m.f. を

$$f_{X_n}(x)=\begin{cases}1/2 & (x=1-(1/n) \text{ または } x=1+(1/n)),\\ 0 & (\text{その他})\end{cases}$$

とする．(1) X_n の c.d.f. F_{X_n} を求めよ．(2) r.v. X の c.d.f. を

$$F_X(x)=\begin{cases}0 & (x<1),\\ 1 & (x\geq 1)\end{cases}$$

とすれば，$n\to\infty$ のとき $X_n \xrightarrow{L} X$ となることを示せ．

4. $\{X_n\}$ を r.v. の列，X を r.v. とすれば，$n\to\infty$ のとき $X_n \xrightarrow{P} X$ ならば $X_n \xrightarrow{L} X$ となることを示せ．また，X が退化するとき，すなわち，ある定数 c について $P\{X=c\}=1$ となるとき，逆も成り立つことを示せ．

5. r.v. の列 $\{X_n\}$ と定数 c について，$n\to\infty$ のとき $X_n \xrightarrow{P} c$ で，g を c において連続とすれば，$g(X_n) \xrightarrow{P} g(c)$ となることを示せ．

(なお，X を r.v. とし，$n\to\infty$ のとき $X_n \xrightarrow{P} X$ で，g を任意の連続関数とすれば，$g(X_n) \xrightarrow{P} g(X)$ が成り立つ．)

6. r.v. の列 $\{X_n\}$，$\{Y_n\}$，r.v. X と定数 c について，$n\to\infty$ のとき $X_n \xrightarrow{L} X$，$Y_n \xrightarrow{P} c$ とする．このとき，次のことを示せ．

(1) $X_n+Y_n \xrightarrow{L} X+c$,　(2) $X_nY_n \xrightarrow{L} cX$

(上の事実は，**スラツキー (Slutsky) の定理**と呼ばれている)

7. $X_1,\cdots,X_n$ を平均 μ，分散 σ^2 をもつ母集団分布からの無作為標本とする．また，$\bar{X}$ を標本平均とし，$S_0^2=\sum_{i=1}^n(X_i-\bar{X})^2/(n-1)$，$S_0=\sqrt{S_0^2}$ とする．このとき，$n\to\infty$ とすれば $\mathcal{L}\left(\sqrt{n}(\bar{X}-\mu)/S_0\right) \longrightarrow N(0,1)$ となることを示せ．

8. 偏りのない 1 枚のコインを独立に n 回投げたとき，表が出た回数を Y_n とすれば，$Y_n \sim B(n,1/2)$ になる．このとき，次の確率の値とその正規近似による値を求めよ．(1) $n=15$ のとき，$P_{Y_n}\{8\leq Y_n\leq 10\}$，(2) $n=20$ のとき $P_{Y_n}\{5\leq Y_n\leq 11\}$

9. ある工場での製品の不良率を 8 %とする．いま，この工場でつくられた製品 100 個を無作為に抽出したとき，この中に不良品が 5 個以下である確率の値を求めよ．

10. $X_1,\cdots,X_n$ をたがいに独立にいずれも p.d.f. $f(x-\theta)$ $(\theta\in\boldsymbol{R}^1)$ をもつ分布に従う確率変数とする．また，$f(x)$ は $x=0$ で連続で $f(0)>0$，$\int_{-\infty}^0 f(t)dt=1/2$，$n=2k-1$ とする．このとき，(標本) 中央値 $X_{\mathrm{med}}(n)$ について $\mathcal{L}(\sqrt{n}(X_{\mathrm{med}}(n)-\theta))\to N(0,1/\{4f^2(0)\})$ $(n\to\infty)$ であることを示せ．

第 7 章
点推定

母集団分布が未知の母数に依存すると考える場合に，その分布から得られた標本の値に対して母数の何らかの近似値を対応させることを推定 (estimation) という．推定は**点推定** (point estimation) と**領域推定** (region estimation) に大別される．点推定は標本に基づいて母数そのものを指定することであり，領域推定は母数の存在範囲を指定することである．特に，その範囲が区間になるとき，領域推定を区間推定という．本章では，点推定において母数の推定量を求める方法について論じ，推定量の何らかの意味での良さについて考える．

7.1　点推定法

母集団分布が p.d.f. または p.m.f. $p(x,\theta)$ $(\theta \in \Theta)$ をもつとする．ここで，θ を**母数**またはパラメータ (parameter)，Θ を**母数空間**といい，$\Theta \subset \boldsymbol{R}^k$ とする．いま，この母集団分布からの大きさ n の無作為標本を $X_1, \cdots, X_n$ とする，すなわち確率変数 $X_1, \cdots, X_n$ はたがいに独立にいずれもその分布に従うとする．このとき，$\boldsymbol{X} = (X_1, \cdots, X_n)$ の関数 $\hat{\theta}(\boldsymbol{X})$ が Θ 上の値をとれば，それを θ の**推定量** (estimator) といい，$\hat{\theta}(\boldsymbol{X})$ を単に $\hat{\theta}$ で表す．特に，$\boldsymbol{X}$ が実現値 $\boldsymbol{x} = (x_1, \cdots, x_n)$ をとるとき，$\hat{\theta}(\boldsymbol{x})$ を θ の**推定値**という．いま，$\theta = (\theta_1, \cdots, \theta_k)$ とすれば，各 θ_i の推定量を $\hat{\theta}_i = \hat{\theta}_i(\boldsymbol{X})$ として $\hat{\theta} = (\hat{\theta}_1, \cdots, \hat{\theta}_k)$ が θ の推定量になる．また，θ の関数 $g(\theta)$ について，$\boldsymbol{X}$ の関数 $\hat{g}(\boldsymbol{X})$ が $g(\Theta) = \{g(\theta) | \theta \in \Theta\}$ 上の値をとるとき，それを $g(\theta)$ の推定量という．なお，θ が多 (次元) 母数で $\theta = (\xi, \eta)$ と表され，ξ が関心のある部分で，η は無関心部分とするとき，η を**局外母数** (nuisance parameter または**撹乱母数**) という．

例 7.1.1　　平均 θ をもつ母集団分布からの無作為標本を $\boldsymbol{X} = (X_1, \cdots, X_n)$ とする．ただし，$\theta \in \Theta \subset \boldsymbol{R}^1$，$n \geq 3$ とする．たとえば，θ の推定量とし

て $\hat{\theta}_{1n}(\boldsymbol{X}) = \bar{X} = (1/n)\sum_{i=1}^{n} X_i$，$\hat{\theta}_{2n} = \{1/(n-2)\}\sum_{i=2}^{n-1} X_{(i)}$，$\hat{\theta}_{3n} = \left(X_{(1)} + X_{(n)}\right)/2$ を考えることができる．ただし，$X_{(1)} \leq \cdots \leq X_{(n)}$ を順序統計量とする (第 5.6 節，演習問題 7-5 参照).

一般に，母数 θ の推定量を求める古典的な方法として，**モーメント法** (the method of moments) がよく知られている．まず，X_1 の原点周りの r 次のモーメントを $\mu'_{r,\theta} = E_\theta[X_1^r]$ $(r = 1, 2, \cdots)$ とする (第 4.2 節参照)．ただし，$E_\theta[\cdot]$ は母数 θ をもつ分布に関する期待値を表す．また，その分布からの無作為標本 $\boldsymbol{X} = (X_1, \cdots, X_n)$ に基づく r 次の標本モーメントを $M'_r = (1/n)\sum_{i=1}^{n} X_i^r$ $(r = 1, 2, \cdots)$ とする．このとき，各次数について，それぞれのモーメントを等置して

$$\mu'_{r,\theta} = M'_r \quad (r = 1, \cdots, k) \tag{7.1.1}$$

とする．ただし，$\theta = (\theta_1, \cdots, \theta_k)$ とする．このとき，方程式 (7.1.1) の $\theta_1, \cdots, \theta_k$ の解をそれぞれ $\hat{\theta}_1 = \hat{\theta}_1(X_1, \cdots, X_n)$, $\cdots$, $\hat{\theta}_k = \hat{\theta}_k(X_1, \cdots, X_n)$ とする．このとき，$\hat{\theta} = (\hat{\theta}_1, \cdots, \hat{\theta}_k)$ を $\theta = (\theta_1, \cdots, \theta_k)$ の**モーメント** (法による) **推定量**という．そして，その推定量の性質として大数の法則と注意 6.1.6 から，各 $i = 1, \cdots, k$ について，連続性の仮定の下で，$\hat{\theta}_i$ が θ_i に確率収束する．

例 7.1.2 平均 μ，分散 σ^2 をもつ母集団分布からの無作為標本を $X_1, \cdots, X_n$ とする．このとき，$\theta = (\mu, \sigma^2)$ のモーメント推定量を求める．まず，

$$\mu'_{1,\theta} = E_\theta(X_1) = \mu, \quad \mu'_{2,\theta} = E_\theta(X_1^2) = \mu^2 + \sigma^2$$

になる．一方，$\boldsymbol{X} = (X_1, \cdots, X_n)$ に基づく 1 次，2 次の標本モーメントは，それぞれ $M'_1 = (1/n)\sum_{i=1}^{n} X_i = \bar{X}$, $M'_2 = (1/n)\sum_{i=1}^{n} X_i^2$ になる．よって，(7.1.1) から $\mu = \bar{X}$，$\mu^2 + \sigma^2 = (1/n)\sum_{i=1}^{n} X_i^2$ を μ, σ^2 について解けば，

$$\hat{\mu} = \bar{X}, \quad \hat{\sigma}^2 = \frac{1}{n}\sum_{i=1}^{n} X_i^2 - \bar{X}^2 = \frac{1}{n}\sum_{i=1}^{n}\left(X_i - \bar{X}\right)^2 = S^2$$

になる．したがって，$\theta = (\mu, \sigma^2)$ のモーメント推定量は $(\bar{X}, S^2)$ になる．

特に，母集団分布が次の場合に，その母数のモーメント推定量を得る．
(i) ポアソン分布 $\mathrm{Po}(\lambda)$ のとき，$\hat{\lambda} = \bar{X}$，(ii) 一様分布 $U(0, \theta)$ のとき，$\hat{\theta} = 2\bar{X}$，(iii) 一様分布 $U(\mu - (\lambda/2), \mu + (\lambda/2))$ のとき，$(\hat{\mu}, \hat{\lambda}) = (\bar{X}, 2\sqrt{3}S)$ になる．ただし $S = \sqrt{S^2}$ とする．

一般に，θ の関数 $g_1(\theta), \cdots, g_l(\theta)$ について，$g(\theta) = (g_1(\theta), \cdots, g_l(\theta))$ とおいて $\mu'_{j,g} = E_g(X_1^j)$ $(j = 1, \cdots, l)$ とする．このとき，方程式

$$\mu'_{j,g} = M'_j \quad (j = 1, \cdots, l)$$

の $g = (g_1, \cdots, g_l)$ の解を $\hat{g} = (\hat{g}_1, \cdots, \hat{g}_l)$ とすれば，$\hat{g}$ を $g(\theta)$ のモーメント推定量という．

次に，θ の推定法としてよく知られている**最尤法**[1] (the method of maximum likelihood) について述べよう．まず，確率ベクトル $\boldsymbol{X} = (X_1, \cdots, X_n)$ の j.p.d.f. または j.p.m.f. を $f_{\boldsymbol{X}}(\boldsymbol{x}, \theta)$ $(\theta \in \Theta)$ とする．ただし，$\boldsymbol{x} = (x_1, \cdots, x_n)$ とする．いま，$\boldsymbol{X}$ が実現値 $\boldsymbol{x}$ をとるとき

$$L(\theta; \boldsymbol{x}) = f_{\boldsymbol{X}}(\boldsymbol{x}, \theta)$$

とおいて，これを θ の関数と見なすとき，θ の**尤度関数** (likelihood function) という．なお，尤度関数を単に $L(\theta)$ と表すこともある．この尤度関数 $L(\theta; \boldsymbol{x})$ は，データ $\boldsymbol{x}$ が得られたときに，θ の尤もらしさの度合 (起こり易さの度合) を表すと考えられる．したがって，これを最大にするもの，すなわち

$$\max_{\theta \in \Theta} L(\theta; \boldsymbol{x}) = L(\hat{\theta}; \boldsymbol{x}) \tag{7.1.2}$$

となる $\theta = \hat{\theta}(\boldsymbol{x})$ を θ の最尤推定値といい，$\hat{\theta}(\boldsymbol{X})$ を θ の**最尤推定量** (maximum likelifood estimator 略して MLE) という．また，$\theta \in \Theta \subset \boldsymbol{R}^1$ のときに，(7.1.2)

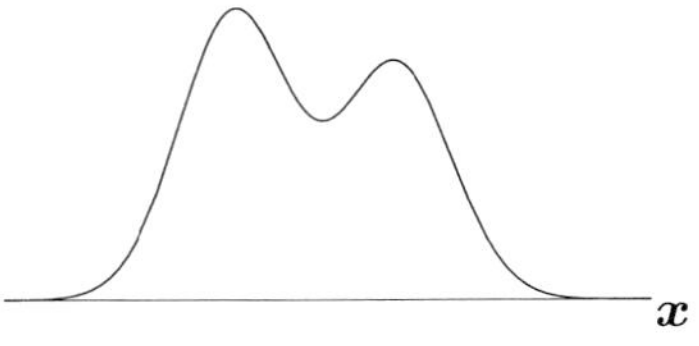

図 7.1.1　$\boldsymbol{X}$ の j.p.d.f. $f(\boldsymbol{x}, \theta)$

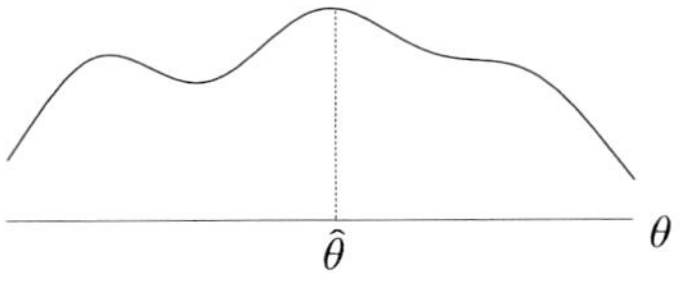

図 7.1.2　θ の尤度関数 $L(\theta; \boldsymbol{x})$ と最尤推定値 $\hat{\theta}$

を満たす $\hat{\theta}$ を得るためには，$\log L(\theta; \boldsymbol{x})$ を最大にする θ を求めてもよい．そこで，各 $\boldsymbol{x}$ について $L(\theta; \boldsymbol{x})$ が θ に関して滑らかならば，尤度方程式 (likelihood equation)

[1] 最尤法は C. F. Gauss (1777–1855) によって 1821 年に提案されたが，R. A. Fisher (1890–1962) は尤度という概念を導入して，その方法の性質について詳しく研究した．

$$(\partial/\partial\theta)\log L(\theta;\boldsymbol{x})=0$$

の解 $\theta=\hat{\theta}(\boldsymbol{x})$ から，θ の最尤推定量 $\hat{\theta}(\boldsymbol{X})$ を得ることも多い．また，同様に $\theta=(\theta_1,\cdots,\theta_k)\in\Theta\subset\boldsymbol{R}^k$ についても

$$(\partial/\partial\theta_1)\log L(\theta;\boldsymbol{x})=0,\cdots,(\partial/\partial\theta_k)\log L(\theta;\boldsymbol{x})=0$$

の解 $\theta_1=\hat{\theta}_1(\boldsymbol{x}),\cdots,\theta_k=\hat{\theta}_k(\boldsymbol{x})$ から，θ の最尤推定量 $\hat{\theta}(\boldsymbol{X})=(\hat{\theta}_1(\boldsymbol{X}),\cdots,\hat{\theta}_k(\boldsymbol{X}))$ を得る．特に，$X_1,\cdots,X_n$ を p.m.f. または p.d.f. $p(x,\theta)$ $(\theta\in\Theta)$ をもつ母集団分布からの無作為標本とすれば，$L(\theta;\boldsymbol{x})=\prod_{i=1}^n p(x_i,\theta)$ になる．

なお，最尤推定量については，推定量としてよりもむしろデータ $\boldsymbol{X}$ のある種の要約と見なす見解もある．

例 7.1.3　ベルヌーイ分布 Ber(θ) からの無作為標本を $\boldsymbol{X}=(X_1,\cdots,X_n)$ とすると，θ の尤度関数は

$$L(\theta;\boldsymbol{x})=\theta^{\sum_{i=1}^n x_i}(1-\theta)^{n-\sum_{i=1}^n x_i}\quad(x_i=0,1\ (i=1,\cdots,n);0\leq\theta\leq1)$$

になる．ただし，$\boldsymbol{x}=(x_1,\cdots,x_n)$ とする．まず，$0<\bar{x}=(1/n)\sum_{i=1}^n x_i<1$ のとき，$0<\theta<1$ において，θ の尤度方程式

$$\frac{\partial}{\partial\theta}\log L(\theta;\boldsymbol{x})=\frac{\sum_{i=1}^n x_i}{\theta}-\frac{n-\sum_{i=1}^n x_i}{1-\theta}=0$$

を満たす θ は $\bar{x}$ になる．また，$\partial^2\log L(\theta;\boldsymbol{x})/\partial\theta^2<0$ $(0<\theta<1)$ となるから，$0<\theta<1$ において $\bar{x}$ は $\log L(\theta;\boldsymbol{x})$ を最大にする．さらに，$\bar{x}=0,1$ のときには $L(\theta;\boldsymbol{x})$ を最大にする θ はそれぞれ 0, 1 となり $\bar{x}$ の値に一致する．ただし，$0^0=1$ とする．よって，$\hat{\theta}=\bar{X}$ は θ の MLE になる．また，$E_\theta(X_1)=\theta$ より，θ のモーメント推定量も $\bar{X}$ になり，MLE と一致する．

例 7.1.2(続)$_1$　ポアソン分布 Po(λ) の λ の尤度関数は

$$L(\lambda;\boldsymbol{x})=e^{-n\lambda}\lambda^{\sum_{i=1}^n x_i}\Big/\prod_{i=1}^n x_i!$$

になる．ただし，$\lambda\geq0$，$\boldsymbol{x}=(x_1,\cdots,x_n)$ とする．このとき，λ の尤度方程式

$$\frac{\partial}{\partial\lambda}\log L(\lambda;\boldsymbol{x})=-n+\frac{1}{\lambda}\sum_{i=1}^n x_i=0\quad(\lambda>0)$$

を満たす λ は $\bar{x}$ になる．ただし，$\bar{x}>0$ とする．また，$(\partial^2/\partial\lambda^2)\log L(\lambda;\boldsymbol{x})<0$ $(\lambda>0)$ となるから，$\lambda>0$ において $\bar{x}$ は $\log L(\lambda;\boldsymbol{x})$ を最大にする．さらに，$\bar{x}=0$ のときには $L(\lambda;\boldsymbol{x})=e^{-n\lambda}$ を最大にする λ は 0 になり，$\bar{x}$ の値に一致す

る．よって，$\bar{X}$ は λ の MLE になる．さらに，例 7.1.2 から λ のモーメント推定量は MLE に一致することが分かる．

例 7.1.2(続)$_2$　例 7.1.2 において，母集団分布を $N(\mu, \sigma^2)$ とする．このとき，(μ, σ^2) の対数尤度関数は

$$\log L(\mu, \sigma^2; \boldsymbol{x}) = -\frac{n}{2}\log 2\pi - \frac{n}{2}\log\sigma^2 - \frac{1}{2\sigma^2}\sum_{i=1}^{n}(x_i - \mu)^2$$

になるから，尤度方程式

$$\frac{\partial}{\partial\mu}\log L(\mu, \sigma^2; \boldsymbol{x}) = \frac{1}{\sigma^2}\sum_{i=1}^{n}(x_i - \mu) = 0 \tag{7.1.3}$$

$$\frac{\partial}{\partial\sigma^2}\log L(\mu, \sigma^2; \boldsymbol{x}) = -\frac{n}{2\sigma^2} + \frac{1}{2\sigma^4}\sum_{i=1}^{n}(x_i - \mu)^2 = 0 \tag{7.1.4}$$

の μ，σ^2 の解はそれぞれ $\bar{x}$，$s^2 = (1/n)\sum_{i=1}^{n}(x_i - \bar{x})^2$ になる．このとき，

$$\log L(\bar{x}, s^2; \boldsymbol{x}) = -\frac{n}{2}\log 2\pi - \frac{n}{2}\log s^2 - \frac{n}{2}$$

になる．そこで，$\log L(\mu, \sigma^2; \boldsymbol{x}) \le \log L(\bar{x}, s^2; \boldsymbol{x})$ であることを示すためには，(5.5.7) より

$$0 \le \left\{\left(\frac{s^2}{\sigma^2} - 1\right) - \log\frac{s^2}{\sigma^2}\right\} + \frac{(\bar{x} - \mu)^2}{\sigma^2} \tag{7.1.5}$$

を示せばよい．いま、任意の $t > 0$ について $\log t \le (t^2 - 1)/2$ より，(7.1.5) の右辺の第 1 項 $\{\cdots\}$ は非負になり，第 2 項も非負であるから (7.1.5) は成り立つ．よって，$(\bar{X}, S^2)$ は $L(\mu, \sigma^2; \boldsymbol{X})$ を最大にするから，(μ, σ^2) の MLE になる．ただし，S^2 は標本分散とする．また，例 7.1.2 からモーメント推定量は MLE に一致することが分かる．

特に，σ^2 が既知であれば，(7.1.3) より μ の MLE は $\bar{X}$ になる．また，μ が既知であれば，(7.1.4) より σ^2 の MLE は $S^2(\mu) = (1/n)\sum_{i=1}^{n}(X_i - \mu)^2$ になる．

例 7.1.2(続)$_3$　(i) 一様分布 $U(0, \theta)$ からの無作為標本を $X_1, \cdots, X_n$ とする．このとき，$x_{(n)} = \max_{1 \le i \le n} x_i$ とすれば，θ の尤度関数は $L(\theta; \boldsymbol{x}) = 1/\theta^n$ $(x_{(n)} \le \theta); = 0$ (その他) になるから，$L(\theta; \boldsymbol{x})$ を最大にする θ は $x_{(n)}$ となり，

よって θ の MLE は $\hat{\theta} = X_{(n)}$ になる．この MLE は θ のモーメント推定量とは異なっている．

(ii) $U(\mu - (1/2), \mu + (1/2))$ からの無作為標本を $X_1, \cdots, X_n$ とする．このとき，$x_{(1)} = \min_{1 \le i \le n} x_i$ とすれば，μ の尤度関数は

$$L(\mu; \boldsymbol{x}) = \begin{cases} 1 & \left(x_{(n)} - \frac{1}{2} \le \mu \le x_{(1)} + \frac{1}{2}\right), \\ 0 & (\text{その他}) \end{cases}$$

になるから，L を最大にする μ は区間 $\left[x_{(n)} - (1/2), x_{(1)} + (1/2)\right]$ の任意の値になる．よって，μ の MLE は一意的には定まらないが，たとえば $\hat{\mu} = \left(X_{(1)} + X_{(n)}\right)/2$ は μ の MLE になる．

(iii) $U(\mu - (\lambda/2), \mu + (\lambda/2))$ からの無作為標本を $X_1, \cdots, X_n$ とする．このとき，$\theta = (\mu, \lambda)$ の尤度関数は

$$L(\theta; \boldsymbol{x}) = 1/\lambda^n \ \ \left(2(\mu - x_{(1)}) \le \lambda,\ 2(x_{(n)} - \mu) \le \lambda\right);\ = 0\ (\text{その他})$$

になり，これを最大にする μ，λ はそれぞれ $M(\boldsymbol{x}) = \left(x_{(1)} + x_{(n)}\right)/2$, $R(\boldsymbol{x}) = x_{(n)} - x_{(1)}$ になる．よって，$\theta = (\mu, \lambda)$ の MLE は $\hat{\theta} = (M(\boldsymbol{X}), R(\boldsymbol{X}))$ になり，モーメント推定量とは異なる (例 7.1.2 参照)．なお，$\left(X_{(1)}, X_{(n)}\right)$ が θ に対する十分統計量であることに注意 (例 A.5.7.1 参照)．

注意 7.1.1 θ の MLE を $\hat{\theta}$ とするとき, θ の関数 $g(\theta)$ の MLE は $g(\hat{\theta})$ になる．これを MLE の不変性という (補遺 A.7.1 参照)．たとえば，例 7.1.2(続)$_1$ において，ポアソン分布 $\mathrm{Po}(\lambda)$ の λ の MLE は $\bar{X}$ になるから，λ の関数 $g(\lambda) = e^{-2\lambda}$ の MLE は $g(\bar{X}) = e^{-2\bar{X}}$ になる．

次に，**最小カイ 2 乗法** (the method of minimum chi-square) について述べよう．まず，母数 θ をもつ母集団分布からの大きさ n の無作為標本を $\boldsymbol{X} = (X_1, \cdots, X_n)$ とし，標本空間，すなわち X_1 のとり得る値全体を $\mathcal{X}$ とする．また，$\mathcal{X}$ の分割を $\mathcal{X}_1, \cdots, \mathcal{X}_k$ とする，すなわち $\mathcal{X} = \cup_{i=1}^k \mathcal{X}_i$ で $\mathcal{X}_i \cap \mathcal{X}_j = \phi$ $(i \ne j)$ とする．各 $i = 1, \cdots, k$ について，$p_i(\theta) = P_{X_1}^{\theta}\{X_1 \in \mathcal{X}_i\}$ とすれば，$\sum_{i=1}^k p_i(\theta) = 1$ になる[2)]．各 i について, $X_1, \cdots, X_n$ のうち $\mathcal{X}_i$ に落ちる標本の個数を n_i とすれば，n_i は確率変数になり，$\sum_{i=1}^k n_i = n$ となる．

[2)] $P_{X_1}^{\theta}$ の添字 θ は確率 P_{X_1} が θ に依存することを示す．

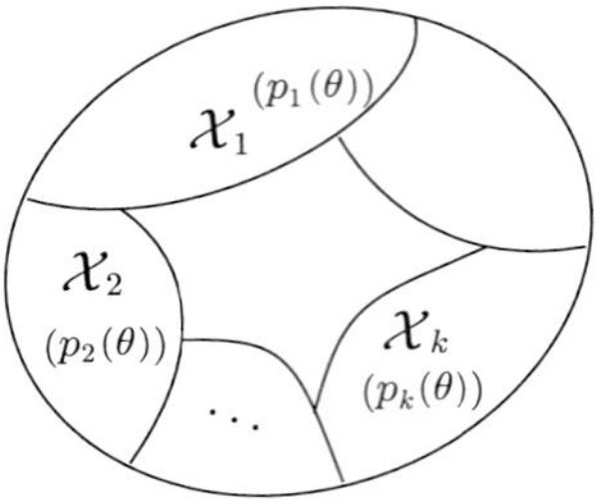

図 7.1.3　標本空間 $\mathcal{X}$ の分割 $\mathcal{X}_1, \cdots, \mathcal{X}_k$ とそれぞれに 1 標本が落ちる確率 $p_1(\theta), \cdots, p_k(\theta)$

このとき

$$\chi^2 = \sum_{i=1}^{k} \{n_i - np_i(\theta)\}^2 \Big/ \{np_i(\theta)\} \tag{7.1.6}$$

を**カイ 2 乗** (χ^2) **統計量** (chi-square statistic) という．ここで，各 i について，$np_i(\theta)$ は標本 n 個のうち $\mathcal{X}_i$ に落ちる期待個数で，χ^2 は各分割に落ちる期待個数当たりの 2 乗誤差の和と考えられる．そこで，χ^2 を最小にする $\theta = \hat{\theta}(\boldsymbol{X})$ を**最小カイ 2 乗推定量** (minimum chi-square estimator) という．また，(7.1.6) の右辺の分母 $np_i(\theta)$ を n_i で置き換えたもの，すなわち $\chi^{*2} = \sum_{i=1}^{k}\{n_i - np_i(\theta)\}^2/n_i$ を最小にする $\theta = \hat{\theta}^*(\boldsymbol{X})$ を**修正最小カイ 2 乗推定量**といい，これは最小カイ 2 乗推定量より容易に求めることができる．

例 7.1.3(続)$_1$　ベルヌーイ分布 Ber(θ) からの無作為標本を $X_1, \cdots, X_n$ とすると，X_1 の標本空間 $\mathcal{X}$ は $\{0, 1\}$ で，X_1 の p.m.f. は $p_{X_1}(x, \theta) = \theta^x(1-\theta)^{1-x}$ $(x = 0, 1; 0 < \theta < 1)$ になる．各 $i = 0, 1$ について，$X_1, \cdots, X_n$ のうち値 i をとる個数を n_i とし，$p_i(\theta) = P_{X_1}^{\theta}\{X_1 = i\} = \theta^i(1-\theta)^{1-i}$ とする．このとき，(7.1.6) から

$$\begin{aligned}
\chi^2 &= \frac{\{n_0 - n(1-\theta)\}^2}{n(1-\theta)} + \frac{(n_1 - n\theta)^2}{n\theta} \\
&= \frac{\{n - n_1 - n(1-\theta)\}^2}{n(1-\theta)} + \frac{(n_1 - n\theta)^2}{n\theta} = \frac{(n_1 - n\theta)^2}{n\theta(1-\theta)}
\end{aligned}$$

になり，これを最小にする θ は $\theta = n_1/n$ となる．よって，θ の最小カイ 2 乗推定量は n_1/n になり，これはモーメント推定量，MLE にもなっている (例 7.1.3 参照).

7.2　不偏性

前節におけるいくつかの推定法から得られた推定量は妥当なものであるが，その他にも多くの推定量が考えられる．そこで，推定量の偏りを考え，そこから不偏性の概念を導入する．

母数 θ をもつ母集団分布からの無作為標本を $X_1, \cdots, X_n$ とする．ただし，$\theta \in \Theta$ とする．ここで，$\boldsymbol{X} = (X_1, \cdots, X_n)$ に基づく θ の関数 $g(\theta)$ の推定量 $\hat{g}_n = \hat{g}_n(\boldsymbol{X})$ について，任意の $\theta \in \Theta$ に対して

$$E_\theta\left[\hat{g}_n(\boldsymbol{X})\right] = g(\theta) + b_n(\theta) \tag{7.2.1}$$

とするとき，$b_n(\theta)$ を $\hat{g}_n$ の ($g(\theta)$ に対する) **偏り** (bias) という．また，偏り $b(\theta) \equiv 0$ となるとき，すなわち $g(\theta)$ の推定量 $\hat{g}_n = \hat{g}_n(\boldsymbol{X})$ が，任意の $\theta \in \Theta$ について

$$E_\theta\left[\hat{g}_n(\boldsymbol{X})\right] = g(\theta)$$

であるとき，$\hat{g}_n$ を $g(\theta)$ の**不偏推定量** (unbiased estimator) という．

問 7.2.1　　未知の平均 μ をもつ母集団分布からの無作為標本を $X_1, \cdots, X_n$ とし，μ の推定量として，$\hat{\mu}_{1,n} = \bar{X}$，$\hat{\mu}_{2,n} = (2/n^2)\sum_{i=1}^n iX_i$，$\hat{\mu}_{3,n} = (3/n^3)\sum_{i=1}^n i^2 X_i$ とする．

(1)　$\hat{\mu}_{i,n}$ $(i = 1, 2, 3)$ のそれぞれの偏りは $b_{1,n}(\mu) \equiv 0$, $b_{2,n}(\mu) = \mu/n$, $b_{3,n}(\mu) = \{3 + (1/n)\}\mu/(2n)$ になることを示せ．

(2)　$\hat{\mu}_{i,n}$ $(i = 2, 3)$ のそれぞれを偏り (が 0 になるように) 補正して，μ の不偏推定量 $\hat{\mu}^*_{i,n}$ $(i = 2, 3)$ を求めよ．

例 7.2.1　　平均 μ をもつ母集団分布からの無作為標本 $X_1, \cdots, X_n$ に基づく推定量として $\hat{\mu}_{\boldsymbol{c},n}(\boldsymbol{X}) = \sum_{i=1}^n c_{i,n} X_i$ を考える．ただし，$c_{i,n}$ $(i = 1, \cdots, n)$ を定数とし，$\boldsymbol{c} = (c_{1,n}, \cdots, c_{n,n})$ とする．このとき

$$E_\mu\left[\hat{\mu}_{\boldsymbol{c},n}(\boldsymbol{X})\right] = \left(\sum_{i=1}^n c_{i,n}\right)\mu$$

となり，$\sum_{i=1}^n c_{i,n} = 1$ となる $\boldsymbol{c} = \boldsymbol{c}^*$ をとれば，$\hat{\mu}_{\boldsymbol{c}^*,n}$ は μ の不偏推定量になる．たとえば，$c_{i,n} = 1/n$ $(i = 1, \cdots, n)$ とすれば，$\hat{\mu}_{\boldsymbol{c},n}$ は $\bar{X}$ になり，これは μ の不偏推定量である．また，$c_{i,n} = 1/n$ $(i = 1, \cdots, n-2)$, $c_{n-1,n} = \alpha/n$, $c_{n,n} = (2-\alpha)/n$ $(0 \le \alpha \le 2)$ とすれば，その推定量は

$$\hat{\mu}_n^{(\alpha)} = \frac{1}{n}\left\{X_1 + \cdots + X_{n-2} + \alpha X_{n-1} + (2-\alpha)X_n\right\}$$

となり，μ の不偏推定量になる．また，$\alpha = 1$ のとき $\hat{\mu}_n^{(1)} = \bar{X}$ になる．

例 7.1.2(続)$_4$　一様分布 $U(0,\theta)$ からの無作為標本を $X_1, \cdots, X_n$ とする．ただし，$n \geq 2$ とする．このとき，θ のモーメント推定量は $\hat{\theta}_{\mathrm{MO}} = 2\bar{X}$ になり，θ の MLE は $\hat{\theta}_{\mathrm{ML}} = X_{(n)}$ になることはすでに示した．このとき，この分布の平均を μ とすると $\mu = \theta/2$ になり，μ の推定量として $\hat{\mu}_{\mathrm{MO}} = \hat{\theta}_{\mathrm{MO}}/2 = \bar{X}$, $\hat{\mu}_{\mathrm{ML}} = \hat{\theta}_{\mathrm{ML}}/2 = X_{(n)}/2$ をとると，$\hat{\mu}_{\mathrm{MO}}, \hat{\mu}_{\mathrm{ML}}$ はそれぞれ μ のモーメント推定量, MLE になる．まず, $\hat{\theta}_{\mathrm{MO}}$ が μ の不偏推定量であることは明らかである．次に, μ の MLE $\hat{\mu}_{\mathrm{ML}}$ について考えるために, $\hat{\theta}_{\mathrm{ML}}$ の p.d.f. は, $f_{\hat{\theta}_{\mathrm{ML}}}(t,\theta) = nt^{n-1}/\theta^n$ $(0 < t < \theta)$; $= 0$ (その他) になるから，$E_\theta(\hat{\theta}_{\mathrm{ML}}) = \{n/(n+1)\}\theta$ になる．よって，$E_\mu(\hat{\mu}_{\mathrm{ML}}) = \mu - \{\mu/(n+1)\}$ となるから $\hat{\mu}_{\mathrm{ML}}$ は偏り $b_n(\mu) = -\mu/(n+1)$ をもつ．そこで $\hat{\mu}_{\mathrm{ML}}$ を偏り補正して $\hat{\mu}^*_{\mathrm{ML}} = \{(n+1)/n\}\hat{\mu}_{\mathrm{ML}}$ とすれば，任意の μ に対して $E_\mu(\hat{\mu}^*_{\mathrm{ML}}) = \mu$ になるから，補正最尤推定量 $\hat{\mu}^*_{\mathrm{ML}}$ は μ の不偏推定量になる．また，μ の不偏推定量 $\hat{\mu}_{\mathrm{MO}}, \hat{\mu}^*_{\mathrm{ML}}$ の分散については

$$V_\mu(\hat{\mu}_{\mathrm{MO}}) = \mu^2/(3n), \quad V_\mu(\hat{\mu}^*_{\mathrm{ML}}) = \mu^2/\{n(n+2)\}$$

になり，任意の μ について

$$V_\mu(\hat{\mu}_{\mathrm{MO}}) - V_\mu(\hat{\mu}^*_{\mathrm{ML}}) = (n-1)\mu^2/\{3n(n+2)\} > 0$$

になる．よって，$\hat{\mu}^*_{\mathrm{ML}}$ が $\hat{\mu}_{\mathrm{MO}}$ より良いことが分かる．

7.3　平均 2 乗誤差と分散

推定量は沢山あるので，できれば何らかの意味で良い推定量が望ましい．そこで良さを測る尺度の 1 つとしてよく知られているのが平均 2 乗誤差である．いま，母数 θ をもつ母集団分布からの無作為標本を $X_1, \cdots, X_n$ とする．ただし $\theta \in \Theta$ とする．このとき，θ の実数値関数 $g(\theta)$ の推定量を $\hat{g}_n = \hat{g}_n(\boldsymbol{X})$ とし，

$$\mathrm{MSE}_\theta(\hat{g}_n) = E_\theta\left[\{\hat{g}_n(\boldsymbol{X}) - g(\theta)\}^2\right] \tag{7.3.1}$$

によって，$\hat{g}_n$ の**平均 2 乗誤差** (mean squared error 略して **MSE**) を定義し，左辺の記号で表す (補遺の A.7.3 節参照)．$g(\theta)$ の 2 つの推定量 $\hat{g}_{1,n} = \hat{g}_{1,n}(\boldsymbol{X})$,

$\hat{g}_{2,n} = \hat{g}_{2,n}(\boldsymbol{X})$ について, 任意の $\theta \in \Theta$ に対して

$$\mathrm{MSE}_\theta(\hat{g}_{1,n}) \leq \mathrm{MSE}_\theta(\hat{g}_{2,n}) \tag{7.3.2}$$

で，ある $\theta_0 \in \Theta$ に対して

$$\mathrm{MSE}_{\theta_0}(\hat{g}_{1,n}) < \mathrm{MSE}_{\theta_0}(\hat{g}_{2,n}) \tag{7.3.3}$$

となるとき，$\hat{g}_{1,n}$ は $\hat{g}_{2,n}$ より良いという．また，$g(\theta)$ の推定量 $\hat{g}_n^* = \hat{g}_n^*(\boldsymbol{X})$ より良い推定量が存在しないとき，$\hat{g}_n^*$ を**許容的** (admissible) であるという．さらに，推定量 $\hat{g}_n$ より良い推定量が存在するとき，$\hat{g}_n$ は**非許容的** (inadmissible) であるという．そして，(7.3.2) のみを満たすとき，$\hat{g}_{1,n}$ は $\hat{g}_{2,n}$ より少なくとも同程度に良いという．なお，$g(\theta)$ の推定量 $\hat{g}_n^*$ が，任意の $\theta \in \Theta$ について $\mathrm{MSE}_\theta(\hat{g}_n) \leq \mathrm{MSE}_\theta(\hat{g}_n^*)$ を満たす $g(\theta)$ の任意の推定量 $\hat{g}_n$ に対して，任意の $\theta \in \Theta$ について $\mathrm{MSE}_\theta(\hat{g}_n) = \mathrm{MSE}_\theta(\hat{g}_n^*)$ となることは，$\hat{g}_n^*$ が許容的であることと同等であることに注意.

一般に，$g(\theta)$ の推定量 $\hat{g}_n = \hat{g}_n(\boldsymbol{X})$ の MSE と分散の関係については，(7.2.1), (7.3.1) より，任意の $\theta \in \Theta$ について

$$\mathrm{MSE}_\theta(\hat{g}_n) = V_\theta(\hat{g}_n) + \{E_\theta(\hat{g}_n) - g(\theta)\}^2 = V_\theta(\hat{g}_n) + \{b_n(\theta)\}^2 \tag{7.3.4}$$

になる．特に，$g(\theta)$ の不偏推定量 $\hat{g}_n = \hat{g}_n(\boldsymbol{X})$ について，その MSE を考えると，$b_n(\theta) \equiv 0$ であるから，任意の $\theta \in \Theta$ について，$\mathrm{MSE}_\theta(\hat{g}_n) = V_\theta(\hat{g}_n)$ となり，$\hat{g}_n$ の MSE がその分散と等しくなる．したがって，$g(\theta)$ の不偏推定量を比較する場合には分散を用いる.

問 7.3.1 未知の平均 μ，分散 $\sigma^2 (> 0)$ をもつ母集団分布からの無作為標本を $X_1, \cdots, X_n$ とする．ここで，$\theta = (\mu, \sigma^2)$ とおいて，μ の推定量として問 7.2.1 の $\hat{\mu}_{i,n}$ $(i = 1, 2)$ をとるとき，それらの MSE を求め，$\hat{\mu}_{1,n}$ が $\hat{\mu}_{2,n}$ より良いことを示せ.

例 7.3.1 問 7.3.1 において，σ^2 の推定について考えよう．ただし，$n \geq 2$ とする．σ^2 の推定量として不偏分散 S_0^2，標本分散 S^2 をとれば，$E_\theta(S_0^2) = \sigma^2$, $E_\theta(S^2) = \sigma^2 - (1/n)\sigma^2$ になる．いま，特に母集団分布として $N(\mu, \sigma^2)$ をとれば，(5.4.4) で $\mu_4 = 3\sigma^4$ となるから S_0^2, S^2 の MSE は，それぞれ

$$\mathrm{MSE}_\theta(S_0^2) = V_\theta(S_0^2) = 2\sigma^4/(n-1), \quad \mathrm{MSE}_\theta(S^2) = (2n-1)\sigma^4/n^2$$

になり，

$$\mathrm{MSE}_\theta(S_0^2) = \mathrm{MSE}_\theta(S^2) + \frac{3n-1}{n^2(n-1)}\sigma^4 > \mathrm{MSE}_\theta(S^2)$$

になる．よって，S^2 が S_0^2 より良いことが分かる．次に，σ^2 の推定量として，$\hat{\sigma}_c^2 = cS_0^2$ の形のものを考えよう．ただし，c は定数とする．このとき

$$\mathrm{MSE}_\theta(\hat{\sigma}_c^2) = \left[\{(n+1)/(n-1)\}c^2 - 2c + 1\right]\sigma^4$$

を最小にする c の値は $c^* = (n-1)/(n+1)$ となるから，その推定量は $\hat{\sigma}_{c^*}^2 = \sum_{i=1}^n (X_i - \bar{X})^2/(n+1)$ になり，$\mathrm{MSE}_\theta(\hat{\sigma}_{c^*}^2) = 2\sigma^4/(n+1)$ になる．よって，$c \neq (n-1)/(n+1)$ ならば $\hat{\sigma}_c^2$ は非許容的であることが分かる．このように MSE で推定量を比較する場合には，不偏推定量よりも偏りをもつ推定量の方が良くなることがあることに注意 (補遺の A.7.3 節の例 7.3.1(続) 参照).

問 7.3.2　問 7.3.1 において，μ の不偏推定量として $\hat{\mu}_{1,n} = \bar{X}$ と例 7.2.1 の $\hat{\mu}_n^{(\alpha)}$ をとるとき，それらの分散を求め, $\alpha \neq 1$ に対して $\hat{\mu}_{1,n}$ が $\mu_n^{(\alpha)}$ より良いことを示せ.

7.4　情報不等式と一様最小分散不偏推定

一般に，推定量全体のクラスの中で平均 2 乗誤差を最小にする推定を求めようとしてもできない．そこで，推定量のクラスを不偏推定量全体に制限して，その中で分散を最小にする不偏推定量を求めてみよう.

母数 θ をもつ母集団分布からの無作為標本を $X_1, \cdots, X_n$ とし，$\boldsymbol{X} = (X_1, \cdots, X_n)$ に基づく θ の関数 $g(\theta)$ の不偏推定量全体のクラスを $\mathcal{U}$ とする．いま，$g(\theta)$ のある不偏推定量 $\hat{g}_n^* = \hat{g}_n^*(\boldsymbol{X})$ が存在して，任意の $\theta \in \Theta$ に対して

$$\min_{\hat{g}_n \in \mathcal{U}} V_\theta(\hat{g}_n) = V_\theta(\hat{g}_n^*) \tag{7.4.1}$$

となるとき，$\hat{g}_n^*$ を**一様最小分散不偏** (uniformly minimum variance unbiased 略して **UMVU**) **推定量**という．また, ある $\theta_0 \in \Theta$ において，(7.4.1) が成り立つ不偏推定量を**局所最小分散不偏** (locally(**L**)**MVU**) **推定量**という．次に, $g(\theta)$ の UMVU 推定量あるいは LMVU 推定量を見つける 1 つの方法として，情報不等式を用いる方法について説明しよう.

まず，$\boldsymbol{X}$ の j.p.d.f. または j.p.m.f. を $f_{\boldsymbol{X}}(\boldsymbol{x}, \theta)$ とする．ただし，$\boldsymbol{x} = (x_1, \cdots, x_n)$，$\theta \in \Theta \subset \boldsymbol{R}^1$ とし，Θ は開区間とする．このとき，$g(\theta)$ は微分可能な実数値関数で定数値関数でないとし，また，次のような**正則条件** (regularity conditions) を仮定する．

(A1)　$f_{\boldsymbol{X}}$ の台 (support) $\mathcal{X} = \{\boldsymbol{x} | f_{\boldsymbol{X}}(\boldsymbol{x}, \theta) > 0\}$ は θ に無関係である．

(A2)　各 $\boldsymbol{x}$ について，$f_{\boldsymbol{X}}(\boldsymbol{x}, \theta)$ は θ に関して偏微分可能である．

(A3)　$\int_{\mathcal{X}} f_{\boldsymbol{X}}(\boldsymbol{x}, \theta) d\boldsymbol{x}$ または $\sum_{\boldsymbol{x} \in \mathcal{X}} f_{\boldsymbol{X}}(\boldsymbol{x}, \theta)$ は，積分記号または無限和の記号の下で θ に関して偏微分可能である[3)]．

(A4)　任意の $\hat{g}_n \in \mathcal{U}$ に対して，$\int_{\mathcal{X}} \hat{g}_n(\boldsymbol{x}) f_{\boldsymbol{X}}(\boldsymbol{x}, \theta) d\boldsymbol{x}$ または $\sum_{\boldsymbol{x} \in \mathcal{X}} \hat{g}_n(\boldsymbol{x}) f_{\boldsymbol{X}}(\boldsymbol{x}, \theta)$ は積分記号または無限和の記号の下で θ に関して偏微分可能である[4)]．

(A5)　$0 < I_{\boldsymbol{X}}(\theta) = E_\theta\left[\{(\partial/\partial\theta) \log f_{\boldsymbol{X}}(\boldsymbol{X}, \theta)\}^2\right] < \infty$．ここで $I_{\boldsymbol{X}}(\theta)$ は**フィッシャー情報量** (Fisher's information number) と呼ばれ，$\boldsymbol{X}$ の (もつ θ に関する) 情報量を表す．ここでは **F 情報量**という．

条件 (A5) の F 情報量 $I_{\boldsymbol{X}}(\theta)$ については，条件 (A3) において θ に関して 2 回偏微分可能ならば，$I_{\boldsymbol{X}}(\theta) = -E_\theta\left[(\partial^2/\partial\theta^2) \log f_{\boldsymbol{X}}(\boldsymbol{X}, \theta)\right]$ になる．

いま，$X_1, \cdots, X_n$ が p.d.f. または p.m.f. $p(x, \theta)$ をもつ母集団分布からの無作為標本であるとする．このとき，X_1 の F 情報量は $I_{X_1}(\theta) = E_\theta[\{(\partial/\partial\theta) \log p(X_1, \theta)\}^2]$ になり，$\boldsymbol{X}$ の F 情報量は

$$I_{\boldsymbol{X}}(\theta) = n I_{X_1}(\theta) \tag{7.4.2}$$

になる．次に，$\boldsymbol{X}$ に基づく統計量 $T = T(\boldsymbol{X})$ の p.d.f. または p.m.f. を f_T とし，f_T にも (A2) のような条件を仮定すれば，T の (もつ θ に関する) F 情報量も同様に $I_T(\theta) = E_\theta\left[\{(\partial/\partial\theta) \log f_T(T, \theta)\}^2\right]$ で定義する．このとき，p と f_T に正則条件 (A1)，(A2)，(A3)，(A5) を仮定すれば，任意の $\theta \in \Theta$ について

$$I_T(\theta) \le n I_{X_1}(\theta) \tag{7.4.3}$$

が成り立つ[5)]．ここで，等号が成り立つのは T が (θ に対する) 十分統計量であるときに限る．

---

3) $\int_{\mathcal{X}} f_{\boldsymbol{X}}(\boldsymbol{x}, \theta) d\boldsymbol{x}$ は $\int \cdots \int_{\mathcal{X}} f_{\boldsymbol{X}}(\boldsymbol{x}, \theta)\ dx_1 \cdots dx_n$，$\sum_{\boldsymbol{x} \in \mathcal{X}} f_{\boldsymbol{X}}(\boldsymbol{x}, \theta)$ は $\sum \cdots \sum_{\boldsymbol{x} \in \mathcal{X}} f_{\boldsymbol{X}}(\boldsymbol{x}, \theta)$ を意味する．

4) (A4) が成り立てば $(\partial/\partial\theta) E_\theta[\hat{g}_n(\boldsymbol{X})] = E_\theta[\hat{g}_n(\boldsymbol{X})(\partial/\partial\theta) \log f_{\boldsymbol{X}}(\boldsymbol{X}, \theta)]$ になる．

5) 証明は Zacks (1981). *Parametric Statistical Inference*, Pergamon Press, Oxford の pp.105–106 参照

注意 7.4.1　無作為標本 $\boldsymbol{X}$ の F 情報量 $nI_{X_1}(\theta)$ に対する統計量 T の**情報 (量) 損失** (loss of information) を $L_T(\theta) = nI_{X_1}(\theta) - I_T(\theta)$ によって定義すれば，十分統計量は情報無損失，すなわち $L_T(\theta) \equiv 0$ になる．

例 7.4.1　正規分布 $N(\mu, \sigma^2)$ からの無作為標本を $X_1, \cdots, X_n$ とする．ただし，σ^2 は既知とする．まず，$N(\mu, \sigma^2)$ の p.d.f. を $p(x; \mu, \sigma^2)$ とすれば

$$\log p(x; \mu, \sigma^2) = -\frac{1}{2}\log 2\pi - \frac{1}{2}\log \sigma^2 - \frac{1}{2\sigma^2}(x-\mu)^2$$
$$(-\infty < x < \infty; -\infty < \mu < \infty, 0 < \sigma^2 < \infty)$$

より，$(\partial/\partial\mu)\log p(x; \mu, \sigma^2) = (x-\mu)/\sigma^2$ になるから，X_1 のもつ μ に関する F 情報量は

$$I_{X_1}(\mu) = E_\mu\left[\left\{\frac{\partial}{\partial\mu}\log p(X_1; \mu, \sigma^2)\right\}^2\right] = \frac{1}{\sigma^4}E_\mu\left[(X_1-\mu)^2\right] = \frac{1}{\sigma^2}$$

になる．また，$\boldsymbol{X} = (X_1, \cdots, X_n)$ のもつ μ に関する F 情報量は (7.4.2) より $I_{\boldsymbol{X}}(\mu) = n/\sigma^2$ になる．また，統計量として $T = T(\boldsymbol{X}) = \bar{X} = (1/n)\sum_{i=1}^n X_i$ をとると，T は $N(\mu, \sigma^2/n)$ に従う．よって，T の p.d.f. を $f_T(t; \mu, \sigma^2)$ とすれば，T のもつ μ に関する F 情報量は

$$I_T(\mu) = E_\mu\left[\left\{\frac{\partial}{\partial\mu}\log f_T(T, \theta)\right\}^2\right] = \frac{n^2}{\sigma^4}E_\mu[(T-\mu)^2] = \frac{n^2}{\sigma^4}V_\mu(\bar{X}) = \frac{n}{\sigma^2}$$

になり，任意の μ について $I_T(\mu) = nI_{X_1}(\mu)$ が成り立つ．これは，統計量 $T = \bar{X}$ が $\boldsymbol{X}$ のもつ μ に関する F 情報量と同じ情報量をもつことを意味し，また，μ に対する十分統計量にもなっている (補遺の問 A.5.7.1 参照).

例 7.1.3(続)$_2$　ベルヌーイ分布 $\mathrm{Ber}(\theta)$ からの無作為標本を $X_1, \cdots, X_n$ とする．まず，$\mathrm{Ber}(\theta)$ の p.m.f. は $p(x, \theta) = \theta^x(1-\theta)^{1-x}$ $(x = 0, 1; 0 < \theta < 1)$ であるから，X_1 の F 情報量は $I_{X_1}(\theta) = E_\theta\left[\{(\partial/\partial\theta)\log p(X_1, \theta)\}^2\right] = \{1/\theta^2(1-\theta)^2\}E_\theta[(X_1-\theta)^2] = 1/\{\theta(1-\theta)\}$ になる．また，$\boldsymbol{X}$ の F 情報量は (7.4.2) より $I_{\boldsymbol{X}}(\theta) = n/\{\theta(1-\theta)\}$ になる．また，統計量として，$T = T(\boldsymbol{X}) = \sum_{i=1}^n X_i$ をとると，2 項分布の再生性より T は $B(n, \theta)$ に従う．よって，T の p.m.f. を $f_T(t, \theta)$ とすれば

$$\log f_T(t,\theta) = \log \binom{n}{t} + t\log\theta + (n-t)\log(1-\theta)$$

$$(t = 0, 1, \cdots, n; 0 < \theta < 1)$$

になるから，T の F 情報量は

$$I_T(\theta) = E_\theta\left[\left\{\frac{\partial}{\partial\theta}\log f_T(T,\theta)\right\}^2\right] = \frac{1}{\theta^2(1-\theta)^2}E_\theta\left[(T-n\theta)^2\right]$$

$$= \frac{1}{\theta^2(1-\theta)^2}V_\theta(T) = \frac{n}{\theta(1-\theta)}$$

となり，$I_T(\theta) = I_{\boldsymbol{X}}(\theta) = nI_{X_1}(\theta)$ になる．また，T は θ に対する十分統計量にもなっている (例 5.7.1 参照).

問 7.4.1　ポアソン分布 Po(λ) からの無作為標本を $X_1, \cdots, X_n$ とする．このとき $\boldsymbol{X} = (X_1, \cdots, X_n)$ の F 情報量 $I_{\boldsymbol{X}}(\lambda)$ を求め，統計量 $T = \sum_{i=1}^n X_i$ の F 情報量 $I_T(\lambda)$ が $I_{\boldsymbol{X}}(\lambda)$ に等しいことを示せ.

次に，$g(\theta)$ の不偏推定量 $\hat{g}_n$ の分散の下界を与える**情報不等式**を求めよう.

定理 7.4.1　$g(\theta)$ の任意の不偏推定量 $\hat{g}_n = \hat{g}_n(\boldsymbol{X})$ について，正則条件 (A1)～(A5) の下で

$$V_\theta(\hat{g}_n) \geq \frac{\{g'(\theta)\}^2}{I_{\boldsymbol{X}}(\theta)}, \quad \theta \in \Theta \tag{7.4.4}$$

が成り立つ．ただし，$g'(\theta) = (d/d\theta)g(\theta)$ とする．ここで，等号が成立するのは

$$(\partial/\partial\theta)\log f_{\boldsymbol{X}}(\boldsymbol{x},\theta) = I_{\boldsymbol{X}}(\theta)\{\hat{g}_n(\boldsymbol{x}) - g(\theta)\}/g'(\theta) \tag{7.4.5}$$

となるときに限る.

注意 7.4.2　(7.4.4) を**クラメール・ラオ** (Cramér–Rao (C-R)) **の不等式**といい，(7.4.4) の右辺を **C–R の下界** (lower bound) という．また，ある $\theta_0 \in \Theta$ で C–R の下界に一致する不偏推定量を θ_0 における**有効推定量** (efficient estimator) といい，これは LMVU 推定量になる．さらに，任意の $\theta \in \Theta$ における有効推定量 $\hat{g}_n^* = \hat{g}_n^*(\boldsymbol{X})$ は，任意の $\theta \in \Theta$ について $V_\theta(\hat{g}_n^*) = \{g'(\theta)\}^2/I_{\boldsymbol{X}}(\theta)$ となるから，(7.4.4) より $\hat{g}_n^*$ は θ の UMVU 推定量になる．実は，C–R の下界は, 不偏推定量の分散がそれより小さくなり得ないという事実を示していることが重要である.

注意 7.4.3　　$g(\theta)$ の不偏推定量 $\hat{g}_n$ の分散 $V_\theta(\hat{g}_n)$ と C–R の下界との比，すなわち

$$e_\theta(\hat{g}_n) = \frac{\{g'(\theta)\}^2}{V_\theta(\hat{g}_n) I_{\boldsymbol{X}}(\theta)} \ (\leq 1)$$

を $\hat{g}_n$ の $g(\theta)$ における**効率** (efficiency) という．よって，$g(\theta)$ における $\hat{g}_n$ の効率が 1 になるとき，$\hat{g}_n$ は $g(\theta)$ において有効推定量になる．

定理 7.4.1 の証明.　まず，$V_\theta(\hat{g}_n) = \infty$ のときは，不等式 (7.4.4) が成り立つことは明らかなので，$V_\theta(\hat{g}_n) < \infty$ とする．そこで，$\boldsymbol{X}$ が j.p.d.f. $f_{\boldsymbol{X}}(\boldsymbol{x}, \theta)$ をもつ場合について考える．条件 (A1) から $\int_{\mathcal{X}} f_{\boldsymbol{X}}(\boldsymbol{x}, \theta) d\boldsymbol{x} = 1$ の両辺を θ について微分すると，(A2)，(A3) より

$$0 = \int_{\mathcal{X}} \frac{\partial}{\partial \theta} f_{\boldsymbol{X}}(\boldsymbol{x}, \theta) d\boldsymbol{x} = \int_{\mathcal{X}} \left[\left\{ \frac{\partial}{\partial \theta} f_{\boldsymbol{X}}(\boldsymbol{x}, \theta) \right\} \Big/ f_{\boldsymbol{X}}(\boldsymbol{x}, \theta) \right] f_{\boldsymbol{X}}(\boldsymbol{x}, \theta) d\boldsymbol{x}$$

$$= E_\theta \left[\frac{\partial}{\partial \theta} \log f_{\boldsymbol{X}}(\boldsymbol{X}, \theta) \right]$$

になる．さらに，(A4) より

$$\frac{d}{d\theta} E_\theta [\hat{g}_n(\boldsymbol{X})] = E_\theta \left[\hat{g}_n(\boldsymbol{X}) \left\{ \frac{\partial}{\partial \theta} \log f_{\boldsymbol{X}}(\boldsymbol{X}, \theta) \right\} \right]$$

$$= E_\theta \left[\{\hat{g}_n(\boldsymbol{X}) - g(\theta)\} \left\{ \frac{\partial}{\partial \theta} \log f_{\boldsymbol{X}}(\boldsymbol{X}, \theta) \right\} \right] \qquad (7.4.6)$$

になる．よって，シュワルツの不等式[6] と (A5) より

$$\left\{ \frac{d}{d\theta} E_\theta [\hat{g}_n(\boldsymbol{X})] \right\}^2 \leq E_\theta \left[\{\hat{g}_n(\boldsymbol{X}) - g(\theta)\}^2 \right] E_\theta \left[\left\{ \frac{\partial}{\partial \theta} \log f_{\boldsymbol{X}}(\boldsymbol{X}, \theta) \right\}^2 \right]$$

$$= V_\theta(\hat{g}_n) I_{\boldsymbol{X}}(\theta) \qquad (7.4.7)$$

になる．一方，$E_\theta[\hat{g}_n(\boldsymbol{X})] = g(\theta)$ の両辺を微分すると，(A4) より $(d/d\theta)E_\theta [\hat{g}_n(\boldsymbol{X})] = g'(\theta)$ になるから，(7.4.7)，(A5) より $V_\theta(\hat{g}_n) \geq \{g'(\theta)\}^2 / I_{\boldsymbol{X}}(\theta)$ が成り立つ．ここで，等号が成立するためには，(7.4.7) におけるシュワルツの不等式の等号成立条件より

$$(\partial/\partial\theta) \log f_{\boldsymbol{X}}(\boldsymbol{x}, \theta) = K_n(\theta) \{\hat{g}_n(\boldsymbol{x}) - g(\theta)\} \qquad (7.4.8)$$

---

[6] 第 5.2 節の (5.2.5) 参照．

となる $K_n(\theta)$ が存在するときに限る (かまたは $\hat{g}_n(\boldsymbol{x}) - g(\theta) = 0$ であるが, $V_\theta(\hat{g}_n) = 0$ となり矛盾). さらに, (7.4.8) の辺々を 2 乗して期待値をとれば, $I_{\boldsymbol{X}}(\theta) = \{K_n(\theta)\}^2 V_\theta(\hat{g}_n)$ となり, C–R の不等式で等号が成り立つので $\{I_{\boldsymbol{X}}(\theta)\}^2 = \{K_n(\theta)\}^2 \{g'(\theta)\}^2$ になり,

$$K_n(\theta) = \pm I_{\boldsymbol{X}}(\theta)/g'(\theta)$$

を得る. ここで, (7.4.6) の左辺は $g'(\theta)$ であるから, $K_n(\theta)$ と $g'(\theta)$ の符号は一致し, $I_{\boldsymbol{X}}(\theta) > 0$ より $K_n(\theta) = I_{\boldsymbol{X}}(\theta)/g'(\theta)$ になる. また, $\boldsymbol{X}$ が j.p.m.f. をもつ場合にも同様にして証明される. □

系 7.4.1　p.d.f. または p.m.f. $p(x, \theta)$ をもつ分布からの無作為標本を $X_1, \cdots, X_n$ とし, $g(\theta)$ の任意の不偏推定量 $\hat{g}_n = \hat{g}_n(\boldsymbol{X})$ について, 正則条件 (A1)〜(A5) の下で

$$V_\theta(\hat{g}_n) \geq \frac{\{g'(\theta)\}^2}{nI_{X_1}(\theta)} \tag{7.4.9}$$

が成り立つ. ここで, 等号が成立するのは

$$\sum_{i=1}^{n} (\partial/\partial\theta) \log p(x_i, \theta) = nI_{X_1}(\theta)\{\hat{g}_n(\boldsymbol{x}) - g(\theta)\}/g'(\theta) \tag{7.4.10}$$

となるときに限る.

証明は, 定理 7.4.1 と (7.4.2) より明らか. よって, 注意 7.4.2 と系 7.4.1 から, 任意の $\theta \in \Theta$ について $V_\theta(\hat{g}_n^*) = \{g'(\theta)\}^2/\{nI_{X_1}(\theta)\}$ を満たすような $g(\theta)$ の不偏推定量 $\hat{g}_n^*$ を求めれば, それが $g(\theta)$ の UMVU 推定量になる.

正則条件 (A3), (A4) が成立するか否かの判定は, 一般には必ずしも容易ではない. そこで, $\mathbf{X}$ の j.p.d.f. または j.p.m.f. が (4.4.7) の

$$f_{\boldsymbol{X}}(\boldsymbol{x}, \theta) = \exp\{Q(\theta)T(\boldsymbol{x}) + C(\theta) + S(\boldsymbol{x})\} \tag{7.4.11}$$

をもつ **1 母数指数型分布族**を考える. ただし, $\theta \in \Theta$ で, Θ を $\boldsymbol{R}^1$ の開区間とし, T, S は $\mathcal{X}$ 上の実数値関数とし, Q, C は Θ 上の実数値関数とする. たとえば, 正規分布, 2 項分布, ポアソン分布からの無作為標本 $\boldsymbol{X} = (X_1, \cdots, X_n)$ の分布は (7.4.11) の指数型分布族に属している (演習問題 4-8). また, $\boldsymbol{X}$ の j.p.d.f. または j.p.m.f. $f_{\boldsymbol{X}}(\boldsymbol{x}, \theta)$ をもつ分布が (7.4.11) の指数型分布族に属していて,

$Q(\theta)$ が 1-1 関数ならば，条件 (A3)，(A4) が成り立つ[7)].

注意 7.4.4　　正則条件 (A2) において，θ に関する偏微分可能を連続偏微分可能に変えて，不等式 (7.4.4) の等号成立条件 (7.4.5) の両辺を θ で積分すれば，$f_{\boldsymbol{X}}$ は

$$f_{\boldsymbol{X}}(\boldsymbol{x}, \theta) = \exp\{Q_n(\theta)\hat{g}_n(\boldsymbol{x}) + C_n(\theta) + S(\boldsymbol{x})\}$$

の形になり，これは (7.4.11) の指数型分布族の j.p.d.f. または j.p.m.f. になる．逆に，$f_{\boldsymbol{X}}$ が (7.4.11) の形で，$C(\theta)$, $Q(\theta)$ が 2 回連続微分可能で $Q'(\theta) \not\equiv 0$ であれば，$g(\theta) = -C'(\theta)/Q'(\theta)$ とするとき $T(\boldsymbol{X})$ は (7.4.4) の下界を達成し，そして $g(\theta)$ の UMVU 推定量になる．

例 7.4.1(続)$_1$　　正規分布 $N(\mu, \sigma^2)$ からの無作為標本 $\boldsymbol{X} = (X_1, \cdots, X_n)$ のもつ μ に関する F 情報量は $I_{\boldsymbol{X}}(\mu) = n/\sigma^2$ になるから，系 7.4.1 より，C–R の不等式は，μ の不偏推定量 $\hat{\mu}_n = \hat{\mu}_n(\boldsymbol{X})$ について $V_\mu(\hat{\mu}_n) \geq \sigma^2/n$ になる．この不等式の等号成立条件 (7.4.10) については，$\sum_{i=1}^n (\partial/\partial\mu) \log p(X_i; \mu, \sigma^2) = n(\bar{X} - \mu)/\sigma^2$ になるから，$\hat{\mu}(\boldsymbol{X}) = \bar{X}$ とすると，その条件が成り立つ．よって，$\bar{X}$ は μ の UMVU 推定量になり，その分散は σ^2/n になる．

例 7.1.3(続)$_3$　　ベルヌーイ分布 $\mathrm{Ber}(\theta)$ からの無作為標本を $X_1, \cdots, X_n$ とする．このとき，$\boldsymbol{X} = (X_1, \cdots, X_n)$ の F 情報量は $I_{\boldsymbol{X}}(\theta) = n/\{\theta(1-\theta)\}$ になるから，系 7.4.1 より C–R の不等式は，θ の任意の不偏推定量 $\hat{\theta}_n = \hat{\theta}_n(\boldsymbol{X})$ について $V_\theta(\hat{\theta}_n) \geq \theta(1-\theta)/n$ になる．この不等式の等号成立条件 (7.4.10) については $\sum_{i=1}^n (\partial/\partial\theta) \log p(X_i, \theta) = n(\bar{X} - \theta)/\{\theta(1-\theta)\}$ となるから，$\hat{\theta}_n(\boldsymbol{X}) = \bar{X}$ とすればその条件が成り立つ．よって，$\bar{X}$ は θ の UMVU 推定量になる．

問 7.4.2　　$X_1, \cdots, X_n$ を母数 λ をもつ次の分布からの無作為標本とするとき，λ の UMVU 推定量を求めよ．(i) ポアソン分布 $\mathrm{Po}(\lambda)$，(ii) 指数分布 $\mathrm{Exp}(\lambda)$.

上記では，C–R 不等式を用いて UMVU 推定量を見つけたが，たとえば一様分布 $U(0, \theta)$ の場合には，条件 (A1) はみたされないので，C–R 不等式を使えない．この場合にも θ の UMVU 推定量が存在する (補遺の演習問題 A-19 参照)．実は，十分統計量 $T = T(\boldsymbol{X})$ が存在するときに，これに基づいて UMVU

[7)] $\eta = Q(\theta)$ とおけば，(7.4.11) の f_X は $\exp\{\eta T(\boldsymbol{x}) + D(\eta) + S(\boldsymbol{x})\}$ の形になり，この**指数型分布族**は**自然母数** η をもつという (E. L. レーマン [L59](訳本) の p.57，鍋谷 [N78] の p.39 参照).

推定量を求める方法がある．まず，統計量 T について，T の関数 h が，任意の $\theta \in \Theta$ について $E_\theta[h(T)] = 0$ ならば，$h(t) \equiv 0$ が成り立つとき，T は θ に対して**完備** (complete) であるという．このとき，完備十分統計量 T が存在すれば，T に基づく $g(\theta)$ の不偏推定量が $g(\theta)$ の唯一の UMVU 推定量になる (補遺の A.7.4 節参照)．

第 7.2〜7.4 節では，不偏性の概念を中心に論じたが，推定量の性質として**共変性** (equivariance) も重要である．まず，$X_1, \cdots, X_n$ を p.d.f. $p(x, \theta)$ $(\theta \in \Theta)$ をもつ母集団分布からの無作為標本とする．ただし，$\Theta = \boldsymbol{R}^1$ とする．このとき，$\boldsymbol{X} = (X_1, \cdots, X_n)$ に基づく θ の推定量 $\hat{\theta} = \hat{\theta}(\boldsymbol{X})$ について，任意の $\boldsymbol{x} = (x_1, \cdots, x_n)$ と任意の定数 c に対して

$$\hat{\theta}(x_1 + c, \cdots, x_n + c) = \hat{\theta}(x_1, \cdots, x_n) + c$$

であるとき，$\hat{\theta}$ は**位置共変** (location-equivariant) であるという．たとえば，標本平均 $\bar{X}$，範囲の中央 $X_{\mathrm{mid}} = \left(X_{(1)} + X_{(n)}\right)/2$ などは位置共変推定量になる．そして，θ が位置母数，すなわち $p(x, \theta) = q(x - \theta)$ ならば，推定量

$$\hat{\theta}^*(\boldsymbol{X}) = \int_{-\infty}^{\infty} \theta \prod_{i=1}^{n} q(X_i - \theta) d\theta \Bigg/ \int_{-\infty}^{\infty} \prod_{i=1}^{n} q(X_i - \theta) d\theta \qquad (7.4.12)$$

は，位置共変推定量全体のクラスの中で一様に最小の MSE をもつ推定量 (最良位置共変推定量) になる．そして，(7.4.12) の推定量 $\hat{\theta}^*$ は位置母数 θ の**ピットマン** (Pitman) **推定量**と呼ばれている．

また，任意の $\boldsymbol{x}$ と任意の正の定数 c について

$$\hat{\theta}(cx_1, \cdots, cx_n) = c\hat{\theta}(x_1, \cdots, x_n)$$

であるとき，$\hat{\theta}$ は**尺度共変** (scale-equivariant) であるという．たとえば，標本平均 $\bar{X}$，範囲の中央 $X_{\mathrm{mid}} = \left(X_{(1)} + X_{(n)}\right)/2$，範囲 $R = X_{(n)} - X_{(1)}$ などが尺度共変になる．

次に，θ を尺度母数，すなわち $p(x, \theta) = (1/\theta)h(x/\theta)$ とする．ただし，$\theta > 0$ とする．このとき，$r > 0$ について θ^r の尺度共変推定量 $\hat{\theta}^r$，すなわち，任意の正の定数 c について

$$\hat{\theta}^r(cx_1, \cdots, cx_n) = c^r \hat{\theta}^r(x_1, \cdots, x_n)$$

となる推定量 $\hat{\theta}^r$ の**リスク** (risk) を

$$R_\theta(\hat{\theta}^r) = \mathrm{MSE}_\theta(\hat{\theta}^r)/\theta^{2r}$$

で定義すれば，推定量

$$\hat{\theta}_0^r(\boldsymbol{X}) = \int_0^\infty t^{n+r-1}\prod_{i=1}^n h(tx_i)dt \Bigg/ \int_0^\infty t^{n+2r-1}\prod_{i=1}^n h(tx_i)dt \qquad (7.4.13)$$

は，θ^r の尺度共変推定量全体のクラスの中で一様に最小のリスクをもつ推定量 (最良尺度共変推定量) になる．そして，(7.4.13) の推定量 $\hat{\theta}_0^r$ も θ^r の**ピットマン推定量**と呼ばれている．

7.5　推定量の漸近的性質

母数 θ をもつ母集団分布からの無作為標本を $X_1, \cdots, X_n$ とする．ただし，$\theta \in \Theta \subset \boldsymbol{R}^k$ とする．このとき，$\boldsymbol{X} = (X_1, \cdots, X_n)$ に基づく θ の実数値関数 $g(\theta)$ の推定量 $\hat{g}_n = \hat{g}_n(\boldsymbol{X})$ が $g(\theta)$ に確率収束するとき，すなわち任意の $\theta \in \Theta$，任意の $\varepsilon > 0$ について

$$\lim_{n\to\infty} P_{\boldsymbol{X}}^\theta \{|\hat{g}_n(\boldsymbol{X}) - g(\theta)| > \varepsilon\} = 0$$

であるとき，$\hat{g}_n$ を $g(\theta)$ の**一致推定量** (consistent estimator) であるという (第 6.1 節参照)．たとえば，モーメント推定量は，連続性の仮定の下で，一致推定量になる (第 7.1 節参照)．

定理 7.5.1　$g(\theta)$ の推定量を $\hat{g}_n = \hat{g}_n(\boldsymbol{X})$ とし, その MSE を

$$\mathrm{MSE}_\theta(\hat{g}_n) = E_\theta\left[\{\hat{g}_n(\boldsymbol{X}) - g(\theta)\}^2\right]$$

とする．

(i) 任意の $\theta \in \Theta$ について

$$\lim_{n\to\infty} \mathrm{MSE}_\theta(\hat{g}_n) = 0 \qquad (7.5.1)$$

ならば，$\hat{g}_n$ は $g(\theta)$ の一致推定量である．

(ii) 任意の $\theta \in \Theta$ について

$$\lim_{n\to\infty} b_n(\theta) = 0, \quad \lim_{n\to\infty} V_\theta(\hat{g}_n) = 0 \qquad (7.5.2)$$

ならば，$\hat{g}_n$ は $g(\theta)$ の一致推定量である．ただし，$b_n(\theta)$ は $\hat{g}_n$ の $g(\theta)$ に対する偏りとする．

(iii) $\hat{g}_n$ が $g(\theta)$ の不偏推定量で，すべての $\theta \in \Theta$ について $\lim_{n\to\infty} V_\theta(\hat{g}_n) = 0$ ならば，$\hat{g}_n$ は $g(\theta)$ の一致推定量である．

証明 補遺の定理 A.6.1.1 より，任意の $\theta \in \Theta$ と任意の $\varepsilon > 0$ について

$$\varepsilon^2 P_{\boldsymbol{X}}^{\theta}\left\{|\hat{g}_n(\boldsymbol{X}) - g(\theta)| \geq \varepsilon\right\} \leq \mathrm{MSE}_\theta(\hat{g}_n)$$

になるから，(i) が成り立つ．また，(7.3.4) より (7.5.1) と (7.5.2) は同値であるから，(i) から (ii) も成り立つ．さらに，$\hat{g}_n$ が $g(\theta)$ の不偏推定量ならば，その偏りは無くなるから，(ii) から (iii) が成り立つ．□

例 7.5.1 平均 μ，分散 σ^2 をもつ母集団分布からの無作為標本を $X_1, \cdots, X_n$ とする．このとき，定理 6.1.1 より，$\boldsymbol{X} = (X_1, \cdots, X_n)$ に基づく μ の推定量 $\hat{\mu}_{1,n} = \bar{X}$ は μ の一致推定量になる．また，母集団分布が平均 μ の周りの 4 次のモーメント μ_4 をもてば，定理 7.5.1 の (ii)，(iii) と (5.4.2)，(5.4.4) から，標本分散 S^2，不偏分散 S_0^2 は σ^2 の一致推定量になる (注意 6.1.7 参照)．さらに，母集団分布が特に正規分布 $N(\mu, \sigma^2)$ であれば，定理 7.5.1 の (i) と例 7.3.1 より，S_0^2，S^2 とともに $\hat{\sigma}_{c^*}^2$ も σ^2 の一致推定量になる．

次に，$g(\theta)$ の推定量 $\hat{g}_n = \hat{g}_n(\boldsymbol{X})$ が偏り $b_n(\theta)$ をもつとき，任意の $\theta \in \Theta$ について，$\lim_{n\to\infty} b_n(\theta) = 0$ となれば，$\hat{g}_n$ を $g(\theta)$ の**漸近不偏推定量** (asymptotically unbiased estimator) という．なお，$g(\theta)$ の不偏推定量は漸近不偏推定量になる．例 7.3.1 において，標本分散 S^2 について $E_\theta(S^2) = \sigma^2 - (1/n)\sigma^2$ となるから S^2 は σ^2 の漸近不偏推定量になる．

問 7.5.1 問 7.2.1 において $\hat{\mu}_{2,n}$ が μ の漸近不偏推定量であり，また，μ の一致推定量であることを示せ．

次に，$g(\theta)$ の推定量 $\hat{g}_n = \hat{g}_n(\boldsymbol{X})$ について

$$\mathcal{L}(\sqrt{n}(\hat{g}_n - g(\theta))) \longrightarrow N(0, v(\theta)) \quad (n \to \infty) \tag{7.5.3}$$

とする．ただし，任意の $\theta \in \Theta \subset \boldsymbol{R}^1$ に対して $v(\theta) > 0$ とする (注意 6.2.2 参照)．ここで，$v(\theta)$ を $\hat{g}_n$ の**漸近分散** (asymptotic variance) といい，この $\hat{g}_n$ を $g(\theta)$ の**漸近正規推定量**という．このとき，$v(\theta)$ と $\hat{g}_n$ の分散 $V_\theta(\hat{g}_n)$ の間には，

$$v(\theta) \leq \varliminf_{n\to\infty} nV_\theta(\hat{g}_n) \tag{7.5.4}$$

が成り立つ．しかし，等号は一般には成り立たない．ここで，$\hat{g}_n$ が $g(\theta)$ の不偏推定量でかつ，任意の $\theta \in \Theta$ について

$$\lim_{n\to\infty} V_\theta\left(\sqrt{n}(\hat{g}_n - g(\theta))\right) = v(\theta)$$

ならば，C–R の不等式から，任意の $\theta \in \Theta$ について

$$v(\theta) \geq \frac{\{g'(\theta)\}^2}{I_{X_1}(\theta)} \tag{7.5.5}$$

が成り立つ.

問 7.5.2 [8)]　(7.5.4) の等号が成り立たない例を挙げよ.

いま，(7.5.3) を満たす推定量 $\hat{g}_n$ が，(7.5.5) の等号を満たすとき，$\hat{g}_n$ は**漸近有効推定量** (asymptotically efficient estimator) であると定義する．ここで，有効推定量は漸近有効推定量になることに注意．かつて，分布の p.d.f. に関して適当な正則条件があれば，任意の $\theta \in \Theta$ について (7.5.5) が成り立つと信じられていたが，Hodges による次の反例が示された.

例 7.5.2　正規分布 $N(\theta, 1)$ からの無作為標本を $X_1, \cdots, X_n$ とする．このとき，例 7.4.1 より $I_{X_1}(\theta) = 1$ であるから，不等式 (7.5.5) は $v(\theta) \geq 1$ になる．一方，θ の推定量

$$\hat{\theta}_n = \hat{\theta}_n(\boldsymbol{X}) = \begin{cases} \bar{X} & \left(|\bar{X}| \geq n^{-1/4}\right), \\ c\bar{X} & \left(|\bar{X}| < n^{-1/4}\right) \end{cases}$$

を考える．ただし，c は 0, 1 でない定数とする．このとき，任意の $\theta \in \boldsymbol{R}^1$ について

$$\mathcal{L}(\sqrt{n}(\hat{\theta}_n - \theta)) \longrightarrow N(0, v(\theta)) \quad (n \to \infty) \tag{7.5.6}$$

になる．ただし，$v(\theta) = 1\ (\theta \neq 0),\ = c^2\ (\theta = 0)$ とする．よって，$|c| < 1$ とすれば $\theta = 0$ のとき (7.5.5) は成り立たないで，$v(0) < 1$ になる.

問 7.5.3　(7.5.6) が成り立つことを示せ.

一般に，例 7.5.2 のように，(7.5.3) を満たす推定量 $\hat{g}_n$ について (7.5.5) が成り立たない θ が存在するとき，$\hat{g}_n$ を**超有効推定量** (superefficient estimator) という[9)]．その後，適当な正則条件の下では (7.5.5) が成り立たないような θ の集

---

8) 難しければ、とばしてよい.

9) この推定量の存在は漸近正規性の条件の他に条件が必要であることを示唆している.

合は，ある意味で無視できる[10] ことが LeCam(1953) によって示された (補遺の A.7.5 節参照). また，超有効性を避けるために推定量に局所一様性の条件を課せばよいこと，そして適当な正則条件の下では，θ の最尤推定量 $\hat{\theta}_{\mathrm{ML}}$ の一致性，漸近正規性すなわち $\hat{\theta}_{\mathrm{ML}}$ が (7.5.3) を満たすことを示すことができる (補遺の A.7.5 節参照).

7.6 情報量と情報量規準

前節において，F 情報量が不偏推定量の分散の限界，すなわち C–R の下界に寄与していて，θ の UMVU 推定量を求めるのに有用であることが示された. このように，統計学においては情報量の概念は重要な役割を果たすことが多い.

いま，2 つの p.d.f. または p.m.f. を $p_1(x), p_2(x)$ とする. このとき, p_2 に対する p_1 の識別情報量を

$$I(p_1 : p_2) = \int_{-\infty}^{\infty} p_1(x) \log \frac{p_1(x)}{p_2(x)} dx \quad \text{または} \quad I(p_1 : p_2) = \sum_x p_1(x) \log \frac{p_1(x)}{p_2(x)}$$

で定義する. ただし $0/0 = 1$，$0 \log 0 = 0$，$a \log(a/0) = \infty$ $(a > 0)$ とする. この情報量は**カルバック・ライブラー** (Kullback–Leibler (K–L)) **情報量**[11] と呼ばれていて，p_1 と p_2 の相違を表す尺度であり，また標本が p_1 をもつ分布から得られたと仮定するとき，その標本が p_2 をもつ分布から得られたものでない程度の度合を表す尺度とも考えられる.

まず，K–L 情報量 I は，(∞ を許して) 確定して，$I(p_1 : p_2) \geq 0$ であり，等号成立はすべての x について $p_1(x) = p_2(x)$ となるときに限る. 実際，任意の $t > 0$ について $\log(1/t) = -\log t \geq 1 - t$ で等号成立は $t = 1$ のときに限るから

$$p_1(x) \log \frac{p_1(x)}{p_2(x)} \geq p_1(x) \left\{ 1 - \frac{p_2(x)}{p_1(x)} \right\}$$

となり，この右辺の積分は 0 なので左辺の積分は確定して非負値になり，等号成立についてもいえる. また，$I(p_1 : p_2) \neq I(p_2 : p_1)$ になり非対称になるた

[10] ルベーグ測度 0 である. ルベーグ測度については, たとえば伊藤清三 (1964).「ルベーグ積分入門」(裳華房) 参照.

[11] $J(p_1, p_2) = I(p_1 : p_2) + I(p_2 : p_1)$ を **K–L ダイバージェンス** (divergence) といい，情報理論で重要な役割を果たす.

め，数学での距離にはならない．非対称性は $p_1(x)$，$p_2(x)$ の一方だけが 0 になる x がある場合を考えればよい．さらに，適当な条件の下で，F 情報量は K–L 情報量の極限と考えられる．実際，r.v. X の p.d.f. を $p(x,\theta)$ $(\theta \in \Theta \subset \boldsymbol{R}^1)$ とし，$|(\partial^3/\partial\theta^3)\log p(x,\theta)| \le M(x)$，$E_\theta[M(X)] < \infty$ という条件を仮定すれば，$|\Delta|$ が十分小さい実数 Δ について

$$\begin{aligned}
&I(\theta : \theta + \Delta) \\
&= \int_{-\infty}^{\infty} p(x,\theta)\left\{\log p(x,\theta) - \log p(x,\theta+\Delta)\right\} dx \\
&= -\int_{-\infty}^{\infty} p(x,\theta)\left\{\Delta \cdot \frac{\frac{\partial}{\partial\theta}p(x,\theta)}{p(x,\theta)} + \frac{\Delta^2}{2}\frac{\partial^2}{\partial\theta^2}\log p(x,\theta)\right\} dx + O(\Delta^3) \\
&= -\frac{\Delta^2}{2}E_\theta\left[\frac{\partial^2}{\partial\theta^2}\log p(X,\theta)\right] + O(\Delta^3) \\
&= \frac{\Delta^2}{2}I(\theta) + O(\Delta^3)
\end{aligned}$$

になる．

例 7.6.1　各 $i = 1,2$ について，p_i をベルヌーイ分布 $\mathrm{Ber}(\theta_i)$ の p.m.f.，すなわち $p_i(x) = \theta_i^x(1-\theta_i)^{1-x}$ $(x = 0,1; 0 < \theta_i < 1)$ とする．このとき，

$$I(p_1 : p_2) = \theta_1 \log\frac{\theta_1}{\theta_2} + (1-\theta_1)\log\frac{1-\theta_1}{1-\theta_2}$$

になり，一般には $I(p_1 : p_2) \ne I(p_2 : p_1)$ になる．たとえば $\theta_1 \downarrow 0$ としてみればよい．

例 7.6.2　区間 $[0,1]$ 上の一様分布と三角形分布のそれぞれの p.d.f. を

$$p_1(x) = \begin{cases} 1 & (0 \le x \le 1), \\ 0 & (\text{その他}), \end{cases} \qquad p_2(x) = \begin{cases} 4x & (0 \le x \le 1/2), \\ 4(1-x) & (1/2 \le x \le 1), \\ 0 & (\text{その他}) \end{cases}$$

とする (図 7.6.1 参照)．このとき $I(p_1 : p_2) = 1 - \log 2 \fallingdotseq 0.30685$，$I(p_2 : p_1) = \log 2 - (1/2) \fallingdotseq 0.19315$ になる．よって，標本が一様分布から得られた

ものであると仮定すれば，それが三角形分布から得られたものではない程度の度合が逆の場合よりも大きいことが分かる．

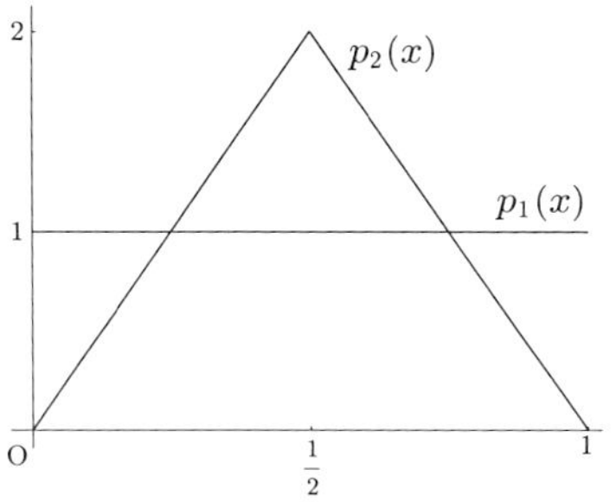

図 7.6.1　区間 [0,1] 上の一様分布の p.d.f. p_1 と三角形分布の p.d.f. p_2

次に，K–L 情報量の推定論への応用を考えよう．まず，p.d.f. または p.m.f. $p(x, \boldsymbol{\theta})$ をもつ母集団分布からの無作為標本を $X_1, \cdots, X_n$ とする．ただし，$\boldsymbol{\theta} = (\theta_1, \cdots, \theta_k) \in \Theta \subset \boldsymbol{R}^k$ とする．いま，真の母数を $\boldsymbol{\theta_0} = (\theta_{01}, \cdots, \theta_{0k})$ $(\in \Theta)$ とする．また，$\boldsymbol{X} = (X_1, \cdots, X_n)$ の j.p.d.f. を $f(\boldsymbol{x}, \boldsymbol{\theta}) = \prod_{i=1}^n p(x_i, \boldsymbol{\theta})$ とし，$\boldsymbol{X}$ に基づく θ の推定量を $\hat{\boldsymbol{\theta}} = \hat{\boldsymbol{\theta}}(\boldsymbol{X})$ とする．ただし，$\boldsymbol{x} = (x_1, \cdots, x_n)$ とする．ここで，各 $i = 1, \cdots, k$ について，θ_i の推定量を $\hat{\theta}_i = \hat{\theta}_i(\boldsymbol{X})$ として，$\hat{\boldsymbol{\theta}} = (\hat{\theta}_1, \cdots, \hat{\theta}_k)$ とする．次に，$f(\cdot, \boldsymbol{\theta})$ に対する $f(\cdot, \boldsymbol{\theta_0})$ の K–L 情報量は

$$I(f(\cdot, \boldsymbol{\theta_0}) : f(\cdot, \boldsymbol{\theta})) = n\left\{E_{\boldsymbol{\theta_0}}\left[\log p(X_1, \boldsymbol{\theta_0})\right] - E_{\boldsymbol{\theta_0}}\left[\log p(X_1, \boldsymbol{\theta})\right]\right\} \quad (7.6.1)$$

になり，ここに，$\boldsymbol{\theta}$ の代わりに $\hat{\boldsymbol{\theta}}$ を代入した $I(f(\cdot, \boldsymbol{\theta}_0) : f(\cdot, \hat{\boldsymbol{\theta}}))$ は推定量 $\hat{\boldsymbol{\theta}}$ の悪さの度合を表すと考えられるから，これを最小にする $\hat{\boldsymbol{\theta}}$ が望ましい．ところが，(7.6.1) の右辺の $\{\quad\}$ の中の第 1 項は $\hat{\boldsymbol{\theta}}$ に無関係であるから，第 2 項の $\boldsymbol{\theta}$ に $\hat{\boldsymbol{\theta}}$ を代入した $E_{\boldsymbol{\theta_0}}[\log p(X_1, \hat{\boldsymbol{\theta}})]$ を最大にする $\hat{\boldsymbol{\theta}}$ が望ましい．これを最大にする $\hat{\boldsymbol{\theta}}$ としては，$L(\boldsymbol{\theta}; \boldsymbol{x}) = f(\boldsymbol{x}, \boldsymbol{\theta})$ とおいて $(1/n)\sum_{i=1}^n \log p(X_i, \hat{\boldsymbol{\theta}}) = (1/n)\log L(\hat{\boldsymbol{\theta}}; \boldsymbol{X})$ を最大にする $\hat{\boldsymbol{\theta}}$，すなわち $\boldsymbol{\theta}$ の MLE $\hat{\boldsymbol{\theta}}^* = \hat{\boldsymbol{\theta}}^*(\boldsymbol{X})$ をとる (第 7.1 節参照)．そこで，$\log p(X_1, \hat{\boldsymbol{\theta}}^*)$ の $f(\cdot, \boldsymbol{\theta}_0)$ による期待値 $E_{\boldsymbol{\theta_0}}[\log p(X_1, \hat{\boldsymbol{\theta}}^*)]$ の推定量として，偏り補正した

$$(1/n)\log L(\hat{\boldsymbol{\theta}}^*; \boldsymbol{X}) - (k/n)$$

をとると，漸近不偏になる．そして，これを $-2n$ 倍した

$$\mathrm{AIC}_{\boldsymbol{\theta}_0}(k) = -2\log L(\hat{\boldsymbol{\theta}}^*; \boldsymbol{X}) + 2k \tag{7.6.2}$$

を **AIC**(Akaike's information criterion，赤池情報量規準) といって，これを最小にするモデルが望ましいと考えられ，モデル選択の規準として広く普及している[12] (演習問題 7-17 参照).

7.7　有限母集団からの標本抽出と不偏推定

母集団の構成要素の数が無限個の場合に，それを**無限母集団** (infinite population) といい，有限個の場合に，それを**有限母集団** (finite population) という．いま，有限母集団 π_N を

$$\pi_N = \{a_1, \cdots, a_N\}$$

とし，$a_1, \cdots, a_N$ はすべて相異なるものとする[13]．このとき，π_N から大きさ n の標本を無作為に非復元抽出し，それを $X_1, \cdots, X_n$ で表す．まず，$P\{X_i = X_j\} = 0\ (i \neq j)$ になり，また，$x_1, \ldots, x_n \in \pi_N, x_i \neq x_j\ (i \neq j)$ について

$$P\{X_1 = x_1, \cdots, X_n = x_n\} = \frac{1}{N(N-1)\cdots(N-n+1)} = \frac{(N-n)!}{N!}$$

となる．ここで，$X_1, \cdots, X_n$ は非復元抽出によって得られた標本であるから，たがいに独立でないことに注意．次に，母集団 π_N の平均，分散をそれぞれ $\mu = (1/N)\sum_{\alpha=1}^{N} a_\alpha$，$\sigma^2 = (1/N)\sum_{\alpha=1}^{N}(a_\alpha - \mu)^2$ によって定義する．このとき，μ と σ^2 の点推定について考える．そこで μ の推定量として，標本平均 $\bar{X} = (1/n)\sum_{i=1}^{n} X_i$ を考える．まず，各 $i = 1, \cdots, n$ について

$$\begin{aligned} P\{X_i = a_\alpha\} &= \frac{1\cdot(N-1)\cdots(N-n+1)}{N(N-1)\cdots(N-n+1)} \\ &= \frac{1}{N} \quad (\alpha = 1, \cdots, N) \end{aligned} \tag{7.7.1}$$

になるから

---

[12] 詳しくは坂元・石黒・北川 (1983).「情報量統計学」(共立出版) 参照．また，真の p.d.f. または p.m.f. が $\{p(\cdot, \boldsymbol{\theta}) | \boldsymbol{\theta} \in \Theta\}$ に属さない場合の情報量規準については竹内啓 (1976). 数理科学 No.153 参照.

[13] 母集団の構成要素を値とし，重複があるときは番号付けする.

$$E(X_i) = \sum_{\alpha=1}^{N} a_\alpha P\{X_i = a_\alpha\} = \frac{1}{N}\sum_{\alpha=1}^{N} a_\alpha = \mu \tag{7.7.2}$$

になり，$E(\bar{X}) = \mu$ となる，すなわち標本平均 $\bar{X}$ は μ の不偏推定量になる．

次に，σ^2 の推定量として $S_0^2 = \sum_{i=1}^{n}(X_i - \bar{X})^2/(n-1)$ を考える．このとき，(7.7.1)，(7.7.2) より，各 $i = 1, \cdots, n$ について，X_i の分散は

$$\begin{aligned} V(X_i) &= E\left[(X_i - \mu)^2\right] \\ &= \sum_{\alpha=1}^{N}(a_\alpha - \mu)^2 P\{X_i = a_\alpha\} = \frac{1}{N}\sum_{\alpha=1}^{N}(a_\alpha - \mu)^2 = \sigma^2 \end{aligned} \tag{7.7.3}$$

になる．また，各 $i, j = 1, \cdots, n$ について

$$\begin{aligned} P\{X_i = a_\alpha, X_j = a_\beta\} &= \frac{1 \cdot 1 \cdot (N-2)\cdots(N-n+1)}{N(N-1)(N-2)\cdots(N-n+1)} \\ &= \frac{1}{N(N-1)} \quad (\alpha \neq \beta) \end{aligned} \tag{7.7.4}$$

になるから，X_i，X_j の共分散は

$$\begin{aligned} \mathrm{Cov}(X_i, X_j) &= E\left[(X_i - \mu)(X_j - \mu)\right] \\ &= \sum\sum_{\alpha \neq \beta}(a_\alpha - \mu)(a_\beta - \mu)P\{X_i = a_\alpha, X_j = a_\beta\} \\ &= \frac{1}{N(N-1)}\sum\sum_{\alpha \neq \beta}(a_\alpha - \mu)(a_\beta - \mu) = -\frac{\sigma^2}{N-1} \end{aligned} \tag{7.7.5}$$

になる．よって，(7.7.3)，(7.7.5) より，$\bar{X}$ の分散は

$$\begin{aligned} V(\bar{X}) = E[(\bar{X} - \mu)^2] &= \frac{1}{n^2}\sum_{i=1}^{n} V(X_i) + \frac{1}{n^2}\sum\sum_{i \neq j}\mathrm{Cov}(X_i, X_j) \\ &= \left(\frac{N-n}{N-1}\right)\frac{\sigma^2}{n} \end{aligned} \tag{7.7.6}$$

になり，これは無限母集団の場合と異なる．そして $(N-n)/(N-1)$ を**有限母集団修正** (finite population correction) という．さらに

$$S_0^2 = \frac{1}{n-1}\sum_{i=1}^{n}\left(X_i - \bar{X}\right)^2 = \frac{1}{n-1}\sum_{i=1}^{n}(X_i - \mu)^2 - \frac{n}{n-1}\left(\bar{X} - \mu\right)^2$$

となるから，(7.7.5)，(7.7.6) より，S_0^2 の期待値は

$$E\left(S_0^2\right) = \frac{1}{n-1}\sum_{i=1}^{n} V(X_i) - \frac{n}{n-1}V(\bar{X}) = \frac{N\sigma^2}{N-1} \tag{7.7.7}$$

になり，$E\left(S_0^2\right) \neq \sigma^2$ となる，すなわち S_0^2 は σ^2 の不偏推定量にならない．しかし，σ^2 の推定量として

$$\hat{\sigma}^{*2} = \frac{N-1}{N} S_0^2 = \frac{N-1}{N(n-1)} \sum_{i=1}^{n} \left(X_i - \bar{X}\right)^2$$

をとれば，(7.7.7) より，$E(\hat{\sigma}^{*2}) = \sigma^2$ になる，すなわち $\hat{\sigma}^{*2}$ は σ^2 の不偏推定量になる．上記の議論において n に比べて，N が十分大きければ，$V(\bar{X})$，$E\left(S_0^2\right)$ の値は無限母集団の場合とほぼ等しくなる．

演習問題 7

1. 母集団分布が p.d.f. または p.m.f. を $p(x, \theta)$ $(\theta \in \Theta)$ をもつとき，分布の θ による**母数化** (parametrization) という．そして，母数化が 1-1 であるとき，すなわち $\theta_1 \neq \theta_2$ ならば $p(x, \theta_1) \neq p(x, \theta_2)$ であるとき，この母数化は**識別可能** (**認定可能**，identifiable) であるという．次の母数化は識別可能であるかどうか調べよ．

(1)　$N(\mu, \sigma^2)$ $(-\infty < \mu < \infty, \sigma^2 > 0)$ における母数 $\theta = (\mu, \sigma^2)$．

(2)　$N(\mu + \delta, \sigma^2)$ $(-\infty < \mu < \infty, -\infty < \delta < \infty, \sigma^2 > 0)$ における母数 $\theta = (\mu, \delta, \sigma^2)$．

2. $X_1, \cdots, X_n$ を p.d.f.

$$p(x, \theta) = \begin{cases} \theta x^{\theta - 1} & (0 < x < 1), \\ 0 & (\text{その他}) \end{cases}$$

をもつ分布からの無作為標本とする．ただし，$\theta > 0$ とする．

(1)　θ のモーメント推定量，最尤推定量を求めよ．

(2)　θ に対する十分統計量を求めよ．

3. 確率ベクトル $(X_1, \cdots, X_k)$ が k 項分布 $M_k(n; p_1, \cdots, p_k)$ に従うとき，$(p_1, \cdots, p_k)$ の最尤推定量を求めよ．

4. $X_1, \cdots, X_n$ を平均 μ，分散 σ^2 をもつ母集団分布からの無作為標本とする．ただし，μ，σ^2 は未知とする．このとき，μ の推定量として，$X_1, \cdots, X_n$ の線形結合 $\hat{\mu}_{\boldsymbol{c}} = \sum_{i=1}^{n} c_i X_i$ を考える．ここで，$c_1, \cdots, c_n$ は定数とし，$\boldsymbol{c} = (c_1, \cdots, c_n)$ とする．

(1)　$\hat{\mu}_{\boldsymbol{c}}$ が μ の不偏推定量になるための $\boldsymbol{c}$ に関する条件を求めよ．

(2)　(1) で得た条件の下で，$\hat{\mu}_{\boldsymbol{c}}$ の分散を最小にする $\boldsymbol{c}$ の値を求め，そのときの推定量 $\hat{\mu}_{\boldsymbol{c}}$ を求めよ．

5. 平均 μ をもつ母集団分布からの無作為標本を $X_1, \cdots, X_n$ とする．このとき μ を推定量として，標本平均 $\bar{X}$ と中央値 $X_{\mathrm{med}}(n)$ の中間のものを考える．まず，$0 \leq \alpha < 1/2$ に対して，$\bar{X}_\alpha = \left\{X_{([n\alpha]+1)} + \cdots + X_{(n-[n\alpha])}\right\} / \{n - 2[n\alpha]\}$ によって **α-刈り込み平均** (α-trimmed mean) を定義する．ただし，$[n\alpha]$ は $n\alpha$ 以下の最大の整数とし，$X_{(1)} \leq \cdots \leq X_{(n)}$ は順序統計量とする．ここで，$\bar{X}_\alpha$ は $X_{(1)}, \cdots, X_{([n\alpha])}; X_{(n-[n\alpha]+1)}, \cdots, X_{(n)}$ を除いた (刈った) ものの算術平均であることに注意．また，$\alpha = 0$ ならば $\bar{X}_\alpha = \bar{X}$ であることは明らか．

(1) $\alpha \uparrow 1/2$ のとき，$\bar{X}_\alpha \longrightarrow X_{\mathrm{med}}$ であることを示せ．

(2) あるスポーツの競技で，8 人の審判員が 10 点満点で採点したとき，9.8，9.5，9.7，9.5，9.4，9.2，9.4，9.9 であった．これらの点数から (1/8)-刈り込み平均の値を求めよ．

(注：μ を位置母数とし，母集団分布が p.d.f. $p(x - \mu)$ をもち，$p(x)$ は $x = 0$ に関して対称とすると，$\mathcal{L}(\sqrt{n}(\bar{X}_\alpha - \mu)) \to N(0, \sigma_\alpha^2)$ $(n \to \infty)$ になる．ただし，$\sigma_\alpha^2 = \{2/(1 - 2\alpha)^2\}\{\int_0^{a_\alpha} t^2 p(t)dt + \alpha a_\alpha^2\}$，$a_\alpha$ を p.d.f. $p(x)$ をもつ分布の上側 100α %点とする．このとき，$I_{X_1}(\mu)$ を F 情報量とし，$\bar{X}_\alpha$ の漸近効率を $e_\mu(\bar{X}_\alpha) = (\sigma_\alpha^2 I_{X_1}(\mu))^{-1}$ で定義すれば，$\bar{X}_\alpha$ は正規分布からずれた分布の下で高い効率をもつという意味で**ロバスト** (robust，頑健) になる．)

6. $X_1, \cdots, X_n$ を次のそれぞれの分布からの無作為標本とするとき，$\boldsymbol{X} = (X_1, \cdots, X_n)$ がもつ母数に関する F 情報量を求めよ．

(1) 指数分布 $\mathrm{Exp}(\theta^{-1})$，　(2) 両側指数分布 $\text{T-Exp}(\mu, 1)$．

7. $N(\mu, \sigma^2)$ からの無作為標本 $X_1, \cdots, X_n$ に基づいて σ^2 の推定を考える．ただし，次の (1)，(2) において μ は未知とする．

(1) σ^2 の不偏推定量の分散に対する C–R の下界を求めよ．

(2) 不偏分散 S_0^2 の分散が C–R の下界に一致するかどうか調べよ．

(3) μ が既知ならば，$S^2(\mu) = \sum_{i=1}^n (X_i - \mu)^2/n$ は σ^2 の UMVU 推定量であることを示せ．

(注：(2) において，$(\bar{X}, S_0^2)$ は (μ, σ^2) に対する完備十分統計量であるから S_0^2 は σ^2 の UMVU 推定量である (補遺の定理 A.7.4.2，系 A.7.4.1 参照)．)

8. $X_1, \cdots, X_n$ をガンマ分布 $G(\alpha, \beta)$ $(\alpha > 0, \beta > 0)$ からの無作為標本とする．ただし，α は既知とし，β は未知とする．

(1) β の不偏推定量の分散に対する C–R の下界を求めよ．

(2) $\hat{\beta} = \sum_{i=1}^n X_i/(n\alpha)$ は β の UMVU 推定量であることを示せ．

9. 確率ベクトル $\boldsymbol{X} = (X_1, \cdots, X_n)$ の j.p.d.f. または j.p.m.f. を $f_{\boldsymbol{X}}(\boldsymbol{x}, \theta)$ $(\theta \in \Theta)$ とし，$\hat{\theta} = \hat{\theta}(\boldsymbol{X})$ を θ の UMVU 推定量とする．ただし，$\boldsymbol{x} = (x_1, \cdots, x_n)$ とする．

(1) $\hat{\theta}_1 = \hat{\theta}_1(\boldsymbol{X})$ を $\hat{\theta}$ とは別の UMVU 推定量とし，$\hat{\theta}_0 = (\hat{\theta} + \hat{\theta}_1)/2$ とすれば，$\hat{\theta}_0$ は θ の不偏推定量になり，任意の $\theta \in \Theta$ について $V_\theta(\hat{\theta}_0) \leq V_\theta(\hat{\theta})$ になることを示せ．

(2) (1) の不等式で等号が成り立つことから，$\hat{\theta}_0(\boldsymbol{x}) \equiv \hat{\theta}(\boldsymbol{x})$ であることを示せ．

10. 確率ベクトル $\boldsymbol{X}_1, \cdots, \boldsymbol{X}_n$ の j.p.d.f. または j.p.m.f. を $f_{\boldsymbol{X}_1, \cdots, \boldsymbol{X}_n}(\boldsymbol{x}_1, \cdots, \boldsymbol{x}_n; \theta)$ とし，各 $\boldsymbol{X}_i$ の m.p.d.f. または m.p.m.f. を $f_{\boldsymbol{X}_i}(\boldsymbol{x}_i; \theta)$ とする．ただし，$\theta \in \Theta$ で Θ は $\boldsymbol{R}^1$ の開区間とする．いま，$\boldsymbol{X}_1, \cdots, \boldsymbol{X}_n$ がたがいに独立である，すなわち $f_{\boldsymbol{X}_1, \cdots, \boldsymbol{X}_n}(\boldsymbol{x}_1, \cdots, \boldsymbol{x}_n; \theta) = \prod_{i=1}^n f_{\boldsymbol{X}_i}(\boldsymbol{x}_i; \theta)$ とする．また，θ の尤度関数を $L(\theta) = \prod_{i=1}^n f_{\boldsymbol{X}_i}(\boldsymbol{x}_i, \theta)$ とする．このとき，$I_n(\theta) = E_\theta\left[\{(\partial/\partial\theta)\log L(\theta)\}^2\right] = -E_\theta\left[(\partial^2/\partial\theta^2)\log L(\theta)\right]$ とし，$\hat{\theta}_0 = \hat{\theta}_0(\boldsymbol{X}_1, \cdots, \boldsymbol{X}_n)$ を θ の不偏推定量でかつ

$$\hat{\theta}_0 - \theta_0 = \frac{1}{I_n(\theta_0)}\left[\frac{\partial}{\partial\theta}\log L(\theta)\right]_{\theta=\theta_0}, \quad \theta_0 \in \Theta$$

とすれば，$\hat{\theta}_0$ は θ の LMVU 推定量であることを示せ．

11. 確率ベクトル $(X_1, Y_1), \cdots, (X_n, Y_n)$ がたがいに独立に，いずれも 2 変量正規分布 $N_2(0, 0, 1, 1, \theta)$ $(|\theta| < 1)$ に従うとする．このとき

$$\hat{\theta}_0 = \frac{1}{n}\sum_{i=1}^n X_i Y_i - \frac{\theta_0}{n(1+\theta_0^2)}\sum_{i=1}^n \left(X_i^2 + Y_i^2 - 2\right)$$

は θ の LMVU 推定量であることを示せ．ただし $|\theta_0| < 1$ とする．

12. 確率ベクトル (X_1, X_2, X_3) が 3 項分布 $M_3(n; p_1, p_2, p_3)$ に従うとする．ただし $p_i = a_i + b_i\theta$ $(i = 1, 2, 3)$ とし，$\sum_{i=1}^3 a_i = 1$，$\sum_{i=1}^3 b_i = 0$ とする．このとき，$p_{i0} = a_i + b_i\theta_0$ $(i = 1, 2, 3)$ とすれば

$$\hat{\theta}_0 = \frac{\sum_{i=1}^3 (b_i/p_{i0})X_i}{n\sum_{i=1}^3 (b_i^2/p_{i0})} + \theta_0$$

は θ の LMVU 推定量になることを示せ．

13. $X_1, \cdots, X_n$ を位置母数 θ をもつ分布からの無作為標本とするとき，θ のピットマン推定量を $\hat{\theta}_{\mathrm{PT}} = \hat{\theta}_{\mathrm{PT}}(\boldsymbol{X})$ とする．

(1) 正規分布 $N(\theta, 1)$ について，$\hat{\theta}_{\mathrm{PT}} = \bar{X}$ になることを示せ．

(2) $U(\theta - (1/2), \theta + (1/2))$ について，$\hat{\theta}_{\mathrm{PT}} = \left(X_{(1)} + X_{(n)}\right)/2$ になることを示せ．ただし，$X_{(1)} = \min_{1 \leq i \leq n} X_i$，$X_{(n)} = \max_{1 \leq i \leq n} X_i$ とする．

(3) (2) において，$\hat{\theta}_0 = [X_1 - \theta_0 + (1/2)] + \theta_0$ は θ の LMVU 推定量であることを示せ．ただし，$[a]$ は a 以下の最大の整数とする．

14. $X_1, \cdots, X_n$ を尺度母数 θ をもつ分布からの無作為標本とするとき，次のことを示せ．

(1) 正規分布 $N(0, \theta^2)$ について，θ^2 のピットマン推定量を求めよ．

(2) 指数分布 $\mathrm{Exp}(\theta)$ について，θ のピットマン推定量を求めよ．

(3) 一様分布 $U(0, \theta)$ について，θ のピットマン推定量を求めよ．

15. $X_1, \cdots, X_n$ を p.d.f. $p(x, \theta)$ をもつ分布からの無作為標本とする．ただし，$\theta \in \Theta \subset \boldsymbol{R}^1$ とする．また，$\boldsymbol{X} = (X_1, \cdots, X_n)$ に基づく θ の推定量 $\hat{\theta}_n = \hat{\theta}_n(\boldsymbol{X})$ について，$n \to \infty$ のとき $\mathcal{L}(\sqrt{n}(\hat{\theta}_n - \theta)) \longrightarrow N(0, v(\theta))$ とする．このとき，$\hat{\theta}_n$ は θ の一致推定量となることを示せ．

16. r.v. X が p.d.f. $p_X(\cdot, \boldsymbol{\theta})$ をもつとする．ただし，$\boldsymbol{\theta} = (\theta_1, \cdots, \theta_k) \in \Theta \subset \boldsymbol{R}^k$ とする．また，各 x について $p_X(x, \boldsymbol{\theta})$ が θ_i に関して偏微分可能であるとする $(i = 1, \cdots, k)$．このとき，$I_{ij}(\boldsymbol{\theta}) = E_\theta [\{(\partial/\partial\theta_i) \log p_X(X, \boldsymbol{\theta})\} \ \{(\partial/\partial\theta_j) \log p_X(X, \boldsymbol{\theta})\}]$ $(i, j = 1, \cdots, k)$ とおいて，k 次正方行列 $\boldsymbol{I}(\boldsymbol{\theta}) = (I_{ij}(\boldsymbol{\theta}))$ を X のもつ $\boldsymbol{\theta}$ の**フィッシャー情報行列** (Fisher's information matrix) という．特に，r.v. X が正規分布 $N(\mu, \sigma^2)$ に従い，$\theta = (\mu, \sigma^2)$ とするとき，θ のフィッシャー情報行列 $\boldsymbol{I}(\theta)$ を求めよ．

17. 正規母集団分布 $N(\mu, \sigma^2)$ から無作為標本を $X_1, \cdots, X_n$ とするとき，$\boldsymbol{\theta}_0 = (\mu, \sigma^2)$ の下で $\mathrm{AIC}_{\boldsymbol{\theta}_0}(2)$ を求めよ．また，$\boldsymbol{\theta}_1 = (\mu, 1)$ の下での $\mathrm{AIC}_{\boldsymbol{\theta}_1}(1)$ を求めよ．さらに，データ -1.3，-1.1，0.2，0.5，-0.6，-0.3，-0.4，-0.5，0.6，-0.4 はモデル $\boldsymbol{\theta}_0$ とモデル $\boldsymbol{\theta}_1$ のどちらにより良く当てはまるか調べよ．

18. 有限母集団 $\pi_N = \{a_1, \cdots, a_N\}$ から大きさ n の標本を無作為に非復元抽出して，それを $X_1, \cdots, X_n$ とし，$\bar{X} = \sum_{i=1}^n X_i/n$ とおく．また，$\mu'_r = (1/N) \sum_{\alpha=1}^N a_\alpha^r$ $(r = 1, 2, 3)$ とする．このとき，次のことを示せ．

(1) $\displaystyle \bar{X}^3 = \frac{1}{n^2} Q_1 + \frac{3(n-1)}{n^2} Q_2 + \frac{(n-1)(n-2)}{n^2} Q_3$

ただし，$Q_1 = \sum_{i=1}^n X_i^3/n$，$Q_2 = \sum\sum_{i \neq j} X_i^2 X_j / \{n(n-1)\}$，$Q_3 = \sum\sum\sum_{i \neq j \neq k \neq i} X_i X_j X_k / \{n(n-1)(n-2)\}$

(2) $\displaystyle E(\bar{X}^3) = \frac{1}{n^2} Q_1^0 + \frac{3(n-1)}{n^2} Q_2^0 + \frac{(n-1)(n-2)}{n^2} Q_3^0$

ただし，$Q_1^0 = \mu'_3$，$Q_2^0 = (N\mu'_2\mu'_1 - \mu'_3)/(N-1)$，$Q_3^0 = (N^2 {\mu'_1}^3 + 2\mu'_3 - 3N\mu'_2\mu'_1)/\{(N-1)(N-2)\}$．

第 8 章
区間推定

未知の実母数[1] θ をもつ母集団分布からの無作為標本を $\boldsymbol{X} = (X_1, \cdots, X_n)$ とする．このとき，ある精度で θ が $\boldsymbol{X}$ に基づく区間 $[a(\boldsymbol{X}), b(\boldsymbol{X})]$ 内に入るように，その区間を定めることを区間推定という．たとえば，θ の適当な推定量 $\hat{\theta} = \hat{\theta}(\boldsymbol{X})$ について，$\hat{\theta}$ と θ の絶対誤差が ε 以下になる確率が 95 %である，すなわち $P^{\theta}_{\boldsymbol{X}}\{|\hat{\theta} - \theta| \leq \varepsilon\} = 0.95$ であるとすれば，これは

$$P^{\theta}_{\boldsymbol{X}}\{\theta - \varepsilon \leq \hat{\theta} \leq \theta + \varepsilon\} = 0.95 \tag{8.0.1}$$

になる．仮に，θ が既知で $\theta = \theta_0$ であれば，(8.0.1) より推定量 $\hat{\theta}$ は確率 95 %で区間 $[\theta_0 - \varepsilon, \theta_0 + \varepsilon]$ に入ることが分かる．しかし，一般に θ は未知であるから，(8.0.1) を

$$P^{\theta}_{\boldsymbol{X}}\{\hat{\theta} - \varepsilon \leq \theta \leq \hat{\theta} + \varepsilon\} = 0.95 \tag{8.0.2}$$

と変形することにより，母数 θ は確率 95 %で区間 $[\hat{\theta} - \varepsilon,\ \hat{\theta} + \varepsilon]$ に入ることが分かり，これが推定量 $\hat{\theta}$ による θ の区間推定になる．

8.1 信頼区間

母数 θ をもつ母集団分布からの無作為標本を $X_1, \cdots, X_n$ とする．ただし $\theta \in \Theta$ とし，Θ を $\boldsymbol{R}^1$ の開区間とする．いま，$0 < \alpha < 1$ とするとき，$\boldsymbol{X} = (X_1, \cdots, X_n)$ に対して Θ の閉区間 $[a(\boldsymbol{X}), b(\boldsymbol{X})]$ を定めて，任意の $\theta \in \Theta$ について

$$P^{\theta}_{\boldsymbol{X}}\{a(\boldsymbol{X}) \leq \theta \leq b(\boldsymbol{X})\} \geq 1 - \alpha \tag{8.1.1}$$

とする．このとき，$[a(\boldsymbol{X}), b(\boldsymbol{X})]$ を**信頼係数** (confidence coefficient) (または**信頼度** (confidence level)) $1 - \alpha$ の θ の**信頼区間** (confidence interval) といい，$a(\boldsymbol{X})$, $b(\boldsymbol{X})$ を**信頼限界** (confidence limits) という．特に、(8.1.1) において等号が成り立つとき，信頼区間は**相似** (similar) であるという．また，$\boldsymbol{X}$ の関数

[1] 実数値をとる母数を実母数という．

$\underline{\theta}(\boldsymbol{X})$, $\overline{\theta}(\boldsymbol{X})$ を定めて，任意の $\theta \in \Theta$ について

$$P_{\boldsymbol{X}}^{\theta}\{\underline{\theta}(\boldsymbol{X}) \leq \theta\} = 1 - \alpha, \quad P_{\boldsymbol{X}}^{\theta}\{\overline{\theta}(\boldsymbol{X}) \geq \theta\} = 1 - \alpha$$

とするとき，$\underline{\theta}(\boldsymbol{X})$, $\overline{\theta}(\boldsymbol{X})$ をそれぞれ信頼係数 $1-\alpha$ の θ の**下側信頼限界** (lower confidence limit)，**上側信頼限界** (upper confidence limit) という．さらに，$\boldsymbol{X}$ の実現値 $\boldsymbol{x} = (x_1, \cdots, x_n)$ について，区間 $[a(\boldsymbol{x}), b(\boldsymbol{x})]$ を θ の $100(1-\alpha)$ %信頼区間という．通常，α としては，0.05 をとるが，0.10，0.01 等をとることもある．上のような信頼区間で，母数 θ を推定することを**区間推定** (interval estimation) という．実は，区間推定は第 9 章の仮説検定と密接な関係をもち，信頼区間は両側検定の受容域に対応している (注意 9.1.2 参照)．実際に，信頼区間をつくる核として，次の量を考える．θ に依存する $\boldsymbol{X}$ の実数値 (可測) 関数 $T(\boldsymbol{X}, \theta)$ の分布が θ に無関係になるとき，$T(\boldsymbol{X}, \theta)$ を**枢軸量** (pivotal quantity) という．そこで，適当な枢軸量 $T(\boldsymbol{X}, \theta)$ を見つけて，任意の α $(0 < \alpha < 1)$ について，ある閉区間 $[t_1, t_2]$ をとって

$$P_{\boldsymbol{X}}^{\theta}\{t_1 \leq T(\boldsymbol{X}, \theta) \leq t_2\} = 1 - \alpha$$

とできて，さらに $\{\theta | t_1 \leq T(\boldsymbol{X}, \theta) \leq t_2\}$ が閉区間 $[\underline{\theta}, \overline{\theta}]$ になれば，これが信頼係数 $1-\alpha$ の θ の信頼区間になる．ここで，$T(\boldsymbol{X}, \theta)$ の分布が θ に無関係であるから t_1, t_2 は θ に無関係になることに注意.

なお，以後では分布 $P_{\boldsymbol{X}}^{\theta}$ の添字 $\boldsymbol{X}$，θ を省略することがある.

8.2 母平均の区間推定

正規 (母集団) 分布 $N(\mu, \sigma^2)$ からの無作為標本を $X_1, \cdots, X_n$ とする．このとき，母平均 μ の区間推定について考える.

(i) $\boldsymbol{\sigma^2 = \sigma_0^2}$ が既知の場合　標本平均 $\bar{X} = \sum_{i=1}^{n} X_i/n$ は $N(\mu, \sigma_0^2/n)$ に従うから，これを規準化して，

$$T(\bar{X}, \mu) = \sqrt{n}(\bar{X} - \mu)/\sigma_0$$

とおくと，この分布は $N(0, 1)$ になり μ に無関係であるから，$T(\bar{X}, \mu)$ は枢軸量になる．そこで，任意の α $(0 < \alpha < 1)$ について

$$1 - \alpha = P_T^{\mu}\{-u_{\alpha/2} \leq T(\bar{X}, \mu) \leq u_{\alpha/2}\}$$

$$= P_{\boldsymbol{X}}^{\mu}\left\{\mu - u_{\alpha/2}\cdot\frac{\sigma_0}{\sqrt{n}} \le \bar{X} \le \mu + u_{\alpha/2}\cdot\frac{\sigma_0}{\sqrt{n}}\right\} \tag{8.2.1}$$

になる．ただし，$u_{\alpha/2}$ を $N(0,1)$ の上側 $100(\alpha/2)$ %点とする[2] (図 8.2.1 参照)．ここでは，$T(\bar{X},\mu)$ を含む区間として，対称区間 $[-u_{\alpha/2},\ u_{\alpha/2}]$ をとったが，$1-\alpha = P_{\boldsymbol{X}}^{\mu}\{a \le T(\bar{X},\mu) \le b\}$ となる区間 $[a,\ b]$ でその幅 $b-a$ を最小にするためには，上記のような対称区間をとればよい (図 8.2.1，演習問題 8-1，8-2 参照)．これは，分布の対称性，すなわちその p.d.f. p が対称関数であること，および**単峰性**をもつこと，すなわちある点 x^* が存在して $p(x)$ は，$x \le x^*$ において非減少であり $x \ge x^*$ において非増加であることに依ることに注意．

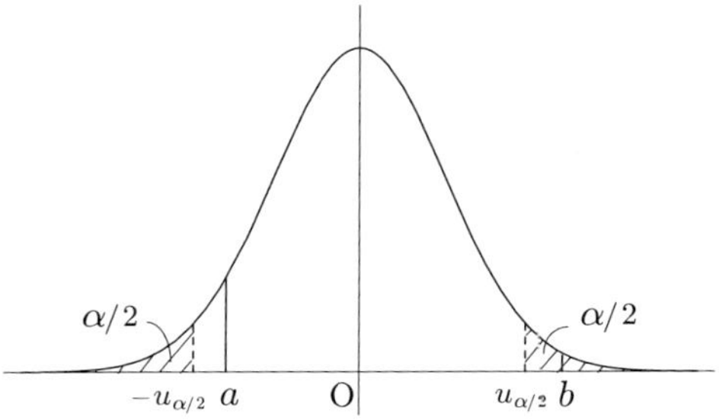

図 8.2.1　$T(\bar{X},\mu) = \sqrt{n}(\bar{X}-\mu)/\sigma_0$ の分布 $N(0,1)$ の p.d.f.

よって，(8.2.1) から $P_{\boldsymbol{X}}^{\mu}\{\bar{X}-u_{\alpha/2}\cdot(\sigma_0/\sqrt{n}) \le \mu \le \bar{X}+u_{\alpha/2}\cdot(\sigma_0/\sqrt{n})\} = 1-\alpha$ となり，次のことが成り立つ．

> 区間
>
> $$\left[\bar{X} - u_{\alpha/2}\left(\sigma_0/\sqrt{n}\right), \bar{X} + u_{\alpha/2}\left(\sigma_0/\sqrt{n}\right)\right] \tag{8.2.2}$$
>
> は信頼係数 $1-\alpha$ の μ の信頼区間である．

(ii) $\boldsymbol{\sigma^2}$ が未知の場合　σ^2 の推定量として，不偏分散 $S_0^2 = \sum_{i=1}^{n}(X_i - \bar{X})^2/(n-1)$ をとり，$S_0 = \sqrt{S_0^2}$ として[3]，(i) の T において σ_0 の代わりに S_0 を用いて

---

[2] 一般に，r.v. X の p.d.f. p_X をもつ分布について，$0 < \alpha < 1$ に対して $\int_u^\infty p_X(x)dx = \alpha$ となる u を**上側 100$\boldsymbol{\alpha}$ %点**という．

[3] S_0 を標本標準偏差ともいう．

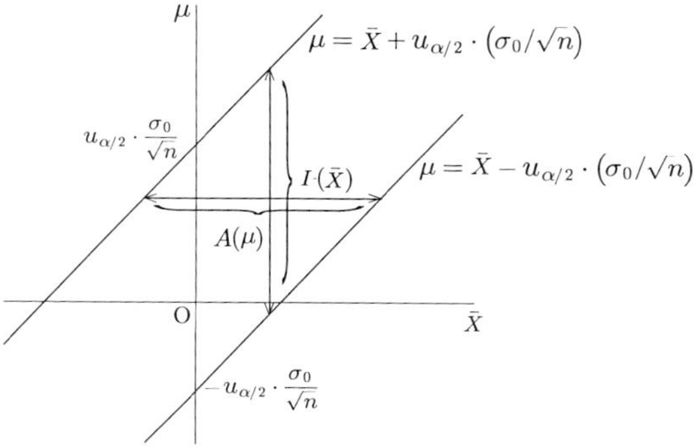

図 8.2.2 信頼係数 $1-\alpha$ の μ の信頼区間
$I(\bar{X}) = \left[\bar{X} - u_{\alpha/2} \cdot (\sigma_0/\sqrt{n}), \bar{X} + u_{\alpha/2} \cdot (\sigma_0/\sqrt{n})\right]$ と
$A(\mu) = \left[\mu - u_{\alpha/2} \cdot (\sigma_0/\sqrt{n}), \mu + u_{\alpha/2} \cdot (\sigma_0/\sqrt{n})\right]$ の関係

$$T_0(\bar{X}, S_0, \mu) = \sqrt{n}(\bar{X} - \mu)/S_0$$

とおけば，T_0 は t_{n-1} 分布 (自由度 $n-1$ の t 分布) に従う (補遺の例 A.5.5.2 参照). この分布は μ に無関係であるから，T_0 は枢軸量になる. そこで，$0 < \alpha < 1$ となる α について

$$P^{\mu}_{T_0}\left\{-t_{\alpha/2}(n-1) \leq T_0(\bar{X}, S_0^2, \mu) \leq t_{\alpha/2}(n-1)\right\} = 1 - \alpha \qquad (8.2.3)$$

となる. ただし，$t_{\alpha/2}(n-1)$ を t_{n-1} 分布の上側 $100(\alpha/2)$ %点とする. ここで，t_{n-1} 分布の p.d.f. $f_{T_0}(t)$ は $t=0$ に関して対称であるから，(i) と同様に

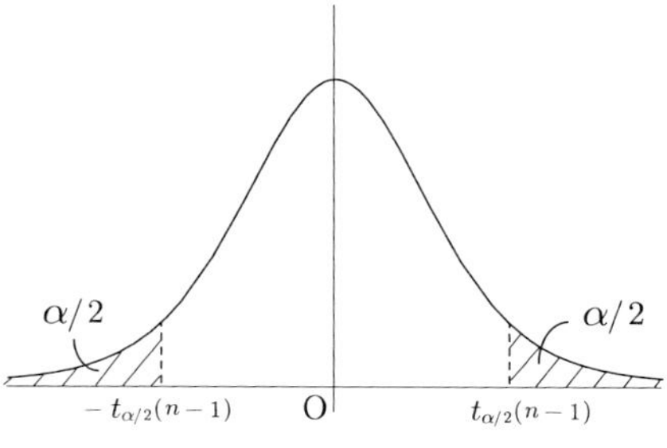

図 8.2.3 $T_0(\bar{X}, S_0^2, \mu) = \sqrt{n}(\bar{X} - \mu)/S_0$ の分布 (t_{n-1} 分布) の p.d.f.

区間の幅を最小にするために，T_0 の区間として対称な区間をとった. よって，(8.2.3) より

$$P_{\boldsymbol{X}}^{\mu}\left\{\bar{X}-t_{\alpha/2}(n-1)\cdot\frac{S_0}{\sqrt{n}}\leq\mu<\bar{X}+t_{\alpha/2}(n-1)\cdot\frac{S_0}{\sqrt{n}}\right\}=1-\alpha$$

となり，次のことが成り立つ．

区間

$$\left[\bar{X}-\frac{t_{\alpha/2}(n-1)S_0}{\sqrt{n}},\ \bar{X}+\frac{t_{\alpha/2}(n-1)S_0}{\sqrt{n}}\right] \tag{8.2.4}$$

は信頼係数 $1-\alpha$ の μ の信頼区間である．

次に，正規 (母集団) 分布 $N(\mu,\sigma_0^2)$ からの無作為標本を $X_1,\cdots,X_n$ とする．ただし，μ は未知とし，σ_0^2 は既知とする．このとき，標本平均 $\bar{X}$ と平均 μ との絶対誤差が ε 以下になるような信頼係数 $1-\alpha$ の μ の信頼限界を得るための標本の大きさ n を求めてみよう．まず，(8.2.1) より

$$P_{\boldsymbol{X}}^{\mu}\left\{\left|\bar{X}-\mu\right|\leq\frac{u_{\alpha/2}\sigma_0}{\sqrt{n}}\right\}=1-\alpha$$

となるから，$\varepsilon=u_{\alpha/2}\sigma_0/\sqrt{n}$ になる．そこで，n として $n=(u_{\alpha/2}\sigma_0/\varepsilon)^2$ をとればよいが，n が整数でないときには

$$\left[\left(\frac{u_{\alpha/2}\sigma_0}{\varepsilon}\right)^2\right]+1 \tag{8.2.5}$$

をとればよい．ただし，$[\cdot]$ はガウス記号で $[x]$ は x 以下の最大の整数とする．

例 8.2.1　ある大学の入学試験の得点が，標準偏差 σ が 45 である正規分布で近似でき，平均 μ は未知とする．いま，受験生 49 名を無作為に抽出して調べたところそれらの受験生の平均得点は 143 点であった．このとき，μ の信頼区間を求めよう．まず，正規分布表より $N(0,1)$ の上側 2.5 %点は $u_{0.025}=1.96$ であるから，(8.2.2) より信頼限界は $143\pm(1.96\times45/7)$ になり，区間 [130.40, 155.60] が μ の 95 %信頼区間になる．また，$N(0,1)$ の上側 5 %点は $u_{0.05}=1.645$ であるから，区間 [132.43, 153.58] が μ の 90 %信頼区間になる．ここで，95 %信頼区間は 90 %信頼区間を含むことに注意．

例 8.2.2　ある菓子メーカーが袋詰めのポテトチップスの重量を検査するために，工場で製造した製品の中から 13 個無作為に抽出したところ，それらの標本平均 $\bar{X}$ の値は 96.3(g)，不偏分散 S_0^2 の値は $(1.8)^2(\mathrm{g}^2)$ であった．いま，この

工場で製造されている製品の重量が正規分布 $N(\mu,\sigma^2)$ に従っているとし，μ,σ^2 は未知とするとき，平均重量 μ の信頼区間を求めよう．いま，$n=13$ であるから，t 分布表より t_{12} 分布の上側 2.5 %点は $t_{0.025}(12)=2.179$ であるから，(8.2.4) より信頼限界は $96.3\pm(2.179\times1.8/\sqrt{13})$ になり，区間 [95.2, 97.4] が μ の 95 %信頼区間になる．また，t_{12} 分布の上側 5 %点は $t_{0.05}(12)=1.782$ であるから，区間 [95.4, 97.2] が μ の 90 %信頼区間になり，95 %の場合と大差はない．

例 8.2.3 ある運動の俊敏性を測るテストにおける反応時間 (秒) は，正規分布 $N(\mu,\sigma^2)$ に従うとする．ただし，μ は未知とし，$\sigma=0.5$ (秒) とする．このとき，無作為に選んだ n 人の測定値の算術平均と μ との絶対誤差が 0.1 秒以下になるような μ の 95 %信頼限界を得るための人数 n を定めよう．そこで，(8.2.5) において $u_{0.025}=1.96$，$\sigma_0=0.5$，$\varepsilon=0.1$ とすれば，$n=97$ になる．

次に，**平均 μ，分散 σ^2 をもつ (母集団) 分布**を $P(\mu,\sigma^2)$ で表し，この分布からの無作為標本を $X_1,\cdots,X_n$ とする．このとき，**大標本の場合**，すなわち n が大きい場合に μ の区間推定について考える．

(i′) $\sigma^2=\sigma_0^2$ が既知の場合 中心極限定理によって $T=\sqrt{n}(\bar{X}-\mu)/\sigma_0$ は漸近的に $N(0,1)$ に従うから，(i) と同様にして，区間

$$\left[\bar{X}-u_{\alpha/2}\left(\sigma_0/\sqrt{n}\right),\ \bar{X}+u_{\alpha/2}\left(\sigma_0/\sqrt{n}\right)\right]$$

は漸近的に信頼係数 $1-\alpha$ の **μ の信頼区間**になる．

(ii′) σ^2 が未知の場合 中心極限定理によって，$T_0=\sqrt{n}(\bar{X}-\mu)/S_0$ は漸近的に $N(0,1)$ に従うから (演習問題 6-7 参照)，(ii) と同様にして，区間

$$\left[\bar{X}-u_{\alpha/2}(S_0/\sqrt{n}),\ \bar{X}+u_{\alpha/2}(S_0/\sqrt{n})\right]$$

は漸近的に信頼係数 $1-\alpha$ の μ **の信頼区間**になる．

例 8.2.4 ある大学の新入生の男子学生から無作為に選んだ 100 名の身長の標本平均 $\bar{X}$ の値は 169.5 cm で不偏分散 S_0^2 の値は $(5.2)^2(\mathrm{cm}^2)$ であった．このとき，標本数は大きいと見なして，この大学の新入生の男子学生の平均身長 μ の信頼区間を求めよう．(ii′) において，$u_{0.025}=1.96$ より信頼限界は $169.5\pm(1.96\times5.2/10)$ になり，区間 [168.5, 170.5] が (漸近的に) 信頼係

数 95 %の μ の信頼区間になる．また，同様にして，$u_{0.05} = 1.645$ より区間 $[168.7,\ 170.4]$ が (漸近的に) 信頼係数 90 %の μ の信頼区間になる．

8.3　平均の差の区間推定

2 つの**正規母集団分布** $N(\mu_1, \sigma_1^2)$，$N(\mu_2, \sigma_2^2)$ から得られたそれぞれ大きさ n_1, n_2 の無作為標本を $X_{11}, \cdots, X_{1n_1}; X_{21}, \cdots, X_{2n_2}$ とし，それらはすべてたがいに独立とする．このとき，$\delta = \mu_1 - \mu_2$ とおいて δ の信頼区間を求める．

(i) $\boldsymbol{\sigma_1^2}$，$\boldsymbol{\sigma_2^2}$ が既知の場合　　各 $i = 1, 2$ について，$\bar{X}_i = (1/n_i)\sum_{j=1}^{n_i} X_{ij}$ とすると，$\bar{X}_i$ は $N(\mu_i, \sigma_i^2/n_i)$ に従うから，

$$T_1(\bar{X}_1, \bar{X}_2, \delta) = (\bar{X}_1 - \bar{X}_2 - \delta)\Big/\sqrt{(\sigma_1^2/n_1) + (\sigma_2^2/n_2)}$$

とすると，例 5.4.3 より，T_1 は $N(0,1)$ に従い，この分布は δ に無関係であるから T_1 は枢軸量である．そこで，任意の α $(0 < \alpha < 1)$ について

$$\begin{aligned} 1 - \alpha &= P_{T_1}^{\delta}\{-u_{\alpha/2} \le T_1(\bar{X}_1, \bar{X}_2, \delta) \le u_{\alpha/2}\} \\ &= P_{\boldsymbol{X}}^{\delta}\left\{\bar{X}_1 - \bar{X}_2 - u_{\alpha/2}\sqrt{\frac{\sigma_1^2}{n_1} + \frac{\sigma_2^2}{n_2}} \le \delta \le \bar{X}_1 - \bar{X}_2 + u_{\alpha/2}\sqrt{\frac{\sigma_1^2}{n_1} + \frac{\sigma_2^2}{n_2}}\right\} \end{aligned}$$

となる．ただし，$\boldsymbol{X} = (X_{11}, \cdots, X_{1n_1}, X_{21}, \cdots, X_{2n_2})$ とし，$u_{\alpha/2}$ は $N(0,1)$ の上側 $100(\alpha/2)$ %点とする．このとき，次のことが成り立つ．

区間

$$\left[\bar{X}_1 - \bar{X}_2 - u_{\alpha/2}\sqrt{\frac{\sigma_1^2}{n_1} + \frac{\sigma_2^2}{n_2}},\ \bar{X}_1 - \bar{X}_2 + u_{\alpha/2}\sqrt{\frac{\sigma_1^2}{n_1} + \frac{\sigma_2^2}{n_2}}\right] \tag{8.3.1}$$

は，信頼係数 $1 - \alpha$ の $\delta = \mu_1 - \mu_2$ の信頼区間である．

(ii) $\boldsymbol{\sigma_1^2 = \sigma_2^2 = \sigma^2}$ で未知の場合　　σ_1^2, σ_2^2 は未知であるから，それらの代わりにそれぞれの不偏分散

$$S_{01}^2 = \frac{1}{n_1 - 1}\sum_{i=1}^{n_1}\left(X_{1i} - \bar{X}_1\right)^2, \quad S_{02}^2 = \frac{1}{n_2 - 1}\sum_{i=1}^{n_2}\left(X_{2i} - \bar{X}_2\right)^2$$

を用いる．このとき $(n_1 - 1)S_{01}^2/\sigma^2$，$(n_2 - 1)S_{02}^2/\sigma^2$ はたがいに独立に，それぞれ $\chi_{n_1-1}^2$ 分布, $\chi_{n_2-1}^2$ 分布に従うから，カイ 2 乗分布の再生性より，$\{(n_1 -$

$1)S_{01}^2+(n_2-1)S_{02}^2\}/\sigma^2$ は $\chi^2_{n_1+n_2-2}$ 分布に従う．よって，

$$T_2(\bar{X}_1,\bar{X}_2,S_{01}^2,S_{02}^2,\delta)=\frac{\bar{X}_1-\bar{X}_2-\delta}{\sqrt{\frac{1}{n_1}+\frac{1}{n_2}}}\Bigg/\sqrt{\frac{(n_1-1)S_{01}^2+(n_2-1)S_{02}^2}{n_1+n_2-2}}$$

$$=\frac{\bar{X}_1-\bar{X}_2-\delta}{\sqrt{\left(\dfrac{1}{n_1}+\dfrac{1}{n_2}\right)\dfrac{(n_1-1)S_{01}^2+(n_2-1)S_{02}^2}{n_1+n_2-2}}}$$

は $t_{n_1+n_2-2}$ 分布に従い (補遺の例 A.5.5.2 参照)，この分布は δ に無関係になるから T_2 は枢軸量である．よって，任意の α $(0<\alpha<1)$ について

$$1-\alpha=P_{T_2}^{\delta}\{-t_{\alpha/2}\le T_2(\bar{X}_1,\bar{X}_2,S_{01}^2,S_{02}^2,\delta)\le t_{\alpha/2}\}$$

$$=P_{\boldsymbol{X}}^{\delta}\left\{\bar{X}_1-\bar{X}_2-t_{\alpha/2}\sqrt{\left(\frac{1}{n_1}+\frac{1}{n_2}\right)\frac{(n_1-1)S_{01}^2+(n_2-1)S_{02}^2}{n_1+n_2-2}}\le\delta\right.$$

$$\left.\le\bar{X}_1-\bar{X}_2+t_{\alpha/2}\sqrt{\left(\frac{1}{n_1}+\frac{1}{n_2}\right)\frac{(n_1-1)S_{01}^2+(n_2-1)S_{02}^2}{n_1+n_2-2}}\right\}$$

となる．ただし，$t_{\alpha/2}=t_{\alpha/2}(n_1+n_2-2)$ は $t_{n_1+n_2-2}$ 分布の上側 $100(\alpha/2)$ %点とする．このとき，次のことが成り立つ．

> 限界
>
> $$\bar{X}_1-\bar{X}_2\pm t_{\alpha/2}\sqrt{\left(\frac{1}{n_1}+\frac{1}{n_2}\right)\frac{(n_1-1)S_{01}^2+(n_2-1)S_{02}^2}{n_1+n_2-2}}\qquad(8.3.2)$$
>
> は信頼係数 $1-\alpha$ の $\delta=\mu_1-\mu_2$ の信頼限界である．

なお，σ_1^2，σ_2^2 に条件を課さない場合に，δ の区間推定は仮説検定問題における**ベーレンス・フィッシャー** (Behrens–Fisher) **問題**に対応している (第 9.3 節参照)．

次に，正規性の仮定をはずして，各 $i=1,2$ について，**平均** $\boldsymbol{\mu_i}$，**分散** $\boldsymbol{\sigma_i^2}$ **をもつ (母集団) 分布** $P(\mu_i,\sigma_i^2)$ から得られた大きさ n_i の無作為標本を $X_{i1},\cdots,X_{in_i}$ とし，それらはすべてたがいに独立とする．いま，n_1 と n_2 がともに大きいとすれば，中心極限定理より

$$T_3(\bar{X}_1,\bar{X}_2,S_{01}^2,S_{02}^2,\delta)=\frac{\bar{X}_1-\bar{X}_2-\delta}{\sqrt{(S_{01}^2/n_1)+(S_{02}^2/n_2)}}$$

は漸近的に $N(0,1)$ に従う．よって，この分布は δ に無関係になるから，T_3 は漸近的に枢軸量になる．そこで，(i) と同様にして，次のことが成り立つ．

区間

$$\left[\bar{X}_1 - \bar{X}_2 - u_{\alpha/2}\sqrt{\frac{S_{01}^2}{n_1} + \frac{S_{02}^2}{n_2}},\ \bar{X}_1 - \bar{X}_2 + u_{\alpha/2}\sqrt{\frac{S_{01}^2}{n_1} + \frac{S_{02}^2}{n_2}}\right] \quad (8.3.3)$$

は，漸近的に信頼係数 $1-\alpha$ の $\delta = \mu_1 - \mu_2$ の信頼区間である．

例 8.3.1　2 つの大学 A，B の新入生の男子から，それぞれ 30 名，28 名を無作為に抽出して身長を測定したところ，(標本) 平均身長はそれぞれ 172.3 cm，170.5 cm であった．ここで，大学 A，B の新入生の男子の身長は，それぞれ $N(\mu_A, (5.5)^2)$，$N(\mu_B, (5.3)^2)$ に従うとし，μ_A，μ_B は未知とする．このとき，平均の差 $\delta = \mu_A - \mu_B$ の信頼区間を求めよう．いま，$u_{0.025} = 1.96$，$u_{0.05} = 1.645$ で，(8.3.1) において $n_1 = 30$，$n_2 = 28$，$\sigma_1^2 = (5.5)^2$，$\sigma_2^2 = (5.3)^2$ とし，$\bar{X}_1$，$\bar{X}_2$ の値をそれぞれ 172.3，170.5 とすれば，区間 $[-0.98,\ 4.58]$, $[-0.53,\ 4.13]$ がそれぞれ $\mu_A - \mu_B$ の 95 %，90 %信頼区間になる．

例 8.3.2　市販の 2 種類の鎮痛剤 A，B をそれぞれ 10 人，12 人が服用したところ，A の鎮痛時間の (標本) 平均 $\bar{X}_1$ の値は 6.85 時間 (h)，不偏分散 S_0^2 の値は $(0.25)^2$ (h^2) で，B のそれの $\bar{X}_2$ の値は 7.25 (h)，S_0^2 の値は $(0.30)^2$ (h^2) であった．ここで，A，B による鎮痛時間はそれぞれ $N(\mu_A, \sigma^2)$，$N(\mu_B, \sigma^2)$ に従うとし，μ_A，μ_B，σ^2 は未知とする．このとき，平均の差 $\delta = \mu_A - \mu_B$ の信頼区間を求めよう．いま，$t_{0.025}(20) = 2.086$ で，(8.3.2) において $n_1 = 10$，$n_2 = 12$ とし，$\bar{X}_1$，$\bar{X}_2$，S_{01}^2，S_{02}^2 の値をそれぞれ 6.85，7.25，$(0.25)^2$，$(0.30)^2$ とすれば，区間 $[-0.65,\ -0.15]$ が δ の 95 %信頼区間になる．よって，このデータからは鎮痛剤 A より B の方が平均鎮痛時間が長いといえる．

例 8.3.3　2 つの会社 A，B で製造されるある製品の重さは，それぞれ $N(\mu_A, \sigma_A^2)$，$N(\mu_B, \sigma_B^2)$ に従うとする．ただし，μ_A，μ_B，σ_A^2，σ_B^2 は未知とする．いま，A 社の製品 85 個，B 社の製品 92 個をそれぞれ無作為に抽出して，それらの重さを測定したところ，A，B の製品の重さの (標本) 平均値はそれぞれ 1100(g)，

1050(g) で，それらの不偏分散の値はそれぞれ $80^2(\mathrm{g}^2)$，$75^2(\mathrm{g}^2)$ であった．このとき，$u_{0.025} = 1.96$，$u_{0.05} = 1.645$ で，(8.3.3) において $n_1 = 85$, $n_2 = 92$ とし, $\bar{X}_1$，$\bar{X}_2$，S_{01}^2，S_{02}^2 の値をそれぞれ 1100，1050，80^2，75^2 とすれば，区間 [27.11, 72.89]，[30.79, 69.21] はそれぞれ (漸近的に) $\mu_A - \mu_B$ の 95 %，90 %信頼区間になる．

8.4 比率に関する区間推定

ベルヌーイ分布 Ber(p) からの無作為標本を $X_1, \cdots, X_n$ とする．このとき，未知の母数 p の区間推定を考える．まず，$\sum_{i=1}^n X_i$ は 2 項分布 $B(n,p)$ に従うから，n が大きいとき，中心極限定理より標本平均 $\bar{X}$ は漸近的に $N(p, p(1-p)/n)$ に従う．よって，$T(\bar{X}, p) = \sqrt{n}(\bar{X} - p)/\sqrt{p(1-p)}$ は漸近的に $N(0,1)$ に従い，これは p に無関係であるから，T は漸近的に枢軸量になる，そこで，n が大きいとき

$$\begin{aligned}1 - \alpha &\approx P_T^p\{-u_{\alpha/2} \leq T(\bar{X}, p) \leq u_{\alpha/2}\} \\ &= P_{\bar{X}}^p\left\{-u_{\alpha/2} \leq \frac{\sqrt{n}(\bar{X} - p)}{\sqrt{p(1-p)}} \leq u_{\alpha/2}\right\}\end{aligned}$$

になる．ここで，p の推定量として $\hat{p} = \bar{X}$ をとると，$\mathcal{L}(\sqrt{n}(\bar{X} - p)/\sqrt{\hat{p}(1-\hat{p})}) \to N(0,1)$ $(n \to \infty)$ になるから (定理 6.1.1，注意 6.1.6，演習問題 6-6 参照)，n が大きいとき

$$\begin{aligned}1 - \alpha &\approx P_{\bar{X}}^p\left\{-u_{\alpha/2} \leq \frac{\sqrt{n}(\bar{X} - p)}{\sqrt{\hat{p}(1-\hat{p})}} \leq u_{\alpha/2}\right\} \\ &= P_{\bar{X}}^p\left\{\hat{p} - u_{\alpha/2}\sqrt{\frac{\hat{p}(1-\hat{p})}{n}} \leq p \leq \hat{p} + u_{\alpha/2}\sqrt{\frac{\hat{p}(1-\hat{p})}{n}}\right\}\end{aligned}$$

になり，$\hat{q} = 1 - \hat{p}$ とおけば次のことが成り立つ．

区間

$$\left[\hat{p} - u_{\alpha/2}\sqrt{\hat{p}\hat{q}/n},\ \hat{p} + u_{\alpha/2}\sqrt{\hat{p}\hat{q}/n}\right] \tag{8.4.1}$$

は漸近的に信頼係数 $1 - \alpha$ の p の信頼区間である．

注意 8.4.1　p の信頼区間 (8.4.1) は，p が 0 や 1 に近いときにはあまり良い近似ではない．そこで，p の信頼区間のより良い近似としては，$Y_n = \sum_{i=1}^n X_i$ の分布を $B(n, p)$ とするとき，

$$\tilde{Y}_n = Y_n + u_{\alpha/2}^2/2,\ \tilde{n} = n + u_{\alpha/2}^2,\ \tilde{p} = \tilde{Y}_n/\tilde{n},\ \tilde{q} = 1 - \tilde{p}$$

とおいて，区間

$$\left[\tilde{p} - u_{\alpha/2}\sqrt{\tilde{p}\tilde{q}/\tilde{n}},\ \tilde{p} + u_{\alpha/2}\sqrt{\tilde{p}\tilde{q}/\tilde{n}}\right]$$

が，漸近的に信頼係数 $1-\alpha$ の p の信頼区間として知られている[4]．

例 8.4.1[5]　温水プール利用者は水虫を起こす白癬(せん)菌に感染し易いという．いま，スポーツをしていない学生 137 人のうち白癬菌の保菌者の割合は 23.4 %，運動部に所属する学生 282 人のうち白癬菌の保菌者の割合は 43.3 %であった．さて，スポーツをしていない学生の白癬菌の保菌者の真の比率を p_1，運動部に所属する学生の保菌者の真の比率を p_2 とするとき，p_1，p_2 のそれぞれの 95 %信頼区間を求めよう．そこで，スポーツをしていない学生 137 人の白癬菌の保菌者であるか否かを確率変数 $X_{1,1}, \cdots, X_{1,137}$ で表せば，これらはベルヌーイ分布 $\mathrm{Ber}(p_1)$ からの大きさ 137 の無作為標本と見なされる．いま，標本平均 $\bar{X}_1 = (1/137)\sum_{i=1}^{137} X_{1,i}$ の実現値が 0.234 で，$u_{0.025} = 1.96$ であるから (8.4.1) より，区間 [0.163, 0.305] は p_1 の 95 %信頼区間になる．また，同様にして運動部に所属する学生 282 人の白癬菌の保菌者であるか否かを確率変数 $X_{2,1}, \cdots, X_{2,282}$ で表せば，これらはベルヌーイ分布 $\mathrm{Ber}(p_2)$ からの大きさ 282 の無作為標本と見なせる．このとき，標本平均 $\bar{X}_2 = (1/282)\sum_{i=1}^{282} X_{2,i}$ の実現値が 0.433 になるから，(8.4.1) より，区間 [0.375, 0.491] は p_2 の 95 %信頼区間になる．上記で得られた p_1，p_2 の信頼区間から，運動部に所属する学生の保菌率がスポーツをしていない学生よりも高いといえる (第 9.4 節参照)．

次に，**比率の差の区間推定**について考える．まず，2 つのベルヌーイ分布 $\mathrm{Ber}(p_1)$，$\mathrm{Ber}(p_2)$ から得られたそれぞれ大きさ n_1，n_2 の無作為標本を $X_{11}, \cdots, X_{1n_1}; X_{21}, \cdots, X_{2n_2}$ とし，それらはすべてたがいに独立とする．ただし，p_1, p_2 は未知とする．このとき，$\Delta = p_1 - p_2$ の信頼区間を求めよう．いま，n_1，

[4] Agresti, A. and Coull, B. A. (1998). *Amer. Statist.*, **52**, pp.119–126 参照．また，竹内啓・藤野和建 (1981).「2 項分布とポアソン分布」(東京大学出版会)，pp.158–164 参照．
[5] この例は，1997 年 10 月 24 日付朝日新聞 (夕刊) の記事のデータによる．

n_2 が大きいとき，中心極限定理より標本平均 $\bar{X}_1 = (1/n_1)\sum_{i=1}^{n_1} X_{1i}$，$\bar{X}_2 = (1/n_2)\sum_{i=1}^{n_2} X_{2i}$ は，それぞれ漸近的に $N(p_1, p_1(1-p_1)/n_1)$，$N(p_2, p_2(1-p_2)/n_2)$ に従うから

$$T(\bar{X}_1, \bar{X}_2, p_1, p_2)$$

$$= \{\bar{X}_1 - \bar{X}_2 - (p_1 - p_2)\} \Big/ \sqrt{\frac{1}{n_1}p_1(1-p_1) + \frac{1}{n_2}p_2(1-p_2)}$$

は漸近的に $N(0,1)$ に従う．そこで，n_1，n_2 が大きいとき

$$1 - \alpha \approx P_T^{p_1,p_2}\{-u_{\alpha/2} \leq T(\bar{X}_1, \bar{X}_2, p_1, p_2) \leq u_{\alpha/2}\}$$

$$= P_{\boldsymbol{X}}^{p_1,p_2}\left\{-u_{\alpha/2} \leq \frac{\bar{X}_1 - \bar{X}_2 - (p_1 - p_2)}{\sqrt{\frac{1}{n_1}p_1(1-p_1) + \frac{1}{n_2}p_2(1-p_2)}} \leq u_{\alpha/2}\right\}$$

になる．ただし，$\boldsymbol{X} = (X_{11}, \cdots, X_{1n_1}, X_{21}, \cdots, X_{2n_2})$ とする．ここで，p_1，p_2 の推定量としてそれぞれ $\hat{p}_1 = \bar{X}_1$，$\hat{p}_2 = \bar{X}_2$ をとると，比率の信頼区間の場合と同様にして，n_1，n_2 が大きいとき

$$1 - \alpha$$

$$\approx P_{\boldsymbol{X}}^{p_1,p_2}\left\{-u_{\alpha/2} \leq \frac{\bar{X}_1 - \bar{X}_2 - (p_1 - p_2)}{\sqrt{\frac{1}{n_1}\hat{p}_1(1-\hat{p}_1) + \frac{1}{n_2}\hat{p}_2(1-\hat{p}_2)}} \leq u_{\alpha/2}\right\}$$

$$= P_{\boldsymbol{X}}^{p_1,p_2}\left\{\bar{X}_1 - \bar{X}_2 - u_{\alpha/2}\sqrt{\frac{1}{n_1}\hat{p}_1(1-\hat{p}_1) + \frac{1}{n_2}\hat{p}_2(1-\hat{p}_2)} \leq p_1 - p_2 \right.$$

$$\left. \leq \bar{X}_1 - \bar{X}_2 + u_{\alpha/2}\sqrt{\frac{1}{n_1}\hat{p}_1(1-\hat{p}_1) + \frac{1}{n_2}\hat{p}_2(1-\hat{p}_2)}\right\}$$

になり，次のことが成り立つ．

> 区間
>
> $$\left[\bar{X}_1 - \bar{X}_2 - u_{\alpha/2}\sqrt{\frac{1}{n_1}\hat{p}_1(1-\hat{p}_1) + \frac{1}{n_2}\hat{p}_2(1-\hat{p}_2)},\right.$$
>
> $$\left.\bar{X}_1 - \bar{X}_2 + u_{\alpha/2}\sqrt{\frac{1}{n_1}\hat{p}_1(1-\hat{p}_1) + \frac{1}{n_2}\hat{p}_2(1-\hat{p}_2)}\right] \qquad (8.4.2)$$
>
> は，漸近的に信頼係数 $1-\alpha$ の $p_1 - p_2$ の信頼区間である．

例 8.4.1(続)$_1$　2つのベルヌーイ分布 $\mathrm{Ber}(p_1)$，$\mathrm{Ber}(p_2)$ から得られたそれぞれ大きさ 137，282 の無作為標本を $X_{1,1},\cdots,X_{1,137}$；$X_{2,1},\cdots,X_{2,282}$ とし，それらはすべてたがいに独立と考える．そこで，$n_1=137$，$n_2=282$ で，$\hat{p}_1=\bar{X}_1=\sum_{i=1}^{137}X_{1i}/137$ の実現値が 0.234，$\hat{p}_2=\bar{X}_2=\sum_{i=1}^{282}X_{2i}/282$ の実現値が 0.433 で，$u_{0.025}=1.96$ であるから (8.4.1) より，区間 $[-0.28,-0.12]$ は p_1-p_2 の 95 %信頼区間になる．

例 8.4.2 [6)]　比較的早期の胃癌の患者 573 人を手術した後に，手術だけの 285 人と抗癌剤を使う 288 人の 2 つのグループに無作為に分けた．そして，これらの 2 つのグループの 5 年後の生存者数は，手術だけのグループは 234 人，抗癌剤を使うグループは 245 人であった．この結果から，術後の抗癌剤の効果には実際上の差はないと結論できるであろうか?　まず，手術だけのグループの 5 年後の真の生存率を p_1，抗癌剤を使うグループのそれを p_2 とする．このとき，手術だけのグループの 285 人の 5 年後に生存するか否かを確率変数 $X_{1,1},\cdots,X_{1,285}$ で表せば，これらはベルヌーイ分布 $\mathrm{Ber}(p_1)$ からの大きさ 285 の無作為標本と見なせ，また，抗癌剤を使うグループの 5 年後に生存するか否かを確率変数 $X_{2,1},\cdots,X_{2,288}$ で表せば，これらはベルヌーイ分布 $\mathrm{Ber}(p_2)$ からの大きさ 288 の無作為標本と見なせる．このとき，$u_{0.025}=1.96$ で，p_1，p_2 のそれぞれの推定値は

$$\hat{p}_1=\bar{X}_1=\frac{1}{285}\sum_{i=1}^{285}X_{1i}=\frac{234}{285},\quad \hat{p}_2=\bar{Y}=\frac{1}{288}\sum_{i=1}^{288}X_{2i}=\frac{245}{288}$$

になり，また標本数はいずれも大きいと見なせるから，(8.4.2) より区間 $[-0.09, 0.03]$ が (漸近的に) p_1-p_2 の 95 %信頼区間になる．よって p_1 と p_2 の差はあまりないと考えられる．

8.5　母分散，母標準偏差の区間推定

正規母集団分布 $N(\mu,\sigma^2)$ からの無作為標本を $X_1,\cdots,X_n$ とし，μ，σ^2 は未知とする．このとき，母分散 σ^2 の不偏分散 S_0^2 について，$(n-1)S_0^2/\sigma^2$ は自由

6) この例は 1997 年 10 月 20 日付朝日新聞 (朝刊) の記事のデータによる．

度 $n-1$ のカイ 2 乗分布 (χ^2_{n-1} 分布) に従い (例 5.5.4), この分布は σ^2 に無関係であるから, $(n-1)S_0^2/\sigma^2$ は枢軸量になる. このとき, 任意の α $(0 < \alpha < 1)$ について

$$P_{\boldsymbol{X}}^{\sigma^2}\left\{\chi^2_{1-\alpha/2}(n-1) \leq \frac{(n-1)S_0^2}{\sigma^2} \leq \chi^2_{\alpha/2}(n-1)\right\} = 1-\alpha$$

とすれば

$$P_{\boldsymbol{X}}^{\sigma^2}\left\{\frac{(n-1)S_0^2}{\chi^2_{\alpha/2}(n-1)} \leq \sigma^2 \leq \frac{(n-1)S_0^2}{\chi^2_{1-\alpha/2}(n-1)}\right\} = 1-\alpha \qquad (8.5.1)$$

となる. ただし, $\boldsymbol{X} = (X_1, \cdots, X_n)$ とし, $\chi^2_\alpha(n-1)$ は χ^2_{n-1} 分布の上側 100α %点とする. このとき, 次のことが成り立つ.

区間

$$\left[(n-1)S_0^2/\chi^2_{\alpha/2}(n-1),\ (n-1)S_0^2/\chi^2_{1-\alpha/2}(n-1)\right] \qquad (8.5.2)$$

は信頼係数 $1-\alpha$ の σ^2 の信頼区間である (図 8.5.1 参照).

また, (8.5.1) から区間

$$\left[\sqrt{n-1}S_0/\chi_{\alpha/2}(n-1),\ \sqrt{n-1}S_0/\chi_{1-\alpha/2}(n-1)\right] \qquad (8.5.3)$$

は信頼係数 $1-\alpha$ の σ の信頼区間になる. ただし, $S_0 = \sqrt{S_0^2}$, $\chi_{\alpha/2}(n-1) = \sqrt{\chi^2_{\alpha/2}(n-1)}$, $\chi_{1-\alpha/2}(n-1) = \sqrt{\chi^2_{1-\alpha/2}(n-1)}$ とする.

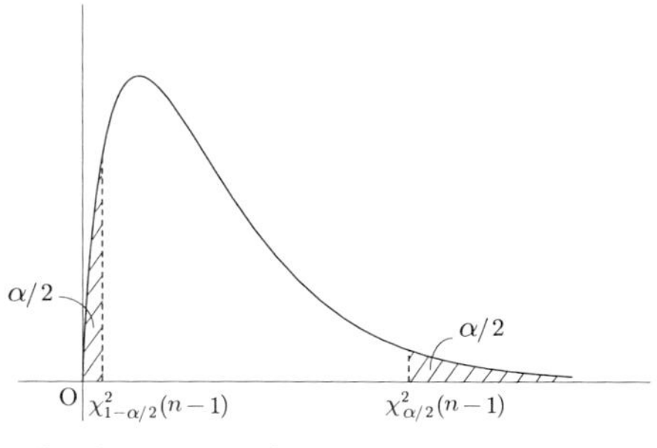

図 8.5.1　$(n-1)S_0^2/\sigma^2$ の分布 (χ^2_{n-1} 分布) の p.d.f. の上側 $100\alpha/2$ %点 $\chi^2_{\alpha/2}(n-1)$ と上側 $100(1-\alpha/2)$ %点 $\chi^2_{1-\alpha/2}(n-1)$

上記のように，χ^2_{n-1} 分布の左右の裾確率が等くなるような信頼区間の作り方は簡便ではあるが，やや妥当性に欠ける．そこで，σ^2 の信頼区間の幅を最小にするという観点から考えてみよう．まず，

$$P_{\boldsymbol{X}}^{\sigma^2}\{u \leq (n-1)S_0^2/\sigma^2 \leq v\} = 1-\alpha \tag{8.5.4}$$

となる u, v $(0 < u < v)$ をとれば, (8.5.1) と同様にして, 区間

$$\left[(n-1)S_0^2/v,\ (n-1)S_0^2/u\right] \tag{8.5.5}$$

は信頼係数 $1-\alpha$ の σ^2 の信頼区間になり，その区間の幅は $l(u,v) = (n-1)S_0^2(u^{-1}-v^{-1})$ になる．このとき，(8.5.4) より v は u の関数，すなわち $v = v(u)$ と考えてよいから，l を最小にする u は $dl/du = 0$ の解，すなわち $dv/du = v^2/u^2$ の解として得られる．そこで，χ^2_{n-1} 分布の p.d.f. と c.d.f. をそれぞれ g_{n-1} と G_{n-1} にすれば，(8.5.4) より

$$G_{n-1}(v) - G_{n-1}(u) = 1-\alpha \tag{8.5.6}$$

になり，この両辺を u について微分すれば

$$dv/du = g_{n-1}(u)/g_{n-1}(v) \tag{8.5.7}$$

になる．そして，(8.5.6)，(8.5.7) より，u，v は

$$u^2 g_{n-1}(u) = v^2 g_{n-1}(v), \quad \int_u^v g_{n-1}(t)dt = 1-\alpha \tag{8.5.8}$$

より定められる．しかし，(8.5.8) から u，v を求めることは，やや面倒ではある．

例 8.5.1　ある学科の新入生の男子学生の身長が正規分布 $N(\mu, \sigma^2)$ に従うとする．いま，これらの学生から無作為に選んだ 25 名の身長の不偏分散 S_0^2 の実現値 $s_0^2 = (5.6)^2(\mathrm{cm}^2)$ であった．このとき，$n = 25$ で，χ^2 分布表より $\chi^2_{0.025}(24) \fallingdotseq 39.36$，$\chi^2_{0.975}(24) \fallingdotseq 12.40$ であるから，(8.5.2)，(8.5.3) より，σ^2, σ のそれぞれの 95 %信頼区間を求めると $[19.12, 60.70]$，$[4.37, 7.79]$ になる．また，$n = 25$ で $\alpha = 0.05$ のとき，(8.5.8) より数値計算をすれば $u \fallingdotseq 13.52$，$v \fallingdotseq 44.48$ になるから，(8.5.5) より，σ^2 の 95 %信頼区間を求めると $[16.92, 55.67]$ になり，その区間の幅は 38.75 で上の σ^2 の 95 %信頼区間の幅 41.58 より小さくなっている．

また，**大標本の場合**，すなわち標本数が大きい場合について考える．まず，χ^2 が χ^2_ν 分布に従うとすれば，ν が大きいとき $\sqrt{2\chi^2}-\sqrt{2\nu-1}$ は漸近的に $N(0,1)$ に従い (演習問題 8-6)，その収束は，例 6.2.2 の χ^2 を規準化した確率変数の分布の $N(0,1)$ への収束よりかなり速い[7]．いま，u_α を $N(0,1)$ の上側 100α %点とすれば，χ^2_ν 分布の上側 100α %点, 上側 $100(1-\alpha)$ %点 (下側 100α %点[8]) は，ν が大きいときそれぞれ

$$\chi^2_\alpha(\nu)\approx\frac{1}{2}\left(u_\alpha+\sqrt{2\nu-1}\right)^2,\quad \chi^2_{1-\alpha}(\nu)\approx\frac{1}{2}\left(-u_\alpha+\sqrt{2\nu-1}\right)^2$$

になる．よって，(8.5.1)，(8.5.3) から次のことが成り立つ．

n が大きいとき, 区間

$$\left[\frac{2(n-1)S_0^2}{(u_{\alpha/2}+\sqrt{2n-3})^2},\ \frac{2(n-1)S_0^2}{(-u_{\alpha/2}+\sqrt{2n-3})^2}\right] \tag{8.5.9}$$

は，漸近的に信頼係数 $1-\alpha$ の σ^2 の信頼区間である．また，区間

$$\left[\frac{\sqrt{2(n-1)}S_0}{u_{\alpha/2}+\sqrt{2n-3}},\ \frac{\sqrt{2(n-1)}S_0}{-u_{\alpha/2}+\sqrt{2n-3}}\right] \tag{8.5.10}$$

は，漸近的に信頼区間 $1-\alpha$ の σ の信頼区間である．

例 8.5.1(続)$_1$　この例では，標本数は $n=25$ でそれほど大きくはないが，大きいと見なして，(8.5.9)，(8.5.10) から σ^2, σ のそれぞれの 95 %信頼区間を求めると $[19.37, 62.81]$，$[4.40, 7.92]$ となり，前に求めたものと比較的近い値になっている．

次に，**分散比の区間推定**について考える．まず，2 つの正規母集団分布 $N(\mu_1,\sigma_1^2)$, $N(\mu_2,\sigma_2^2)$ からのそれぞれ大きさ n_1，n_2 の無作為標本を X_{11}，$\cdots$，X_{1n_1}；X_{21}，$\cdots$，X_{2n_2} とし，これらはすべてたがいに独立とする．ただし，$n_i\geq 2$ $(i=1,2)$ とする．ここで，μ_1，μ_2，σ_1^2，σ_2^2 は未知とする．このとき，$\bar{X}_i=(1/n_i)\sum_{j=1}^{n_i}X_{ij}$ $(i=1,2)$ とし，各 $i=1,2$ について $S_{0i}^2=\sum_{j=1}^{n_i}(X_{ij}-$

7) 詳しくは Kendall & Stuart(1969). *The Advanced Theory of Statistics*, Vol. 1, (3rd ed.), Charles Griffin, p.372 参照.

8) 一般に，r.v. X の p.d.f. p_X をもつ分布について，$0<\alpha<1$ に対して $\int_{-\infty}^{u}p_X(x)dx=\alpha$ となる u を**下側 100α %点**という．

$\bar{X}_i)^2/(n_i-1)$ とすると，$(n_i-1)S_{0i}^2/\sigma_i^2$ は $\chi^2_{n_i-1}$ 分布に従う (例 5.5.4 参照). また，$F=(S_{01}^2/\sigma_1^2)/(S_{02}^2/\sigma_2^2)$ とおくと，F は自由度 n_1-1, n_2-1 の F 分布 (F_{n_1-1,n_2-1} 分布) に従い (補遺の A.4.4 節，例 A.5.5.3 参照)，この分布は σ_1^2, σ_2^2 に無関係になるから，F は枢軸量になる．このとき，任意の α $(0<\alpha<1)$ について

$$
\begin{aligned}
1-\alpha
&= P_F^{\sigma_1^2,\sigma_2^2}\left\{F_{1-\alpha/2}(n_1-1,n_2-1)\le F\le F_{\alpha/2}(n_1-1,n_2-1)\right\}\\
&= P_F^{\sigma_1^2,\sigma_2^2}\left\{\frac{1}{F_{\alpha/2}(n_1-1,n_2-1)}\cdot\frac{S_{01}^2}{S_{02}^2}\le\frac{\sigma_1^2}{\sigma_2^2}\le F_{\alpha/2}(n_2-1,n_1-1)\cdot\frac{S_{01}^2}{S_{02}^2}\right\}
\end{aligned}
$$

になる．ただし，$F_{\alpha/2}(n_1-1,n_2-1)$ は F_{n_1-1,n_2-1} 分布の上側 $100(\alpha/2)$ %点とする．ここで，F が F_{n_1-1,n_2-1} 分布に従うとき $1/F$ は F_{n_2-1,n_1-1} 分布に従うから，$F_{1-\alpha/2}(n_1-1,n_2-1)=1/F_{\alpha/2}(n_2-1,n_1-1)$ になることに注意 (補遺の例 A.5.5.3 参照)．よって，次のことが成り立つ．

> 区間
>
> $$\left[\frac{1}{F_{\alpha/2}(n_1-1,n_2-1)}\cdot\frac{S_{01}^2}{S_{02}^2},\ F_{\alpha/2}(n_2-1,n_1-1)\cdot\frac{S_{01}^2}{S_{02}^2}\right] \qquad (8.5.11)$$
>
> は信頼係数 $1-\alpha$ の σ_1^2/σ_2^2 の信頼区間になる．

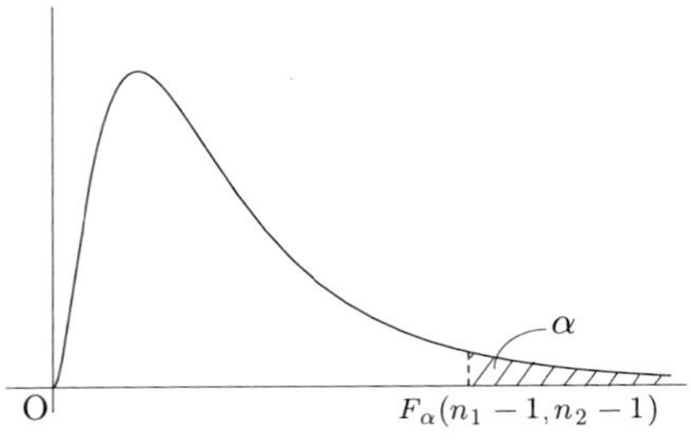

図 8.5.2　F_{n_1-1,n_2-1} 分布の上側 100α %点 $F_\alpha(n_1-1,n_2-1)$

例 8.5.2　　2 つの会社 A，B で製造されるボルトの直径は，それぞれ正規分布 $N(\mu_A,\sigma_A^2)$，$N(\mu_B,\sigma_B^2)$ に従うとする．ただし，μ_A, μ_B，σ_A^2，σ_B^2 は未知とす

る．いま，A 社製のボルト 13 本，B 社製のボルト 11 本をそれぞれ無作為抽出して，それらを計測したところ，A 社製の 13 本のボルトの直径の不偏分散 S_{0A}^2 の実現値は $(0.08)^2(\mathrm{mm}^2)$，B 社製の 11 本のボルトの直径の不偏分散 S_{0B}^2 の実現値は $(0.10)^2(\mathrm{mm}^2)$ であった．このとき，F 分布表より $F_{0.025}(12,10) \fallingdotseq 3.621$, $F_{0.025}(10,12) \fallingdotseq 3.374$ であるから，(8.5.11) より，σ_A^2/σ_B^2 の 95 %信頼区間を求めると $[0.177, 2.159]$ になる．

8.6　下側信頼限界

未知母数の下側信頼限界について，一様分布の場合に考えよう．

例 8.6.1　　一様分布 $U(0,\theta)$ からの無作為標本を $X_1,\cdots,X_n$ とする．ただし $n \geq 2$ とする．このとき，$X_{(n)} = \max_{1\leq i\leq n} X_i$ とし，$Y_n = X_{(n)}/\theta$ とおくと，Y_n の p.d.f. は $f_{Y_n}(y) = ny^{n-1}$ $(0 < y < 1)$; $= 0$ (その他) になり，Y_n の分布は θ に無関係であるから，Y_n は枢軸量になる．そこで，y_α を Y_n の分布の上側 100α %点とすれば，$P_{Y_n}^\theta\{Y_n \leq y_\alpha\} = 1-\alpha$ になるから，$P_{X_{(n)}}^\theta\{X_{(n)}/y_\alpha \leq \theta\} = 1-\alpha$ になる．よって，$X_{(n)}/y_\alpha$ は信頼係数 $1-\alpha$ の θ の下側信頼限界になる．

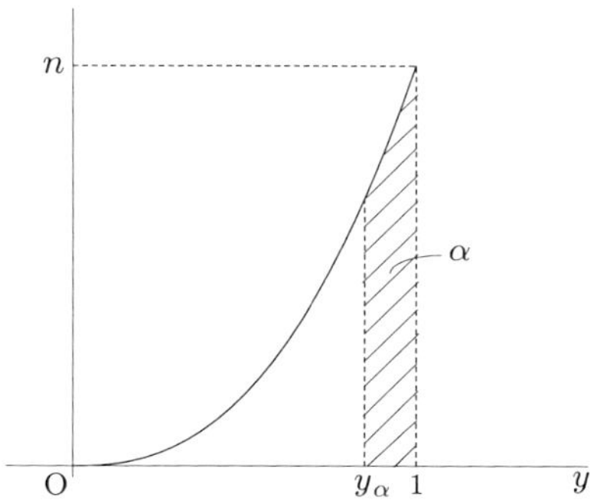

図 8.6.1　　Y_n の分布の p.d.f. f_{Y_n} の p.d.f. とその上側 100α %点 y_α

ここで，F_{Y_n} を Y_n の c.d.f. とすれば，$F_{Y_n}(y_\alpha) = y_\alpha^n = 1-\alpha$ になることに注意．また，標本の実現値から得られた $X_{(n)}$ の値を $x_{(n)}$ とすれば，$x_{(n)}/y_\alpha$ は

θ の $100(1-\alpha)$ %下側信頼限界になる．いま，$U(0,\theta)$ から得られた大きさ 10 の無作為標本を

$$0.525, 0.351, 0.001, 0.053, 0.973, 0.682, 0.245, 0.220, 0.812, 0.569$$

とすれば，θ の 90 %下側信頼限界として $0.973/(0.9)^{1/10} \fallingdotseq 0.983$ を得る．なお，θ の信頼区間については演習問題 8-3 を見よ．

8.7　信頼域と予測域

一般に，確率ベクトル $\boldsymbol{X} = (X_1, \cdots, X_n)$ が未知の母数 θ をもつ分布に従うとする．ただし，$\theta \in \Theta \subset \boldsymbol{R}^k$ とする．いま，$0 < \alpha < 1$ とするとき，$\boldsymbol{X}$ に対して Θ の部分集合 $C(\boldsymbol{X})$ を定めて，任意の $\theta \in \Theta$ について

$$P_{\boldsymbol{X}}^{\theta}\{\theta \in C(\boldsymbol{X})\} \geq 1 - \alpha \tag{8.7.1}$$

とする．このとき，$C(\boldsymbol{X})$ を θ の信頼係数 $1-\alpha$ の**信頼域** (confidence region) という．特に $k=1$ の場合に Θ を開区間とし，$\boldsymbol{X}$ に対して (8.7.1) が成り立つように $C(\boldsymbol{X})$ を Θ の閉区間 $[a(\boldsymbol{X}), b(\boldsymbol{X})]$ にとれるとき，$C(\boldsymbol{X})$ は信頼区間になる (第 8.1 節参照)．

次に，観測データを確率ベクトル $\boldsymbol{X}$，未観測の確率変数を Y とし，$\boldsymbol{X}$，Y の同時分布を $P_{\boldsymbol{X},Y}^{\theta}$ $(\theta \in \Theta)$ とする．ここで，Y の値域を $\mathcal{Y}$ とする．このとき，$\boldsymbol{X}$ に基づいて，Y を予測する問題を考えよう．その際に，θ は未知の母数であることに注意．まず，任意の α $(0 < \alpha < 1)$ に対して，$\boldsymbol{X}$ に基づく集合 $S_{\boldsymbol{X}}$ $(\subset \mathcal{Y})$ を定めて，任意の $\theta \in \Theta$ について

$$P_{\boldsymbol{X},Y}^{\theta}\{Y \in S_{\boldsymbol{X}}\} \geq 1 - \alpha \tag{8.7.2}$$

となるとき，$S_{\boldsymbol{X}}$ を Y の信頼係数 $1-\alpha$ の**予測域** (prediction region) といい，$\mathcal{Y} \subset \boldsymbol{R}^1$ で $S_{\boldsymbol{X}}$ が閉区間 $[a(\boldsymbol{X}), b(\boldsymbol{X})]$ になるとき，$S_{\boldsymbol{X}}$ を Y の信頼係数 $1-\alpha$ の**予測区間**という[9)] (図 8.7.1 参照)．また，$\boldsymbol{X}$ が実現値 $\boldsymbol{x}$ をとるとき，区間 $[a(\boldsymbol{x}), b(\boldsymbol{x})]$ を Y の信頼係数 $100(1-\alpha)$ %予測区間という．特に，(8.7.2) において等号が成り立つとき，予測域 $S_{\boldsymbol{X}}$ は**相似** (similar) であるという．

いま，確率変数 X，Y がたがいに独立に，いずれも p.m.f.

$$p(x,\theta) = \exp\{Q(\theta)x + C(\theta) + S(x)\} \quad (x = 0, 1, 2, \cdots)$$

---

9) 竹内啓 (1975).「統計的予測論」(培風館) 参照.

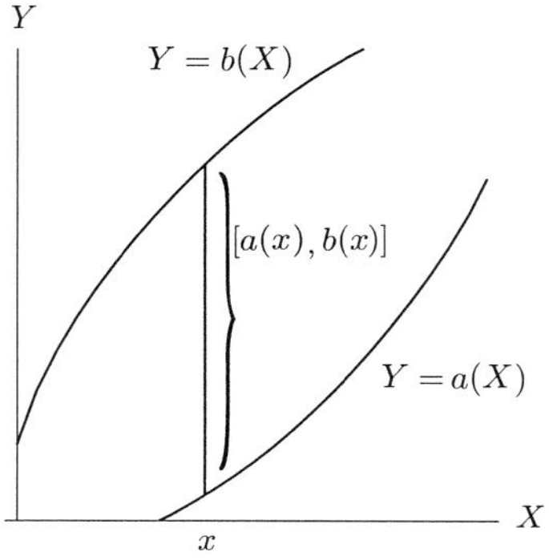

図 8.7.1 $X = x$ のときの予測区間 $[a(x), b(x)]$

をもつ 1 母数指数型分布族に従うとする．ただし，$\theta \in \Theta \subset \boldsymbol{R}^1$ で，Q，C は Θ 上の実数値関数で Q は 1-1 関数とし，S は実数値関数とする．このとき，$V(X, Y) = X + Y$ とすれば，V は θ に対する十分統計量になるから，$V = v$ を与えたときの Y の c.p.m.f. $f_{Y|V}(\cdot|v)$ は θ に無関係になる．このことを利用して，予測区間を，未知の母数 θ に無関係に，次の手順で構成できる．

(i) $V = v$ を与えたときの Y の条件付平均 $\mu_v = E(Y|V = v)$，条件付分散 $\sigma_v^2 = V(Y|V = v)$ を求める．

(ii) 任意の α $(0 < \alpha < 1)$ に対して，各 v について

$$P_{Y|V}\left\{\underline{y}(v) \leq Y \leq \overline{y}(v)|V = v\right\} = 1 - \alpha \tag{8.7.3}$$

となる $\underline{y}(v)$，$\overline{y}(v)$ を (i) で求めた μ_v，σ_v^2 を用いて (漸近的に) 求める．

(iii) (8.7.3) から，任意の $\theta \in \Theta$ について

$$P_{Y,V}^{\theta}\{\underline{y}(V) \leq Y \leq \overline{y}(V)\} = 1 - \alpha$$

になり，$V = X + Y$ であることから

$$P_{X,Y}^{\theta}\{a(X) \leq Y \leq b(X)\} = 1 - \alpha$$

となる $a(\cdot)$，$b(\cdot)$ を求める．このとき，区間 $[a(X), b(X)]$ は信頼係数 $1 - \alpha$ の Y の (相似な) 予測区間になる．

そこで，観測されるデータを r.v. X，未観測の r.v. を Y とし，X，Y はたがいに独立に，X はポアソン分布 $\mathrm{Po}(m\lambda)$，Y は $\mathrm{Po}(n\lambda)$ に従うとする．ただし，m，n は自然数で既知，λ は正で未知とする．このとき，上の (i)〜(iii) に

従って X に基づいて Y の区間予測を行う．まず，X，Y の j.p.m.f. は

$$f_{X,Y}(x,y;\lambda)=\frac{e^{-(m+n)\lambda}m^x n^y \lambda^{x+y}}{x!y!}\quad (x=0,1,2,\cdots;y=0,1,2,\cdots)$$

となるから，統計量 $V = X + Y$ は λ に対する完備十分統計量であり，V は $\mathrm{Po}((m+n)\lambda)$ に従う．このとき，$V=v$ を与えたときの Y の条件付分布は2項分布 $B(v, n/(m+n))$ になり，これは λ に無関係になる．また

$$\mu_v = E(Y|V=v)=\frac{nv}{m+n},\quad \sigma_v^2 = V(Y|V=v)=\frac{mnv}{(m+n)^2}$$

になる．次に，2項分布の正規近似を用いると，任意の α $(0<\alpha<1)$ に対して，大きい v について

$$P_{Y|V}\left\{-u_{\alpha/2}\le (Y-\mu_v)/\sigma_v \le u_{\alpha/2}|V=v\right\}\approx 1-\alpha \tag{8.7.4}$$

になる．ただし，$u_{\alpha/2}$ は正規分布 $N(0,1)$ の上側 $100(\alpha/2)$ %点とする．よって，$c=n/(m+n)$，$u=u_{\alpha/2}$ とし，$v=x+y$ に注意して，$(y-\mu_v)^2=u^2\sigma_v^2$ を y について解けば

$$y=\frac{c}{2(1-c)}\left\{2x+u^2\left(1\pm\sqrt{1+\frac{4x}{cu^2}}\right)\right\}=a_{\pm}(x) \tag{8.7.5}$$

になり，(8.7.4) より，任意の $\lambda>0$ について

$$P_{X,Y}^{\lambda}\{a_-(X)\le Y\le a_+(X)\}\approx 1-\alpha$$

となる．ただし，複号同順とする．よって，$[a_-(X), a_+(X)]$ は漸近的に信頼係数 $1-\alpha$ の Y の予測区間になる[10]．また，$a(x)=a_-(x)$, $b(x)=a_+(x)$ とおいて，$Y=a(X)$，$Y=b(X)$ を Y の予測曲線という (図 8.7.2 参照).

実際に，プロ野球で，ある選手が m 試合を消化した時点で，それまでに打ったホームラン数 X に基づいて残り n 試合におけるホームラン数 Y を区間予測しよう．このとき，その選手の1試合当りの平均ホームラン数を λ とすれば，X，Y はたがいに独立に，それぞれポアソン分布 $\mathrm{Po}(m\lambda)$，$\mathrm{Po}(n\lambda)$ に従うと考えられる．あとは，上記のような手順で，(8.7.5) から Y の予測区間を得る．

例 8.7.1 (米国の大リーグ選手のホームラン数の予測).　米国の大リーグのマグワイア (McGwire) 選手とソーサ (Sosa) 選手は，1999年9月8日現在，144

[10] 高次の漸近的な予測区間については Akahira, M. and Hida, E.(2000). *Istatistik* **3**(3), pp.58–82 参照.

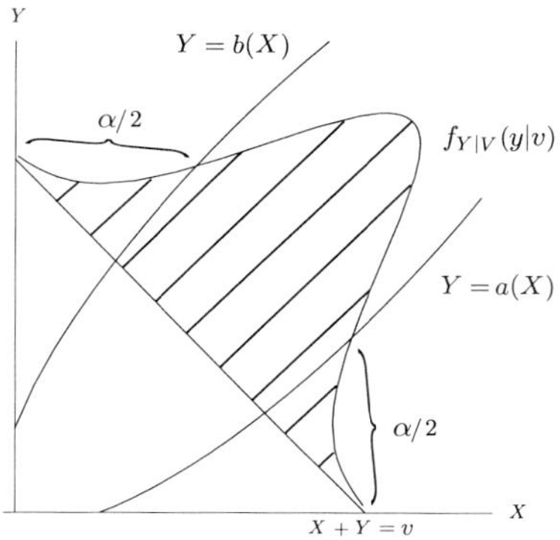

図 8.7.2　Y の予測曲線 $Y = a(X)$, $Y = b(X)$

試合を消化した時点でマグワイア選手は 61 本，ソーサ選手は 58 本のホームランを打った．そして，残り試合数は両選手とも 19 である．このとき，両選手の残り試合でのホームラン数の予測区間と予測曲線を (8.7.5) から求めることができる (表 8.7.1，図 8.7.2 参照)．その結果、両選手の実際に残り試合で打ったホームラン数は，いずれの信頼係数の予測区間にも含まれていることが分かる．

表 8.7.1　マグワイア，ソーサ両選手の残り試合でのホームラン数の予測区間と実際に打った本数

信頼係数	マグワイア	ソーサ
99 %	[0.699, 16.274]	[0.497, 15.684]
95 %	[2.381, 14.223]	[2.132, 13.680]
90 %	[3.259, 13.195]	[2.987, 12.676]
80 %	[4.287, 12.027]	[3.988, 11.535]
70 %	[4.990, 11.249]	[4.672, 10.775]
60 %	[5.555, 10.636]	[5.222, 10.177]
50 %	[6.043, 10.115]	[5.697, 9.668]
実際の本数	9	8

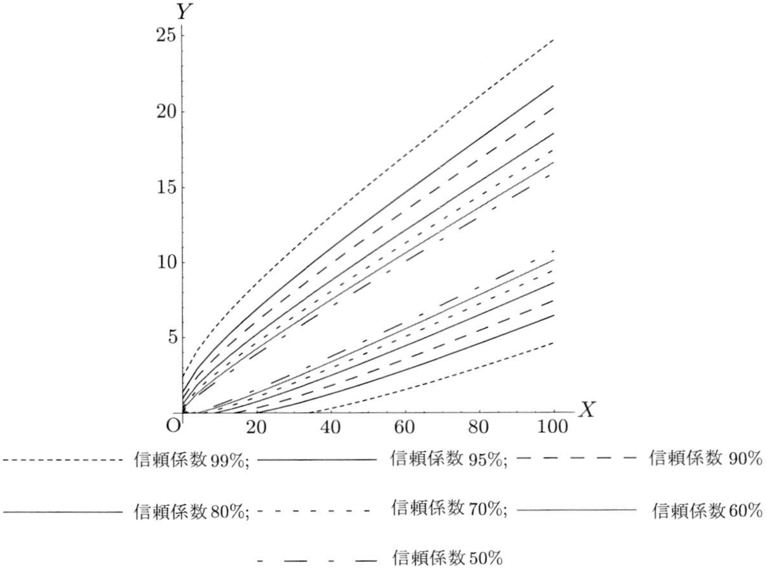

図 8.7.3　信頼係数 $1-\alpha$ の予測曲線
(α=0.01, 0.05, 0.10, 0.20, 0.30, 0.40, 0.50)

演習問題 8

1. r.v. Z が標準正規分布 $N(0,1)$ に従うとき，$P\{a \leq Z \leq b\} = 0.90$ となる a，b は無数にある．次のように a，b をとった場合に，区間 $[a,b]$ の幅 $b-a$ の値を求め，比較せよ．一般に，$0<\alpha<1$ について $N(0,1)$ の上側 100α %点を u_α で表す．

(1)　$a=-u_{0.09}, b=u_{0.01}$　　(2) $a=-u_{0.075}, b=u_{0.025}$

(3)　$a=-u_{0.05}, b=u_{0.05}$

2. $\boldsymbol{R}^1$ 上の p.d.f. p が単峰性をもつとする．また，$0<\alpha<1$ について区間 $[a,b]$ が，(i) $\int_a^b p(x)dx = 1-\alpha$，(ii) $p(a)=p(b)$，(iii) p は $[a,b]$ の点 x^* において最大値をもつとする．このとき，$[a,b]$ は (i) を満たすすべての区間の中で最小の幅の区間になることを示せ．

3. $X_1, \cdots, X_n$ を一様分布 $U(0,\theta)$ からの無作為標本とし，$X_{(n)} = \max_{1\leq i\leq n} X_i$ とする．また，$Y_n = Y_n\left(X_{(n)}, \theta\right) = X_{(n)}/\theta$ とする．

(1) $0 < \alpha < 1$ に対して，$P\{a \leq Y_n \leq b\} = 1 - \alpha$ となる a，b をとるとき，θ の信頼係数 $1 - \alpha$ の信頼区間を求めよ．

(2) (1) で求めた信頼区間の幅を最小にするように a，b を定めて，その信頼区間を求めよ．

(3) 一様分布 $U(0, \theta)$ からの大きさ 20 の無作為標本の値が次のようであった．

34, 91, 94, 98, 16, 14, 61, 12, 33, 85,

85, 86, 86, 79, 22, 88, 45, 37, 39, 18

このとき，(2) から θ の 95 %信頼区間を求めよ．

4. $X_1, \cdots, X_n$ を p.d.f.

$$p(x, \theta) = \begin{cases} e^{-(x-\theta)} & (x > \theta), \\ 0 & (x \leq \theta) \end{cases}$$

をもつ分布からの無作為標本とし，$Y = \min_{1 \leq i \leq n} X_i$ とする．

(1) Y の p.d.f. f_Y を求めよ．

(2) $T_n = 2n(Y - \theta)$ の p.d.f. f_{T_n} を求めよ．

(3) T_n に基づく θ の信頼係数 $1 - \alpha$ の信頼区間が $[Y - (b/2n), Y - (a/2n)]$ の形になることを示せ．

(4) (3) で求めた信頼区間の幅を最小にする a，b を定めて，その信頼区間を求めよ．

5. 2 種類のヤセ薬 A，B をそれぞれ 16 人，18 人の女性が服用したところ，A による減量の平均値は 4.10 kg，不偏分散の値は $(0.30)^2$ kg^2 で，B による減量の平均値は 3.21 kg，不偏分散の値は $(0.25)^2$ kg^2 であった．ここで，A，B による減量はそれぞれ $N(\mu_A, \sigma^2)$，$N(\mu_B, \sigma^2)$ に従うとし，μ_A，μ_B，σ^2 は未知とする．このとき，平均の差 $\delta = \mu_A - \mu_B$ の信頼係数 90 %および 95 %信頼区間を求めよ．

6. r.v. χ^2 が χ^2_ν 分布に従うとき，$\nu \to \infty$ のとき $\mathcal{L}\left(\sqrt{2\chi^2} - \sqrt{2\nu - 1}\right) \longrightarrow N(0, 1)$ となることを示せ（χ^2_ν 分布については補遺 A.4.4 を見よ）．

7. 第 1 章の例 1.1 において，X が一様分布 $U(0, \theta)$ に従うと考えて，$Y = \theta - X$ として X に基づいて Y の信頼係数 $1 - \alpha$ の予測区間を求めよ．

第 9 章
検　　　定

母集団から抽出された標本に基づいて，母集団に関する何らかの結論を導き出したいときに，母集団分布がある母数 θ をもっている場合について考える．このとき，θ に関する仮説 H，たとえば $H: \theta = \theta_0$ という仮説を設けて，これが正しいか否かを標本に基づいて判定することが仮説検定である．もっと具体的には，母集団分布から得られた無作為標本 $\boldsymbol{X}$ に基づいて適当な領域 $R_{\boldsymbol{X}}$ を定めて，$\boldsymbol{X}$ の実現値 $\boldsymbol{x}$ について，$\boldsymbol{x} \in R_{\boldsymbol{X}}$ のとき H を棄却し，$\boldsymbol{x} \notin R_{\boldsymbol{X}}$ のとき H を受容するという決定を行う．ここで，$R_{\boldsymbol{X}}$ を ($\boldsymbol{X}$ に基づく) 棄却域という．

9.1　仮説検定問題

まず，具体的な例において仮説検定問題を考えよう．

例 9.1.1　ある鉄道会社が使用している車両のボルト破損事故が発生した．早速，車両製造メーカーでは事故調査委員会を設置して原因を究明することになった．まず，その種類のボルトは 2 つの下請会社 A，B のどちらかで製造されたことが分かった．さらに調査するために，製造されたボルトの直径を測ったところ A 社製のものは平均 35.96 mm，B 社製のものは平均 36.14 mm であった．また，ボルトの直径の標準偏差は 0.24 mm であった．ここで，A 社製，B 社製のいずれのボルトの直径は正規分布に従うとする．

破損事故を起こすボルトの直径の真の平均を μ とする．仮説 H として，その事故を起こすボルトは A 社製であるとする．すなわち $H: \mu = 35.96$ とする．一方，その仮説が正しくないとすると，そのボルトは B 社製である．すなわち対立仮説 $K: \mu = 36.14$ を考える．このとき，H が正しいかまたは K が正しいかを判定する問題，すなわち仮説検定問題について考える．まず，事故で破損した 12 本のボルトの直径を測ったところ，その標本平均の値は 36.08

mm であった．このことから，H が正しいか否かを判定するために，1 つの自然な判定法として，H と K の μ の値の中点 36.05 をとって，標本平均の値がそれより小さければ H を正しいと判定し，そうでなければ K が正しいと判定することが考えられる．この判定法によれば，いまの場合は K が正しいと判定することになる．このとき，H が正しいにもかかわらず H を棄却 (H が正しくないと判定) する確率を計算してみよう．いま 12 本のボルトの直径を $X_1, \cdots, X_{12}$ とすると，H の下では $\bar{X} = \sum_{i=1}^{12} X_i/12$ は $N(35.96, (0.24)^2/12)$ に従うから，$Z = \sqrt{3}(\bar{X} - 35.96)/0.12$ とおくと Z は $N(0,1)$ に従う．よって $P_{\bar{X}}^H\left\{\bar{X} > 36.05\right\} = P_Z^H\left\{Z > 3\sqrt{3}/4\right\} \fallingdotseq 0.10$ になる[1]．しかし，この車両製造メーカーは A 社からこのボルト以外の部品も納入していたので，H が正しいときにそれを棄却する確率は 0.10 よりもっと小さくしたいと考えた．たとえば 0.05 にしたときにその棄却域 $\left\{\bar{X} > a\right\}$ の H の下での確率が 0.05 となる a の値を求めよう．このような a の値を**棄却限界値** (critical value) という．そこで

$$0.05 = P_{\bar{X}}^H\left\{\bar{X} > a\right\} = P_Z^H\left\{Z > \frac{\sqrt{3}(a - 35.96)}{0.12}\right\}$$

から

$$\frac{\sqrt{3}(a - 35.96)}{0.12} \fallingdotseq 1.645$$

になり，棄却限界値は $a \fallingdotseq 36.074$ となる．いま 12 個のボルトの平均が 36.08(mm) であるから 36.074 より大きくなり，仮説 H は棄却される (図 9.1.1 参照)．

一般に，調べたい仮説を**帰無仮説** (null hypothesis) または単に**仮説** (hypothesis) といい，この仮説と比較するための仮説を**対立仮説** (alternative hypothesis) という．次に，この仮説が正しいか否かを，得られた標本に基づいて判定することを仮説検定という．いま，仮説検定を行う際に，2 つの判定「仮説を受容」，「仮説を棄却」を下すことにする．しかし，仮説 H，対立仮説 K の検定問題に対してこのような判定を下した場合に，次のような 2 種類の過誤をおかすことは避けられない (表 9.1.1 参照)．そこで，第 1 種，第 2 種の過誤の確率をともに小さくするような検定を行いたい，すなわち棄却域を選びたいが，これは無理である．このことを次の例で考えよう．

---

[1] $P_{\bar{X}}^H$，P_Z^H はそれぞれ H の下で $\bar{X}$，Z によって P から誘導された確率．

表 9.1.1 検定問題における判定の評価

判定 ＼ H の真偽	H が真 (K が偽)	H が偽 (K が真)
H を受容 (K を棄却)	正しい	**第 2 種の過誤**[2]
H を棄却 (K を受容)	**第 1 種の過誤**[3]	正しい

例 9.1.1(続) 仮説 $H:\mu=35.96$, 対立仮説 $K:\mu=36.14$ の検定問題において，2 つの棄却域を

$$R_1=\left\{\bar{X}>36.05\right\},\quad R_2=\left\{\bar{X}>36.074\right\}$$

とする．このとき，R_1，R_2 の第 1 種の過誤の確率をそれぞれ α_{R_1}，α_{R_2} とし，第 2 種の過誤の確率をそれぞれ β_{R_1}，β_{R_2} とすれば

$$\alpha_{R_1}=P_{\boldsymbol{X}}^{H}\left\{\boldsymbol{X}\in R_1\right\}\fallingdotseq 0.10,\quad \alpha_{R_2}=P_{\boldsymbol{X}}^{H}\left\{\boldsymbol{X}\in R_2\right\}\fallingdotseq 0.05 \qquad (9.1.1)$$

であるが，正規分布 $N(35.96,(0.24)^2/12)$ の p.d.f. $f_H(x)$，$N(36.14,(0.24)^2/12)$ の p.d.f. $f_K(x)$ はそれぞれ $x=35.96$，36.14 に関して対称であるから

$$\beta_{R_1}=P_{\boldsymbol{X}}^{K}\left\{\boldsymbol{X}\in R_1^c\right\}\fallingdotseq 0.10$$

になる[4]．ただし，$\boldsymbol{X}=(X_1,\cdots,X_{12})$．また，$Z=\sqrt{3}\left(\bar{X}-36.14\right)/0.12$ は K の下で $N(0,1)$ に従うから

$$\beta_{R_2}=P_{\boldsymbol{X}}^{K}\left\{\boldsymbol{X}\in R_2^c\right\}$$
$$=1-P_{\bar{X}}^{K}\left\{\bar{X}>36.074\right\}\fallingdotseq 1-P_{Z}^{K}\{Z>0.95\}\fallingdotseq 0.17 \qquad (9.1.2)$$

になる (図 9.1.1 参照)．よって，(9.1.1)，(9.1.2) より

$$\alpha_{R_2}<\alpha_{R_1},\quad \beta_{R_2}>\beta_{R_1}$$

となり，第 1 種，第 2 種の過誤の確率をともに小さくすることはできない．

そこで，仮説検定問題においては，あらかじめ，$0<\alpha<1$ となる α を定めて，第 1 種の過誤の確率 α_R を α 以下にするという条件の下で，第 2 種の過誤の確率 β_R を最小にするように，標本 $\boldsymbol{X}=(X_1,\cdots,X_n)$ に基づいて棄却域 $R=R^*$ を選ぶようにする．ここで，α を**有意水準** (level of significance) または**水準**といい，通常，0.05，0.01，0.10 の値をとることが多い．また，

---

2) type II error

3) type I error

4) $P_{\boldsymbol{X}}^{H}$，$P_{\boldsymbol{X}}^{K}$ はそれぞれ H，K の下での $\boldsymbol{X}$ によって誘導された確率．

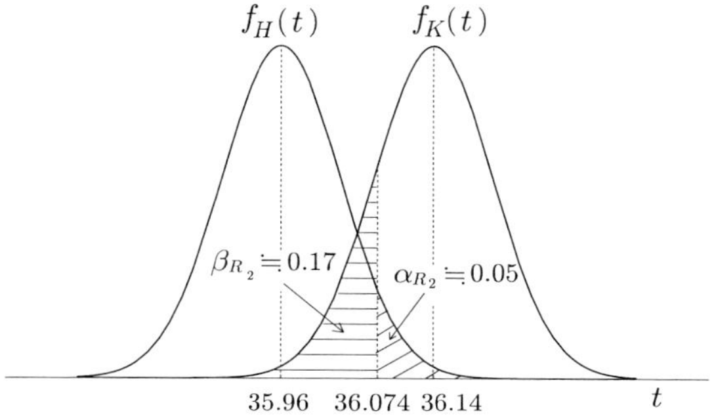

図 9.1.1 棄却域 $R_2 = \left\{\bar{X} \geq 36.074\right\}$ による検定の第 1 種の過誤の確率 $\alpha_{R_2} = P_{\boldsymbol{X}}^{H}\left\{\boldsymbol{X} \in R_2\right\} \fallingdotseq 0.05$, 第 2 種の過誤の確率 $\beta_{R_2} = P_{\boldsymbol{X}}^{K}\left\{\boldsymbol{X} \in R_2^c\right\} \fallingdotseq 0.17$

$$\gamma_R = 1 - \beta_R = P_{\boldsymbol{X}}^{K}\left\{\boldsymbol{X} \in R\right\}$$

とおいて，これを**検出力** (power)[5] といい，仮説が偽であるとき，すなわち対立仮説 K が真であるとき，仮説 H を棄却する確率を表している．また，第 2 種の過誤の確率を最小にすることは，検出力を最大にすることと同値になる．

さて，未知の母数 θ をもつ母集団分布からの無作為標本を $X_1, \cdots, X_n$ とする．ただし，$\theta \in \Theta$ とする．このとき，$\omega \subset \Theta$ として

$$\text{仮説 } H : \theta \in \omega, \quad \text{対立仮説 } K : \theta \in \omega^c$$

の水準 α の検定問題を考える．まず，標本 $\boldsymbol{X} = (X_1, \cdots, X_n)$ に基づいて，仮説 H が正しいか否かを検定するために，統計量 $T = T(\boldsymbol{X})$ の値の集合 C_T をつくり，次の判定を行う．

> $\boldsymbol{X}$ の実現値を $\boldsymbol{x} = (x_1, \cdots, x_n)$ とするとき
>
> $$T(\boldsymbol{x}) \in C_T \Longrightarrow H \text{ を棄却},$$
>
> $$T(\boldsymbol{x}) \notin C_T \Longrightarrow H \text{ を受容}.$$

ここで，C_T を (T に基づく) **棄却域** (rejection region)，(C_T の補集合) C_T^c を**受容域** (acceptance region) という．また，上記のような統計量 T を**検定統計量** (test statistic) という．なお，受容を採択ということもあるが誤解を招くことがある．

---

[5] 一般に，検出力 γ_R は対立仮説を成す母数に依存するので，その母数の検出力関数 (power function) ともいう．

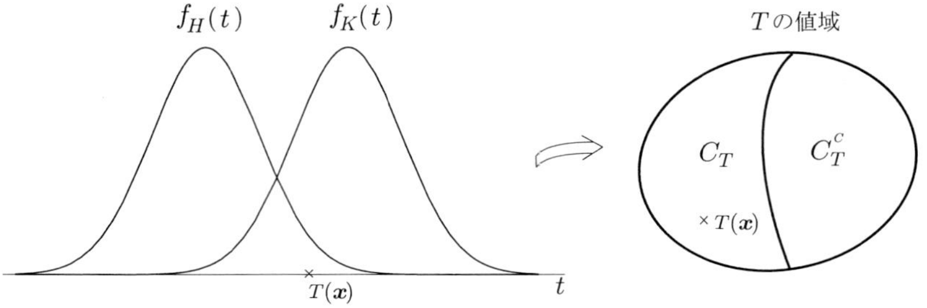

図 9.1.2　標本 $\boldsymbol{X}$ の実現値 $\boldsymbol{x}$ について，$T(\boldsymbol{x})$ の値が C_T に入れば棄却，C_T に入らなければ受容するという検定．
ただし，f_H，f_K はそれぞれ H，K の下での T の p.d.f. または p.m.f.

注意 9.1.1　上記において，仮説検定をやや明示的に述べたが，本来は，仮説 H が実現値 $\boldsymbol{x}$ と矛盾しないかを判定することであり，H の受容は H の採択，または対立仮説の棄却を必ずしも意味するものではない．また，$T(\boldsymbol{x}) \in C_T$ であるとき，この仮説検定の結果は有意であるともいい，$T(\boldsymbol{x}) \notin C_T$ であるとき，その結果は有意でないという．なお，有意であるとは，その仮説 H が実現値 $\boldsymbol{x}$ と矛盾することを意味する．

結局，水準 α の仮説検定問題において，棄却域 C_T を適切に選ぶことは重要であり，実際には $\alpha_{C_T} \leq \alpha$ となる棄却域 C_T の中で検出力 (関数) $\gamma_{C_T}(\theta)$ $(\theta \in \omega^c)$ を (一様に) 最大にする棄却域 C_T^* を選ぶことが望ましい (補遺 A.9.2 節参照)．なお，仮説，対立仮説がともにそれぞれ θ_0，θ_1 の 1 点から成る場合に，単純仮説 (simple hypothesis)，単純対立仮説という．これに対して，2 点以上から成る仮説，対立仮説を**複合仮説** (composite hypothesis)，**複合対立仮説**という．たとえば，$\Theta \subset \boldsymbol{R}^1$ とするとき，仮説 H，対立仮説 K として

$$(1) H: \theta = \theta_0,\ K: \theta > \theta_0; \qquad (1') H: \theta = \theta_0,\ K: \theta < \theta_0$$

$$(2) H: \theta \leq \theta_0,\ K: \theta > \theta_0; \qquad (2') H: \theta \geq \theta_0,\ K: \theta < \theta_0$$

$$(3) H: \theta = \theta_0,\ K: \theta \neq \theta_0$$

などが考えられ，それらを検定することを対立仮説 K における θ の範囲から (1)，(2) については**右片側検定**，(1′), (2′) については**左片側検定**，(3) については**両側検定**という．

注意 9.1.2　仮説検定と区間推定は密接な関係があり，(3) に関する両側検定を行っ

たとき，受容域は第 8 章の信頼係数 $1-\alpha$ の信頼域に対応している (補遺の A.9.1 節参照)．特に受容域が区間として表される場合には，信頼区間に対応する．したがって，信頼区間 (域) は理論的には検定の受容域から導出され，検定の良さの基準はそのまま信頼区間にも適応され得る．

9.2　母平均の検定

仮説検定問題において，望ましい棄却域は片側検定，両側検定によって異なる．

(I) 正規母集団分布 $N(\mu,\sigma^2)$ の母平均 μ の仮説検定問題

(i)$_\mu$　σ^2 が既知の場合　　平均 μ に関して (1) の型の

$$\boldsymbol{H:\mu=\mu_0},\quad \boldsymbol{K:\mu>\mu_0}$$

の水準 α の仮説検定問題を考える．まず，$N(\mu,\sigma^2)$ からの無作為標本を $X_1,\cdots,X_n$ とする．このとき，H の下で，標本平均 $\bar{X}=\sum_{i=1}^n X_i/n$ が $N(\mu_0,\sigma^2/n)$ に従うから，統計量 $Z=\sqrt{n}\left(\bar{X}-\mu_0\right)/\sigma$ は $N(0,1)$ に従う．この分布は μ_0 に無関係であることに注意．次に，対立仮説が $K:\mu>\mu_0$ であるから，$\bar{X}$ に基づく棄却域として $C_{\bar{X}}=(a,\infty)$ の形の区間をとる．このとき，水準が α であるから，a の値は

$$\alpha=\alpha_{C_{\bar{X}}}=P_{\bar{X}}^H\left\{\bar{X}>a\right\}=P_Z^H\left\{Z>\sqrt{n}(a-\mu_0)/\sigma\right\}$$

より，$N(0,1)$ の上側 100α %点 u_α，すなわち $P_Z^H\{Z>u_\alpha\}=\alpha$ となる u_α をとれば，$a=\mu_0+u_\alpha(\sigma/\sqrt{n})$ になる．よって，棄却域は $C_{\bar{X}}=(\mu_0+u_\alpha(\sigma/\sqrt{n}),\infty)$ になるから，$\boldsymbol{X}$ の実現値を $\boldsymbol{x}=(x_1,\cdots,x_n)$ とするとき，$\bar{x}=\sum_{i=1}^n x_i/n$ について

$$\bar{x}>\mu_0+u_\alpha(\sigma/\sqrt{n})\Longrightarrow H\text{ を棄却},$$

$$\bar{x}\leq\mu_0+u_\alpha(\sigma/\sqrt{n})\Longrightarrow H\text{ を受容}$$

という検定を行う．また，$\bar{X}$ を Z に変換して考えると，Z に基づく棄却域は $C_Z=(u_\alpha,\infty)$ になり，$\boldsymbol{X}=\boldsymbol{x}$ に対して $z=\sqrt{n}(\bar{x}-\mu_0)/\sigma$ とおいて

$$z>u_\alpha\Longrightarrow H\text{ を棄却},$$

$$z\leq u_\alpha\Longrightarrow H\text{ を受容}$$

という検定を行ってもよい．さらに，確率

$$P_Z^H\left\{Z>\frac{\sqrt{n}(\bar{x}-\mu_0)}{\sigma}\right\}=1-\Phi\left(\frac{\sqrt{n}(\bar{x}-\mu_0)}{\sigma}\right)$$

の値をこの検定の **$\boldsymbol{p}$ 値**[6)] (p-value) または**確率値**という．

一方，上の棄却域 $C_{\bar{X}}$ による検定の検出力関数は，$\mu>\mu_0$ について

$$\gamma_{C_{\bar{X}}}(\mu)=1-\beta_{C_{\bar{X}}}=P_{\bar{X}}^K\left\{\bar{X}>\mu_0+u_\alpha\frac{\sigma}{\sqrt{n}}\right\}$$

$$=\Phi\left(-u_\alpha-\frac{\sqrt{n}(\mu_0-\mu)}{\sigma}\right)$$

になる．ただし，Φ は $N(0,1)$ の c.d.f. とする．

次に $(1')$ の型の仮説 $H:\mu=\mu_0$，$K:\mu<\mu_0$ の水準 α の検定についても，(1) の型の場合と同様にできる (表 9.2.1 参照)．また，(2)，$(2')$ の型の仮説検定問題については，それぞれ (1)，$(1')$ の型の場合と同様の棄却域をもつ検定を行えばよい．

次に，(3) の型の両側検定の場合には，**仮説 $\boldsymbol{H:\mu=\mu_0}$** に対して**対立仮説**が $\boldsymbol{K:\mu\neq\mu_0}$ の形の検定問題であるから，標本平均 $\bar{X}$ に基づく棄却域として $C_{\bar{X}}=(-\infty,b')\cup(b,\infty)$ の形をとる．ただし，$b'<b$ とする．このとき，水準が α であるから

$$\alpha=P_{\bar{X}}^H\left\{\bar{X}<b',\bar{X}>b\right\}=P_{\bar{X}}^H\left\{\bar{X}<b'\right\}+P_{\bar{X}}^H\left\{\bar{X}>b\right\}$$

$$=P_Z^H\left\{Z<\sqrt{n}(b'-\mu_0)/\sigma\right\}+P_Z^H\left\{Z>\sqrt{n}(b-\mu_0)/\sigma\right\}$$

とするために，Z の p.d.f. が対称であることを考慮に入れて，

$$\sqrt{n}(b'-\mu_0)/\sigma=-u_{\alpha/2},\quad \sqrt{n}(b-\mu_0)/\sigma=u_{\alpha/2}$$

となる b，b' をとる．よって棄却域は

$$C_{\bar{X}}=\left(-\infty,\mu_0-u_{\alpha/2}(\sigma/\sqrt{n})\right)\cup\left(\mu_0+u_{\alpha/2}(\sigma/\sqrt{n}),\infty\right)$$

になる．また，(1) の場合と同様にして，Z に基づく棄却域として

$$C_Z=(-\infty,-u_{\alpha/2})\cup(u_{\alpha/2},\infty)$$

となる．あとは，(1)，$(1')$ の場合と同様にして検定すればよい．

一方，上の棄却域 $C_{\bar{X}}$ による検定の検出力は，$\mu\neq\mu_0$ について

---

6) 一般に，水準 α の仮説検定問題において，棄却域を $C_T(\alpha)$ とするとき，$T=t$ について $p(t)=\inf\{\alpha|t\in C_T(\alpha)\}$ を (t による)**$\boldsymbol{p}$ 値**という．

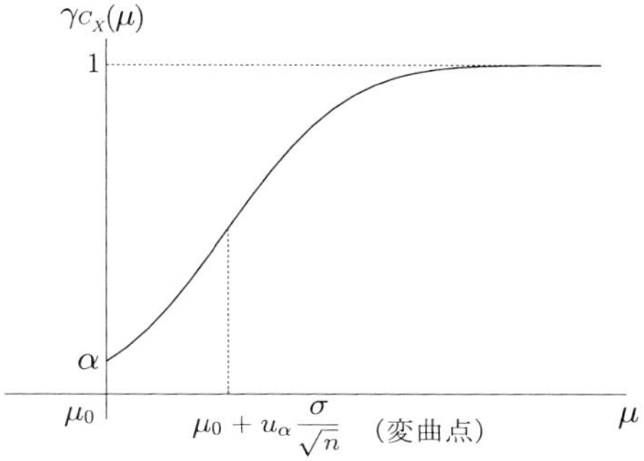

図 9.2.1　$H : \mu = \mu_0$，$K : \mu > \mu_0$ の水準 α の検定問題における棄却域 $C_{\bar{X}}$ による検定の検出力 $\gamma_{C_{\bar{X}}}(\mu) = \Phi\left(-u_\alpha - \frac{\sqrt{n}(\mu_0-\mu)}{\sigma}\right)$ のグラフ

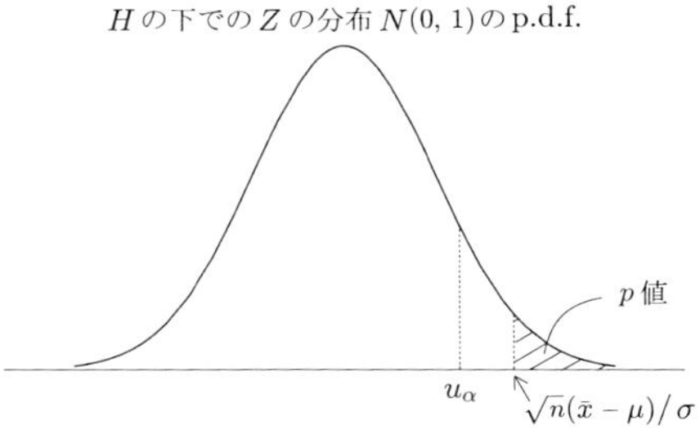

図 9.2.2　標本 $\boldsymbol{X}$ の実現値 $\boldsymbol{x}$ について，検定統計量 Z による p 値，すなわち確率 $P_Z^H\{Z > \sqrt{n}(\bar{x} - \mu_0)/\sigma\} = 1 - \Phi(\sqrt{n}(\bar{x} - \mu_0)/\sigma)$

$$\begin{aligned}\gamma_{C_{\bar{X}}}(\mu) &= 1 - \beta_{C_{\bar{X}}}(\mu) \\ &= \Phi\left(-u_{\alpha/2} + \frac{\sqrt{n}(\mu_0 - \mu)}{\sigma}\right) + \Phi\left(-u_{\alpha/2} - \frac{\sqrt{n}(\mu_0 - \mu)}{\sigma}\right)\end{aligned}$$

になる．以上のことをまとめると，表 9.2.1 のようになる．

注意 9.2.1　上記の μ に関する仮説 (1)，(1′) の型の片側検定問題において用いた棄却域をもつ検定は，水準 α の検定の中で検出力関数を一様に最大にする検定 (一様最強力検定) になる．また，仮説 (3) の型の両側検定問題においては，水準 α の一様最強力検定は存在しないが，上記で用いた棄却域をもつ検定は，水準 α の検定をさらに制限したものの中で検出力関数を一様に最大にする検定になる (補遺の A.9.2 節参照)．

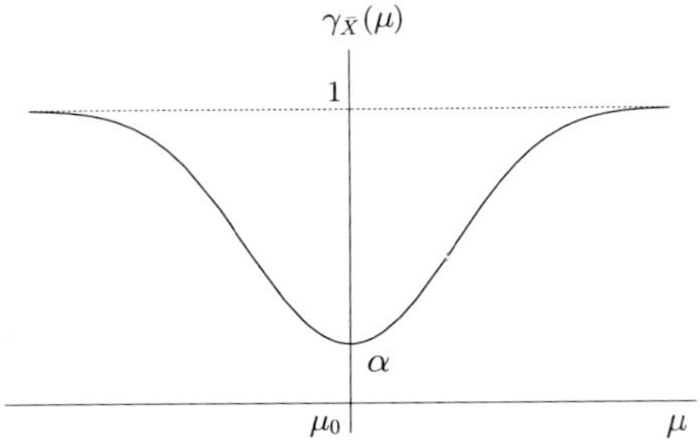

図 9.2.3　$H : \mu = \mu_0$，$K : \mu \neq \mu_0$ の水準 α の検定問題における棄却域 $C_{\bar{X}}$ による検定の検出力 $\gamma_{C_{\bar{X}}}(\mu)$

表 9.2.1　正規母集団分布 $N(\mu, \sigma^2)$ の σ^2 が既知の場合 $(\mathrm{i})_\mu$ に，$\bar{X}$ または $Z = \sqrt{n}(\bar{X} - \mu_0)/\sigma$ に基づく仮説 $H : \mu = \mu_0$, 対立仮説 K の水準 α の検定

K	棄却域	
	$C_{\bar{X}}$	C_Z
$\mu > \mu_0$	$(\mu_0 + u_\alpha \frac{\sigma}{\sqrt{n}}, \infty)$	(u_α, ∞)
$\mu < \mu_0$	$(-\infty, \mu_0 - u_\alpha \frac{\sigma}{\sqrt{n}})$	$(-\infty, -u_\alpha)$
$\mu \neq \mu_0$	$(-\infty, \mu_0 - u_{\alpha/2} \frac{\sigma}{\sqrt{n}}) \cup (\mu_0 + u_{\alpha/2} \frac{\sigma}{\sqrt{n}}, \infty)$	$(-\infty, -u_{\alpha/2}) \cup (-u_{\alpha/2}, \infty)$

K	検出力関数 $\gamma(\mu)$
$\mu > \mu_0$	$\Phi\left(-u_\alpha - \frac{\sqrt{n}}{\sigma}(\mu_0 - \mu)\right)$
$\mu < \mu_0$	$\Phi\left(-u_\alpha + \frac{\sqrt{n}}{\sigma}(\mu_0 - \mu)\right)$
$\mu \neq \mu_0$	$\Phi\left(-u_{\alpha/2} + \frac{\sqrt{n}}{\sigma}(\mu_0 - \mu)\right) + \Phi\left(-u_{\alpha/2} + \frac{\sqrt{n}}{\sigma}(\mu_0 - \mu)\right)$

例 9.2.1　あるクラスの学生の統計学の成績(点数表示)が，正規分布 $N(\mu, \sigma^2)$ に従っているとする．このとき，$\sigma^2 = 100$ として，仮説 $H : \mu = 60$，対立仮説 $K : \mu < 60$ の水準 0.05 の検定問題を考える．そこで，実際にテストを実施して，このクラスから 16 名の学生を無作為に抽出して，それらの学生のテストの平均点 $\bar{x}$ を計算したところ，$\bar{x} = 55$ であった．そこで，$u_{0.05} \fallingdotseq 1.645$, $\bar{x} = 55$ より $z = 4(55 - 60)/10 = -2 < -1.645$ となるから，表 9.2.1 より仮説 H は棄却される．また，この検定における p 値は脚注 6) より $\Phi(-2) \fallingdotseq 0.02$ になる．さらに，この検定の検出力は，表 9.2.1 より $\mu < 60$ について

$$\gamma(\mu) = \Phi\left(-1.645 + \frac{2(60-\mu)}{5}\right)$$

となり，たとえば $\mu = 54$ のとき，その検出力は $\gamma(54) \fallingdotseq 0.775$ になる．

(ii)$_\mu$　$\boldsymbol{\sigma^2}$ が未知の場合　　平均 μ に関して (1) の型の

$$\boldsymbol{H : \mu = \mu_0}, \quad \boldsymbol{K : \mu > \mu_0}$$

の水準 α の仮説検定問題を考える．まず，$N(\mu, \sigma^2)$ からの無作為標本を $X_1, \cdots, X_n$ とする．このとき，仮説 H の下では，$\sqrt{n}(\bar{X} - \mu_0)/\sigma$ は $N(0,1)$ に従うが，σ^2 が未知であるからこれを検定統計量として用いることはできない．そこで，σ^2 の不偏推定量 $S_0^2 = \sum_{i=1}^n (X_i - \bar{X})^2 / (n-1)$ をとり，σ の代わりに $S_0 = \sqrt{S_0^2}$ を用いて，検定統計量

$$T_n = \sqrt{n}(\bar{X} - \mu_0) / S_0$$

を考えると，これは H の下では自由度 $n-1$ の t 分布 (t_{n-1} 分布) に従う[7] (補遺の例 A.5.5.2 参照)．この分布は μ_0 に無関係であることに注意．また，この分布の密度関数 $f_{T_n}(t)$ は $t=0$ に関して対称であるから，正規分布 $N(0,1)$ に従う統計量 Z の場合と同様にして，T_n に基づく棄却域として，$C_{T_n} = (a, \infty)$ の形の区間をとる．このとき，(i)$_\mu$ の場合と同様にして，水準が α であるから，a の値として $\alpha = \alpha_{C_{T_n}} = P_{T_n}^H\{T_n > a\}$ より，t_{n-1} 分布の上側 100α %点 $t_\alpha(n-1)$ をとればよい．よって，棄却域は区間

$$C_{T_n} = (t_\alpha(n-1), \infty)$$

になる．そこで，$\boldsymbol{X}$ の実現値を $\boldsymbol{x} = (x_1, \cdots, x_n)$ とするときの T_n の値を t_n^* として

$$\begin{aligned} t_n^* > t_\alpha(n-1) &\Longrightarrow H \text{ を棄却}, \\ t_n^* \leq t_\alpha(n-1) &\Longrightarrow H \text{ を受容} \end{aligned} \tag{9.2.1}$$

という検定を行う．また，t_{n-1} 分布の c.d.f. を G_{n-1} とするとき，この検定の p 値は

$$P_{T_n}\{T_n > t_n^*\} = 1 - G_{n-1}(t_n^*) \tag{9.2.2}$$

になる．さらに，この検定の検出力関数は，$\mu > \mu_0$ について

[7] このように，t 分布に従う統計量を **$\boldsymbol{t}$ 統計量** (t-statistic) ともいう．

$$\begin{aligned}\gamma_{C_{T_n}}(\mu) &= 1-\beta_{C_{T_n}} = P_{T_n}^K\{T_n > t_\alpha(n-1)\} \\ &= P_{\bar{X}}^K\left\{\frac{\sqrt{n}(\bar{X}-\mu)}{S_0} > t_\alpha(n-1) + \frac{\sqrt{n}(\mu_0-\mu)}{S_0}\right\} \\ &= 1-G_{n-1}\left(t_\alpha(n-1)+\frac{\sqrt{n}(\mu_0-\mu)}{S_0}\right) \\ &= G_{n-1}\left(-t_\alpha(n-1)-\frac{\sqrt{n}(\mu_0-\mu)}{S_0}\right) \qquad (9.2.3)\end{aligned}$$

になる.

他の $(1')$〜(3) の型の仮説検定問題についても，検定統計量が仮説 H の下で $N(0,1)$ に従う Z から t_{n-1} 分布に従う T_n に代わっただけで，本質的に同様にして検定を行えばよい．なお，t_{n-1} 分布は標本の大きさ n に依存していることに注意.

さらに，(2)，$(2')$ の型の仮説検定問題については，それぞれ (1)，$(1')$ の型の仮説検定の場合と同様の棄却域をもつ検定を行えばよい．そして，$(\mathrm{ii})_\mu$ の場合に用いた棄却域をもつ検定の妥当性についても，検出力を最大にするという意味で望ましいものと考えられる (補遺 A.9.2 節参照).

表 9.2.2　正規母集団分布 $N(\mu,\sigma^2)$ の σ^2 が未知の場合 $(\mathrm{ii})_\mu$ に，$T_n=\sqrt{n}(\bar{X}-\mu_0)/S_0$ に基づく仮説 $H:\mu=\mu_0$，対立仮説 K の水準 α の検定．ただし，G_{n-1} は t_{n-1} 分布の c.d.f.

K	T_n に基づく棄却域 C_{T_n}
$\mu>\mu_0$	$(t_\alpha(n-1),\infty)$
$\mu<\mu_0$	$(-\infty,-t_\alpha(n-1))$
$\mu\neq\mu_0$	$(-\infty,-t_{\alpha/2}(n-1))\cup(t_{\alpha/2}(n-1),\infty)$

K	検出力関数
$\mu>\mu_0$	$G_{n-1}\left(-t_\alpha(n-1)-\frac{\sqrt{n}(\mu_0-\mu)}{S_0}\right)$
$\mu<\mu_0$	$G_{n-1}\left(-t_\alpha(n-1)+\frac{\sqrt{n}(\mu_0-\mu)}{S_0}\right)$
$\mu\neq\mu_0$	$G_{n-1}\left(-t_{\alpha/2}(n-1)+\frac{\sqrt{n}(\mu_0-\mu)}{S_0}\right)+G_{n-1}\left(-t_{\alpha/2}(n-1)-\frac{\sqrt{n}(\mu_0-\mu)}{S_0}\right)$

例 9.2.1(続)　そのクラスの学生の統計学のテストの成績が，正規分布 $N(\mu,\sigma^2)$ に従っていて，σ^2 が未知として，仮説 $H:\mu=60$，対立仮説 $K:\mu<60$ の水準

0.05 の検定を考える．そこで，実際にテストを行って，無作為抽出された学生 16 名について，その平均点が $\bar{x} = 55$ であり，その不偏分散 S_0^2 の値が $s_0^2 = (10.5)^2$ であった．そこで，t_{15} 分布の上側 5 %点は t 分布表から $t_{0.05}(15) \fallingdotseq 1.75$ であり，検定統計量 T_{16} の実現値による値を t_{16}^* とすると

$$t_{16}^* = 4(55-60)/10.5 \fallingdotseq -1.90 < -1.75 \fallingdotseq -t_{0.05}(15)$$

より，(9.2.1) から仮説 H は棄却される．また，この検定における p 値は (9.2.2) より，$G_{15}(t_{16}^*) = G_{15}(-1.90) \fallingdotseq 0.04$ になる．さらに，この検定の検出力は (9.2.3) より，$\mu < 60$ について

$$\gamma(\mu) = G_{15}\left(-1.75 + \frac{4(60-\mu)}{10.5}\right)$$

となり，たとえば $\mu = 58$ のとき，その検出力は $\gamma(58) \fallingdotseq G_{15}(-0.99) \fallingdotseq 0.17$ になる．

(II) 平均 μ，分散 σ^2 をもつ (母集団) 分布 $P(\mu, \sigma^2)$ の母平均 μ の仮説検定問題

$(\mathrm{i}')_\mu$ σ^2 が既知の場合　平均 μ に関して (1) の型の $\boldsymbol{H : \mu = \mu_0}$，$\boldsymbol{K : \mu > \mu_0}$ の水準 α の仮説検定問題を考える．まず，平均 μ，分散 σ^2 をもつ母集団分布からの無作為標本を $X_1, \cdots, X_n$ とする．このとき，H の下で統計量

$$Z = \frac{\sqrt{n}(\bar{X} - \mu_0)}{\sigma} \tag{9.2.4}$$

は，中心極限定理から，Z は n が大きいとき漸近的に正規分布 $N(0,1)$ に従う (第 6.2 節参照)．よって，n が大きいときに，その検定は $(\mathrm{i})_\mu$ の場合に帰着される (表 9.2.1 参照)．他の型の仮説検定問題についても，n が大きいときにその検定は $(\mathrm{i})_\mu$ の場合に帰着される．

$(\mathrm{ii}')_\mu$ σ^2 が未知の場合　$(\mathrm{i}')_\mu$ の場合と同じ仮説検定問題を考える．まず，平均 μ，分散 σ^2 をもつ母集団分布からの無作為標本 $X_1, \cdots, X_n$ に基づく (σ^2 の) 不偏推定量 S_0^2 は，$n \to \infty$ のとき，σ^2 に確率収束する (注意 6.1.7 参照)．よって，中心極限定理より (9.2.4) において σ の代わりに S_0 を置き換えた統計量

$$Z_n = \frac{\sqrt{n}(\bar{X} - \mu_0)}{S_0} \tag{9.2.5}$$

も，H の下で n が大きいとき漸近的に $N(0,1)$ に従う (演習問題 6-7 参照)．なお，n が大きい場合を考えているので，(9.2.5) において S_0 の代わりに，$S = \sqrt{\sum_{i=1}^{n}(X_i - \bar{X})^2/n}$ を用いてもよい．ゆえに，n が大きいときに，その検定は $(\mathrm{i})_\mu$ の場合に帰着される (表 9.2.1 参照)．他の型の仮説検定問題についても，n が大きいとき $(\mathrm{i})_\mu$ の場合に帰着される．

例 9.2.2　ある大学の 1 年生の統計学の受講者の成績 (点数表示) が，平均 μ，分散 σ^2 をもつ分布に従っているとする．ただし，μ，σ^2 は未知とする．このとき，仮説 $H : \mu = 55$，対立仮説 $K : \mu \neq 55$ の水準 0.05 の検定問題を考える．そこで実際にテストを実施して，144 名を無作為に抽出して，それらの学生のテストの成績を $x_1, \cdots, x_{144}$ とすると，標本平均の値は $\bar{x} = 57.2$，不偏分散の値は $s_0^2 = (10.8)^2$ であった．このとき，標本の大きさは大きいと見なせるから，この検定は $(\mathrm{ii}')_\mu$ の場合になる．そこで，$u_{0.025} \fallingdotseq 1.96$ と (9.2.5) の Z_{144} の実現値による値を比較すると，$z_{144} \fallingdotseq 2.4 > 1.96$ となるから，$(\mathrm{i})_\mu$ の場合に帰着させれば，仮説 H は棄却される．

次に，**2 標本問題** (two-sample problem)，すなわち 2 組のデータの分布の比較問題を考えてみよう．

9.3　平均の差の検定

いま，2 つの正規母集団分布 $N(\mu_1, \sigma_1^2)$，$N(\mu_2, \sigma_2^2)$ について，それらの平均 μ_1，μ_2 の間の差に関する仮説検定問題を考える．

$(\mathrm{i})_{\mu_1,\mu_2}$　σ_1^2，σ_2^2 がともに既知の場合　　このとき

$$\text{仮説 } \boldsymbol{H : \mu_1 = \mu_2}, \quad \text{対立仮説 } \boldsymbol{K : \mu_1 \neq \mu_2}$$

の水準 α の検定問題を考える．そこで，2 つの正規分布 $N(\mu_1, \sigma_1^2)$，$N(\mu_2, \sigma_2^2)$ からのそれぞれ大きさ n_1，n_2 の無作為標本を $X_{11}, \cdots, X_{1n_1}; X_{21}, \cdots, X_{2n_2}$ とし，それらはすべてたがいに独立とする．次に，仮説 H の下では $\bar{X}_1 = (1/n_1)\sum_{i=1}^{n_1} X_{1i}$，$\bar{X}_2 = (1/n_2)\sum_{i=1}^{n_2} X_{2i}$ はたがいに独立にそれぞれ $N(\mu_1, \sigma_1^2/n_1)$，$N(\mu_2, \sigma_2^2/n_2)$ に従うから

$$Z = \left(\bar{X}_1 - \bar{X}_2\right) \Bigg/ \sqrt{\frac{\sigma_1^2}{n_1} + \frac{\sigma_2^2}{n_2}} \sim N(0,1) \tag{9.3.1}$$

になり，Z の分布は μ_1，μ_2 には無関係になる．そして，対立仮説が $K: \mu_1 \neq \mu_2$ であるから，Z に基づく棄却域として

$$C_Z = (-\infty, -u_{\alpha/2}) \cup (u_{\alpha/2}, \infty) \tag{9.3.2}$$

をとればよい．また，**仮説 $\boldsymbol{H: \mu_1 = \mu_2}$，対立仮説 $\boldsymbol{K: \mu_1 > \mu_2}$** の水準 α の検定問題については，Z に基づく棄却域として

$$C_Z = (u_\alpha, \infty) \tag{9.3.3}$$

をとり，さらに，**仮説 $\boldsymbol{H: \mu_1 = \mu_2}$，対立仮説 $\boldsymbol{K: \mu_1 < \mu_2}$** の水準 α の検定問題については，Z に基づく棄却域として

$$C_Z = (-\infty, -u_\alpha) \tag{9.3.4}$$

をとればよい．

(ii)$_{\mu_1,\mu_2}$　$\boldsymbol{\sigma_1^2 = \sigma_2^2 = \sigma^2}$ で $\boldsymbol{\sigma^2}$ が未知の場合　　このとき

仮説 $\boldsymbol{H: \mu_1 = \mu_2}$，　対立仮説 $\boldsymbol{K: \mu_1 \neq \mu_2}$

の水準 α の検定問題を考える．(i)$_{\mu_1,\mu_2}$ の場合の 2 標本 $X_{11}, \cdots, X_{1n_1}; X_{21}, \cdots, X_{2n_2}$ について

$$S_{01}^2 = \frac{1}{n_1 - 1}\sum_{i=1}^{n_1}\left(X_{1i} - \bar{X}_1\right)^2, \quad S_{02}^2 = \frac{1}{n_2 - 1}\sum_{i=1}^{n_2}\left(X_{2i} - \bar{X}_2\right)^2 \tag{9.3.5}$$

とおくと，$(n_1 - 1)S_{01}^2/\sigma^2$, $(n_2 - 1)S_{02}^2/\sigma^2$ はたがいに独立に，それぞれ $\chi_{n_1-1}^2$ 分布，$\chi_{n_2-1}^2$ 分布に従うから，カイ 2 乗分布の再生性より

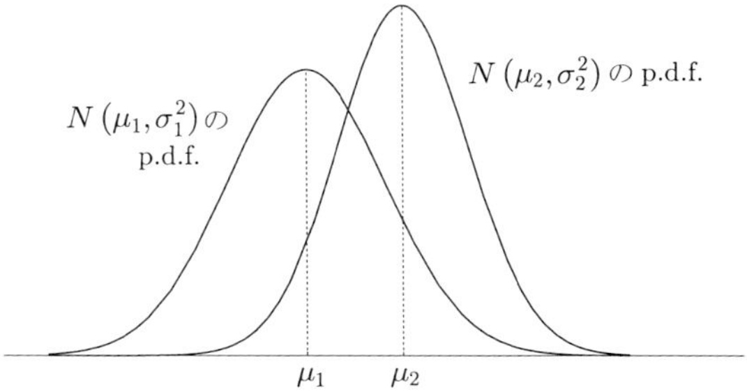

図 9.3.1　対立仮説 $K: \mu_1 \neq \mu_2$ の下での母集団分布

$$\frac{1}{\sigma^2}\left\{(n_1-1)S_{01}^2+(n_2-1)S_{02}^2\right\}\sim\chi^2_{n_1+n_2-2}\text{分布}$$

になる．よって，(9.3.1) と補遺の例 A.5.5.2 より，仮説 H の下で

$$T=\frac{Z}{\sqrt{\left\{(n_1-1)S_{01}^2+(n_2-1)S_{02}^2\right\}/(n_1+n_2-2)\sigma^2}}$$

$$=\frac{\bar{X}_1-\bar{X}_2}{\sqrt{\left(\frac{1}{n_1}+\frac{1}{n_2}\right)\frac{(n_1-1)S_{01}^2+(n_2-1)S_{02}^2}{n_1+n_2-2}}}\sim t_{n_1+n_2-2}\text{分布} \qquad (9.3.6)$$

になる．この分布は μ_1，μ_2，σ^2 に無関係であることに注意．ゆえに，対立仮説 $K:\mu_1\neq\mu_2$ より，T に基づく棄却域として

$$C_T=\left(-\infty,-t_{\alpha/2}(n_1+n_2-2)\right)\cup\left(t_{\alpha/2}(n_1+n_2-2),\infty\right)$$

をとればよい．ただし，$t_\alpha(n_1+n_2-2)$ は $t_{n_1+n_2-2}$ 分布の上側 100α %点とする．

また，仮説 $H:\mu_1=\mu_2$ に対して対立仮説 K を $\mu_1>\mu_2$ または $\mu_1<\mu_2$ とするときも $(\mathrm{i})_{\mu_1,\mu_2}$ と同様にすればよい．以上のことをまとめると表 9.3.1，表 9.3.2 のようになる．なお，上記の棄却域をもつ検定の妥当性については，補遺の A.9.3 節参照．

表 9.3.1　2つの母集団分布 $N(\mu_1,\sigma_1^2)$，$N(\mu_2,\sigma_2^2)$ の σ_1^2，σ_2^2 がともに既知の場合 $(\mathrm{i})_{\mu_1,\mu_2}$ に，水準 α の μ_1，μ_2 に関する $Z=\frac{\bar{X}_1-\bar{X}_2}{\sqrt{(\sigma_1^2/n_1)+(\sigma_2^2/n_2)}}$ に基づく検定

仮説 H	対立仮説 K	棄却域 C_Z
$\mu_1=\mu_2$	$\mu_1\neq\mu_2$	$(-\infty,-u_{\alpha/2})\cup(u_{\alpha/2},\infty)$
	$\mu_1>\mu_2$	$(u_{\alpha/2},\infty)$
	$\mu_1<\mu_2$	$(-\infty,-u_{\alpha/2})$

$(\mathrm{i})_{\mu_1,\mu_2}$，$(\mathrm{ii})_{\mu_1,\mu_2}$ の場合の他に，σ_1^2, σ_2^2 に条件を仮定しない場合に上記のような仮説検定問題は，**ベーレンス・フィッシャー** (Behrens–Fisher) **問題**と呼ばれ今日までいろいろ論じられている．

例 8.3.1(続)　2大学 A，B の新入生の男子の身長は，それぞれ $N(\mu_A,(5.5)^2)$，$N(\mu_B,(5.3)^2)$ に従うとし，μ_A，μ_B は未知とする．このとき

$$\text{仮説 } H:\mu_A=\mu_B,\quad \text{対立仮説 } K:\mu_A\neq\mu_B$$

の水準 0.05 の検定問題を考える．そこで，大学 A，B の新入生の男子から，そ

表 9.3.2 2つの母集団分布 $N(\mu_1, \sigma^2)$，$N(\mu_2, \sigma^2)$ の σ^2 が未知の場合 $(\mathrm{ii})_{\mu_1,\mu_2}$ に，水準 α の μ_1，μ_2 に関する (9.3.6) の統計量 T に基づく検定

仮説 H	対立仮説 K	棄却域 C_T
$\mu_1 = \mu_2$	$\mu_1 \neq \mu_2$	$(-\infty, -t_{\alpha/2}(n_1+n_2-2)) \cup (t_{\alpha/2}(n_1+n_2-2), \infty)$
	$\mu_1 > \mu_2$	$(t_\alpha(n_1+n_2-2), \infty)$
	$\mu_1 < \mu_2$	$(-\infty, -t_\alpha(n_1+n_2-2))$

れぞれ30名，28名を無作為抽出して身長を測定してそれぞれの標本平均値を求めたところ $\bar{x}_A = 172.3$, $\bar{x}_B = 170.5$ であった．(9.3.1) より，Z の実現値は

$$Z = (172.3 - 170.5) \bigg/ \sqrt{\frac{(5.5)^2}{30} + \frac{(5.3)^2}{28}} \fallingdotseq 1.27$$

になる．一方，$u_{0.025} \fallingdotseq 1.96$ であるから，Z に基づく棄却域は $C_Z = (1.96, \infty)$ になる．よって，$1.27 \notin C_Z$ により，仮説 H は受容され，このデータからは大学 A，B の新入生の男子の身長の平均が等しいことは妥当なものと言える．

次に，一般に，**平均 $\boldsymbol{\mu_i}$，分散 $\boldsymbol{\sigma_i^2}$ をもつ (母集団) 分布 $\boldsymbol{P(\mu_i, \sigma_i^2)}$ $\boldsymbol{(i = 1, 2)}$** について

$$\textbf{仮説 } \boldsymbol{H : \mu_1 = \mu_2}, \quad \textbf{対立仮説 } \boldsymbol{K : \mu_1 \neq \mu_2}$$

の水準 α の検定問題を考える．そこで，2つの母集団分布 $P(\mu_1, \sigma_1^2)$，$P(\mu_2, \sigma_2^2)$ からのそれぞれ大きさ n_1，n_2 の無作為標本を $X_{11}, \cdots, X_{1n_1}; X_{21}, \cdots, X_{2n_2}$ とし，それらはすべてたがいに独立とする．まず，σ_1^2，σ_2^2 がともに既知の場合には，n_1，n_2 が十分大きいとき，中心極限定理より仮説 $H : \mu_1 = \mu_2$ の下で，(9.3.1) で定義された統計量 Z は漸近的に $N(0, 1)$ に従うから，正規母集団分布の場合の $(\mathrm{i})_{\mu_1,\mu_2}$ に帰着される．また，σ_1^2，σ_2^2 が未知の場合には (9.3.1) の Z の σ_1^2，σ_2^2 の代わりにそれぞれ (9.3.5) で定義された S_{01}^2，S_{02}^2 を用いれば，n_1，n_2 が大きいとき，中心極限定理により仮説 $H : \mu_1 = \mu_2$ の下で，統計量

$$Z_{n_1,n_2} = \left(\bar{X}_1 - \bar{X}_2\right) \bigg/ \sqrt{(S_{01}^2/n_1) + (S_{02}^2/n_2)}$$

は漸近的に $N(0, 1)$ に従うから，正規母集団分布の場合の $(\mathrm{i})_{\mu_1,\mu_2}$ の場合に帰着され，棄却域として (9.3.2) をとればよい．また，対立仮説 K が $\mu_1 > \mu_2$ の

とき棄却域として (9.3.3)，K が $\mu_1 < \mu_2$ のとき棄却域として (9.3.4) をとればよい (表 9.3.1 参照).

9.4　比率の検定

ベルヌーイ分布 $\mathrm{Ber}(p)$，すなわち 2 項分布 $B(1,p)$ の母数 p $(0 < p < 1)$ について，

$$\textbf{仮説 } \boldsymbol{H : p = p_0},\quad \textbf{対立仮説 } \boldsymbol{K : p > p_0}$$

の水準 α の検定問題を考える．ただし，$0 < p_0 < 1$ とする．そこで，$\mathrm{Ber}(p)$ からの大きさ n の無作為標本を $X_1, \cdots, X_n$ とすれば，その和 $Y_n = \sum_{i=1}^n X_i$ は 2 項分布 $B(n,p)$ に従う．よって，仮説 H の下で，Y_n は $B(n, p_0)$ に従い，対立仮説は $p > p_0$ であるから，Y_n に基づく棄却域として

$$C_{Y_n} = \{k, k+1, \cdots, n\}$$

をとればよい．ただし，k は $0 \leq k \leq n$ を満たすある整数とする．ここで，水準が α であるから，$P_{Y_n}^H\{Y_n \geq k\} \leq \alpha$ となる k の最小値を k_0 とし，棄却域として $C_{Y_n} = \{k_0, k_0+1, \cdots, n\}$ をとる．よって，$\boldsymbol{X} = (X_1, \cdots, X_n)$ の実現値 $\boldsymbol{x} = (x_1, \cdots, x_n)$ について，Y_n の値を $y_n = \sum_{i=1}^n x_i$ として

$$y_n \in C_{Y_n} \Longrightarrow H \text{ を棄却},$$

$$y_n \notin C_{Y_n} \Longrightarrow H \text{ を受容}$$

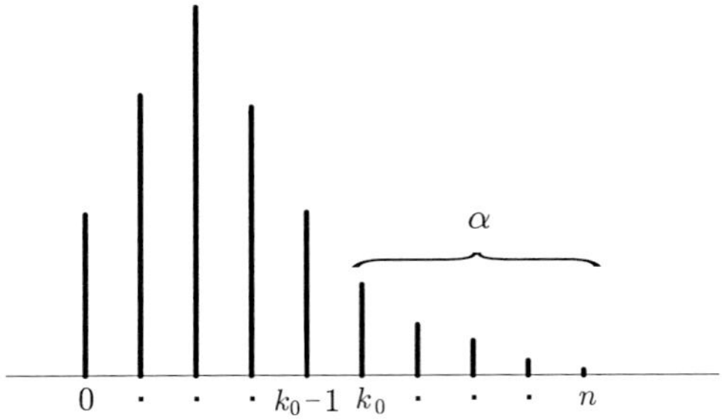

図 9.4.1　$H : p = p_0$ の下での Y_n の分布 $B(n, p_0)$ の p.m.f.

という検定を行う．また，**仮説 $\boldsymbol{H : p = p_0}$，対立仮説 $\boldsymbol{K : p < p_0}$** の水準 α の検定問題については $P_{Y_n}^H\{Y_n \leq k\} \leq \alpha$ となる k の最大値を k_0 とし，棄却域として

$$C_{Y_n} = \{0, 1, \cdots, k_0\}$$

をとる．さらに，**仮説 $\boldsymbol{H : p = p_0}$，対立仮説 $\boldsymbol{K : p \neq p_0}$** の水準 α の検定問題については $P_{Y_n}^H\{Y_n \leq k\} \leq \alpha/2$ となる k の最大値を k_1 とし，$P_{Y_n}^H\{Y_n \geq k\} \geq \alpha/2$ となる k の最小値を k_2 とすれば，棄却域として

$$C_{Y_n} = \{0, 1, \cdots, k_1\} \cup \{k_2, k_2 + 1, \cdots, n\}$$

をとればよい．

注意 9.4.1　2 項分布のような離散型分布の場合には $P_{Y_n}^H\{Y_n \geq k\} = \alpha$ となる k を一般には得ることはできない．一般に，そのような k の値を求めるためには，検定を確率化する必要がある (定理 A.9.2.2，例 A.9.2.2 参照).

次に，**大標本の場合**，すなわち標本数が大きい場合について考える．まず，$X_1, \cdots, X_n$ は $\mathrm{Ber}(p)$ からの無作為標本であるから

$$E(X_i) = p, \quad V(X_i) = p(1-p) \quad (i = 1, \cdots, n)$$

であり，n が大きいとき，中心極限定理より $\bar{X} = \sum_{i=1}^n X_i/n$ について $(\bar{X} - p)/\sqrt{pq/n}$ は漸近的に $N(0,1)$ に従う．いま，$X_1, \cdots, X_n$ はいずれも 1 または 0 の値をとる独立な確率変数であるから，それらの和を Y_n とすれば $\bar{X} = Y_n/n$ になる．ここで，$\bar{X}$ は $X_1, \cdots, X_n$ のうち 1 をとるものの個数の割合になり，p の不偏推定量でもあることに注意．そして，n が大きいとき，中心極限定理により仮説 $H : p = p_0$ の下で，統計量

$$Z_n = \left(\frac{Y_n}{n} - p_0\right) \Bigg/ \sqrt{\frac{p_0(1-p_0)}{n}} \tag{9.4.1}$$

は漸近的に $N(0,1)$ に従う．よって，第 9.2 節と同様にして，仮説 $H : p = p_0$ に対して，対立仮説 $K_1 : p > p_0$，$K_2 : p < p_0$，$K_3 : p \neq p_0$ のそれぞれの水準 α の検定問題について，Z_n に基づく棄却域として $C_{Z_n}^{(1)} = (u_\alpha, \infty)$，$C_{Z_n}^{(2)} = (-\infty, -u_\alpha)$，$C_{Z_n}^{(3)} = (-\infty, -u_{\alpha/2}) \cup (u_{\alpha/2}, \infty)$ をとればよい．また，仮説 $H : p \leq p_0$ に対して K_1，$H : p \geq p_0$ に対して K_2 の水準 α の検定問題についても，それぞれ棄却域として $C_{Z_n}^{(1)}$，$C_{Z_n}^{(2)}$ をとればよい．

例 9.4.1　表が出易いのではないかと疑われる 1 枚のコインがあるとする．このとき，このコインの表が出る確率を p として，仮説 $H: p = 1/2$，対立仮説 $K: p > 1/2$ の水準 0.05 の検定問題を考える．そこで，コインを独立に 13 回投げたところ 8 回表が出た．いま，このコインを投げる試行の結果を X とし，

$$X = \begin{cases} 1 & (\text{表が出たとき}), \\ 0 & (\text{裏が出たとき}) \end{cases}$$

とし，$P_X\{X = 1\} = p$ とする．そして，13 回投げた試行の結果を $X_1, \cdots, X_{13}$ とすれば，これらはベルヌーイ分布 $\mathrm{Ber}(p)$ からの大きさ 13 の無作為標本と見なせる．このとき，仮説 H の下で $Y_{13} = \sum_{i=1}^{13} X_i \sim B(13, 1/2)$ になるから，$P_{Y_{13}}^H\{Y_{13} \geq k\} \leq 0.05$ となる k の最小値 k_0 は

$$P_{Y_{13}}^H\{Y_{13} \geq 9\} \fallingdotseq 0.1334, \quad P_{Y_{13}}^H\{Y_{13} \geq 10\} \fallingdotseq 0.0461$$

となり，$k_0 = 10$ になる．よって，Y_{13} に基づく棄却域は $C_{Y_{13}} = \{10, 11, 12, 13\}$ になり，一方，データによる Y_{13} の値は 8 であるから，$8 \notin C_{Y_{13}}$ より仮説 H は受容される．また，この検定の p 値は $P_{Y_{13}}^H\{Y_{13} \geq 8\} = 0.2905$ になる．

例 9.4.2　ある情報サービス会社が某テレビ番組の視聴率は 20 %であると発表した．このとき，その番組の放送局が，この番組の真の視聴率を p $(0 < p < 1)$ として，仮説 $H: p = 0.20$，対立仮説 $K: p \neq 0.20$ の水準 0.05 の検定をすることにした．そこで，この放送局が独自に無作為に 150 人を選んで調べたところ，その番組を見ている人は 35 人であった．例 9.4.1 と同様に考えて大標本の場合と見なせば，(9.4.1) の $n = 150$ のときの検定統計量 Z_{150} は $H: p = 0.20$ の下で漸近的に $N(0, 1)$ に従うから，Z_{150} に基づく棄却域は $u_{0.025} = 1.96$ より $C_{Z_{150}} = (-\infty, -1.96) \cup (1.96, \infty)$ になる．一方，データによる Z_{150} の値は 1.02 になるから，$1.02 \notin C_{Z_{150}}$ より仮説 H は受容される．よって，このデータからは，その番組の視聴率が 20 %であるという発表は妥当に思われる．

次に，平均の差の検定と同様にして**比率の差の検定**を行うことができる．いま，2 つのベルヌーイ母集団分布 $\mathrm{Ber}(p_1)$，$\mathrm{Ber}(p_2)$ $(0 < p_1 < 1, 0 < p_2 < 1)$ について，それらの母数 p_1，p_2 の間の差に関する仮説検定問題を大標本に基づいて考える．具体的には

仮説 $H: p_1 = p_2$,　対立仮説 $K: p_1 \neq p_2$

の水準 α の検定問題を考える．また、2 つのベルヌーイ分布 $\mathrm{Ber}(p_1)$，$\mathrm{Ber}(p_2)$ からのそれぞれ大きさ n_1，n_2 の無作為標本を $X_{11}, \cdots, X_{1n_1}; X_{21}, \cdots, X_{2n_2}$ とし，それらはすべてたがいに独立とする．ここでは，n_1, n_2 がともに大きい大標本の場合について取り扱う．次に，$\bar{X}_1 = \sum_{i=1}^{n_1} X_{1i}/n_1$，$\bar{X}_2 = \sum_{i=1}^{n_2} X_{2i}/n_2$ とおくと，n_1，n_2 が大きいとき，中心極限定理によって，$\bar{X}_1$，$\bar{X}_2$ はそれぞれ漸近的に $N(p_1, p_1q_1/n_1)$，$N(p_2, p_2q_2/n_2)$ に従う．ただし，$q_1 = 1 - p_1$，$q_2 = 1 - p_2$ とする．また，$\bar{X}_1$ と $\bar{X}_2$ はたがいに独立であるから，n_1，n_2 が大きいとき，仮説 $H: p_1 = p_2$ の下で

$$\left(\bar{X}_1 - \bar{X}_2\right) \Big/ \sqrt{(p_1q_1/n_1) + (p_2q_2/n_2)} \tag{9.4.2}$$

は漸近的に $N(0,1)$ に従う．そして，H の下で $p = p_1 = p_2$ とすれば，p の推定量として合併標本 $X_{11}, \cdots, X_{1n_1}, X_{21}, \cdots, X_{2n_2}$ の標本平均 $\bar{X} = (\sum_{i=1}^{n_1} X_{1i} + \sum_{i=1}^{n_2} X_{2i})/(n_1 + n_2)$ は p の一致推定量になっているから，(9.4.2) において p の代わりに $\bar{X}$ を用いた統計量

$$Z_{n_1,n_2} = (\bar{X}_1 - \bar{X}_2) \Big/ \sqrt{\{(1/n_1) + (1/n_2)\}\, \bar{X}(1 - \bar{X})} \tag{9.4.3}$$

は，n_1，n_2 が大きいとき $H: p_1 = p_2 = p$ の下で漸近的に $N(0,1)$ に従う (演習問題 6-5，6-6 参照)．よって，上記の仮説検定は，平均の差の検定の場合，本質的には，$(\mathrm{i})_{\mu_1,\mu_2}$ の場合に帰着され，棄却域として (9.3.2) をとればよい (表 9.3.1 参照)．また，対立仮説 K が $p_1 > p_2$ のとき棄却域として (9.3.3)，K が $p_1 < p_2$ のとき棄却域として (9.3.4) をとればよい．

例 8.4.1(続)$_2$　温水プール利用者について，スポーツをしていない学生の白癬菌の保菌者の真の比率を p_1 とし，運動部に所属する学生の保菌者の真の比率を p_2 とする．このとき，$H: p_1 = p_2$，対立仮説 $K: p_1 < p_2$ の水準 0.05 の片側検定問題を考える．いま，スポーツをしていない学生 137 人のうち白癬菌の保菌者の割合は 23.4 %，運動部に所属する学生 282 人のうち白癬菌の保菌者の割合は 43.3 % であった．この場合には，$n_1 = 137$，$n_2 = 282$ で，$\bar{X}_1$，$\bar{X}_2$，$\bar{X}$ のそれぞれの実現値が $\bar{x}_1 = 0.234$，$\bar{x}_2 = 0.433$，$\bar{x} = 0.368$ となり，(9.4.3) の統計量 $Z_{137,282}$ の値は

$$(0.234 - 0.433) \Bigg/ \sqrt{\left(\frac{1}{137} + \frac{1}{282}\right) \times 0.368 \times 0.632} \fallingdotseq -3.96 \qquad (9.4.4)$$

になる．一方，この場合を大標本の場合として見なせば，(9.4.3) の統計量 $Z_{137,282}$ は，$H : p_1 = p_2$ の下で漸近的に $N(0,1)$ に従うから，$Z_{137,282}$ に基づく棄却域は，$u_{0.05} = 1.645$ より $C_{Z_{137,282}} = (-\infty, -1.645)$ になる．よって，(9.4.4) より $-3.96 \in C_{Z_{137,282}}$ となり，仮説 $H : p_1 = p_2$ は棄却される．ゆえに，このデータから有意になり，温水プール利用者においては，運動部に所属する学生の白癬菌の保菌率は，スポーツをしていない学生の白癬菌の保菌率よりも高いということは妥当なものと言える．

例 8.4.2(続)　比較的早期の胃癌の患者について手術をした後に，手術だけの患者の 5 年後の生存率を p_1 とし，抗癌剤を使う患者の 5 年後の生存率を p_2 とする．このとき，仮説 $H : p_1 = p_2$，対立仮説 $K : p_1 < p_2$ の水準 0.05 の片側検定問題を考える．いま，手術だけのグループの 285 人の生存者の割合は 234/285，抗癌剤を使うグループの 288 人の生存者の割合は 245/288 であった．この場合には，$n_1 = 285$，$n_2 = 288$ で，$\bar{X}_1$，$\bar{X}_2$，$\bar{X}$ のそれぞれの実現値が $\bar{x}_1 = 234/285$，$\bar{x}_2 = 245/288$，$\bar{x} = 479/573$ となり，(9.4.3) の統計量 $Z_{285,288}$ の値は

$$\left(\frac{234}{285} - \frac{245}{288}\right) \Bigg/ \sqrt{\left(\frac{1}{285} + \frac{1}{288}\right) \times \frac{479}{573} \times \frac{94}{573}} \fallingdotseq -0.96 \qquad (9.4.5)$$

になる．一方，n_1，n_2 の値は大きいと見なせるから，統計量 $Z_{258,288}$ は $H : p_1 = p_2$ の下で漸近的に $N(0,1)$ に従うから，$Z_{285,288}$ に基づく棄却域は $(-\infty, -1.645)$ になり，(9.4.5) より仮説 H は受容される．よって，このデータからは術後の抗癌剤の効果には実際上の差はないと言える．

9.5　母分散の検定

正規母集団分布 $\boldsymbol{N(\mu, \sigma^2)}$ **の母分散** $\boldsymbol{\sigma^2}$ **の仮説検定問題**について考える．

(i)$_{\sigma^2}$　$\boldsymbol{\mu}$ が既知の場合　　母分散 σ^2 に関して

$$\textbf{仮説 } \boldsymbol{H : \sigma^2 = \sigma_0^2}, \quad \textbf{対立仮説 } \boldsymbol{K : \sigma^2 > \sigma_0^2}$$

の水準 α の片側検定問題を考える．まず，$N(\mu, \sigma^2)$ からの無作為標本を $X_1, \cdots, X_n$ とする．このとき，(5.5.6) より，H の下で，$V_0 = \sum_{i=1}^n (X_i - \mu)^2/\sigma_0^2$ が χ_n^2 分布に従う．この分布は σ_0^2 に無関係であることに注意．次に，対立仮説が $K : \sigma^2 > \sigma_0^2$ であるから，第 9.2 節の平均の検定の場合と同様にして，χ_n^2 分布の上側 100α %点を $\chi_\alpha^2(n)$ とするとき，V_0 に基づく棄却域として

$$C_{V_0} = \left(\chi_\alpha^2(n), \infty\right)$$

をとる．そして，$\boldsymbol{X}$ の実現値 $\boldsymbol{x}$ について，V_0 の値を v_0 とすれば

$$\boldsymbol{v_0 > \chi_\alpha^2(n) \Longrightarrow H} \textbf{を棄却},$$

$$\boldsymbol{v_0 \leq \chi_\alpha^2(n) \Longrightarrow H} \textbf{を受容}$$

という検定を行う．なお，この検定の p 値は

$$P_{V_0}\{V_0 > v_0 | H\} = \int_{v_0}^\infty f_n(x)dx$$

になる．ただし，f_n は χ_n^2 分布の p.d.f. とする．また，仮説 $H : \sigma^2 = \sigma_0^2$ に対して，対立仮説 $K_1 : \sigma^2 < \sigma_0^2$，$K_2 : \sigma^2 \neq \sigma_0^2$ のそれぞれの水準 α の検定問題について，V_0 に基づく棄却域として，$C_{V_0}^{(1)} = \left(0, \chi_{1-\alpha}^2(n)\right)$，$C_{V_0}^{(2)} = \left(0, \chi_{1-(\alpha/2)}^2(n)\right) \cup \left(\chi_{\alpha/2}^2(n), \infty\right)$ をとればよい．

(ii)$_{\sigma^2}$ μ が未知の場合　　母分散 σ^2 に関して

$$\textbf{仮説 } \boldsymbol{H : \sigma^2 = \sigma_0^2}, \quad \textbf{対立仮説 } \boldsymbol{K : \sigma^2 > \sigma_0^2}$$

の水準 α の検定問題を考える．まず，$N(\mu, \sigma^2)$ からの無作為標本を $X_1, \cdots, X_n$ とする．このとき，$\bar{X} = (1/n)\sum_{i=1}^n X_i$ とすれば，H の下で $V = (1/\sigma_0^2)\sum_{i=1}^n \left(X_i - \bar{X}\right)^2$ が χ_{n-1}^2 分布に従う (例 5.5.4 参照)．このとき，(i)$_{\sigma^2}$ の場合と同様にして，V に基づく棄却域として，$C_V = \left(\chi_\alpha^2(n-1), \infty\right)$ をとる．また，仮説 $H : \sigma^2 = \sigma_0^2$ に対して対立仮説 $K_1 : \sigma^2 < \sigma_0^2$, $K_2 : \sigma^2 \neq \sigma_0^2$ のそれぞれの水準 α の検定問題について，V に基づく棄却域として，$C_V^{(1)} = \left(0, \chi_{1-\alpha}^2(n-1)\right)$，$C_V^{(2)} = \left(0, \chi_{1-(\alpha/2)}^2(n-1)\right) \cup \left(\chi_{\alpha/2}^2(n-1), \infty\right)$ をとればよい．

以上のことをまとめると表 9.5.1 のようになる．なお，統計量 V に基づく検定については，表 9.5.1 で n の代わりに $n-1$ とすればよい．上記の棄却域をもつ検定の妥当性については，補遺の A.9.5 節を参照．

表 9.5.1　正規母集団分布 $N(\mu,\sigma^2)$ の μ が既知の場合 $(\mathrm{i})_{\sigma^2}$ に，水準 α の σ^2 に関する統計量 $V_0 = (1/\sigma_0^2)\sum_{i=1}^n (X_i - \mu)^2$ に基づく検定

仮説 H	対立仮説 K	棄却域 C_{V_0}
$\sigma^2 = \sigma_0^2$	$\sigma^2 > \sigma_0^2$	$\left(\chi_\alpha^2(n), \infty\right)$
	$\sigma^2 < \sigma_0^2$	$\left(0, \chi_{1-\alpha}^2(n)\right)$
	$\sigma \neq \sigma_0^2$	$\left(0, \chi_{1-(\alpha/2)}^2(n)\right) \cup \left(\chi_{\alpha/2}^2(n), \infty\right)$

例 9.5.1　あるクラスの学生の統計学の成績が，正規分布 $N(\mu,\sigma^2)$ に従っているとし，また μ，σ^2 は未知とする．このとき，仮説 $H:\sigma^2 = 100$，対立仮説 $K:\sigma^2 > 100$ の水準 0.05 の検定問題を考える．そこで，実際にテストを実施して，このクラスから 16 名の学生を無作為に抽出して，それらの学生のテストの点数を $x_1,\cdots,x_{16}$ とし，その平均点 $\bar{x}$ を計算したところ，$\bar{x} = 55$ であり，また，不偏分散 S_0^2 の値は $s_0^2 = (13.2)^2$ であった．このとき，V の値は 26.14 になる．一方，$(\mathrm{i})_{\sigma^2}$ の場合において，$n = 16$ で，χ^2 分布表より χ_{15}^2 分布の上側 5 %点は $\chi_{0.05}^2(15) = 25.0$ であるから，棄却域は $C_V = (25.0, \infty)$ となり，$26.14 \in C_V$ となる．よって，仮説 $H:\sigma^2 = 100$ は棄却される．また，対立仮説を $K_2:\sigma^2 \neq 100$ とすれば，水準 0.05 の V に基づく棄却域は $C_V^{(2)} = (0, 6.26) \cup (27.49, \infty)$ になり，$26.14 \notin C_V^{(2)}$ になるから，この場合は仮説 H は受容される．

次に，**等分散の検定**について考える．まず，2 つの**正規母集団分布** $\boldsymbol{N(\mu_1, \sigma_1^2)}$，$\boldsymbol{N(\mu_2, \sigma_2^2)}$ において，$\boldsymbol{\mu_1}$，$\boldsymbol{\mu_2}$ **は未知**として，母分散 σ_1^2, σ_2^2 に関して

$$\textbf{仮説 } \boldsymbol{H:\sigma_1^2 = \sigma_2^2}, \quad \textbf{対立仮説 } \boldsymbol{K:\sigma_1^2 \neq \sigma_2^2}$$

の水準 α の両側検定問題を考える．そこで，2 つの正規分布 $N(\mu_1, \sigma_1^2)$，$N(\mu_2, \sigma_2^2)$ からのそれぞれ大きさ n_1，n_2 の無作為標本を $X_{11},\cdots,X_{1n_1}$；$X_{21},\cdots,X_{2n_2}$ とし，それらはすべてたがいに独立とする．このとき

$$\bar{X}_1 = \frac{1}{n_1}\sum_{i=1}^{n_1} X_{1i}, \quad \bar{X}_2 = \frac{1}{n_2}\sum_{i=1}^{n_2} X_{2i},$$

$$S_{01}^2 = \frac{1}{n_1 - 1}\sum_{i=1}^{n_1}\left(X_{1i} - \bar{X}_1\right)^2, \quad S_{02}^2 = \frac{1}{n_2 - 1}\sum_{i=1}^{n_2}\left(X_{2i} - \bar{X}_2\right)^2$$

とおくと，仮説 $H:\sigma_1^2 = \sigma_2^2 = \sigma^2$ の下で，

$$(n_1 - 1)S_{01}^2/\sigma^2 \sim \chi_{n_1-1}^2\text{分布}, \quad (n_2 - 1)S_{02}^2/\sigma^2 \sim \chi_{n_2-1}^2\text{分布}$$

になり，S_{01}^2 と S_{02}^2 はたがいに独立であるから，統計量

$$F = \frac{S_{01}^2}{S_{02}^2} = \frac{S_{01}^2/\sigma^2}{S_{02}^2/\sigma^2} \tag{9.5.1}$$

は，自由度 $n_1 - 1$，$n_2 - 1$ の F 分布 (F_{n_1-1,n_2-1} 分布) に従う (補遺の例 A.5.5.3 参照)．この分布が σ^2 に無関係であることに注意．そして，対立仮説が $K : \sigma_1^2 \neq \sigma_2^2$ であるから，F_{n_1-1,n_2-1} 分布の上側 100α %点を $F_\alpha(n_1-1, n_2-1)$ とすれば，F に基づく棄却域として

$$C_F = \big(0, F_{1-(\alpha/2)}(n_1-1, n_2-1)\big) \cup \big(F_{\alpha/2}(n_1-1, n_2-1), \infty\big)$$

をとる．ここで，F が F_{n_1-1,n_2-1} 分布に従うことから，$1/F$ は F_{n_2-1,n_1-1} に従い，$F_{1-(\alpha/2)}(n_1-1, n_2-1) = \{F_{\alpha/2}(n_2-1, n_1-1)\}^{-1}$ になる．よって

$$C_F = \big(0, \{F_{\alpha/2}(n_2-1, n_1-1)\}^{-1}\big) \cup \big(F_{\alpha/2}(n_1-1, n_2-1), \infty\big)$$

になる．また，**仮説 $\boldsymbol{H : \sigma_1^2 = \sigma_2^2}$，対立仮説 $\boldsymbol{K : \sigma_1^2 > \sigma_2^2}$** の水準 α の片側検定問題については，棄却域として $C_F = (F_\alpha(n_1-1, n_2-1), \infty)$ をとり，そして，**仮説 $\boldsymbol{H : \sigma_1^2 = \sigma_2^2}$，対立仮説 $\boldsymbol{K : \sigma_1^2 < \sigma_2^2}$** の水準 α の片側検定問題については，棄却域として $C_F = \big(0, \{F_\alpha(n_2-1, n_1-1)\}^{-1}\big)$ をとる．以上のことをまとめると表 9.5.2 のようになる．

表 9.5.2　2 つの正規母集団 $N(\mu_1, \sigma_1^2)$，$N(\mu_2, \sigma_2^2)$ において，μ_1, μ_2 が未知の場合に，水準 α の σ_1^2, σ_2^2 に関する統計量 $F = S_{01}^2/S_{02}^2$ に基づく検定

仮説 H	対立仮説 K	棄却域 C_F
$\sigma_1^2 = \sigma_2^2$	$\sigma_1^2 \neq \sigma_2^2$	$\big(0, \{F_{\alpha/2}(n_2-1, n_1-1)\}^{-1}\big) \cup \big(F_{\alpha/2}(n_1-1, n_2-1), \infty\big)$
	$\sigma_1^2 > \sigma_2^2$	$(F_\alpha(n_1-1, n_2-1), \infty)$
	$\sigma_1^2 < \sigma_2^2$	$\big(0, \{F_\alpha(n_2-1, n_1-1)\}^{-1}\big)$

例 9.1.1(続)　2 つの会社 A，B で製造されるボルトの直径は，それぞれ正規分布 $N(\mu_A, \sigma_A^2)$，$N(\mu_B, \sigma_B^2)$ に従っているとする．このとき

$$\text{仮説 } H : \sigma_A^2 = \sigma_B^2, \quad \text{対立仮説 } K : \sigma_A^2 \neq \sigma_B^2$$

の水準 0.05 の両側検定問題を考える．そこで，A 社製のボルト 13 本，B 社製のボルト 11 本をそれぞれ無作為抽出して，それらの直径を測ったところ，A 社製の 13 本のボルトの直径の不偏分散 S_{0A}^2 の実現値は $(0.20)^2(\mathrm{mm}^2)$，B 社製の 11 本のボルトの直径の不偏分散 S_{0B}^2 の実現値は $(0.25)^2(\mathrm{mm}^2)$ であった．このと

き，(9.5.1) において $n_1 = 13$，$n_2 = 11$ で，統計量 F の実現値は 0.64 になる．一方，F 分布表より，$F_{0.025}(12, 10) = 3.621$，$F_{0.025}(10, 12) = 3.374$ となり，F に基づく棄却域は $C_F = (0, 0.296) \cup (3.621, \infty)$ になる．よって，$0.64 \notin C_F$ より，仮説 H は受容される．ゆえに，このデータからは，2 つの会社 A，B で製造されるボルトの直径の分散が等しいと見なせるであろう．

注意 9.5.1　一般に，母数に関する検定，推定において，母集団分布が正規分布であることを仮定することが多いが，その仮定が正しいかどうかを判定する 1 つの方法として，正規確率紙に点をプロットして調べる方法がある (補遺の A.9.5 節参照)．分布の正規性の仮定が成り立たない場合には，ノンパラメトリック法と呼ばれる分布型に依らない検定法，信頼区間の構成法などがあり，そこでは順序統計量が重要な役割を果たす．

9.6　尤度比検定

第 7.1 節において，母数の推定法として尤度関数に基づく最尤推定量について述べたが，検定法についても尤度関数に基づく方法がある．

p.d.f. または p.m.f. $p(x, \theta)$ をもつ分布について，母数 θ に関する仮説検定問題を考える．ただし，$\theta \in \Theta \subset \boldsymbol{R}^k$ とする．また，$\omega \subset \Theta$ とするとき

$$\text{仮説 } H : \theta \in \omega, \quad \text{対立仮説 } K : \theta \in \omega^c$$

の水準 α の検定問題を考える．まず，その分布からの無作為標本を $X_1, \cdots, X_n$ とすれば，θ の尤度関数は $L(\theta) = \prod_{i=1}^n p(x_i, \theta)$ になる．このとき，**尤度比** (likelihood ratio)

$$\lambda = \frac{\max_{\theta \in \omega} L(\theta)}{\max_{\theta \in \Theta} L(\theta)} \tag{9.6.1}$$

を検定統計量にとり，標本によるその値が小さいときに仮説 H を棄却することにする．ここで，$0 < \lambda \leq 1$ であることに注意．実際，仮説 H が正しいとき，λ の値は 1 に近いと考えられる．一方，λ が 1 から掛け離れた値をとるとき，仮説 H は標本値と矛盾すると考えられるから，H は棄却される．いま，尤度比 λ に基づく検定を**尤度比検定** (likelihood ratio test 略して LRT) という．実は，検定統計量としては，尤度比 λ そのものよりも $-2 \log \lambda$ を用いることが多い．この統計量による検定が尤度比検定と同等になることは明らか．そして，ω を Θ の m 次元部分集合で $m < k$ とし，$p(\cdot, \theta)$ の台 $\{x | p(x, \theta) > 0\}$ は θ に無関

係とし，適当な正則条件を仮定すれば，$\theta \in \omega$ について

$$-2\log\lambda \xrightarrow{L} \chi^2_{k-m} \quad (n \to \infty) \tag{9.6.2}$$

になる．ただし，χ^2_{k-m} は自由度 $k-m$ のカイ 2 乗分布に従う確率変数とする．よって，この統計量に基づく棄却域として

$$C_{\chi^2_{k-m}} = \left(\chi^2_\alpha(k-m), \infty\right)$$

をとればよい．ただし，$\chi^2_\alpha(k-m)$ は χ^2_{k-m} 分布の上側 100α %点とする．

例 9.6.1　正規母集団分布 $N(\mu,\sigma^2)$ 母平均 μ の仮説検定問題を考える．

(i) σ^2 が既知の場合　平均 μ に関して

$$\textbf{仮説 } H: \mu \in \omega = \{\mu_0\}, \quad \textbf{対立仮説 } K: \mu \in \omega^c$$

の水準 α の検定問題を考える．まず，$N(\mu,\sigma^2)$ からの無作為標本を $X_1,\cdots,X_n$ とする．このとき，μ の MLE は $\hat{\mu} = \bar{X} = (1/n)\sum_{i=1}^n X_i$ になるから (第 7.1 節の例 7.1.2(続)$_2$ 参照)，(9.6.1) より $-2\log\lambda = n\left(\bar{X}-\mu_0\right)^2/\sigma^2$ になり，これは仮説 H の下で χ^2_1 分布に従うから (例 5.5.3 参照)，これに基づく棄却域として区間 $C_\lambda = \left(\chi^2_\alpha(1), \infty\right)$ をとればよい．また，$Z = \sqrt{n}\left(\bar{X}-\mu_0\right)/\sigma$ に基づく棄却域として $C_Z = \left(-\infty, -u_{\alpha/2}\right) \cup \left(u_{\alpha/2}, \infty\right)$ をとってもよい．これをもつ検定は第 9.2 節の (i)$_\mu$ で与えられたものと同じである．

(ii) σ^2 が未知の場合　まず，$\Theta = \{\theta = (\mu,\sigma^2) | \mu \in \boldsymbol{R}^1, \sigma^2 > 0\}$，$\omega = \{\theta = (\mu,\sigma^2) | \mu = \mu_0, \sigma^2 > 0\}$ として，仮説 $H: \mu \in \omega$，対立仮説 $K: \mu \in \omega^c$ の水準 α の検定問題を考える．そこで，$N(\mu,\sigma^2)$ からの無作為標本を $X_1,\cdots,X_n$ とすれば，σ^2 の MLE は，Θ 全体，仮説 H の下で，それぞれ

$$\hat{\sigma}^2_\Theta = \frac{1}{n}\sum_{i=1}^n \left(X_i - \bar{X}\right)^2, \quad \hat{\sigma}^2_\omega = \frac{1}{n}\sum_{i=1}^n \left(X_i - \mu_0\right)^2$$

になる (例 7.1.2(続)$_2$ 参照)．よって

$$\max_{\theta\in\Theta} L(\theta) = e^{-n/2} \Big/ \left(\sqrt{2\pi}\hat{\sigma}_\Theta\right)^n, \quad \max_{\theta\in\omega} L(\theta) = e^{-n/2} \Big/ \left(\sqrt{2\pi}\hat{\sigma}_\omega\right)^n$$

になり，$\lambda^{2/n} = \hat{\sigma}^2_\Theta/\hat{\sigma}^2_\omega = \sum_{i=1}^n \left(X_i-\bar{X}\right)^2 \Big/ \sum_{i=1}^n \left(X_i-\mu_0\right)^2$ となる．ここで，

$$\sum_{i=1}^n \left(X_i-\mu_0\right)^2 = \sum_{i=1}^n (X_i-\bar{X})^2 + n\left(\bar{X}-\mu_0\right)^2$$

より

$$\lambda^{2/n} = \left\{1 + \frac{n\left(\bar{X} - \mu_0\right)^2/\sigma^2}{(n-1)S_0^2/\sigma^2}\right\}^{-1} = \left(1 + \frac{T^2}{n-1}\right)^{-1}$$

になる．ただし，$T = \sqrt{n}\left(\bar{X} - \mu_0\right)/S_0$ とする．このとき，T は t_{n-1} 分布に従うから (補遺の例 A.5.5.2 参照)，尤度比 λ に基づく棄却域 $(0, \lambda_0)$ は T に基づく棄却域

$$C_T = \left(-\infty, -t_{\alpha/2}(n-1)\right) \cup \left(t_{\alpha/2}(n-1), \infty\right)$$

に同等になる．この棄却域をもつ検定は第 9.2 節の $(\mathrm{ii})_\mu$ で与えたものと同じである (表 9.2.2 参照).

例 9.6.2 (相関係数の仮説検定)． 母集団分布が 2 変量正規分布 $N_2(\mu_1, \mu_2, \sigma_1^2, \sigma_2^2, \rho)$ であるとし，$\theta = (\mu_1, \mu_2, \sigma_1^2, \sigma_2^2, \rho)$ は未知の母数ベクトルとする．このとき，相関係数 ρ について，**仮説 $\boldsymbol{H : \rho = 0}$，対立仮説 $\boldsymbol{K : \rho \neq 0}$** の水準 α の検定問題を考える．まず，$N_2(\mu_1, \mu_2, \sigma_1^2, \sigma_2^2, \rho)$ からの無作為標本ベクトルを $(X_1, Y_1), \cdots, (X_n, Y_n)$ とする．このとき $\boldsymbol{Z} = ((X_1, Y_1), \cdots, (X_n, Y_n)) = \boldsymbol{z} = ((x_1, y_1), \cdots, (x_n, y_n))$ とすれば，θ の対数尤度関数は (5.1.8) より

$$\begin{aligned}\log L(\theta; \boldsymbol{z}) = -n \log\left(2\pi\sigma_1\sigma_2\sqrt{1-\rho^2}\right) - \frac{1}{2(1-\rho^2)}&\left\{\frac{1}{\sigma_1^2}\sum_{i=1}^{n}(x_i - \mu_1)^2\right.\\ &\left.-\frac{2\rho}{\sigma_1\sigma_2}\sum_{i=1}^{n}(x_i - \mu_1)(y_i - \mu_2) + \frac{1}{\sigma_2^2}\sum_{i=1}^{n}(y_i - \mu_2)^2\right\}\end{aligned} \tag{9.6.3}$$

になる．このとき，θ の MLE は $\hat{\theta} = \left(\bar{X}, \bar{Y}, \hat{\sigma}_1^2, \hat{\sigma}_2^2, \hat{\rho}\right)$ になる[8)]．ただし，

$$\bar{X} = \frac{1}{n}\sum_{i=1}^{n} X_i, \quad \bar{Y} = \frac{1}{n}\sum_{i=1}^{n} Y_i, \quad \hat{\sigma}_1^2 = \frac{1}{n}\sum_{i=1}^{n}\left(X_i - \bar{X}\right)^2,$$

$$\hat{\sigma}_2^2 = \frac{1}{n}\sum_{i=1}^{n}\left(Y_i - \bar{Y}\right)^2, \quad \hat{\rho} = \frac{1}{n\hat{\sigma}_1\hat{\sigma}_2}\sum_{i=1}^{n}\left(X_i - \bar{X}\right)\left(Y_i - \bar{Y}\right)$$

で，$\hat{\sigma}_1 = \sqrt{\hat{\sigma}_1^2}$，$\hat{\sigma}_2 = \sqrt{\hat{\sigma}_2^2}$ とする．このとき，$\hat{\rho}$ を標本相関係数という．一方，仮説 $H : \rho = 0$ の下では，$(X_1, \cdots, X_n)$ と $(Y_1, \cdots, Y_n)$ はたがいに独立になるから，それぞれの尤度関数を最大にする (μ_1, σ_1^2)，(μ_2, σ_2^2) を求めれば

---

8) 証明については Roussas[R97] の pp.469–472 参照.

よいので，θ の MLE は $\hat{\theta}_0 = \left(\bar{X}, \bar{Y}, \hat{\sigma}_1^2, \hat{\sigma}_2^2, 0\right)$ になる．そこで，(9.6.1) より，尤度比 λ について

$$-\log\lambda = \log L(\hat{\theta}; \boldsymbol{z}) - \log L(\hat{\theta}_0; \boldsymbol{z}) = -(n/2)\log\left(1-\hat{\rho}^2\right)$$

になり，これは $\hat{\rho}^2$ の増加関数になる．よって，尤度比検定を用いれば，$|\hat{\rho}|$ が大きいとき，仮説 H を棄却する．実際に，水準 α に対して棄却限界値を求める．そこで，$U_i = (X_i - \mu_1)/\sigma_1$，$V_i = (Y_i - \mu_2)/\sigma_2$ $(i = 1, \cdots, n)$ とおくと

$$\hat{\rho} = \sum_{i=1}^{n}\left(U_i - \bar{U}\right)\left(V_i - \bar{V}\right) \Bigg/ \left\{\sum_{i=1}^{n}\left(U_i - \bar{U}\right)^2\right\}^{1/2}\left\{\sum_{i=1}^{n}\left(V_i - \bar{V}\right)^2\right\}^{1/2}$$

になる．ただし，$\bar{U} = (1/n)\sum_{i=1}^{n} U_i$，$\bar{V} = (1/n)\sum_{i=1}^{n} V_i$ とする．このとき，確率ベクトル $(U_1, V_1), \cdots, (U_n, V_n)$ の同時分布は $N_2(0, 0, 1, 1, \rho)$ になり，これは ρ にのみ依存する．そこで，$H : \rho = 0$ の下では

$$T = \sqrt{n-2}\,\hat{\rho} \Big/ \sqrt{1-\hat{\rho}^2} \sim t_{n-2} \text{ 分布}$$

になることが分かる (補遺の A.5.3 節参照)．よって，T に基づく棄却域として

$$C_T = \left(-\infty, -t_{\alpha/2}(n-2)\right) \cup \left(t_{\alpha/2}(n-2), \infty\right)$$

をとればよい．

9.7 適合度検定

確率ベクトル $(X_1, \cdots, X_k)$ が多項分布 $M_k(n; p_1, \cdots, p_k)$ に従っているとする，すなわち $X_1, \cdots, X_k$ の j.p.m.f. は

$$f_{X_1,\cdots,X_k}(x_1, \cdots, x_k) = \frac{n!}{x_1! \cdots x_k!} p_1^{x_1} \cdots p_k^{x_k}$$

$$\begin{pmatrix} x_i \geq 0 \quad (i = 1, \cdots, k), \quad \sum_{i=1}^{k} x_i = n; \\ 0 < p_i < 1 \quad (i = 1, \cdots, k), \quad \sum_{i=1}^{k} p_i = 1 \end{pmatrix}$$

である (例 5.1.2 参照)．このとき，$p_1, \cdots, p_k$ の最尤推定量は $X_1/n, \cdots, X_k/n$ になる (演習問題 7-3 参照)．

例 9.7.1 (一様) 乱数表[9] から，1 桁の数字を 1 個選ぶ実験において，その試行の結果は 0 から 9 までの 10 個の数字のいずれかである．この乱数表から選

[9] 一様乱数表はどの数字もほぼ等確率で選ばれるように作成されている (付表 6 参照)．

んだ1桁の100個の数字のうちの0から9までの10個の数字の度数を，それぞれ $X_0, X_1, \cdots, X_9$ とすると，これらは10項分布 $M_{10}(100; p_0, p_1, \cdots, p_9)$ に従うと考えられる．ただし，各 p_i は数字 i を選ぶ確率である．このとき，この乱数表が信頼できるものかどうか検討したい．そこで

$$\text{仮説 } H : p_0 = p_1 = \cdots = p_9 = 1/10 \tag{9.7.1}$$

の水準0.05の検定問題を考える．実際に，この乱数表から100個の数字を選んだところ，表9.7.1のような結果になった．そこで，この表のデータに基づく検定法について考えよう．

表 9.7.1　乱数表から抽出された100個の数字の度数分布表

数字	0	1	2	3	4	5	6	7	8	9
度数	14	9	9	5	9	11	10	13	9	11

例9.7.1のような検定問題では，どのような検定統計量に基づいて考えればよいだろうか．そこで，まず $X_1, \cdots, X_n$ をベルヌーイ分布 $\mathrm{Ber}(p)$ からの無作為標本とすると，$\sum_{i=1}^{n} X_i$ は2項分布 $B(n,p)$ に従うから，$Z_n = \left(1/\sqrt{npq}\right)\left(\sum_{i=1}^{n} X_i - np\right)$ は，n が大きいとき，中心極限定理より，Z_n は漸近的に $N(0,1)$ に従い，そして Z_n^2 は漸近的に χ_1^2 分布に従う (例5.5.3参照)．ただし，$0 < p < 1, q = 1-p$ とする．このとき $Y_1 = \#\{i \mid X_i = 1\}$ とすれば，$Y_2 = n - Y_1 = \{i \mid X_i = 0\}$ になるから

$$Z_n^2 = \frac{(Y_1 - np)^2}{np} + \frac{(Y_2 - nq)^2}{nq}$$

となる．よって，$E(Y_1) = np$，$E(Y_2) = nq$ より，Y_1, Y_2 の実現値がそれらの平均から外れれば外れる程，Z_n^2 の実現値も大きくなる．

上記のことを多項分布の場合に拡張しよう．まず，確率ベクトル $(Y_1, \cdots, Y_k)$ が k 項分布 $M_k(n; p_1, \cdots, p_k)$ $(k \geq 2)$ に従うとすれば，n が大きいとき，統計量

$$\chi^2 = \sum_{i=1}^{k} \frac{(Y_i - np_i)^2}{np_i} \tag{9.7.2}$$

は漸近的に χ_{k-1}^2 分布に従う[10)]．ここで自由度が $k-1$ となるのは，制約条件 $Y_1 + \cdots + Y_k = n$ による．この場合にも，$E(Y_i) = np_i$ $(i = 1, \cdots, k)$ である

10) 証明については Cramér, H. (1966). *Mathematical Methods of Statistics.* Overseas

から，各 Y_i の実現値がその平均 np_i から外れれば外れる程，(9.7.2) の χ^2 の値が大きくなる．

一般に，**仮説** $\boldsymbol{H : p_1 = p_{10}, \cdots, p_k = p_{k0}}$ の水準 α の検定問題について考える．このとき，n が大きいとき，仮説 H の下で，統計量

$$\chi_0^2 = \sum_{i=1}^{k} \frac{(Y_i - np_{i0})^2}{np_{i0}} \tag{9.7.3}$$

は χ_{k-1}^2 分布に従う．そこで，χ_{k-1}^2 分布の上側 100α %点を $\chi_\alpha^2(k-1)$ とすれば，χ_0^2 に基づく棄却域として $C_{\chi_0^2} = \left(\chi_\alpha^2(k-1), \infty\right)$ をとる．このとき，χ_0^2 の実現値 x_0^2 について

$$\boldsymbol{x_0^2 > \chi_\alpha^2(k-1) \Longrightarrow H}\textbf{を棄却},$$

$$\boldsymbol{x_0^2 \leq \chi_\alpha^2(k-1) \Longrightarrow H}\textbf{を受容}$$

という検定を行う．ここで，H が受容されれば，その実現値 (データ) は仮説のモデルに適合すると考えられる．なお，この検定の適用は，大標本の場合であるが，一応の目安として，$np_{i0} \geq 5$ $(i = 1, \cdots, k)$ という条件が満たされれば，近似が良いと言われている．また，上記の検定を**カイ 2 乗適合度検定** (chi-square test of goodness of fit) という．

注意 9.7.1　カイ 2 乗適合度検定において，(9.7.3) の検定統計量 χ_0^2 は，n が大きいとき，漸近的に χ_{k-1}^2 分布に従う．これは，離散型分布の連続型分布への近似に対応すると考えて，次のように，補正 (した) 検定統計量

$$\chi_{0*}^2 = \sum_{i=1}^{k} \frac{\{|Y_i - np_{i0}| - 0.5\}^2}{np_{i0}} \tag{9.7.4}$$

を用いた方がよい．これは**イェーツの補正** (Yates' correction) と呼ばれている．

例 9.7.1(続)　仮説 $H : p_0 = p_1 = \cdots = p_9 = 1/10$ の水準 0.05 の検定問題を表 9.7.1 のデータに基づいて考える．このとき，検定統計量として (9.7.3) の χ_0^2 を用いる．次に，表 9.7.1 から χ_0^2 の実現値を計算すると

$$\frac{(14-10)^2}{10} + \frac{(9-10)^2}{10} + \cdots + \frac{(11-10)^2}{10} = 5.6$$

になる．一方，χ_9^2 分布の上側 5 %点は χ^2 分布表より $\chi_{0.05}^2(9) = 16.92$ となるから，χ_0^2 に基づく棄却域は $C_{\chi_0^2} = (16.92, \infty)$ になる．よって，$5.6 \notin (16.92, \infty)$

Pub., LTD. の pp.427–433 参照．また，このように，カイ 2 乗 (χ^2) 分布に従う統計量をカイ 2 乗 (χ^2) 統計量ともいう．

となるから，仮説 H は受容される．ゆえに，このデータからは，この乱数表は信頼できると考えられる．

例 9.7.2　あるサイコロが偏りがないかどうか検討したい．そこで，このサイコロを36回投げたとき，1から6の目のそれぞれの回数を $Y_1, \cdots, Y_6$ とすれば，これらは6項分布 $M_6(36; p_1, \cdots, p_6)$ に従う．ただし，$p_1, \cdots, p_6$ はそれぞれ目の数 $1, \cdots, 6$ がでる確率とする．このとき，仮説 $H : p_1 = \cdots = p_6 = 1/6$ の水準0.05の検定問題を考える．実際に，このサイコロを36回投げたところ，表9.7.2のような結果になった．そこで，(9.7.4)の補正検定統計量 χ_{0*}^2 の実現値は

$$\frac{(|4-6|-0.5)^2}{6} + \frac{(|9-6|-0.5)^2}{6} + \cdots + \frac{(|6-6|-0.5)^2}{6} = 2.25$$

になる．一方，χ_5^2 分布の上側5％点は χ^2 分布表より $\chi_{0.05}^2(5) = 11.07$ となるから，χ_{0*}^2 に基づく棄却域は

$$C_{\chi_{0*}^2} = (11.07, \infty) \tag{9.7.5}$$

になる．よって，$2.25 \notin (11.07, \infty)$ となるから，仮説 H は受容される．ゆえに，このデータからは，このサイコロは偏りがないと見なせる．なお，この場合に，(9.7.3)の検定統計量 χ_0^2 の実現値は3.67となり，χ_0^2 に基づく棄却域は(9.7.5)と同じであるから，仮説 H は受容される．しかし，一般に χ_{0*}^2 の実現値が棄却限界値に近い値をとるときには，標本数をもっと大きくして検定してみる方が良い．

表 9.7.2　サイコロを36回投げたときの目の数の度数分布表

目の数	1	2	3	4	5	6
度数	4	9	5	8	4	6

9.8　独立性の検定

観測されたデータをいくつかの属性に従って分類し，それらの属性の間の独立性を検定する問題を考える．

例 9.8.1 小学校の男子生徒の行動評価の1つとして,「社会性」をとり,これと学業成績による評価とが独立であるかどうかについて,表9.8.1のデータに基づく検定問題が考えられる.

表 9.8.1 小学校の男子生徒の行動評価「社会性」と学業成績の評価で,$+1$, 0, -1 はそれぞれ良,可,不可を表す

学業成績 ＼ 社会性	$+1$	0	-1	横計
$+1$	12	11	13	36
0	17	22	18	57
-1	7	3	5	15
縦計	36	36	36	108

一般に,大きさ n の無作為標本が属性 A, B に分類され,そしてそれぞれの属性がさらに $A_1, \cdots, A_r$; $B_1, \cdots, B_s$ $(r \geq 2, s \geq 2)$ に分類されているとする.また,その標本について,属性 A_i, B_j をもつ度数を N_{ij} とする $(i = 1, \cdots, r; j = 1, \cdots, s)$.このとき,$\sum_{i=1}^{r} \sum_{j=1}^{s} N_{ij} = n$ で,度数 N_{ij} をもつセル $(i = 1, \cdots, r; j = 1, \cdots, s)$ をもつ表が表9.8.2のように与えられる.このような表を $r \times s$ 分割表という.ここで

表 9.8.2 属性 A, B による $r \times s$ 分割表

$A \setminus B$	B_1	$\ldots$	B_s	横計
A_1	N_{11}	$\ldots$	N_{1s}	$N_{1\cdot}$
$\vdots$	$\vdots$	$\ddots$	$\vdots$	$\vdots$
A_r	N_{r1}	$\ldots$	N_{rs}	$N_{r\cdot}$
縦計	$N_{\cdot 1}$	$\ldots$	$N_{\cdot s}$	n

$$N_{i\cdot} = \sum_{j=1}^{s} N_{ij} \quad (i = 1, \cdots, r), \quad N_{\cdot j} = \sum_{i=1}^{r} N_{ij} \quad (j = 1, \cdots, s)$$

とする.すると

$$\sum_{i=1}^{r} N_{i\cdot} = \sum_{j=1}^{s} N_{\cdot j} = n$$

になる.次に,この標本に対する確率モデルを考える.まず,各 i, j について,A_i, B_j を事象と見なして $p_{ij} = P\{A_i \cap B_j\}$ とすれば $\sum_{i=1}^{r} \sum_{j=1}^{s} p_{ij} = 1$ であり,

$$\{N_{ij} \mid i=1,\cdots,r; j=1,\cdots,s\} \sim M_{rs}(n; \{p_{ij} \mid i=1,\cdots,r; j=1,\cdots,s\})$$

(rs 項分布)

となる．このとき，$\{p_{ij} \mid i=1,\cdots,r; j=1,\cdots,s\}$ の最尤推定量は $\{N_{ij}/n \mid i=1,\cdots,r; j=1,\cdots,s\}$ になる (演習問題 7-3 参照)．また

$$p_{i\cdot} = \sum_{j=1}^{s} p_{ij} \quad (i=1,\cdots,r), \quad p_{\cdot j} = \sum_{i=1}^{r} p_{ij} \quad (j=1,\cdots,s)$$

とすれば

$$\{N_{i\cdot} \mid i=1,\cdots,r\} \sim M_r(n; \{p_{i\cdot} \mid i=1,\cdots,r\}) \quad (r\text{ 項分布}),$$

$$\{N_{\cdot j} \mid j=1,\cdots,s\} \sim M_s(n; \{p_{\cdot j} \mid j=1,\cdots,s\}) \quad (s\text{ 項分布})$$

になる．よって $(p_{1\cdot},\cdots,p_{r\cdot})$ の最尤推定量は $(N_{1\cdot}/n,\cdots,N_{r\cdot}/n)$ になり，また $(p_{\cdot 1},\cdots,p_{\cdot s})$ の最尤推定量は $(N_{\cdot 1}/n,\cdots,N_{\cdot s}/n)$ になる．

いま，属性 A, B の独立性の

仮説 $\boldsymbol{H: p_{ij} = p_{i\cdot}p_{\cdot j} \quad (i=1,\cdots,r; j=1,\cdots,s)}$

の水準 α の検定問題を考える．このとき，仮説 H の下では，(9.7.3) のような統計量は

$$\sum_{i=1}^{r}\sum_{j=1}^{s} \frac{(N_{ij}-np_{ij})^2}{np_{ij}} = \sum_{i=1}^{r}\sum_{j=1}^{s} \frac{(N_{ij}-np_{i\cdot}p_{\cdot j})^2}{np_{i\cdot}p_{\cdot j}}$$

になるが，一般には，$p_{i\cdot}$ $(i=1,\cdots,r)$，$p_{\cdot j}$ $(j=1,\cdots,s)$ は未知であるから，これらの代わりに，それらの最尤推定量を用いれば，その統計量は

$$\chi^2 = \sum_{i=1}^{r}\sum_{j=1}^{s} \frac{\{N_{ij}-(N_{i\cdot}N_{\cdot j}/n)\}^2}{(N_{i\cdot}N_{\cdot j}/n)} \tag{9.8.1}$$

になる．そうすると，仮説 H の下で，n が大きいとき，統計量 χ^2 は漸近的に $\chi^2_{(r-1)(s-1)}$ 分布に従う．ここで，自由度については，まず，セル全体の数は rs であるが，制約条件 $\sum_{i=1}^{r}\sum_{j=1}^{s} N_{ij} = n$ より $rs-1$ となり，また，周辺度数 $N_{i\cdot}$ $(i=1,\cdots,r)$, $N_{\cdot j}$ $(j=1,\cdots,s)$ に関する制約条件を考慮に入れれば，その自由度は

$$rs-1-(r-1+s-1) = (r-1)(s-1)$$

になる．よって，第 9.7 節と同様にして，$\chi^2_{(r-1)(s-1)}$ 分布の上側 100α %点を $\chi^2_\alpha((r-1)(s-1))$ とすれば，χ^2 に基づく棄却域として

$$C_{\chi^2} = \left(\chi^2_\alpha((r-1)(s-1)), \infty\right)$$

をとればよい．

注意 9.8.1 実際に，(9.8.1) の統計量を用いて検定する際には，大標本の場合であるから，H の下で各セル (i,j) において期待度数 $np_{i\cdot}p_{\cdot j}$ あるいは $n_{i\cdot}n_{\cdot j}/n$ が 5 以上であることが一応の目安になる．そうでないときには，セルの合併をした方が良い．

例 9.8.1(続) 小学校の男子生徒の行動評価の 1 つ「社会性」と学業成績の評価の 3×3 分割表 (表 9.8.1) に対する確率モデルを表 9.8.3 のように表す．

表 9.8.3 小学校の男子生徒の行動評価「社会性」と学業成績の評価の確率モデル

学業成績 ＼ 社会性	$+1$	0	-1	横計
$+1$	$p_{1,1}$	$p_{1,0}$	$p_{1,-1}$	$p_{1,\cdot}$
0	$p_{0,1}$	$p_{0,0}$	$p_{0,-1}$	$p_{0,\cdot}$
-1	$p_{-1,1}$	$p_{-1,0}$	$p_{-1,-1}$	$p_{-1,\cdot}$
縦計	$p_{\cdot,1}$	$p_{\cdot,0}$	$p_{\cdot,-1}$	1

このとき，この 2 種類の評価の独立性の

$$\text{仮説 } H : p_{ij} = p_{i\cdot}p_{\cdot j} \quad (i, j = 1, 0, -1)$$

の水準 0.05 の検定問題を考える．まず，表 9.8.1 から (9.8.1) の統計量の実現値を求めると

$$\frac{(12-12)^2}{12} + \frac{(11-12)^2}{12} + \cdots + \frac{(5-5)^2}{5} \fallingdotseq 2.504$$

になる．一方，χ^2_4 分布の上側 5 %点は $\chi^2_{0.05}(4) = 9.488$ であるから，棄却域は $C_{\chi^2} = (9.488, \infty)$ となり，$2.504 \notin (9.488, \infty)$ より仮説 H は受容される．

例 9.8.2 [11] ヒトの誕生月と死亡月の間の関係について考えてみよう．そこで，一般人 399 人の誕生月と死亡月のデータについて，注意 9.8.1 にしたがって，セルを合併して，表 9.8.4 のような 6×6 分割表に基づいて，誕生月と死亡月の独立性について水準 0.05 の検定問題を考える．

[11] この例は, 高橋純子 (1995). 赤平研卒業研究発表予稿集所収.

表 9.8.4 [12] 一般人 399 人の誕生月と死亡月の 6×6 分割表

誕生月 ＼ 死亡月	1, 2	3, 4	5, 6	7, 8	9, 10	11, 12	横計
1, 2	14	13	8	13	9	14	71
3, 4	12	9	19	7	7	19	73
5, 6	13	12	9	11	15	10	70
7, 8	10	7	10	5	15	8	55
9, 10	19	8	16	11	12	7	73
11, 12	10	8	11	6	11	11	57
縦計	78	57	73	53	69	69	399

この分割表に対応する確率モデルを表 9.8.3 と同様に，$\{p_{ij} \mid i = 1, \cdots, 6; j = 1, \cdots, 6\}$，$\{p_{i\cdot} \mid i = 1, \cdots, 6\}$，$\{p_{\cdot j} \mid j = 1, \cdots, 6\}$ と表す．このとき，誕生月と死亡月の独立性の

$$\text{仮説 } H : p_{ij} = p_{i\cdot}p_{\cdot j} \quad (i = 1, \cdots, 6; j = 1, \cdots, 6)$$

の水準 0.05 の検定問題を考える．まず，表 9.8.5 から (9.8.1) の統計量の実現値は 27.94 になる．一方，χ^2_{25} 分布の上側 5 %点は $\chi^2_{0.05}(25) = 37.65$ であるから，棄却域は $C_{\chi^2} = (37.65, \infty)$ となり，$27.94 \notin C_{\chi^2}$ より仮説 H は受容される．

演習問題 9

1. 2 つのクラス A，B の統計学の成績の平均が等しいかどうかを調べるために，両クラスにテストを実施して，クラス A，B のそれぞれ 11 名，9 名の学生を無作為に選んで，それらの成績の平均値はそれぞれ 58.0，54.0 で成績の不偏分散の値はそれぞれ $(10.0)^2$，$(8.0)^2$ であった．このとき，水準 0.10 で検定せよ．ここで，クラス A，B の成績は，それぞれ正規分布に従うとし，いずれの分散も同じであるが未知とする．

2. ある選挙で，A 政党の選挙対策本部の責任者が同党の支持率が 52 %未満の場合には，テレビ等のマスコミにおいてもっと A 政党の宣伝をしなければならない

[12] この表は，Andrews, D. F. & Herzberg, A. M. (1985). Data. Springer 所収のデータから作成された．なお，そこには，一般人の他に有名な科学者，有名な作家，ロイヤルファミリーのデータもある．

と考えた．そこで，無作為に選んだ 400 人の有権者を対象に調査したところ，同党の支持者は 190 人であった．この結果に基づいて，水準 0.05 で検定せよ．

3. ある資格試験の合格率は 35 %であるとするとき，ある大学出身者のこの試験の合格率が 35 %であるかどうか調べたい．また，この大学関係者は諸状況からその出身者の合格率は全体のそれよりも高いはずであると主張していたとする．今年，この大学出身の受験者 320 名のうち 128 名がその試験に合格した．このとき，水準 0.05 および 0.10 で検定し，p 値も求めよ．

4. 東京都にある A 大学の入学試験において，現役の合格率が都内の高校の受験生と地方の高校の受験生の間で差があるかどうか調べるために，受験者全体から，都内の高校生，地方の高校生をそれぞれ 200 名ずつ無作為に抽出した．そして，実際の合格者数は，都内の高校生 78 名，地方の高校生 61 名であった．このデータからその差があるといえるかどうか検討せよ．

5. 問 1 において，2 つのクラス A，B の成績はそれぞれ正規分布に従うとし，それらの平均，分散はともに未知とする．このとき，クラス A，B の統計学の成績の分散が等しいかどうか調べるために，問 1 のデータに基づいて水準 0.05 および 0.10 で検定せよ．

6. あるサイコロが偏りがないかどうか調べるために，サイコロを独立に 240 回投げたときの結果が，次の表のようになった．

目の数	1	2	3	4	5	6
度数	36	42	41	36	45	40

このとき，水準 0.05 および 0.10 で検定せよ．

7. X_1，X_2 がたがいに独立に，それぞれ 2 項分布 $B(n_1, p_1)$，$B(n_2, p_2)$ に従うとする．

(1) $T = X_1 + X_2$ の p.m.f. を求めよ

(2) $\theta = p_1 q_2 / q_1 p_2$ ($q_i = 1 - p_i$, $i = 1, 2$) とおくと，$T = t$ を与えたときの X_1 の c.p.m.f. $f^{\theta}_{X_1|T}(\cdot|t)$ を求めよ．なお，θ を**オッズ比** (odds ratio) という．

(3) 仮説 $H : \theta = \theta_0$，対立仮説 $K : \theta < \theta_0$ の水準 α の検定方法を考えよ．

補　遺

本文の内容をさらに深めたり，補充することが目的であり[1]，たとえば A.4.3 節は本文の第 4.3 節に関連するものになっている．

A.4.3 典型的な離散型分布 (続)

第 4.3 節で述べた離散型分布の他に，次のような分布もよく用いられる．なお，以下では，μ_1' は平均，μ_k は平均周りの k 次の積率を表すことに注意 (第 4.2 節参照)．

(3) 超幾何分布[2] (hypergeometric distribution) $H(n, M, N)$	
p.m.f. f_X	k 次の積率
$f_X(x) = \binom{M}{x}\binom{N-M}{n-x} / \binom{N}{n}$ $(x = \max\{0, n+M-N\}, \cdots, \min\{n, M\};$ M, N, n は自然数, $M < N)$	$p = \frac{M}{N}$, $q = 1-p$ とすると $\mu_1' = np$, $\mu_2 = \frac{N-n}{N-1}npq$, $\mu_3 = \frac{(N-n)(N-2n)}{(N-1)(N-2)}npq(q-p)$

(4) 負の 2 項分布[3] (negative binomial distribution) NB(r, p) (特に，NB$(1, p)$ は幾何分布 (geometric distribution).)	
p.m.f. f_X, m.g.f. g_X	k 次の積率
$f_X(x) = \binom{x+r-1}{x} p^r q^x$ $(x = 0, 1, 2, \cdots; 0 < p < 1, q = 1-p; r > 0)$, $\left(\begin{array}{c} f_X(x) = \binom{-r}{x} p^r (-q)^x \\ (x = 0, 1, 2, \cdots;\ 0 < p < 1, q = 1-p) \end{array} \right)$ $g_X(\theta) = p^r(1 - qe^\theta)^{-r}$ $(qe^\theta < 1)$	$\mu_1' = rq/p$, $\mu_2 = rq/p^2$, $\mu_3 = rq(1+q)/p^3$, $\mu_4 = rq(1+4q+q^2+3rq)/p^4$

---

1) 節の題目の後に (補) または (続) となっているが，厳密な区別はない．なお，(補) のときは式番号は A を付けて新たに始め，(続) のときは A を付けて続き番号になっている．

2) 箱の中に N 個のくじが入っていて，そのうち当りくじが M 個で外れくじが残りの $N-M$ 個であるとする．この箱から無作為に n 個 (非復元) 抽出すると，その中の当りくじの個数 X の分布が超幾何分布になる．

3) 第 4.3 節の (1) における 1 枚のコイン投げの 2 項試行において，r 回表が出るまで必要となる試行の回数を $X+r$ としたときの X の分布が負の 2 項分布になる．

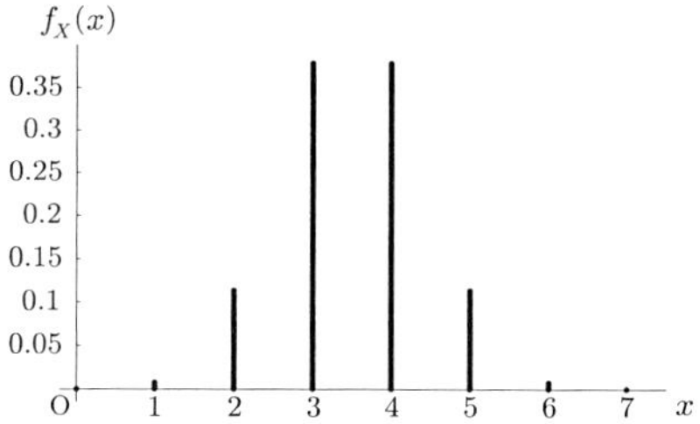

(3) 超幾何分布 $H(7,6,12)$

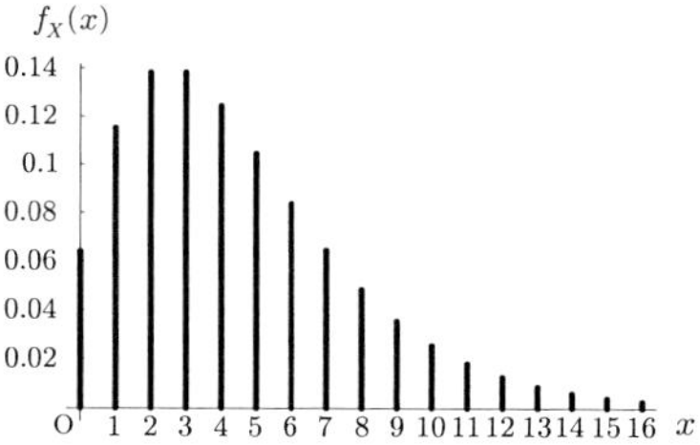

(4) 負の 2 項分布 NB(3, 0.4)

A.4.4 典型的な連続型分布 (続)

第 4.4 節で述べた連続型分布の他に，次のような分布もよく用いられる．

(4) 自由度 n のカイ 2 乗分布[4] (chi-square distribution with n degrees of freedom) χ_n^2 分布	
p.d.f. f_X, m.g.f. g_X	k 次の積率
$f_X(x) = \begin{cases} \frac{1}{2^{n/2}\Gamma(n/2)} x^{\frac{n}{2}-1} e^{-\frac{x}{2}} & (x > 0), \\ 0 & (x \leq 0), \end{cases}$ $(n = 1, 2, \cdots)$ $g_X(\theta) = (1-2\theta)^{-n/2} \quad (\theta < 1/2)$	$\mu_1' = n$, $\mu_2 = 2n$, $\mu_3 = 8n$, $\mu_4 = 12n(n+4)$

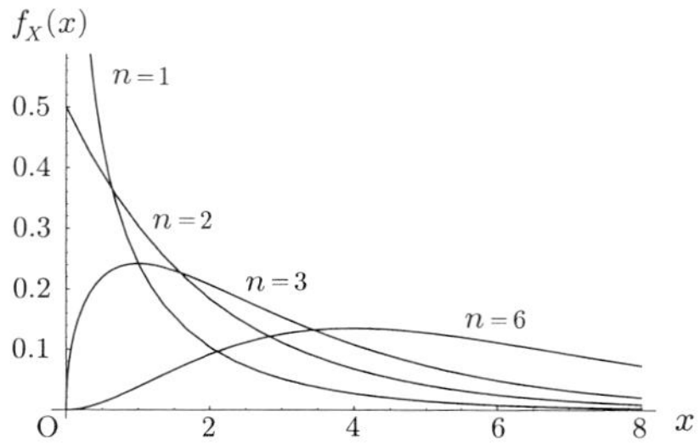

(4) 自由度 n のカイ 2 乗分布

[4] **ガンマ関数** Γ は $\Gamma(\alpha) = \int_0^\infty x^{\alpha-1}e^{-x}dx$ $(\alpha > 0)$ によって定義され，$\Gamma(\alpha+1) = \alpha\Gamma(\alpha)$ $(\alpha > 0)$，$\Gamma(1) = 1$，$\Gamma(1/2) = \sqrt{\pi}$ が成り立ち，特に，自然数 n について $\Gamma(n) = (n-1)!$ になる．ただし，$0! = 1$ とする．さらに，$\Gamma(\alpha) = \sqrt{2\pi}e^{-\alpha}\alpha^{\alpha-(1/2)}\left\{1 + \frac{1}{12\alpha} + \frac{1}{288\alpha^2} + O\left(\frac{1}{\alpha^3}\right)\right\}$ $(\alpha \to \infty)$ (**スターリング** (Stirling) **の公式**) が成り立つ．この公式は α が 5 程度でも良い近似値を与える．

(5) ガンマ分布 (gamma distribution) $G(\alpha, \beta)$ (特に，$G(1, \lambda)$ は指数分布 $\mathrm{Exp}(\lambda)$, $G(n/2, 2)$ は χ_n^2 分布．)	
p.d.f. f_X, m.g.f. g_X	k 次の積率 μ_k
$f_X(x) = \begin{cases} \frac{1}{\beta\Gamma(\alpha)}\left(\frac{x}{\beta}\right)^{\alpha-1} e^{-x/\beta} & (x > 0), \\ 0 & (x \leq 0), \end{cases}$ $(\alpha > 0, \beta > 0)$. $g_X(\theta) = (1 - \beta\theta)^{-\alpha} \quad (\theta < 1/\beta)$	$\mu_1' = \alpha\beta$, $\mu_2 = \alpha\beta^2$, $\mu_3 = 2\alpha\beta^3$, $\mu_4 = 3\alpha(\alpha + 2)\beta^4$

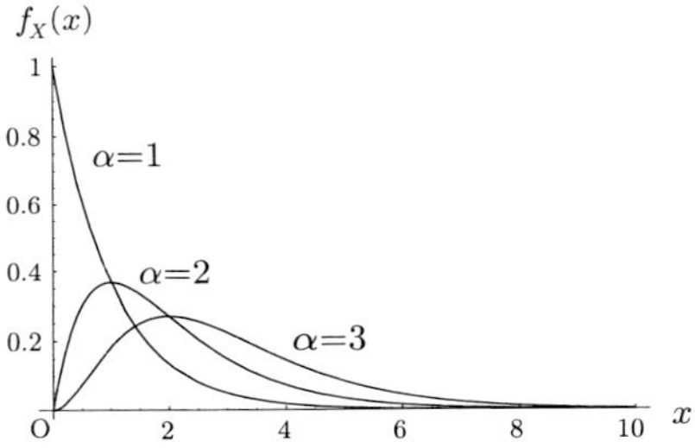

(5) ガンマ分布 $G(\alpha, 1)$

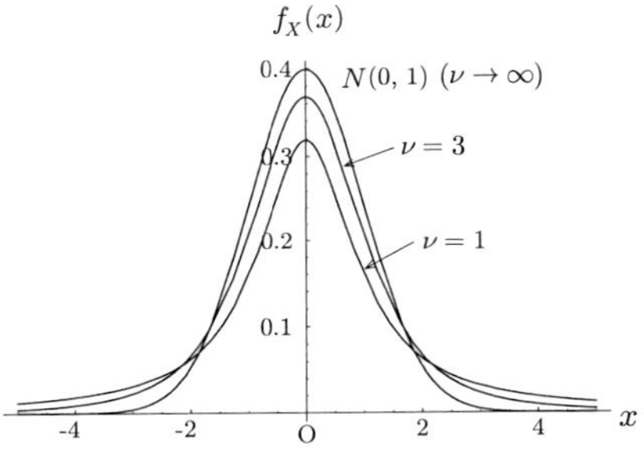

(6) 自由度 ν の t 分布

(6) 自由度 ν の t 分布[5] (t-distribution with ν degrees of freedom) t_ν 分布 (特に，t_1 分布はコーシー (Cauchy) 分布ともいう．)	
p.d.f. f_X	k 次の積率
$f_X(x) = \frac{\Gamma(\frac{\nu+1}{2})}{\sqrt{\pi\nu}\Gamma(\frac{\nu}{2})}\left(1 + \frac{x^2}{\nu}\right)^{-\frac{\nu+1}{2}}$ $(-\infty < x < \infty; \nu > 0)$.	$\mu_1' = 0 \quad (\nu > 1)$, $\mu_2 = \frac{\nu}{\nu-2} \quad (\nu > 2)$, $\mu_{2k} = \nu^k \frac{\Gamma(\frac{1}{2}+k)\Gamma(\frac{\nu}{2}-k)}{\sqrt{2\pi}\Gamma(\frac{\nu}{2})}$ $(-1 < 2k < \nu)$

5) この分布はスチューデント (Student; ビール醸造会社のギネスの技師ゴセット (W. S. Gosset (1876–1937)) の筆名) によって導入されたため，Student の t 分布とも呼ばれる．t_1 分布 (コーシー分布) は分布の裾が重い分布の代表にされることが多く，ν が大きくなるにしたがって，分布の裾が軽くなり，$\nu \to \infty$ のとき t_ν 分布の p.d.f. は $N(0, 1)$ の p.d.f. に収束する (演習問題 A-3 参照)．なお，X がコーシー分布に従うとき $E(X)$, $V(X)$ が存在しない (演習問題 A-7 参照)．

(7) ベータ分布[6) (Beta distribution) $\mathrm{Be}(\nu_1,\nu_2)$ (特に，$\mathrm{Be}(1,1)$ は一様分布 $U(0,1)$．)	
p.d.f. f_X	k 次の積率
$f_X(x) = \begin{cases} \frac{1}{B(\nu_1,\nu_2)} x^{\nu_1-1}(1-x)^{\nu_2-1} & (0<x<1), \\ 0 & (\text{その他}), \end{cases}$ $(\nu_1>0,\ \nu_2>0)$.	$\mu_1' = \frac{\nu_1}{\nu_1+\nu_2}$, $\mu_2 = \frac{\nu_1\nu_2}{(\nu_1+\nu_2)^2(\nu_1+\nu_2+1)}$, $\mu_k' = E(X^k) = \frac{B(\nu_1+\nu_2,\nu_1+k)}{B(\nu_1+\nu_2+k,\nu_1)}$

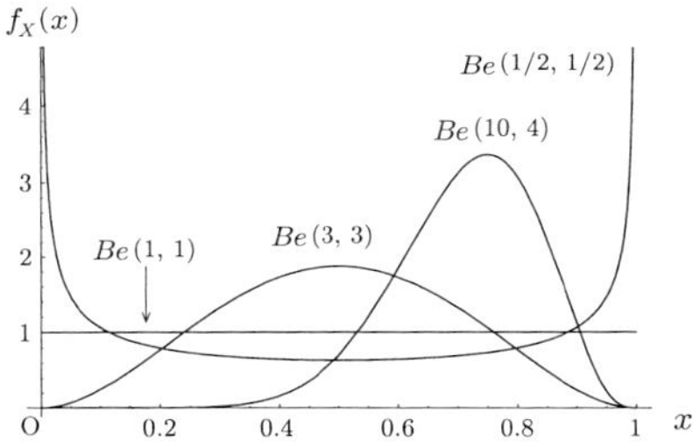

(7) ベータ分布 $\mathrm{Be}(\alpha,\beta)$

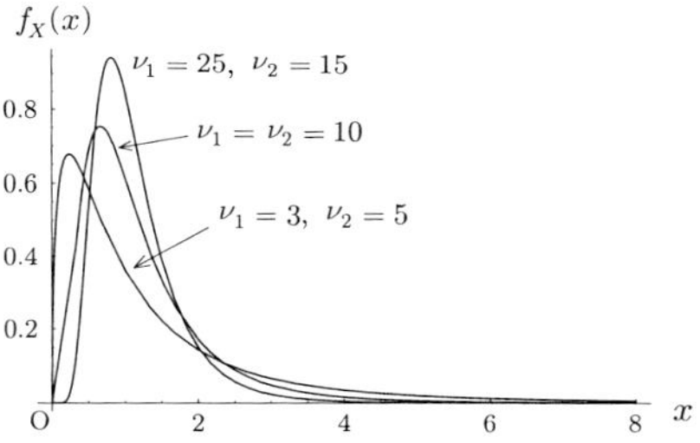

(8) 自由度 ν_1，ν_2 の F 分布

(8) 自由度 ν_1，ν_2 の F 分布[7) (F-distribution with ν_1, ν_2 degrees of freedom) F_{ν_1,ν_2} 分布	
p.d.f. f_X	k 次の積率
$f_X(x) = \begin{cases} \frac{\nu_1^{\frac{\nu_1}{2}}\nu_2^{\frac{\nu_2}{2}}}{B(\frac{\nu_1}{2},\frac{\nu_2}{2})} \frac{x^{\frac{\nu_1}{2}-1}}{(\nu_1 x+\nu_2)^{\frac{\nu_1+\nu_2}{2}}} & (x>0), \\ 0 & (x \le 0), \end{cases}$ $(\nu_1>0, \nu_2>0)$.	$\mu_1' = \frac{\nu_2}{\nu_2-2}$ $(\nu_2>2)$, $\mu_2 = \frac{2\nu_2^2(\nu_1+\nu_2-2)}{\nu_1(\nu_2-2)^2(\nu_2-4)}$ $(\nu_2>4)$, $\mu_k' = E(X^k) = \frac{B(\frac{\nu_1}{2}+k,\frac{\nu_2}{2}-k)}{B(\frac{\nu_1}{2},\frac{\nu_2}{2})}$ $(-\nu_1<2k<\nu_2)$

6) **ベータ関数** B は $B(\alpha,\beta) = \int_0^1 x^{\alpha-1}(1-x)^{\beta-1}dx$ $(\alpha>0,\beta>0)$ で定義され，$B(\alpha,\beta) = \Gamma(\alpha)\Gamma(\beta)/\Gamma(\alpha+\beta)$ が成り立つ．ベータ分布はガンマ分布，F 分布等と密接な関係がある (演習問題 A-9，A-10 参照)．

7) F 分布の F はフィッシャー (R. A. Fisher(1890–1962)) の頭文字であり，スネデッカー (Snedecor) の F 分布とも呼ばれる．また，この分布はカイ 2 乗分布，ベータ分布等と密接に関係していて，正規分布から得られた無作為標本に基づく統計量の分布として求められる (第 8.5 節，例 A.5.5.3 参照)．

(9) 対数正規分布[8)] (log-normal distribution) $\mathrm{LN}(\mu,\sigma)$	
p.d.f. f_X	k 次の積率
$f_X(x) = \begin{cases} \frac{1}{\sqrt{2\pi}\sigma x}\exp\left\{-\frac{1}{2\sigma^2}(\log x-\mu)^2\right\} & (x>0), \\ 0 & (x\le 0), \end{cases}$ $(-\infty<\mu<\infty,\ \sigma>0).$	$\mu_1' = \exp(\mu+\frac{\sigma^2}{2})$, $\mu_2 = (e^{\sigma^2}-1)\exp(2\mu+\sigma^2)$, $u=e^{\sigma^2}$ として $\mu_3 = u^{\frac{3}{2}}(u-1)^2(u+2)e^{3\mu}$, $\mu_4 = u^2(u-1)^2 \cdot(u^4+2u^3+3u^2-3)e^{4\mu}$

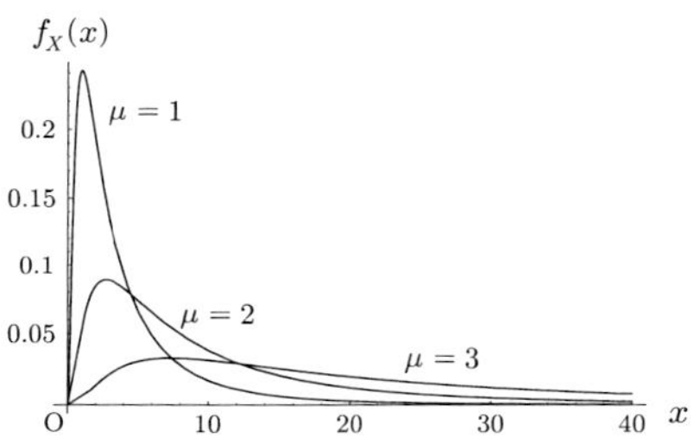

(9) 対数正規分布 $\mathrm{LN}(\mu,1)$

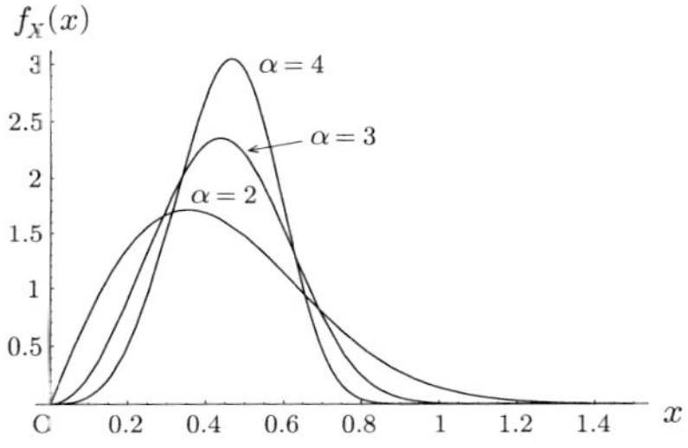

(10) ワイブル分布 $W(\alpha,1/2)$

(10) ワイブル分布[9)] (Weibull distribution) $W(\alpha,\lambda)$	
p.d.f. f_X	k 次の積率
$f_X(x) = \begin{cases} \frac{\alpha x^{\alpha-1}}{\lambda^\alpha}\exp\left\{-\left(\frac{x}{\lambda}\right)^\alpha\right\} & (x>0), \\ 0 & (x\le 0), \end{cases}$ $(\lambda>0,\ \alpha>0)$	$\mu_k' = E(X^k) = \lambda^k\Gamma\left(\frac{k}{\alpha}+1\right)$ $(k=1,2,\cdots)$

A.4.5 積率母関数 (補)，確率母関数

定理 A.4.5.1　ある $\varepsilon>0$ について，$E(e^{\varepsilon|X|})$ が存在すると仮定する．このとき

8) 正値の確率変数 X を対数変換して，$Y=\log X$ が $N(\mu,\sigma^2)$ に従うとき，$X\sim\mathrm{LN}(\mu,\sigma)$ になり，この分布は所得分布として現われ，また医学データの解析においても用いられる．

9) r.v. $Y\sim\mathrm{Exp}(\lambda^\alpha)=G(1,\lambda^\alpha)$ $(\lambda>0,\alpha>0)$ とするとき，$X=Y^{1/\alpha}$ の分布がワイブル分布になる．この分布は機器類の寿命分布として知られている．

(i) X の任意の次数 $k(=1,2,\cdots)$ の積率 μ'_k が存在する.

(ii) X の m.g.f. g_X について

$$g_X(\theta)=\sum_{k=0}^{\infty}\theta^k E(X^k)/k! \quad (|\theta|<\varepsilon)$$

が成り立つ.

証明[10] r.v. X が連続型であるとし，その p.d.f. を f_X とする．いま，$E\left(e^{\varepsilon|X|}\right)$ が存在し，$e^{\theta|x|}\le e^{\varepsilon|x|}$ $(|\theta|<\varepsilon)$ であるから

$$E\left(e^{\theta|X|}\right)=\int_{-\infty}^{\infty}e^{\theta|x|}f_X(x)dx<\infty \quad (|\theta|<\varepsilon)$$

になる．同様にして，不等式 $0<e^{\theta x}\le e^{|\theta||x|}$ より，任意の $\theta\in(-\varepsilon,\varepsilon)$ について $E\left(e^{\theta X}\right)$ が存在する．一方，無限級数 $\sum_{k=0}^{\infty}|\theta|^k|x|^k/k!$ は正項級数であるから，項別積分可能になり

$$\sum_{k=0}^{\infty}\frac{|\theta|^k}{k!}\int_{-\infty}^{\infty}|x|^k f_X(x)dx=\int_{-\infty}^{\infty}\sum_{k=0}^{\infty}\frac{|\theta|^k|x|^k}{k!}f_X(x)dx=\int_{-\infty}^{\infty}e^{|\theta||x|}f_X(x)dx$$

になる．上式の最後の項は，任意の $\theta\in(-\varepsilon,\varepsilon)$ について有限であるから

$$\int_{-\infty}^{\infty}|x|^k f_X(x)dx<\infty$$

になり，任意の次数 k について，X の積率 $\mu'_k=E(X^k)$ は存在し，(i) が成り立つ.

次に，無限級数 $\sum_{k=0}^{\infty}\int_{-\infty}^{\infty}\{(\theta x)^k/k!\}f_X(x)dx$ においても，項別積分可能であるから，任意の $\theta\in(-\varepsilon,\varepsilon)$ について

$$\begin{aligned}\sum_{k=0}^{\infty}\frac{\theta^k E(X^k)}{k!}&=\sum_{k=0}^{\infty}\int\frac{(\theta x)^k}{k!}f_X(x)dx=\int\sum_{k=0}^{\infty}\frac{(\theta x)^k}{k!}f_X(x)dx\\&=\int e^{\theta x}f_X(x)dx=E\left(e^{\theta X}\right)=g_X(\theta)\end{aligned}$$

になり，(ii) が成り立つ．□

系 A.4.5.1 定理 A.4.5.1 の条件の下で，任意の $k=1,2,\cdots$ について

$$E(X^k)=\frac{d^k}{d\theta^k}g_X(0)$$

が成り立つ.

証明は定理 A.4.5.1 より明らか.

注意 A.4.5.1 r.v. X の m.g.f. の代わりに，**特性関数** (characteristic function) を

$$\varphi_X(t)=E\left(e^{itX}\right),\quad t\in\boldsymbol{R}^1$$

10) ルベーグ積分の知識を必要とするので，とばしてよい.

によって定義して，これを用いることも多い．ただし，i は虚数単位，$i^2=-1$ とする．特性関数は，$|\varphi(t)|\leq 1$ $(t\in \boldsymbol{R}^1)$ となるから，すべての t について存在する[11] という利点をもつが，それを用いるためには複素関数論の知識を必要とする．

r.v. X が離散型で非負整数値をとる場合に，その p.m.f. を f_X として

$$\pi_X(\theta)=E(\theta^X)=\sum_{x=0}^{\infty}\theta^x f_X(x) \tag{A.4.5.1}$$

によって，X の (分布の) **確率母関数** (probability generating function 略して p.g.f.) π_X を定義する．この π_X は $|\theta|\leq 1$ において絶対収束し，整級数 (A.4.5.1) の収束半径を r とすれば，$r>1$ のとき $(-r,r)$ で項別微分可能になる．このとき，(A.4.5.1) を θ に関して k 回微分して $\theta=1$ とすると

$$\pi_X^{(k)}(1)=\sum_x x(x-1)\cdots(x-k+1)f_X(x)=E\left[X(X-1)\cdots(X-k+1)\right] \tag{A.4.5.2}$$

となり，これを X の k 次の階乗積率 (factorial moment) といって，記号で $\mu_{[k]}$ と表す．このとき，X の原点周りの k 次の積率 μ_k' と階乗積率 $\mu_{[k]}$ の間には，次の関係が成り立つ．

$$\mu_1'=\mu_{[1]},\quad \mu_2'=\mu_{[2]}+\mu_{[1]},\quad \mu_3'=\mu_{[3]}+3\mu_{[2]}+\mu_{[1]},$$
$$\mu_4'=\mu_{[4]}+6\mu_{[3]}+7\mu_{[2]}+\mu_{[1]},\cdots$$

例 A.4.5.1 r.v. $X\sim H(n,M,N)$ であるとき，(A.4.5.2) より

$$\begin{aligned}\mu_{[k]}&=\frac{n!M!(N-k)!}{(n-k)!(M-k)!N!}\sum_x\binom{M-k}{x-k}\binom{N-M}{n-x}\Bigg/\binom{N-k}{n-k}\\&=\frac{n!M!(N-k)!}{(n-k)!(M-k)!N!}\end{aligned}$$

になる．ただし，$k=1,2,\cdots,\min\{n,M\}$ とする．よって，

$$\mu_1'=\mu_{[1]}=np,\quad \mu_2'=\mu_{[2]}+\mu_{[1]}=\frac{N-n}{N-1}npq+n^2p^2$$

を得る．ただし，$p=M/N$，$q=1-p$ とする．

A.5.1 多変量分布 (補)

確率ベクトル (X,Y) の j.c.d.f. を $F_{X,Y}$ とするとき，次の性質が成り立つ．

---

11) たとえば，r.v. X がコーシー分布 (t_1 分布) に従うとき X の m.g.f. は存在しないが，特性関数は $\varphi_X(t)=e^{-|t|}$ となる (演習問題 A-5)．そして，$X_1,\cdots,X_n$ をたがいに独立に，いずれも同じコーシー分布に従うとき，$\bar{X}=(1/n)\sum_{i=1}^n X_i$ の特性関数は $\varphi_{\bar{X}}(t)=e^{-|t|}$ となって $\bar{X}$ もコーシー分布に従う．なお，特性関数についても注意 5.4.1 のような一意性は成り立つ．

(i) $F_{X,Y}$ について

$$\lim_{x\to-\infty} F_{X,Y}(x,y) = 0, \quad y \in \boldsymbol{R}^1; \quad \lim_{y\to-\infty} F_{X,Y}(x,y) = 0, \quad x \in \boldsymbol{R}^1;$$

$$\lim_{x,y\to\infty} F_{X,Y}(x,y) = 1.$$

(ii) $x_1 < x_2,\ y_1 < y_2$ について

$$P_{X,Y}\{x_1 < X \leq x_2,\ y_1 < Y \leq y_2\}$$
$$= F_{X,Y}(x_2,y_2) - F_{X,Y}(x_2,y_1) - F_{X,Y}(x_1,y_2) + F_{X,Y}(x_1,y_1) \geq 0$$

が成り立つ.

(iii) $F_{X,Y}(x,y)$ は各変数 x, y について右連続である. すなわち, 任意の $x \in \boldsymbol{R}^1$, $y \in \boldsymbol{R}^1$ について

$$\lim_{h\to 0+0} F_{X,Y}(x+h,y) = \lim_{h\to 0+0} F_{X,Y}(x,y+h) = F_{X,Y}(x,y)$$

である.

証明は第 4.1 節の 1 変量分布の場合と同様にできる.

A.5.3 標本相関係数 (補)

確率ベクトル $(X_1,Y_1),\cdots,(X_n,Y_n)$ がたがいに独立に, いずれも $N_2(\mu_1,\mu_2,\sigma_1^2,\sigma_2^2,\rho)$ に従う確率ベクトルとすれば, 標本相関係数 $R = \hat{\rho}_{X,Y}$ の p.d.f. は

$$f_n(r,\rho) = \frac{(1-\rho^2)^{(n-1)/2}(1-r^2)^{(n-4)/2}}{\sqrt{\pi}\Gamma\left((n-1)/2\right)\Gamma\left((n-2)/2\right)}\sum_{k=0}^{\infty}\Gamma^2\left(\frac{n+k-1}{2}\right)\frac{(2\rho r)^k}{k!} \quad (|r| \leq 1)$$

になる. 特に, $\rho = 0$ のとき, $T = R\sqrt{n-2}/\sqrt{1-R^2}$ は t_{n-2} 分布に従う. 実際, 各 $i = 1,\cdots,n$ について

$$\varepsilon_i = Y_i - \mu_2 - (\rho\sigma_2/\sigma_1)(X_i - \mu_1) \tag{A.5.3.1}$$

とすると, ε_i $(i = 1,\cdots,n)$ はたがいに独立で, X_i にも独立になり, その分散は $V(\varepsilon_i) = (1-\rho^2)\sigma_2^2$ になる (第 5.2 節の例 5.1.3(続)$_1$ 参照). そこで, (A.5.3.1) を変形すると, 各 i について

$$Y_i = a + bX_i + \varepsilon_i \tag{A.5.3.2}$$

になる. ただし, $b = \rho\sigma_2/\sigma_1$, $a = \mu_2 - b\mu_1$ とする. また, 各 i について, X_i と ε_i は独立であるから $X_i = x_i$ を与えたときの Y_i の条件付分布は $N(a+bx_i,(1-\rho^2)\sigma_2^2)$ になる. そこで, $A = \sum_{i=1}^n (X_i - \bar{X})(Y_i - \bar{Y})/\sum_{i=1}^n (X_i - \bar{X})^2$, $\boldsymbol{X} = (X_1,\cdots,X_n)$, $\boldsymbol{x} = (x_1,\cdots,x_n)$ とすれば, $\boldsymbol{X} = \boldsymbol{x}$ を与えたときの A の条件付分布は $N(b,(1-\rho^2)\sigma_2^2/\sum_{i=1}^n (x_i - \bar{x})^2)$ になる. また

$$B = \sum_{i=1}^n (Y_i - \bar{Y})^2 - \sum_{i=1}^n (X_i - \bar{X})^2 A^2$$

とすると，$B/(1-\rho^2)\sigma_2^2$ は χ^2_{n-2} 分布に従い，$\boldsymbol{X}=\boldsymbol{x}$ を与えたとき A と B は (条件付) 独立になる．よって，$\boldsymbol{X}=\boldsymbol{x}$ を与えたとき

$$T=(A-b)\Bigg/\sqrt{B\Bigg/\left\{(n-2)\sum_{i=1}^{n}(X_i-\bar{X})\right\}^2}$$

の条件付分布は t_{n-2} 分布になる．いま，$\rho=0$ であるから $b=0$ になり，$\boldsymbol{X}=\boldsymbol{x}$ を与えたとき，$T=R\sqrt{n-2}/\sqrt{1-R^2}$ の条件付分布は $\boldsymbol{x}$ に無関係であるから，T の (無条件) 分布は t_{n-2} 分布になる．よって，仮説 $H:\rho=0$，対立仮説 $K:\rho\neq 0$ の検定問題を T に基づいて考えることができる (第 9.2 節の $(\mathrm{ii})_\mu$ 参照)．また

$$z=\frac{1}{2}\log\frac{1+R}{1-R}\quad(\text{フィッシャーの } \boldsymbol{z} \text{ 変換})$$

とすれば，n が大きいとき，z は漸近的に

$$N\left(\frac{1}{2}\log\frac{1+\rho}{1-\rho},\frac{1}{n-3}\right)$$

に従う．このことから，ρ の区間推定，ρ に関する仮説検定問題を考えることができる (例 9.6.2 参照)．

A.5.5 統計量の分布 (補)

関数 h を $\boldsymbol{R}^1$ から $\boldsymbol{R}^1$ への関数 $(h:\boldsymbol{R}^1\to\boldsymbol{R}^1)$ とし，これが区分的に狭義の単調になるとき，次のことが成り立つ．

定理 A.5.5.1　r.v. X の p.d.f. を f_X とし，f_X の台を $\mathcal{X}=\{x\in\boldsymbol{R}^1|f_X(x)>0\}$ とする．また，$h:\boldsymbol{R}^1\to\boldsymbol{R}^1$ を関数とし，$Y=h(X)$ とする．さらに，$\mathcal{X}$ を分割した区間を $\mathcal{X}_0,\mathcal{X}_1,\cdots,\mathcal{X}_m$，すなわち $\mathcal{X}=\cup_{i=0}^m\mathcal{X}_i$，$\mathcal{X}_i\cap\mathcal{X}_j=\phi\ (i\neq j)$ とし，$P_X\{X\in\mathcal{X}_0\}=0$ で，f_X は各 $\mathcal{X}_i$ 上で連続とする．そして，各 $i=1,\cdots,m$ について，$\mathcal{X}_i$ 上で定義された関数 h_i が存在して

(i)　$h(x)=h_i(x)\quad x\in\mathcal{X}_i$,

(ii)　h_i は $\mathcal{X}_i$ 上で狭義の単調連続関数,

(iii)　$\mathcal{Y}=h_i(\mathcal{X}_i)$ は i に無関係,

(iv)　h_i^{-1} は $\mathcal{Y}$ 上で連続な導関数をもつ

とする．このとき，Y の p.d.f. は

$$f_Y(y)=\begin{cases}\displaystyle\sum_{i=1}^{m}f_X\left(h_i^{-1}(y)\right)\left|\frac{d}{dy}h_i^{-1}(y)\right| & (y\in\mathcal{Y}),\\ 0 & (y\notin\mathcal{Y})\end{cases}$$

である．

証明は (5.5.4) の導出と同様にしてできる．次に，一般に，k 次元確率ベクトル $\boldsymbol{X} = (X_1, \cdots, X_k)$ の j.p.d.f. を $f_{\boldsymbol{X}}$ とし，$f_{\boldsymbol{X}}$ の台を $\mathcal{X} = \{\boldsymbol{x} | f_{\boldsymbol{X}}(\boldsymbol{x}) > 0\}$ とする．このとき，

$$Y_i = h_i(\boldsymbol{X}) \quad (i = 1, \cdots, m)$$

によって定義された確率ベクトル $(Y_1, \cdots, Y_k)$ を考える．また，$\mathcal{X}$ の分割を $\mathcal{X}_0$，$\mathcal{X}_1$，$\cdots$，$\mathcal{X}_m$ とし，$P_{\boldsymbol{X}}\{\boldsymbol{X} \in \mathcal{X}_0\} = 0$ とする．そして，各 $i = 1, \cdots, m$ について，変換 $(Y_1, \cdots, Y_k) = (h_1(\boldsymbol{X}), \cdots, h_k(\boldsymbol{X}))$ は $\mathcal{X}_i$ から $\mathcal{Y}$ 上への 1-1 変換であるとすれば，$\mathcal{Y}$ から $\mathcal{X}_i$ への逆関数が存在する．そこで，各 $i = 1, \cdots, m$ について，その逆関数を

$$x_j = g_{ij}(y_1, \cdots, y_k) \quad (j = 1, \cdots, k)$$

とすれば，任意の $(y_1, \cdots, y_k) \in \mathcal{Y}$ に対して

$$(y_1, \cdots, y_k) = (h_1(\boldsymbol{x}), \cdots, h_k(\boldsymbol{x}))$$

となる $\boldsymbol{x} \in \mathcal{X}_i$ が一意的に定まる．ただし，$\boldsymbol{x} = (x_1, \cdots, x_k)$ とする．このとき，各 $i = 1, \cdots, m$ について，逆関数 g_{ij} $(j = 1, \cdots, k)$ によるヤコビアン (Jacobian) は

$$J_i = \frac{\partial(x_1, \cdots, x_k)}{\partial(y_1, \cdots, y_k)} = \begin{vmatrix} \partial x_1/\partial y_1 & \partial x_1/\partial y_2 & \cdots & \partial x_1/\partial y_k \\ \partial x_2/\partial y_1 & \partial x_2/\partial y_2 & \cdots & \partial x_2/\partial y_k \\ & \cdots & & \\ \partial x_k/\partial y_1 & \partial x_k/\partial y_2 & \cdots & \partial x_k/\partial y_k \end{vmatrix}$$

$$= \begin{vmatrix} \partial g_{i1}/\partial y_1 & \partial g_{i1}/\partial y_2 & \cdots & \partial g_{i1}/\partial y_k \\ \partial g_{i2}/\partial y_1 & \partial g_{i2}/\partial y_2 & \cdots & \partial g_{i2}/\partial y_k \\ & \cdots & & \\ \partial g_{ik}/\partial y_1 & \partial g_{ik}/\partial y_2 & \cdots & \partial g_{ik}/\partial y_k \end{vmatrix}$$

になる．これらのヤコビアンが $\mathcal{Y}$ 上で 0 でないとすれば，$\boldsymbol{Y} = (Y_1, \cdots, Y_k)$ の j.p.d.f. は $f_{\boldsymbol{Y}}(\boldsymbol{y}) = \sum_{i=1}^m f_{\boldsymbol{X}}\left(g_{i1}(\boldsymbol{y}), \cdots, g_{ik}(\boldsymbol{y})\right) |J_i| (\boldsymbol{y} \in \mathcal{Y})$；$= 0$ $(\boldsymbol{y} \notin \mathcal{Y})$ になる．

問 A.5.5.1　例 5.5.3 において，r.v. $Z \sim N(0, 1)$ のとき，$Y = Z^2$ の p.d.f. を定理 A.5.5.1 を用いて求めよ．

例 A.5.5.1　正規分布 $N(\mu, \sigma^2)$ からの無作為標本を $X_1, \cdots, X_n$ とするとき，$T = \sum_{i=1}^n \left(X_i - \bar{X}\right)^2 / \sigma^2$，$Z = \sqrt{n}\left(\bar{X} - \mu\right) / \sigma$ とおくと，T と Z はたがいに独立で，T は χ^2_{n-1} 分布に従うことを示そう．まず，$X_1, \cdots, X_n$ を直交変換して

$$\bar{X} = \sum_{i=1}^n X_i / n,$$

$$Y_1 = (X_1 - X_2)/\sqrt{2}, \quad Y_2 = (X_1 + X_2 - 2X_3)/\sqrt{6}, \quad \cdots,$$

$$Y_{n-1} = (X_1 + X_2 + \cdots + X_{n-1} - (n-1)X_n)/\sqrt{n(n-1)}$$

とすると，$V(\bar{X}) = \sigma^2/n$, $V(Y_i) = \sigma^2$, $\mathrm{Cov}(\bar{X}, Y_i) = 0$ $(i = 1, 2, \cdots, n-1)$, $\mathrm{Cov}(Y_i, Y_j) = 0$ $(i \neq j; i, j = 1, 2, \cdots, n-1)$ になる．よって，$\sqrt{n}\bar{X}, Y_1, Y_2, \cdots, Y_{n-1}$ はたがいに独立に，いずれも分散 σ^2 をもつ正規分布に従う (例 5.1.3(続)$_3$ 参照)．また，$E(Y_i) = 0$ $(i = 1, \cdots, n-1)$ より $(1/\sigma^2)\sum_{i=1}^{n-1} Y_i^2$ は χ^2_{n-1} 分布に従い，また，これは $\bar{X}$ とは独立になる．一方，$\sum_{i=1}^{n-1} Y_i^2 + n\bar{X}^2 = \sum_{i=1}^{n} X_i^2$ になるから

$$T = \frac{1}{\sigma^2}\sum_{i=1}^{n}(X_i - \bar{X})^2 = \frac{1}{\sigma^2}\left(\sum_{i=1}^{n} X_i^2 - n\bar{X}^2\right) = \frac{1}{\sigma^2}\sum_{i=1}^{n} Y_i^2$$

となる．よって，T は χ^2_{n-1} 分布に従い，$\bar{X}$ とは独立になり，また Z とも独立になる．

注意 A.5.5.1　　例 A.5.5.1 に関連して，一般に次のことが成り立つ．$X_1, \cdots, X_n$ を正規分布 $N(0,1)$ からの無作為標本とし，$\sum_{i=1}^{n} X_i^2 = \sum_{j=1}^{k} Q_j$ とし，各 Q_j は $X_1, \cdots, X_n$ の非負の 2 次形式で，その行列の階数 (rank) を n_j とする．このとき，Q_j $(j = 1, \cdots, k)$ はたがいに独立で，各 j について Q_j が $\chi^2_{n_j}$ 分布に従うための必要十分条件は $\sum_{j=1}^{k} n_j = n$ である．なお，この命題は**コクラン** (Cochran) **の定理**として知られている．

例 A.5.5.2　　$X_1, \cdots, X_n$ を $N(\mu, \sigma^2)$ からの無作為標本とすれば，

$$Z = \sqrt{n}(\bar{X} - \mu)/\sigma \sim N(0,1) \tag{A.5.5.1}$$

になる．ここで，σ の代わりに $S_0 = \sqrt{S_0^2}$ を用いて

$$T_0(\bar{X}, S_0, \mu) = \sqrt{n}(\bar{X} - \mu)/S_0 \tag{A.5.5.2}$$

とするとき，T_0 が t_{n-1} 分布に従うことを示そう．まず，$\nu = n - 1$ とおいて

$$Y = \nu S_0^2/\sigma^2 \tag{A.5.5.3}$$

とすれば，例 5.5.4 より Y は χ^2_ν 分布に従う．このとき，Y と Z はたがいに独立で，(A.5.5.1)，(A.5.5.2)，(A.5.5.3) より $T_0(\bar{X}, S_0, \mu) = Z/\sqrt{Y/\nu}$ になる．また，Y，Z の j.p.d.f. は

$$f_{Y,Z}(y,z) = \frac{1}{\sqrt{2\pi}}e^{-\frac{z^2}{2}}\frac{1}{2^{\nu/2}\Gamma(\nu/2)}y^{\frac{\nu}{2}-1}e^{-\frac{y}{2}} \quad (y \geq 0, -\infty < z < \infty)$$

であるから，$t = z/\sqrt{y/\nu}$，$u = y$ とおけば，変換のヤコビアンは $J = \partial(t,u)/\partial(y,z) = -\sqrt{\nu/u}$ となり，T, U の j.p.d.f. は

$$\begin{aligned} f_{T,U}(t,u) &= \frac{1}{\sqrt{2\pi}2^{\nu/2}\Gamma(\nu/2)}u^{\frac{\nu}{2}-1}e^{-\frac{u}{2}\left(\frac{t^2}{\nu}+1\right)}\frac{1}{|J|} \\ &= \frac{1}{\sqrt{\pi\nu}2^{(\nu+1)/2}\Gamma(\nu/2)}u^{(\nu-1)/2}e^{-\frac{u}{2}\left(\frac{t^2}{\nu}+1\right)} \quad (0 \leq u, -\infty < t < \infty) \end{aligned}$$

になる．そこで，T の m.p.d.f. は，ガンマ関数 (A.4.4 節の注 4) を用いて

$$f_T(t) = \frac{1}{\sqrt{\nu\pi}2^{(\nu+1)/2}\Gamma(\nu/2)}\int_0^\infty u^{(\nu-1)/2}e^{-\frac{u}{2}\left(\frac{t^2}{\nu}+1\right)}du$$
$$= \frac{\Gamma((\nu+1)/2)}{\sqrt{\pi\nu}\Gamma(\nu/2)}\left(1+\frac{t^2}{\nu}\right)^{-(\nu+1)/2} \quad (-\infty < t < \infty)$$

になり，これは，A.4.4 節の (6) より t_ν 分布の p.d.f. になる．したがって，T_0 の分布は t_{n-1} 分布になり，これは，母数 μ，σ に無関係であることに注意．

例 A.5.5.3 確率変数 X，Y がたがいに独立で，X は χ_m^2 分布，Y は χ_n^2 分布に従うとき，$W = (X/m)/(Y/n)$ とおく．このとき，W は $F_{m,n}$ 分布，$1/W$ は $F_{n,m}$ 分布に従うことを示そう．まず，X，Y の j.p.d.f. は，

$$f_{X,Y}(x,y) = \frac{1}{2^{(m+n)/2}\Gamma(m/2)\Gamma(n/2)}x^{\frac{m}{2}-1}y^{\frac{n}{2}-1}e^{-(x+y)/2} \quad (x \geq 0,\ y \geq 0)$$

になるから，$V = Y$，$Z = X/Y$ とすると，V，Z の j.p.d.f. は

$$f_{V,Z}(v,z) = \frac{1}{2^{(m+n)/2}\Gamma(m/2)\Gamma(n/2)}v^{\frac{m+n}{2}-2}z^{\frac{m}{2}-1}e^{-v(z+1)/2}\frac{1}{|J|} \quad (v \geq 0, z \geq 0) \tag{A.5.5.4}$$

になる．ただし，変換のヤコビアンは $J = \partial(v,z)/\partial(x,y) = -1/v$ とする．よって，(A.5.5.4) より Z の m.p.d.f. は

$$f_Z(z) = \frac{1}{2^{(m+n)/2}\Gamma(m/2)\Gamma(n/2)}z^{\frac{m}{2}-1}\int_0^\infty v^{\frac{m+n}{2}-1}e^{-v(z+1)/2}dv$$
$$= \frac{1}{B(m/2,n/2)}\frac{z^{(m/2)-1}}{(z+1)^{(m+n)/2}} \quad (z \geq 0) \tag{A.5.5.5}$$

になるから，$W = (n/m)Z$ の p.d.f. は (A.5.5.5) より

$$f_W(w) = \frac{m^{m/2}n^{n/2}}{B(m/2,n/2)}\frac{w^{(m/2)-1}}{(mw+n)^{(m+n)/2}} \quad (w \geq 0)$$

になり，これは A.4.4 節 (8) より $F_{m,n}$ 分布の p.d.f. になる．また，$1/W = (Y/n)/(X/m)$ より，上記のことから $1/W$ が $F_{n,m}$ 分布に従うことは明らか．

A.5.6 順序統計量 (補)

p.d.f. $f(x)$ をもつ分布からの無作為標本を $X_1, \cdots, X_n$ とし，この順序統計量を $X_{(1)} \leq X_{(2)} \leq \cdots \leq X_{(n)}$ として，$Y_i = X_{(i)}$ $(i = 1, 2, \cdots, n)$ とおく．このとき，$1 \leq i_1 \leq \cdots \leq i_k \leq n$ なる整数 $i_1, \cdots, i_k$ について，$Y_{i_1}, \cdots, Y_{i_k}$ の j.p.d.f. を次の定理において得る．

定理 A.5.6.1　順序統計量 $Y_{i_1},\cdots,Y_{i_k}$ の j.p.d.f. は

$$f_{Y_{i_1},\cdots,Y_{i_k}}(y_{i_1},\cdots,y_{i_k})$$
$$=\begin{cases}\dfrac{n!}{(i_1-1)!(i_2-i_1-1)!\cdots(i_k-i_{k-1}-1)!(n-i_k)!}\{F(y_{i_1})\}^{i_1-1} \\ \quad\cdot\{F(y_{i_2})-F(y_{i_1})\}^{i_2-i_1-1}\cdots\left\{F(y_{i_k})-F(y_{i_{k-1}})\right\}^{i_k-i_{k-1}-1} \\ \quad\cdot\{1-F(y_{i_k})\}^{n-i_k}f(y_{i_1})\cdots f(y_{i_k}) \qquad (y_{i_1}<\cdots<y_{i_k}), \\ 0 \qquad (\text{その他})\end{cases}$$

である．

証明　まず，$Y_{i_1},\cdots,Y_{i_k}$ の j.p.d.f. を $f_{Y_{i_1},\cdots,Y_{i_k}}(y_{i_1},\cdots,y_{i_k})$ とすると，$y_{i_1}<\cdots<y_{i_k}$ について

$$f_{Y_{i_1},\cdots,Y_{i_k}}(y_{i_1},\cdots,y_{i_k})$$
$$=\lim_{h_1,\cdots,h_k\to 0}\frac{P_{Y_{i_1},\cdots,Y_{i_k}}\{y_{i_1}<Y_{i_1}\leq y_{i_1}+h_1,\cdots,y_{i_k}<Y_{i_k}\leq y_{i_k}+h_k\}}{h_1\cdots h_k} \tag{A.5.6.1}$$

になる．ここで，$I_1=(-\infty,y_{i_1}]$, $I_2=(y_{i_1},y_{i_1}+h_1]$, $I_3=(y_{i_1}+h_1,y_{i_2}]$, $\cdots$, $I_{2k-1}=(y_{i_{k-1}}+h_{k-1},y_{i_k}]$, $I_{2k}=(y_{i_k},y_{i_k}+h_k]$, $I_{2k+1}=(y_{i_k}+h_k,\infty)$ なる $(2k+1)$ 区間のそれぞれの区間に $X_1,X_2,\cdots,X_n$ が落ちる個数を $Z_1,Z_2,Z_3,\cdots,Z_{2k-1},Z_{2k},Z_{2k+1}$ とすると，これらは $(2k+1)$ 項分布

$$M_{2k+1}\,(n;F(y_{i_1}),F(y_{i_1}+h_1)-F(y_{i_1}),F(y_{i_2})-F(y_{i_1}+h_1),\cdots,$$
$$F(y_{i_k})-F(y_{i_{k-1}}+h_{k-1}),F(y_{i_k}+h_k)-F(y_{i_k}),1-F(y_{i_k}+h_k))$$

に従う．このとき

$$P_{Y_{i_1},\cdots,Y_{i_k}}\{y_{i_1}<Y_{i_1}\leq y_{i_1}+h_1,\cdots,y_{i_k}<Y_{i_k}\leq y_{i_k}+h_k\}$$
$$=P\{Z_1=i_1-1,Z_2=1,Z_3=i_2-i_1-1,\cdots,Z_{2k-1}=i_k-i_{k-1}-1,$$
$$Z_{2k}=1,Z_{2k+1}=n-i_k\}$$
$$=\frac{n!}{(i_1-1)!(i_2-i_1-1)!\cdots(i_k-i_{k-1}-1)!(n-i_k)!}\{F(y_{i_1})\}^{i_1-1}$$
$$\cdot\{F(y_{i_1}+h_1)-F(y_{i_1})\}\{F(y_{i_2})-F(y_{i_1}+h_1)\}^{i_2-i_1-1}\cdots$$
$$\cdot\left\{F(y_{i_k})-F(y_{i_{k-1}}+h_{k-1})\right\}^{i_k-i_{k-1}-1}$$
$$\cdot\{F(y_{i_k}+h_k)-F(y_{i_k})\}\{1-F(y_{i_k}+h_k)\}^{n-i_k}$$

となるから，(5.6.3)，(A.5.6.1) より，$Y_{i_1},\cdots,Y_{i_k}$ の j.p.d.f. は，$y_{i_1}<\cdots<y_{i_k}$ について

$$
\begin{aligned}
&f_{Y_{i_1},\cdots,Y_{i_k}}(y_{i_1},\cdots,y_{i_k})\\
&=\frac{n!}{(i_1-1)!(i_2-i_1-1)!\cdots(i_k-i_{k-1}-1)!(n-i_k)!}\{F(y_{i_1})\}^{i_1-1}\\
&\quad\cdot\{F(y_{i_2})-F(y_{i_1})\}^{i_2-i_1-1}\cdots\{F(y_{i_k})-F(y_{i_{k-1}})\}^{i_k-i_{k-1}-1}\\
&\quad\cdot\{1-F(y_{i_k})\}^{n-i_k}f(y_{i_1})\cdots f(y_{i_k})
\end{aligned}
$$

になる．一方，その他の $y_{i_1},\cdots,y_{i_k}$ について $f_{Y_{i_1},\cdots,Y_{i_k}}(y_{i_1},\cdots,y_{i_k})=0$ になる．

□

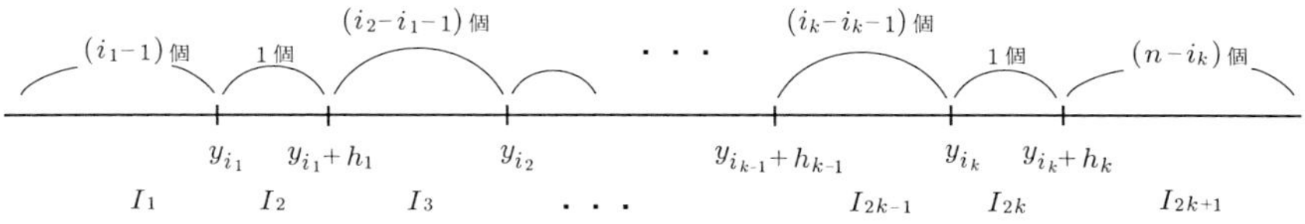

図 A.5.6.1　大きさ n の標本の区間 $I_1,\cdots,I_{2k+1}$ に落ちる個数

例 A.5.6.1　$X_1,\cdots,X_n$ を指数分布 Exp(1) からの無作為標本とし，その順序統計量 $X_{(1)}\leq\cdots\leq X_{(n)}$ について，$Z_1=nX_{(1)},Z_2=(n-1)(X_{(2)}-X_{(1)}),\cdots,Z_i=(n-i+1)(X_{(i)}-X_{(i-1)}),\cdots,Z_n=X_{(n)}-X_{(n-1)}$ とおく．ただし，$n\geq 2$ とする．このとき，$Z_1,Z_2,\cdots,Z_n$ はたがいに独立にいずれも Exp(1) に従う．

例 A.5.6.2　$X_1,\cdots,X_n$ を区間 $[\mu-\xi,\mu+\xi]$ 上の一様分布 $U(\mu-\xi,\mu+\xi)$ からの大きさ n の無作為標本とする．ただし，$n\geq 2,\xi>0$ とする．このとき，各 i について，$Z_i=(X_i-\mu)/\xi$ とおくと，$Z_1,\cdots,Z_n$ は $U(-1,1)$ からの無作為標本と見なせる．また，$X_1,\cdots,X_n$ の順序統計量を $X_{(1)}\leq\cdots\leq X_{(n)}$ とし，$Z_{(i)}=(X_{(i)}-\mu)/\xi$ とすれば，$Z_{(1)}\leq\cdots\leq Z_{(n)}$ は $Z_1,\cdots,Z_n$ の順序統計量になる．いま，Z_1 の p.d.f. f_{Z_1}，c.d.f. F_{Z_1} は次のようになる．

$$
f_{Z_1}(z)=\begin{cases}1/2 & (|z|\leq 1),\\ 0 & (|z|>1),\end{cases}\qquad F_{Z_1}(z)=\begin{cases}0 & (z\leq -1),\\ (z+1)/2 & (-1<z\leq 1),\\ 1 & (z>1).\end{cases}\tag{A.5.6.2}
$$

よって，$0<r<2$ について

$$F_{Z_1}\left(t+\frac{r}{2}\right)-F_{Z_1}\left(t-\frac{r}{2}\right)=\begin{cases}0 & \left(t\le -1-\dfrac{r}{2}, t>1+\dfrac{r}{2}\right),\\ \dfrac{1}{2}\left(t+\dfrac{r}{2}+1\right) & \left(-1-\dfrac{r}{2}<t\le -1+\dfrac{r}{2}\right),\\ \dfrac{r}{2} & \left(-1+\dfrac{r}{2}<t\le 1-\dfrac{r}{2}\right),\\ -\dfrac{1}{2}\left(t-\dfrac{r}{2}-1\right) & \left(1-\dfrac{r}{2}<t\le 1+\dfrac{r}{2}\right)\end{cases} \quad \text{(A.5.6.3)}$$

になる．このとき，$R = Z_{(n)} - Z_{(1)}$，$T = \left(Z_{(1)} + Z_{(n)}\right)/2$ とすれば，(5.6.9)，(A.5.6.2)，(A.5.6.3) より，R，T の j.p.d.f. は $f_{R,T}(r,t) = \{n(n-1)/2^n\}r^{n-2}$ ($0 < r < 2, -1+(r/2) \le t \le 1-(r/2)$; $=0$ (その他) になる．これより，R の m.p.d.f. は

$$f_R(r) = \{n(n-1)/2^n\}r^{n-2}(2-r) \quad (0<r<2); = 0 \quad (\text{その他}) \qquad \text{(A.5.6.4)}$$

になり，また，T の m.p.d.f. は

$$f_T(t) = \begin{cases}\{n(n-1)/2^n\}\displaystyle\int_0^{2(1-|t|)} r^{n-2}dr = (n/2)(1-|t|)^{n-1} & (|t|<1),\\ 0 & (|t|\ge 1)\end{cases}$$

になる．

次に，$R' = X_{(n)} - X_{(1)}$，$T' = (X_{(1)} + X_{(n)})/2$ とおくと，$R' = \xi R$，$T' = \mu + \xi T$ になり (A.5.6.4) より $E_\xi(R') = E_\xi(\xi R) = 2(n-1)\xi/(n+1)$ になる．そこで，その推定量として $\hat{\xi}^* = (n+1)R'/\{2(n-1)\} = (n+1)(X_{(n)} - X_{(1)})/\{2(n-1)\}$ をとると，(A.5.6.4) より，$\hat{\xi}^*$ は ξ の不偏推定量，すなわち $E_\xi\left(\hat{\xi}^*\right) = \xi$ になる．また，(A.5.6.4) より

$$E_\xi\left(\hat{\xi}^{*2}\right) = \frac{(n+1)^2}{4(n-1)^2}E\left(R'^2\right) = \frac{(n+1)^2\xi^2}{4(n-1)^2}E\left(R^2\right) = \frac{n(n+1)}{(n-1)(n+2)}\xi^2$$

となるから，$\hat{\xi}^*$ の分散は

$$V_\xi\left(\hat{\xi}^*\right) = 2\xi^2/\{(n-1)(n+2)\}$$

になる．

A.5.7 十分統計量 (補)

次の定理は統計量 T が十分統計量であるための必要十分条件を与えたもので，**ネイマン** (Neyman) **の因子分解定理**とも呼ばれている．

定理 A.5.7.1　確率ベクトル $\boldsymbol{X} = (X_1, \cdots, X_n)$ の j.p.d.f. または j.p.m.f. を $f_{\boldsymbol{X}}(\boldsymbol{x}, \theta)$ ($\theta \in \Theta$) とする．このとき，統計量 $T = T(X_1, \cdots, X_n)$ が θ に対する

十分統計量になるための必要十分条件は，任意の $\theta \in \Theta$ と任意の $\boldsymbol{x} \in \boldsymbol{R}^n$ について

$$f_{\boldsymbol{X}}(\boldsymbol{x}, \theta) = g_\theta\left(T(\boldsymbol{x})\right) h(\boldsymbol{x}) \tag{A.5.7.1}$$

である．ただし，$\boldsymbol{x} = (x_1, \cdots, x_n)$ で，h は非負値関数で θ に無関係であり，g は T を通しての $\boldsymbol{x}$ の非負値関数で θ に依存する．

証明　$\boldsymbol{X}$ が離散型の場合に示す．(必要性)．T を θ に対する十分統計量とする．いま，$\boldsymbol{X} = (X_1, \cdots, X_n)$，$\boldsymbol{x} = (x_1, \cdots, x_n)$ とおくと，任意の $\theta \in \Theta$ と任意の $\boldsymbol{x} \in \boldsymbol{R}^n$ に対して

$$P^\theta_{\boldsymbol{X}}\{\boldsymbol{X} = \boldsymbol{x}\} = P^\theta_{\boldsymbol{X},T}\left\{\boldsymbol{X} = \boldsymbol{x}, T(\boldsymbol{X}) = T(\boldsymbol{x})\right\} = f_T\left(T(\boldsymbol{x}), \theta\right) f_{\boldsymbol{X}|T}\left(\boldsymbol{x}|T(\boldsymbol{x})\right)$$

となる．そこで $g_\theta\left(T(\boldsymbol{x})\right) = f_T\left(T(\boldsymbol{x}), \theta\right)$, $h(\boldsymbol{x}) = f_{\boldsymbol{X}|T}\left(\boldsymbol{x}|T(\boldsymbol{x})\right)$ とおけば, (A.5.7.1) が成り立つ．

(十分性)．(A.5.7.1) が成り立つとする．t を任意に固定すると

$$f_T(t, \theta) = \sum_{\boldsymbol{x}:T(\boldsymbol{x})=t} f_{\boldsymbol{X}}(\boldsymbol{x}, \theta) = \sum_{\boldsymbol{x}:T(\boldsymbol{x})=t} g_\theta\left(T(\boldsymbol{x})\right) h(\boldsymbol{x}) = g_\theta(t) \sum_{\boldsymbol{x}:T(\boldsymbol{x})=t} h(\boldsymbol{x})$$

になる．ここで，$f_T(t; \theta) > 0$ となる $\theta \in \Theta$ があるとしてよい (注意 A.5.7.1 参照)．このとき，$T = t$ を与えたときの $\boldsymbol{X}$ の c.p.m.f. は

$$f^\theta_{\boldsymbol{X}|T}(\boldsymbol{x}|t) = \frac{P^\theta_{\boldsymbol{X},T}\{\boldsymbol{X} = \boldsymbol{x}, T = t\}}{f_T(t, \theta)} = \begin{cases} \dfrac{f_{\boldsymbol{X}}(\boldsymbol{x}, \theta)}{f_T(t, \theta)} & (T(\boldsymbol{x}) = t \text{ のとき}), \\ 0 & (T(\boldsymbol{x}) \neq t \text{ のとき}) \end{cases} \tag{A.5.7.2}$$

になる．よって，$T(\boldsymbol{x}) = t$ のとき，(A.5.7.1) から

$$\frac{f_{\boldsymbol{X}}(\boldsymbol{x}, \theta)}{f_T(t, \theta)} = \frac{g_\theta(t) h(\boldsymbol{x})}{g_\theta(t) \sum_{\boldsymbol{y}:T(\boldsymbol{y})=t} h(\boldsymbol{y})} = \frac{h(\boldsymbol{x})}{\sum_{\boldsymbol{y}:T(\boldsymbol{y})=t} h(\boldsymbol{y})} \tag{A.5.7.3}$$

になり，これは θ に無関係となる．したがって，(A.5.7.2)，(A.5.7.3) より，$f^\theta_{\boldsymbol{X}|T}$ が θ に無関係になるから T は θ に対する十分統計量である．また，$\boldsymbol{X}$ が連続型の場合にも同様にして示すことができる[12)]．□

注意 A.5.7.1　上の証明の中で，任意の t について $f_T(t, \theta) > 0$ となる，$\theta \in \Theta$ があるとしたが，そうするためには

$$0 < f_T(t, \theta) = \sum_{\boldsymbol{x}:T(\boldsymbol{x})=t} f_{\boldsymbol{X}}(\boldsymbol{x}, \theta)$$

となるから，任意の $\boldsymbol{x}$ に対して $f_{\boldsymbol{X}}(\boldsymbol{x}, \theta) > 0$ となる $\theta \in \Theta$ が存在すると仮定しておけば，この仮定はごく自然なものである．実際，任意の $\theta \in \Theta$ に対して $f_{\boldsymbol{X}}(\boldsymbol{x}, \theta) = 0$ となる $\boldsymbol{x}$ は初めから標本空間から除外しても問題ない．なお，$f_T(t, \theta) = 0$ となる θ に対

12) この場合には，適当な変数変換を施して $\boldsymbol{X} = (\boldsymbol{T}, \boldsymbol{U})$ として，これが連続型であると仮定する．

しては条件付確率は任意に定めてよいので，$f_T(t,\theta') > 0$ となる θ' に対する (A.5.7.3) の共通の値とすればよい．

問 A.5.7.1　$N(\mu,\sigma^2)$ からの無作為標本を $X_1,\cdots,X_n$ とするとき，次の母数 θ に対する十分統計量を求めよ．(i) $\theta=(\mu,\sigma)$，(ii) σ^2 が既知のとき $\theta=\mu$，(iii) μ が既知のとき $\theta=\sigma^2$．

注意 A.5.7.2　T が θ に対する十分統計量であれば，T の 1-1 関数もまた十分統計量である．実際，$S=a(T)$ を T の 1-1 関数とすると，$T=a^{-1}(S)$ となるから，任意の $\theta\in\Theta$ と任意の $\boldsymbol{x}$ について

$$f_{\boldsymbol{X}}(\boldsymbol{x},\theta)=g_\theta(t)h(\boldsymbol{x})=g_\theta\left(a^{-1}(s)\right)h(\boldsymbol{x})=g^*_\theta(s)h(\boldsymbol{x})$$

となる．よって，定理 A.5.7.1 から S は θ に対する十分統計量になる．

例 A.5.7.1　一様分布 $U(\mu-(\lambda/2),\mu+(\lambda/2))$ からの無作為標本を $X_1,\cdots,X_n$ とする．このとき，$\theta=(\mu,\lambda)$ とすれば $\boldsymbol{X}$ の j.p.d.f. は $f_{\boldsymbol{X}}(\boldsymbol{x},\theta)=(1/\lambda^n)\chi_A(\boldsymbol{x})$ になる．ただし，$x_{(1)}=\min_{1\le i\le n}x_i$，$x_{(n)}=\max_{1\le i\le n}x_i$ とおいて $A=\{\boldsymbol{x}|\mu-(\lambda/2)\le x_{(1)}\le x_{(n)}\le\mu+(\lambda/2)\}$ とし，χ_A は A の定義関数[13)] とする．よって，定理 A.5.7.1 より $T=\left(X_{(1)},X_{(n)}\right)$ は θ に対する十分統計量になる．また，μ が既知の場合にも 2 次元統計量 T は λ に対する十分統計量になる．しかし，$\mu=0$ としたとき，1 次元統計量 $M=\left(X_{(1)}+X_{(n)}\right)/2$ は λ に対する十分統計量ではない．なぜなら，$M=m$ を与えたとき $|X_i-m|<1$ $(i=1,\cdots,n)$ となる条件付確率は，λ が小さければ 1，$\lambda\to\infty$ のとき 0 に近づき，これは λ に依存するから，M は λ に対する十分統計量ではない．□

次に，一般に，多くの十分統計量が存在するから，標本 $\boldsymbol{X}$ に対して最大縮約をもつ十分統計量が望ましいと考えられる．いま，十分統計量 $T^*=T^*(\boldsymbol{X})$ があって，任意の他の十分統計量 $T=T(\boldsymbol{X})$ に対して $T^*(\boldsymbol{x})$ が $T(\boldsymbol{x})$ の関数であるとき，T^* を**最小十分統計量** (minimal sufficient statistic) という．ここで，$T^*(\boldsymbol{x})$ が $T(\boldsymbol{x})$ の関数であるとは，$T(\boldsymbol{x})=T(\boldsymbol{y})$ ならば $T^*(\boldsymbol{x})=T^*(\boldsymbol{y})$ であることを意味することに注意．ただし，$\boldsymbol{y}=(y_1,\cdots,y_n)$ とする．最小十分統計量を見つける方法として，次の定理が有用である．

定理 A.5.7.2　$\boldsymbol{X}=(X_1,\cdots,X_n)$ の j.p.d.f. または j.p.m.f. を $f(\boldsymbol{x},\theta)$ $(\theta\in\Theta)$ とし，前者の場合 $\Theta\subset\boldsymbol{R}^k$ で $f(\boldsymbol{x},\theta)$ は θ に関して連続で，ある関数 $T^*(\boldsymbol{x})$ が存在して，任意の $\boldsymbol{x}$，$\boldsymbol{y}$ について比 $f(\boldsymbol{x},\theta)/f(\boldsymbol{y},\theta)$ が θ に無関係であることが，$T^*(\boldsymbol{x})=T^*(\boldsymbol{y})$ であることと同等であるとする．このとき，$T^*(\boldsymbol{X})$ は θ に対する最小十分統計量である．

13) $\chi_A(\boldsymbol{x})=1$ $(\boldsymbol{x}\in A)$;　$=0$ $(\boldsymbol{x}\notin A)$

証明は省略.

注意 A.5.7.3　上の定理で θ に関する連続性の条件を緩めることはできるが，取り除くことはできない[14)].

例 A.5.7.2　$X_1, \cdots, X_n$ を $N(\mu, \sigma^2)$ からの無作為標本とし，μ，σ^2 は未知とする．このとき，$\boldsymbol{X} = (X_1, \cdots, X_n)$ の 2 つの実現値を $\boldsymbol{x} = (x_1, \cdots, x_n)$，$\boldsymbol{y} = (y_1, \cdots, y_n)$ とし，標本平均 $\bar{X}$，不偏分散 S_0^2 の実現値 $\boldsymbol{x}$，$\boldsymbol{y}$ によるそれぞれの値を $\bar{x}$，$\bar{y}$，s_{0x}^2，s_{0y}^2 とする．このとき，$\theta = (\mu, \sigma^2)$ とし，$\boldsymbol{X}$ の j.p.d.f. を f とすれば

$$\begin{aligned} & f(\boldsymbol{x}, \theta)/f(\boldsymbol{y}, \theta) \\ & = \exp\left[\left\{-n(\bar{x}^2 - \bar{y}^2) + 2n\mu(\bar{x} - \bar{y}) - (n-1)(s_{0x}^2 - s_{0y}^2)\right\}/(2\sigma^2)\right] \end{aligned}$$

になり，これが θ に無関係であることは $\bar{x} = \bar{y}$，$s_{0x}^2 = s_{0y}^2$ であることと同等になる．よって，定理 A.5.7.2 より $(\bar{X}, S_0^2)$ は $\theta = (\mu, \sigma^2)$ に対する最小十分統計量になる．

さて，統計量 $T = T(\boldsymbol{X})$ の分布が θ に無関係であるとき，T を**補助統計量** (ancillary statistic) といい，この統計量は $\boldsymbol{X}$ がもつ θ に関する情報を何ももっていないと考えられる．このとき，(最小) 十分統計量と補助統計量の独立性を示す際に完備性の概念が必要になる．統計量 $T = T(\boldsymbol{X})$ について，T の関数 $h(T)$ が任意の $\theta \in \Theta$ に対して $E_\theta[h(T)] = 0$ ならば $h(t) \equiv 0$ となるとき[15)]，統計量 T は $f_{\boldsymbol{X}}(\boldsymbol{x}, \theta)$ $(\theta \in \Theta)$ をもつ分布族に対して**完備** (complete) であるという．

例 A.5.7.3　ポアソン分布 $\mathrm{Po}(\lambda)$ からの無作為標本を $X_1, \cdots, X_n$ とする．このとき統計量 $T = \sum_{i=1}^n X_i$ の分布は，再生性より，ポアソン分布 $\mathrm{Po}(n\lambda)$ になる．よって T の関数 $h(T)$ が任意の $\lambda > 0$ について $E_\lambda[h(T)] = \sum_{t=0}^\infty h(t)e^{-n\lambda}(n\lambda)^t/t! = 0$ であるとすれば，$h(t) = 0$ $(t = 0, 1, 2, \cdots)$ となるから，T は完備統計量になる．実は，T は λ に対する十分統計量にもなっている．

> **定理 A.5.7.3** (Basu).　統計量 $T = T(\boldsymbol{X})$ が完備十分統計量ならば，T は任意の補助統計量に独立である．

証明　(離散型の場合)．$S = S(\boldsymbol{X})$ を任意の補助統計量とすれば，S の p.m.f. f_S は θ に無関係になる．また，T が十分統計量であるから $T = t$ を与えたときの S の c.p.m.f. $f_{S|T}(s|t)$ も θ に無関係である．いま，T の値域を $\mathcal{T}$ とすれば

14) 詳しくは，Sato, M.(1996). *Scand. J. Statist.*, **23** の掲載論文及びその参考文献参照.
15) $h(t) \equiv 0$ としたが，厳密には $P_T^\theta\{h(T) = 0\} = 1$.

$$f_S(s) = \sum_{t\in\mathcal{T}} f_{S|T}(s|t) f_T^\theta(t)$$

になる．そこで，$g(t) = f_{S|T}(s|t) - f_S(s)$ とおくと，$\sum_{t\in\mathcal{T}} f_T^\theta(t) = 1$ より，任意の θ について

$$E_\theta[g(T)] = \sum_{t\in\mathcal{T}} \left\{f_{S|T}(s|t) - f_S(s)\right\} f_T^\theta(t) = 0$$

となる．T は完備であるから，任意の $t \in \mathcal{T}$ について $f_{S|T}(s|t) = f_S(s)$ となり T は S に独立になる．連続型の場合も同様に示される[16]．□

例 A.5.7.4 (位置母数分布族).　$X_1, \cdots, X_n$ を c.d.f. $F(x-\theta)$ $(-\infty < x < \infty; -\infty < \theta < \infty)$ からの無作為標本とするとき，範囲 $R = X_{(n)} - X_{(1)}$ が補助統計量であることを示そう．ただし，$X_{(1)} = \min_{1\le i\le n} X_i$，$X_{(n)} = \max_{1\le i\le n} X_i$ とする．まず，$Z_i = X_i - \theta$ $(i = 1, \cdots, n)$ とおけば，$\boldsymbol{Z} = (Z_1, \cdots, Z_n)$ は c.d.f. $F(z)$ からの大きさ n の無作為標本と見なすことができる．そして，R の c.d.f. は

$$\begin{aligned} F_R(r;\theta) &= P_{\boldsymbol{X}}^\theta\{R \le r\} = P_{\boldsymbol{X}}^\theta\{X_{(n)} - X_{(1)} \le r\} \\ &= P_{\boldsymbol{Z}}\left\{\max_{1\le i\le n} Z_i - \min_{1\le i\le n} Z_i \le r\right\} \end{aligned}$$

となり，$Z_1, \cdots, Z_n$ の分布は θ に無関係になるから，R の c.d.f. は θ に無関係になる．よって，R は補助統計量になる．

例 A.5.7.5 (尺度母数分布族).　$X_1, \cdots, X_n$ を c.d.f. $F(x/\sigma)$ $(-\infty < x < \infty; \sigma > 0)$ からの無作為標本とするとき，$X_1/X_n, \cdots, X_{n-1}/X_n$ を通してのみ標本 $\boldsymbol{X} = (X_1, \cdots, X_n)$ に基づく任意の統計量は補助統計量になることを示そう．ただし $P_{\boldsymbol{X}}\{X_n \neq 0\} = 1$ とする．まず，$Z_i = X_i/\sigma$ $(i = 1, \cdots, n)$ とおけば，$\boldsymbol{Z} = (Z_1, \cdots, Z_n)$ は c.d.f. $F(z)$ からの無作為標本と見なすことができる．そして，X_1/X_n, $\cdots$, X_{n-1}/X_n の j.c.d.f. は

$$\begin{aligned} F(y_1, \cdots, y_{n-1};\sigma) &= P_{\boldsymbol{X}}^\sigma\{X_1/X_n \le y_1, \cdots, X_{n-1}/X_n \le y_{n-1}\} \\ &= P_{\boldsymbol{Z}}\{Z_1/Z_n \le y_1, \cdots, Z_{n-1}/Z_n \le y_{n-1}\} \end{aligned}$$

になり，$\boldsymbol{Z}$ の分布は σ に無関係になるから，$X_1/X_n, \cdots, X_{n-1}/X_n$ の分布は σ に無関係になる．よって，$X_1/X_n, \cdots, X_{n-1}/X_n$ の任意の関数の分布も σ に無関係になるから，上記のことが示された．特に，X_1，X_2 がたがいに独立に，いずれも $N(0, \sigma^2)$ に従うとき，上記の結果から X_1/X_2 の分布は σ に無関係になる．よって，$\sigma = 1$ のとき X_1/X_2 はコーシー分布に従うから，任意の $\sigma > 0$ についても，X_1/X_2 はコーシー分布に従うことが分かる (演習問題 A-7 参照).

---

[16] この場合にも脚注 12) のような仮定が必要．

A.6.1 大数の法則 (補)

本節では，チェビシェフ (Chebyshev) の不等式を証明する．

定理 A.6.1.1 r.v. X の p.d.f. または p.m.f. を f_X とする．また，$\boldsymbol{R}^1$ 上で定義された非負値関数を g とする．このとき，任意の正数 k について

$$P\{g(X) \geq k\} \leq (1/k)E\,[g(X)] \tag{A.6.1.1}$$

が成り立つ．

証明 r.v. X が連続型の場合に

$$\begin{aligned}
E\,[g(X)] &= \int_{-\infty}^{\infty} g(x)f_X(x)dx \\
&= \int_{\{x|g(x)\geq k\}} g(x)f_X(x)dx + \int_{\{x|g(x)<k\}} g(x)f_X(x)dx \\
&\geq \int_{\{x|g(x)\geq k\}} g(x)f_X(x)dx \geq \int_{\{x|g(x)\geq k\}} kf_X(x)dx = kP\{g(X) \geq k\}
\end{aligned}$$

より，不等式 (A.6.1.1) を得る．また，X が離散型の場合にも同様に示される．□

系 A.6.1.1(チェビシェフの不等式)． r.v. X の p.d.f. または p.m.f. を f_X とし，X の平均 $\mu = E(X)$，分散 $\sigma^2 = V(X)(> 0)$ が存在するとする．このとき，任意の正数 a に対して

$$P\left\{|X-\mu| \geq a\sigma\right\} \leq 1/a^2 \tag{A.6.1.2}$$

が成り立つ．

証明 まず，

$$P\left\{|X-\mu| \geq a\sigma\right\} = P\left\{(X-\mu)^2 \geq a^2\sigma^2\right\} \tag{A.6.1.3}$$

になる．次に，定理 A.6.1.1 において，$g(x) = (x-\mu)^2$，$k = a^2\sigma^2$ とすれば

$$P\left\{(X-\mu)^2 \geq a^2\sigma^2\right\} \leq \frac{1}{a^2\sigma^2}E\left[(X-\mu)^2\right] = \frac{1}{a^2}$$

になり，(A.6.1.3) から不等式 (A.6.1.2) が成り立つ．□

A.6.2 中心極限定理 (補)

中心極限定理による近似より精確な近似について考えよう．まず，$X_1, X_2, \cdots, X_n, \cdots$ をたがいに独立に，いずれも平均 μ，分散 σ^2 をもつ連続型分布に従う確率変数列とする．このとき，$Z_n = \sqrt{n}(\bar{X}-\mu)/\sigma$ の c.d.f. を F_n とし，Φ，ϕ をそれぞれ $N(0,1)$ の c.d.f., p.d.f. とすると，適当な条件の下で

$$F_n(z) = \Phi(z) - \phi(z)\left\{\frac{1}{6}\alpha_{3n}H_2(z) + \frac{1}{24}\beta_{4n}H_3(z) + \frac{1}{72}\alpha_{3n}^2 H_5(z)\right\} + o\left(\frac{1}{n}\right) \tag{A.6.2.1}$$

が成り立つ．ただし，α_{3n}，β_{4n} はそれぞれ Z_n の分布の歪度，尖度とし，$H_j(z)$ は j 次の**エルミート** (Hermite) **多項式**，すなわち $H_j(z) = (-d/dz)^j\phi(z)/\phi(z)$ $(j = 0, 1, 2, \cdots)$ とする[17]．そして (A.6.2.1) を F_n の**エッジワース** (Edgeworth) **展開**という[18]．

例 6.2.2 (続)　$X_1, \cdots, X_n, \cdots$ をたがいに独立に，いずれも χ_1^2 分布に従う確率変数列とする．このとき $Y_n = \sum_{i=1}^n X_i \sim \chi_n^2$ 分布になり，$Z_n = (Y_n - n)/\sqrt{2n}$ とおくと，中心極限定理より $\mathcal{L}(Z_n) \longrightarrow N(0,1)$ $(n \to \infty)$ になる．次に Z_n の分布 F_n の歪度，尖度はそれぞれ $\alpha_{3n} = E\left[(Y_n - n)^3\right]/(2n)^{3/2} = 2\sqrt{2}/\sqrt{n}$, $\beta_{4n} = \left\{E\left[(Y_n - n)^4\right]/(2n)^2\right\} - 3 = 12/n$ になるから，(A.6.2.1) より F_n のエッジワース展開は

$$F_n(z) = \Phi(z) - \phi(z)\left\{\frac{\sqrt{2}}{3\sqrt{n}}(z^2 - 1) + \frac{1}{2n}(z^3 - 3z) + \frac{1}{9n}(z^5 - 10z^3 + 15z)\right\} + o\left(\frac{1}{n}\right) \tag{A.6.2.2}$$

になる．ここで，F_n と正規近似，すなわち中心極限定理による近似 Φ とエッジワース近似 (A.6.2.2) を比較すれば，後者はより精確な近似になる (図 A.6.2.1 参照)．

定理 A.6.2.1 (デルタ法).　X_n $(n = 1, 2, \cdots)$，X を確率変数とし，g を $\boldsymbol{R}^1$ 上で定義された微分可能な実数値関数とし，$x = a$ において $g'(x)$ は連続とする．また，$\{c_n\}$ を $n \to \infty$ のとき $c_n \uparrow \infty$ となる正数列とする．このとき，$c_n(X_n - a) \xrightarrow{L} X$ $(n \to \infty)$ ならば，$c_n\{g(X_n) - g(a)\} \xrightarrow{L} g'(a)X$ $(n \to \infty)$ である．

証明の概略.　平均値の定理より $c_n\{g(X_n) - g(a)\} = c_n(X_n - a)g'(X_n^*)$ となる．ここで $|X_n^* - a| < |X_n - a|$ より，$X_n^* \xrightarrow{P} a$ となるから $g'(X_n^*) \xrightarrow{P} g'(a)$ になる[19]．よって，$c_n(X_n - a)g'(X_n^*) \xrightarrow{L} g'(a)X$ になる[20]．□

系 A.6.2.1　$X_1, X_2, \cdots, X_n, \cdots$ をたがいに独立にいずれも平均 $\mu(\in \boldsymbol{R}^1)$，分散 $\sigma^2(> 0)$ をもつ分布に従うとし，g を $\boldsymbol{R}^1$ 上で定義された微分可能な実数値関数で，$x = \mu$ で $g'(x)$ は連続とする．このとき，$\mathcal{L}\left(\sqrt{n}\left(g(\bar{X}) - g(\mu)\right)\right) \longrightarrow N\left(0, \{\sigma g'(\mu)\}^2\right)$ $(n \to \infty)$ である．ただし，$\bar{X} = (1/n)\sum_{i=1}^n X_i$ とする．

---

17) $H_0(z) = 1$, $H_1(z) = z$, $H_2(z) = z^2 - 1$, $H_3(z) = z^3 - 3z$, $H_4(z) = z^4 - 6z^2 + 3$, $H_5(z) = z^5 - 10z^3 + 15z$, $H_6(z) = z^6 - 15z^4 + 45z^2 - 15, \cdots$.

18) 詳しくは，柴田義貞 (1981),「正規分布」(東京大学出版会) の第 3.3 節参照.

19) 演習問題 6-5 参照.

20) 演習問題 6-6 参照.

例 6.1.1 (続)　$X_1, \cdots, X_n, \cdots$ をたがいに独立に，いずれも Ber(p) に従う確率変数列とすれば，系 6.2.1 より $\mathcal{L}\left(\sqrt{n}\left(\bar{X}(1-\bar{X})\right)-pq\right) \longrightarrow N\left(0, pq(1-2p)^2\right)$ $(n \to \infty)$ になる．ただし，$q = 1 - p$ とする．

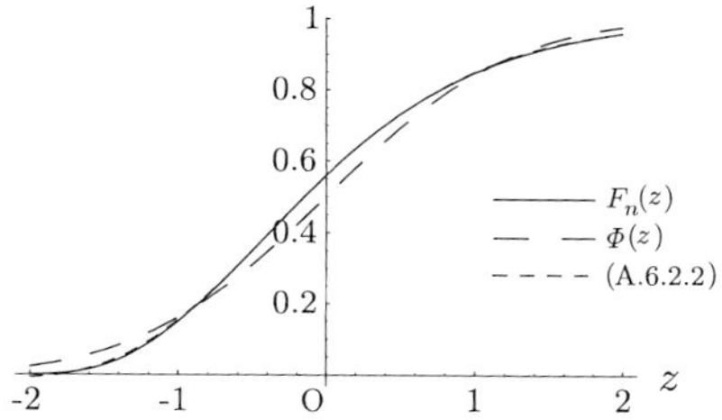

図 A.6.2.1　Z_n の c.d.f. F_n，その正規近似 Φ，そのエッジワース近似 (A.6.2.2) $(n = 10)$

A.7.1 点推定法 (補)

最尤推定量の**不変性**について考えよう．まず，$\hat{\theta} = \hat{\theta}(\boldsymbol{X})$ を θ の MLE とし，g を Θ 上の 1-1 関数とすれば，逆関数 g^{-1} が存在する．このとき，θ の尤度関数を $L(\theta; \boldsymbol{x})$ とすれば，$\gamma = g(\theta)$ の尤度関数は，$L^*(\gamma; \boldsymbol{x}) = L(g^{-1}(\gamma); \boldsymbol{x})$ になる．よって，

$$\max_\gamma L^*(\gamma; \boldsymbol{x}) = \max_\gamma L(g^{-1}(\gamma); \boldsymbol{x}) = \max_\theta L(\theta; \boldsymbol{x})$$

となり，$L^*(\gamma; \boldsymbol{x})$ は $\gamma = g(\theta) = g(\hat{\theta})$ のとき最大値をもつ，すなわち $g(\theta)$ の MLE は $g(\hat{\theta})$ になる．次に，g が 1-1 関数でない場合について考えてみよう．そこで $g(\theta)$ について，尤度関数 L^* を

$$L^*(\gamma; \boldsymbol{x}) = \max_{\{\theta | g(\theta) = \gamma\}} L(\theta; \boldsymbol{x}) \tag{A.7.1.1}$$

で定義し，$L^*(\gamma; \boldsymbol{x})$ を最大にする $\hat{\gamma}$ を $\gamma = g(\theta)$ の MLE ということにすれば，(A.7.1.1) より L^* と L の最大値は一致する．

> **定理 A.7.1.1** (最尤推定量の**不変性**).　$\hat{\theta} = \hat{\theta}(\boldsymbol{X})$ を θ の MLE とすれば，Θ 上の任意の関数 g に対して，$g(\theta)$ の MLE は $g(\hat{\theta})$ である．

証明　まず，$\hat{\gamma}$ を $L^*(\gamma; \boldsymbol{x})$ を最大にする値とするとき，$L^*(\hat{\gamma}; \boldsymbol{x}) = L^*(g(\hat{\theta}); \boldsymbol{x})$ になることを示せばよい．そこで，L^* と L の最大値が一致することから

$$L^*(\hat{\gamma}; \boldsymbol{x}) = \max_\gamma \max_{\{\theta | g(\theta) = \gamma\}} L(\theta; \boldsymbol{x}) = \max_\theta L(\theta; \boldsymbol{x}) = L(\hat{\theta}; \boldsymbol{x})$$

になる．また，$L(\hat{\theta}; \boldsymbol{x}) = \max_{\{\theta : g(\theta) = g(\hat{\theta})\}} L(\theta; \boldsymbol{x}) = L^*(g(\hat{\theta}); \boldsymbol{x})$ になる．よって，$L^*(\hat{\gamma}; \boldsymbol{x}) = L^*(g(\hat{\theta}); \boldsymbol{x})$ となり，$g(\hat{\theta})$ は $g(\theta)$ の MLE になる．□

例 7.1.6 (続)$_3$　ベルヌーイ分布 $\mathrm{Ber}(\theta)$ からの無作為標本を $X_1, \cdots, X_n$ とする．このとき，$\hat{\theta} = \bar{X}$ が θ の MLE になる．このとき，$g(\theta) = \sqrt{\theta(1-\theta)}$ とすれば，定理 A.7.1.1 より $g(\theta)$ の MLE は $g(\bar{X}) = \sqrt{\bar{X}(1-\bar{X})}$ になる．

A.7.3　平均 2 乗誤差と分散 (続)

不偏推定量より偏りをもつ推定量の方が平均 2 乗誤差 (MSE) の意味で良くなるが，ある矛盾を含む場合があることを次の例において示し，その解消についても考える．

例 7.3.1(続)　$X_1, \cdots, X_n$ を $N(\mu, \sigma^2)$ からの無作為標本とする．ただし，$n \geq 2$ とする．このとき，$\mu = \mu_0$ が既知であれば，例 7.1.2(続)$_2$ より σ^2 の MLE は $\hat{\sigma}^2_{\mathrm{ML},0} = S^2(\mu_0) = (1/n)\sum_{i=1}^n (X_i - \mu_0)^2$ となり，σ^2 の不偏推定量である．また，μ が未知であれば，例 7.1.2(続)$_2$ より σ^2 の MLE は $\hat{\sigma}^2_{\mathrm{ML}} = S^2 = (1/n)\sum_{i=1}^n (X_i - \bar{X})^2$ になり，これは σ^2 の不偏推定量ではない．次に，$\hat{\sigma}^2_{\mathrm{ML},0}$ と $\hat{\sigma}^2_{\mathrm{ML}}$ について

$$\mathrm{MSE}_{\mu_0,\sigma^2}\left(\hat{\sigma}^2_{\mathrm{ML},0}\right) = 2\sigma^4/n, \quad \mathrm{MSE}_{\mu,\sigma^2}\left(\hat{\sigma}^2_{\mathrm{ML}}\right) = \left(2\sigma^4/n\right) - \left(\sigma^4/n^2\right)$$

になるから

$$\mathrm{MSE}_{\mu_0,\sigma^2}\left(\hat{\sigma}^2_{\mathrm{ML},0}\right) > \mathrm{MSE}_{\mu,\sigma^2}\left(\hat{\sigma}^2_{\mathrm{ML}}\right) \tag{A.7.3.5}$$

になる．これはパラドックスと考えられる．なぜなら μ が既知のときの MLE $\hat{\sigma}^2_{\mathrm{ML,\,0}}$ の方が μ が未知のときの MLE $\hat{\sigma}^2_{\mathrm{ML}}$ より良いはずなのに，(A.7.3.5) よりそうはなっていないからである．そこで，このパラドックスを解くために，MLE $\hat{\sigma}^2_{\mathrm{ML}}$ を偏り補正して

$$\tilde{\sigma}^2_{\mathrm{ML}} = \hat{\sigma}^2_{\mathrm{ML}} + \frac{1}{n-1}\hat{\sigma}^2_{\mathrm{ML}}$$

とすれば，$\tilde{\sigma}^2_{\mathrm{ML}} = S_0^2$ になり，これは σ^2 の不偏推定量になる．このとき $\mathrm{MSE}_{\mu,\sigma^2}\left(\tilde{\sigma}^2_{\mathrm{ML}}\right) = V_{\mu,\sigma^2}(S_0^2) = 2\sigma^4/(n-1)$ になるから

$$\mathrm{MSE}_{\mu_0,\sigma^2}\left(\hat{\sigma}^2_{\mathrm{ML},0}\right) < \mathrm{MSE}_{\mu,\sigma^2}\left(\tilde{\sigma}^2_{\mathrm{ML}}\right)$$

となり，妥当な結果を得る．

一般に，未知の母数 θ $(\in \Theta)$ を推定するときに，統計家が行動 a $(\in \mathcal{A})$ を起こしたとすると，何らかの**損失** (loss) $L(\theta, a)$ が生ずる．ここで，$\Theta \times \mathcal{A}$ 上で定義された非負値関数 L を**損失関数** (loss function) という．たとえば Θ, $\mathcal{A} \subset \boldsymbol{R}^1$ のとき L としては

$$L(\theta, a) = |\theta - a| \ (\textbf{絶対損失}), \quad L(\theta, a) = (\theta - a)^2 \ (\textbf{2 乗損失})$$

などが考えられる．次に，統計家は確率ベクトル $\boldsymbol{X}$ の値 $\boldsymbol{x}$ $(\in \mathcal{X})$ に基づいて行動 $\delta(\boldsymbol{x})$ $(\in \mathcal{A})$ を起こすと考えて，$\mathcal{X}$ から $\mathcal{A}$ への関数 δ を**決定関数** (decision function) という．推定の場合には，たとえば θ の推定量 $\hat{\theta}(\boldsymbol{X})$ を $\delta(\boldsymbol{X})$ と見なせばよい．そして，決定関数 δ の**リスク** (risk) を δ の**期待損失** $R(\theta, \delta) = E_\theta\left[L\left(\theta, \delta(\boldsymbol{X})\right)\right]$ によって定義す

る．特に，L として 2 乗損失をとれば，θ の推定量 $\hat{\theta}(\boldsymbol{X})$ について $R(\theta, \hat{\theta}) = \mathrm{MSE}_{\theta}(\hat{\theta})$ になる．

通常は θ に関して条件を課さないが，いま θ をあたかも確率変数と見なして θ の p.d.f. または p.m.f. $\pi(\theta)$ が分かっていると仮定する場合がある．この π を θ の**事前密度**といい，π をもつ分布 Π を**事前分布** (prior distribution) という．このような事前分布を想定するやり方を**ベイズ** (Bayes) **的手法**という．そして，決定関数 δ の事前分布 Π に関する**ベイズリスク** (Bayes risk) を

$$B(\pi, \delta) = \int_{\Theta} R(\theta, \delta)\pi(\theta)d\theta \quad \text{または} \quad B(\pi, \delta) = \sum_{\theta \in \Theta} R(\theta, \delta)\pi(\theta)$$

によって定義する．また，決定関数全体を $\mathcal{D}$ とするとき

$$B(\pi, \delta^*) = \inf_{\delta \in \mathcal{D}} B(\pi, \delta)$$

となる $\delta^* \in \mathcal{D}$，すなわちベイズリスクを最小にする決定関数 δ を事前分布 Π に関するベイズ決定関数という．

いま，確率ベクトル $\boldsymbol{X}$ の p.d.f. または p.m.f. を $f_{\boldsymbol{X}}(\boldsymbol{x}, \theta)$ とし，$\boldsymbol{X}$ が実現値 $\boldsymbol{x}$ ($\in \mathcal{X}$) をもつとき θ の**事後密度** (posterior density) を

$$\pi(\theta|\boldsymbol{x}) = f_{\boldsymbol{X}}(\boldsymbol{x}, \theta)\pi(\theta) \Big/ \int_{\Theta} f_{\boldsymbol{X}}(\boldsymbol{x}, \theta)\pi(\theta)d\theta$$

で，θ の事後量関数を

$$\pi(\theta|\boldsymbol{x}) = f_{\boldsymbol{X}}(\boldsymbol{x}, \theta)\pi(\theta) \Big/ \sum_{\theta \in \Theta} f_{\boldsymbol{X}}(\boldsymbol{x}, \theta)\pi(\theta)$$

で定義する．また，任意の $\boldsymbol{x} \in \mathcal{X}$ と任意の $a \in \mathcal{A}$ について

$$r(\boldsymbol{x}, a) = \int_{\Theta} L(\theta, a)\pi(\theta|\boldsymbol{x})d\theta \quad \text{または} \quad r(\boldsymbol{x}, a) = \sum_{\theta \in \Theta} L(\theta, a)\pi(\theta|\boldsymbol{x}) \tag{A.7.3.6}$$

で事後リスクを定義し，各 $\boldsymbol{x} \in \mathcal{X}$ について $a_{\boldsymbol{x}} \in \mathcal{A}$ が存在して

$$r(\boldsymbol{x}, a_{\boldsymbol{x}}) = \inf_{a \in \mathcal{A}} r(\boldsymbol{x}, a) \tag{A.7.3.7}$$

であると仮定する．このとき，$\Theta \subset \boldsymbol{R}^1$ として，具体的にベイズ決定関数 (θ のベイズ推定量) δ_{π} を求める．(i) 2 乗損失のとき，$\delta_{\pi}(\boldsymbol{x}) = E(\theta|\boldsymbol{x})$ (事後平均)，(ii) 絶対損失のとき，事後分布 $\pi(\theta|\boldsymbol{x})$ の中央値[21] になる．実際，(i) の場合には

$$r(\boldsymbol{x}, a) = \int_{\Theta} (\theta - a)^2 \pi(\theta|\boldsymbol{x})d\theta = E\left[(\theta - a)^2 \middle| \boldsymbol{X} = \boldsymbol{x}\right]$$

は $a_x = E(\theta|\boldsymbol{x})$ において最小値をもつ．(ii) の場合には

$$E\left[|\theta - a| \middle| \boldsymbol{X} = \boldsymbol{x}\right] = \int_{-\infty}^{a} (a - \theta)\pi(\theta|\boldsymbol{x})d\theta + \int_{a}^{\infty} (\theta - a)\pi(\theta|\boldsymbol{x})d\theta$$

は $\pi(\cdot|\boldsymbol{x})$ の中央値 a_x において最小値をもつ．

---

21) r.v. X の分布の**中央値**を $P_X\{X \leq m\} \geq 1/2$，$P_X\{X \geq m\} \geq 1/2$ となる m によって定義する．X の p.d.f. を f_X とすればその m は $\int_{-\infty}^{m} f_X(x)dx = \int_{m}^{\infty} f_X(x)dx = 1/2$ を満たす．

例 A.7.3.1　ベルヌーイ分布 Ber(p) からの無作為標本を $X_1, \cdots, X_n$ とすれば，$T = \sum_{i=1}^{n} X_i \sim B(n, p)$ になる．いま，p の事前分布をベータ分布 Be(α, β) とすれば

$$f_{T,P}(t,p) = \binom{n}{t} \frac{1}{B(\alpha,\beta)} p^{t+\alpha-1}(1-p)^{n-t+\beta-1}$$
$$(t = 0, 1, \cdots, n; 0 < p < 1, \alpha > 0, \beta > 0)$$

になる．このとき，T の m.p.m.f. は

$$f_T(t) = \binom{n}{t} \frac{B(t+\alpha, n-t+\beta)}{B(\alpha,\beta)} \quad (t = 0, 1, \cdots, n; \alpha > 0, \beta > 0)$$

になり，これは**ベータ 2 項分布** (beta-binomial distribution) と呼ばれている．よって，T を与えたときの p の事後分布はベータ分布 Be$(t+\alpha, n-t+\beta)$ になるから，2 乗損失のときの p のベイズ推定量は $\hat{p}_B = E(p|T) = (T+\alpha)/(\alpha+\beta+n)$ になる．一方，非ベイズ的立場から望ましいと考えられた推定量 $\bar{X} = T/n$ (第 7.4 節の例 7.1.3(続)$_3$) とベイズ推定量 $\hat{p}_B$ との関係は，p の事前分布 Be(α, β) の平均 $\alpha/(\alpha+\beta)$ を用いて

$$\hat{p}_B = \frac{n}{\alpha+\beta+n} \cdot \frac{T}{n} + \frac{\alpha+\beta}{\alpha+\beta+n} \cdot \frac{\alpha}{\alpha+\beta}$$

になり，$\hat{p}_B$ は $T/n = \bar{X}$ と事前分布の平均の凸結合として表される．

例 A.7.3.1 では，事前分布としてベータ分布を用いたが，一般に，任意の母集団分布に対して自然な事前分布族が存在し，そのような分布族を共役分布族という．まず，$\mathcal{F}$ を母数 θ $(\in \Theta)$ をもつ p.d.f. または p.m.f. $f(\boldsymbol{x}|\theta) = f(\boldsymbol{x}, \theta)/\pi(\theta)$ の族とする．事前分布族 Π が $\mathcal{F}$ に対して**共役分布族** (a family of conjugate distributions) であるとは，任意の $f \in \mathcal{F}$, Π の任意の事前分布，任意の $\boldsymbol{x} \in \mathcal{X}$ について，事後分布が Π に属することをいう．例 A.7.3.1 から，ベータ分布族は 2 項分布族に対して共役になっている．

例 A.7.3.2　r.v. $X \sim N(\theta, \sigma^2)$ とし，θ の事前分布を $N(\mu, \tau^2)$ とする．ただし，θ を未知とし，σ^2，μ，τ^2 は既知とする．$X = x$ のとき，θ の事後分布は $N(E(\theta|x), V(\theta|x))$ になる．ここで，

$$E(\theta|x) = \frac{\tau^2}{\tau^2+\sigma^2}x + \frac{\sigma^2}{\sigma^2+\tau^2}\mu, \quad V(\theta|x) = \frac{\sigma^2\tau^2}{\sigma^2+\tau^2}$$

になる．このとき，θ のベイズ推定量は $\hat{\theta}(X) = E(\theta|X)$ になる．なお，母集団分布が正規分布族であれば，共役分布族はまた正規分布族になる．

次に，ベイズ的方法と許容性の関係について述べる．まず，決定関数 δ_1，δ_2 について，(7.3.2)，(7.3.3) において MSE の代わりにリスクで置き換えたとき δ_1 が δ_2 より良いと定義し，決定関数の許容性，非許容性についても同様にして定義する．

定理 A.7.3.1 $\Theta \subset \boldsymbol{R}^1$ とし，任意の決定関数 $\delta \in \mathcal{D}$ について $R(\theta, \delta)$ は θ の連続関数とする．また，$\pi(\theta)$ を事前分布の p.d.f. で，任意の $\varepsilon > 0$ と任意の $\eta \in \Theta$ について，区間 $(\eta - \varepsilon, \eta + \varepsilon)$ の π の下での確率が正とする．そして，δ_π を π に関するベイズ決定関数とし，そのベイズリスクについて $B(\pi, \delta_\pi) < \infty$ とする．このとき，δ_π は許容的である．

証明 δ_π が非許容的であると仮定する．このとき，ある決定関数 $\delta \in \mathcal{D}$ が存在して，任意の $\theta \in \Theta$ について $R(\theta, \delta) \leq R(\theta, \delta_\pi)$ で，ある $\theta_0 \in \Theta$ について $R(\theta_0, \delta) < R(\theta_0, \delta_\pi)$ になる．いま，$\gamma = R(\theta_0, \delta_\pi) - R(\theta_0, \delta)$ (> 0) とおく．いま，$R(\theta, \delta_\pi) - R(\theta, \delta)$ は θ の連続関数であるから，正数 ε が存在して，任意の $\theta \in (\theta_0 - \varepsilon, \theta_0 + \varepsilon)$ について $R(\theta, \delta_\pi) - R(\theta, \delta) > \gamma/2$ になる．また，$|B(\pi, \delta_\pi)| < \infty$ であるから

$$B(\pi, \delta_\pi) - B(\pi, \delta) = \int_{-\infty}^{\infty} \{R(\theta, \delta_\pi) - R(\theta, \delta)\}\pi(\theta)d\theta \geq (\gamma/2)\int_{\theta_0-\varepsilon}^{\theta_0+\varepsilon} \pi(\theta)d\theta > 0$$

になり，これは δ_π が π に関するベイズであることに矛盾する．よって δ_π は許容的である．□

例 A.7.3.2(続) $X_1, \cdots, X_n$ を $N(\theta, 1)$ からの無作為標本とし，θ の事前分布を $N(\mu, \tau^2)$ とする．ただし，μ，τ^2 は既知とする．このとき，例 A.7.3.2 と同様にして，θ のベイズ推定量は $\hat{\theta}_n(\boldsymbol{X}) = (\mu + n\tau^2\bar{X})/(1 + n\tau^2)$ になる．ただし，$\boldsymbol{X} = (X_1, \cdots, X_n)$，$\bar{X} = \sum_{i=1}^n X_i/n$ とする．よって，定理 A.7.3.1 より $\hat{\theta}_n$ は許容的になる．

A.7.4 情報不等式と一様最小分散不偏推定 (補)

完備十分統計量が存在する場合に，それに基づいて θ の UMVU 推定量を求める方法について考えよう．まず，確率ベクトル $\boldsymbol{X} = (X_1, \cdots, X_k)$ の j.p.d.f. または j.p.m.f. を $f_{\boldsymbol{X}}(\boldsymbol{x}, \theta)$ $(\theta \in \Theta)$ とする．

定理 A.7.4.1(Rao–Blackwell). 母数 θ に対する十分統計量を $T = T(\boldsymbol{X})$ とする．このとき，θ の関数 $g(\theta)$ の任意の推定量 $\hat{g} = \hat{g}(\boldsymbol{X})$ に対して，T に基づく $g(\theta)$ の推定量 $\hat{g}^* = \hat{g}^*(T)$ が存在して，任意の $\theta \in \Theta$ について

$$E_\theta[\hat{g}^*(T)] = E_\theta[\hat{g}(\boldsymbol{X})], \tag{A.7.4.1}$$

$$E_\theta\left[\{\hat{g}^*(T) - g(\theta)\}^2\right] \leq E_\theta\left[\{\hat{g}(\boldsymbol{X}) - g(\theta)\}^2\right] \tag{A.7.4.2}$$

が成り立つ．

注意 A.7.4.1 この定理から，任意の推定量 $\hat{g}$ に対して，十分統計量に基づく推定量 $\hat{g}^*$ が存在して，$\hat{g}^*$ は $\hat{g}$ より良いかまたは同等になることが分かる．

証明 まず，T は十分統計量であるから，T を与えたときの $\hat{g} = \hat{g}(\boldsymbol{X})$ の条件付期待値は θ に無関係になる．そこで，$\hat{g}^*$ を

$$\hat{g}^*(T) = E\left[\hat{g}(\boldsymbol{X})|T\right]$$

によって定義する．このとき，(A.7.4.1) が成り立つことは明らか[22]．後半は，演習問題 5-6(の一般化)，(7.3.4)，(A.7.4.1) を用いれば，(A.7.4.2) は簡単に示される．□

定理 A.7.4.2 (Lehmann–Scheffé). 母数 θ に対する完備十分統計量を $T = T(\boldsymbol{X})$ とする．このとき，θ の関数 $g(\theta)$ の不偏推定量が存在すれば，T に基づく $g(\theta)$ の唯一つの不偏推定量 $\hat{g}^* = \hat{g}^*(T)$ が存在して，$g(\theta)$ の任意の不偏推定量 $\hat{g} = \hat{g}(\boldsymbol{X})$ と任意の $\theta \in \Theta$ について

$$V_\theta(\hat{g}^*) \leq V_\theta(\hat{g})$$

が成り立つ．

証明 定理 A.7.4.1 より，$g(\theta)$ の任意の不偏推定量 $\hat{g}$ に対して，T に基づく $g(\theta)$ の不偏推定量 $\hat{g}^* = \hat{g}^*(T)$ が存在して，任意の $\theta \in \Theta$ について $V_\theta(\hat{g}^*) \leq V_\theta(\hat{g})$ になる．いま，T に基づく $g(\theta)$ の不偏推定量が 2 つ，すなわち $\hat{g}_1^* = \hat{g}_1^*(T)$，$\hat{g}_2^* = \hat{g}_2^*(T)$ があったとする．このとき，$h(T) = \hat{g}_1^*(T) - \hat{g}_2^*(T)$ とおくと，$\hat{g}_1^*$，$\hat{g}_2^*$ の不偏性より，任意の $\theta \in \Theta$ について $E_\theta[h(T)] = 0$ となる．よって，T の完備性より $\hat{g}_1^*(T) \equiv \hat{g}_2^*(T)$ になり，T に基づく $g(\theta)$ の不偏推定量の一意性が成り立つ．□

系 A.7.4.1 母数 θ に対する完備十分統計量を $T = T(\boldsymbol{X})$ とする．このとき，T に基づく $g(\theta)$ の不偏推定量 $\hat{g}^*(T)$ は $g(\theta)$ の唯一つの UMVU 推定量である．

証明は定理 A.7.4.2 より明らか．この系は UMVU 推定量を見つけるために有用であり，実際には，$g(\theta)$ の不偏推定量 $\hat{g}(\boldsymbol{X})$ について $\hat{g}^*(T) = E\left[\hat{g}(\boldsymbol{X})|T\right]$ が $g(\theta)$ の唯一つの UMVU 推定量になる．また，その際に完備十分統計量の存在は重要になるが，指数型分布族の場合にはその存在性の十分条件を次のように得ることができる．

定理 A.7.4.3 確率ベクトル $\boldsymbol{X} = (X_1, \cdots, X_n)$ が $\boldsymbol{k}$ **母数指数型分布族**の j.p.d.f. (または j.p.m.f.)

$$f_{\boldsymbol{X}}(\boldsymbol{x}, \boldsymbol{\theta}) = \exp\left\{\sum_{j=1}^{k} Q_j(\boldsymbol{\theta}) T_j(\boldsymbol{x}) + C(\boldsymbol{\theta}) + S(\boldsymbol{x})\right\} \qquad \text{(A.7.4.3)}$$

[22] この場合にも脚注 12) のような仮定が必要．

をもつとする．ただし，$\boldsymbol{\theta} = (\theta_1, \cdots, \theta_k) \in \Theta$ で Θ を $\boldsymbol{R}^k$ の開区間とし，$T_1, \cdots, T_k$ と S は $\mathcal{X}$ 上で定義される実数値関数とし，$Q_1, \cdots, Q_k$ と C は Θ 上の実数値関数とし，$k \leq n$ とする．ここで $T = (T_1, \cdots, T_k)$，$Q = (Q_1, \cdots, Q_k)$ とする．このとき，Q の値域が $\boldsymbol{R}^k$ の開区間[23] を含むならば，$T(\boldsymbol{X}) = (T_1(\boldsymbol{X}), \cdots, T_k(\boldsymbol{X}))$ は $\boldsymbol{\theta}$ に対する完備十分統計量である．

証明は省略[24]．

注意 A.7.4.2 定理 A.7.4.3 において，$\eta_j = Q_j(\boldsymbol{\theta})$ $(j = 1, \cdots, k)$ とすれば，(A.7.4.3) は $\exp\{\sum_{j=1}^k \eta_j T_j(\boldsymbol{x}) + D(\boldsymbol{\eta}) + S(\boldsymbol{x})\}$ の形になり，このときこの指数型分布族は自然母数 $\boldsymbol{\eta} = (\eta_1, \cdots, \eta_k)$ をもつという．

注意 A.7.4.3 $X_1, \cdots, X_n$ を母数 θ をもつ分布からの無作為標本とするとき，θ の関数 $g(\theta)$ の UMVU 推定量 $\hat{g}(X_1, \cdots, X_n)$ が存在すれば，$(X_1, \cdots, X_n)$ の (置換に関する) 対称関数になる．

例 A.7.4.1 $X_1, \cdots, X_m$ がたがいに独立に，各 X_i が $B(n_i, p_i)$ に従うとする．このとき，$\boldsymbol{X} = (X_1, \cdots, X_m)$ は $\boldsymbol{p} = (p_1, \cdots, p_m)$ に対する最小十分統計量になる．また，$\eta_i = \log(p_i/(1-p_i))$ $(i = 1, \cdots, m)$ とすれば，$\boldsymbol{\eta} = (\eta_1, \cdots, \eta_m)$ が自然母数になる．ここで，η_i $(i = 1, \cdots, m)$ は**ロジット** (logit) と呼ばれている．

A.7.5 推定量の漸近的性質 (続)

定理 A.7.5.2 p.d.f. $p(x, \theta)$ をもつ母集団分布からの無作為標本を $X_1, \cdots, X_n$ とする．ただし，$\theta \in \Theta$ とし，Θ を $\boldsymbol{R}^1$ の開区間とする．次の正則条件 (B1)~(B5) を仮定する．

(B1) $p(\cdot, \theta)$ の台 $D = \{x \mid p(x, \theta) > 0\}$ は θ に無関係である．

(B2) 任意の $x \in D$ に対して，$p(x, \theta)$ は θ に関して 2 回連続偏微分可能である．

(B3) $\int p(x, \theta) dx$ は積分記号下で，θ に関して 2 回偏微分可能である．

(B4) $0 < I_{X_1}(\theta) = E_\theta\left[\left\{\frac{\partial}{\partial\theta} \log p(X_1, \theta)\right\}^2\right] < \infty$.

---

23) $\boldsymbol{R}^k$ の開区間は $\{\boldsymbol{x} | a_i < x_i < b_i, i = 1, \cdots, k\}$ とする．ただし，$-\infty \leq a_i < b_i \leq \infty$ $(i = 1, \cdots, k)$ とする．

24) 証明については E. L. レーマン [L59](訳本) の pp.149–150 参照．

(B5)　任意の $\theta_0 \in \Theta$ に対して，正数 c と関数 $M(x)$ が存在して

$$\left|\frac{\partial^2 \log p(x,\theta)}{\partial\theta^2}\right| \leq M(x) \quad (x \in D, \theta_0 - c < \theta < \theta_0 + c)$$

でかつ $E_{\theta_0}[M(X_1)] < \infty$ である．

このとき，$\boldsymbol{X} = (X_1, \cdots, X_n)$ に基づく θ の推定量 $\hat{\theta}_n$ が

$$\mathcal{L}\left(\sqrt{n}\left(\hat{\theta}_n - \theta\right)\right) \longrightarrow N(0, v(\theta)) \quad (n \to \infty)$$

ならば，不等式 $v(\theta) \geq 1/I_{X_1}(\theta)$ はルベーグ測度 0 の集合を除いて成り立つ[25)]．

証明は省略[26)]．なお，条件 (B3) が成り立てば，任意の $\theta \in \Theta$ について

$(\mathrm{B3})_1$　$E_\theta[\partial \log p(X_1,\theta)/\partial\theta] = 0$,

$(\mathrm{B3})_2$　$E_\theta\left[\{\partial \log p(X_1,\theta)/\partial\theta\}^2\right] = -E_\theta\left[\partial^2 \log p(X_1,\theta)/\partial\theta^2\right]$

が成り立つ．定理 A.7.5.2 において条件 (B3) の代わりに $(\mathrm{B3})_1$，$(\mathrm{B3})_2$ に置き換えてもよい．

定理 A.7.5.3　p.d.f.（または p.m.f.）$p(x,\theta)$ $(\theta \in \Theta)$ をもつ母集団分布からの無作為標本を $X_1, \cdots, X_n$ とする．また，次の条件 (C1)，(C2) を仮定する[27)]．

(C1)　$\theta_1 \neq \theta_2$ ならば $P_{X_1}^{\theta_1} \neq P_{X_1}^{\theta_2}$ である．

(C2)　$p(\cdot,\theta)$ の台 $\{x \mid p(x,\theta) > 0\}$ は θ に無関係である．

このとき，θ の真値を θ_0 とすれば，任意の θ $(\neq \theta_0)$ について

$$\lim_{n\to\infty} P_{\boldsymbol{X}}^{\theta_0}\left\{\prod_{i=1}^n p(X_i,\theta_0) > \prod_{i=1}^n p(X_i,\theta)\right\} = 1 \qquad (\mathrm{A.7.5.7})$$

が成り立つ．

証明　(A.7.5.7) の中の不等式は

$$\frac{1}{n}\sum_{i=1}^n \log\frac{p(X_i,\theta)}{p(X_i,\theta_0)} < 0 \qquad (\mathrm{A.7.5.8})$$

と同値である．このとき，大数の法則から (A.7.5.8) の左辺は，$n \to \infty$ とすれば，

$$E_{\theta_0}[\log(p(X_1,\theta)/p(X_1,\theta_0))]$$

---

25) ルベーグ測度については，たとえば伊藤清三 (1964).「ルベーグ積分入門」(裳華房) 参照．

26) 証明は Bahadur (1964). *Ann. Math. Statist.*, **35**, pp.1545–1552 参照．また，その論文では，推定量 $\hat{\theta}_n$ に $\underline{\lim}_{n\to\infty} P_{\boldsymbol{X}}^{\theta+n^{-1/2}}\{\hat{\theta}_n < \theta + n^{-1/2}\} \leq 1/2$ $(\theta \in \Theta)$ という漸近中央値不偏性を課せば，$v(\theta) \geq 1/I_{X_1}(\theta)$ $(\theta \in \Theta)$ が成り立つことも証明している．なお，$\tilde{e}_\theta(\hat{\theta}_n) = (v(\theta)I_{X_1}(\theta))^{-1}$ を $\hat{\theta}_n$ の**漸近効率**という．

27) 条件 (C2) については，第 7.6 節で K-L 情報量の定義において行ったような約束をすれば不要になる．

に確率収束する．一方，$-\log t$ は t の凸関数であるから，イェンセンの不等式 (第 4.2 節) より

$$E_{\theta_0}\left[\log\frac{p(X_1,\theta)}{p(X_1,\theta_0)}\right] < \log E_{\theta_0}\left[\frac{p(X_1,\theta)}{p(X_1,\theta_0)}\right] = 0$$

になる．よって，不等式 (A.7.5.7) が成り立つ．□

いま，母数空間 Θ が有限集合であるとする．このとき，θ の推定量 $\hat{\theta}_n = \hat{\theta}_n(\boldsymbol{X})$ が一致推定量であるための必要十分条件が，任意の $\theta \in \Theta$ について

$$\lim_{n\to\infty} P_{\boldsymbol{X}}^{\theta}\left\{\hat{\theta}_n = \theta\right\} = 1 \tag{A.7.5.9}$$

である．このことから，次の系が成り立つ．

系 A.7.5.2　定理 A.7.5.3 と同じ条件の下で，母数空間が有限集合ならば，θ の最尤推定量 $\hat{\theta}_{\mathrm{ML}}$ が存在し，漸近的に確率 1 で一意的であり，そして一致推定量である．

証明　まず，$\Theta = \{\theta_0, \theta_1, \cdots, \theta_k\}$ とすれば，尤度関数 $L(\theta; \boldsymbol{X}) = \prod_{i=1}^n p(X_i, \theta)$ を最大にする θ は存在するから，θ の MLE $\hat{\theta}_{\mathrm{ML}}$ は存在する．このとき，$\theta_0 \in \Theta$ について

$$P_{\theta_0}\left\{\hat{\theta}_{\mathrm{ML}} = \theta_0\right\} \geq P_{\theta_0}\left\{L(\theta_0;\boldsymbol{X}) > L(\theta_1;\boldsymbol{X}), \cdots, L(\theta_0;\boldsymbol{X}) > L(\theta_k;\boldsymbol{X})\right\} \tag{A.7.5.10}$$

になる．そこで，次の事象を

$$A_{in} = \{L(\theta_0;\boldsymbol{X}) > L(\theta_i;\boldsymbol{X})\} \quad (i = 1, \cdots, k)$$

とおくと，定理 A.7.5.3 から

$$\lim_{n\to\infty} P_{\boldsymbol{X}}^{\theta_0}(A_{in}) = 1 \quad (i = 1, \cdots, k) \tag{A.7.5.11}$$

になる．よって，(A.7.5.10)，(A.7.5.11) より

$$P_{\boldsymbol{X}}^{\theta_0}\left\{\hat{\theta}_{\mathrm{ML}} = \theta_0\right\} \geq P_{\boldsymbol{X}}^{\theta_0}\{A_{1n} \cap \cdots \cap A_{kn}\} \geq 1 - \sum_{i=1}^{k} P_{\boldsymbol{X}}^{\theta_0}\{A_{in}^c\} \tag{A.7.5.12}$$

となり，(A.7.5.11) より

$$\lim_{n\to\infty} P_{\boldsymbol{X}}^{\theta_0}\left\{\hat{\theta}_{\mathrm{ML}} = \theta_0\right\} = 1 \tag{A.7.5.13}$$

になる．他の θ_i $(i = 1, \cdots, k)$ についても同様にして

$$\lim_{n\to\infty} P_{\boldsymbol{X}}^{\theta_i}\left\{\hat{\theta}_{\mathrm{ML}} = \theta_i\right\} = 1 \tag{A.7.5.14}$$

を得る．ゆえに，任意の $\theta \in \Theta$ について (A.7.5.9) が満たされるから，$\hat{\theta}_{\mathrm{ML}}$ は θ の一致推定量になる．また，θ の MLE が 2 つ，すなわち $\hat{\theta}_{\mathrm{ML}}^{(1)}$, $\hat{\theta}_{\mathrm{ML}}^{(2)}$ があったとすれば，(A.7.5.13)，(A.7.5.14) より，任意の $\theta \in \Theta$ について

$$\lim_{n\to\infty} P_{\boldsymbol{X}}^{\theta}\left\{\hat{\theta}_{\mathrm{ML}}^{(1)} = \theta\right\} = \lim_{n\to\infty} P_{\boldsymbol{X}}^{\theta}\left\{\hat{\theta}_{\mathrm{ML}}^{(2)} = \theta\right\} = 1 \tag{A.7.5.15}$$

より

$$\lim_{n\to\infty} P_{\boldsymbol{X}}^{\theta}\left\{\hat{\theta}_{\mathrm{ML}}^{(1)} = \hat{\theta}_{\mathrm{ML}}^{(2)}\right\} = 1$$

になる．よって，θ の MLE は漸近的に確率 1 で一意的である．□

注意 A.7.5.1　(A.7.5.12) の不等式は**ボンフェローニ** (Bonferroni) **の不等式**と呼ばれている．

母数空間 Θ が有限集合でない場合には，系 A.7.5.2 は成り立たない．そのような場合については，次の定理が成り立つ．

定理 A.7.5.4　p.d.f. $p(x,\theta)$ $(\theta \in \Theta)$ をもつ母集団分布からの無作為標本を $X_1, \cdots, X_n$ とする．また，定理 A.7.5.3 の条件 (C1)，(C2) が成り立ち，Θ は真値 θ_0 が内点になるような開区間 ω を含むとし，各 x について $p(x,\theta)$ は ω の θ に関して偏微分可能であるとする．そして，各 $\boldsymbol{x} = (x_1, \cdots, x_n)$ について $L(\theta; \boldsymbol{x}) = \prod_{i=1}^{n} p(x_i, \theta)$ を θ の尤度関数として，尤度方程式

$$\partial \log L(\theta; \boldsymbol{x})/\partial\theta = 0 \tag{A.7.5.16}$$

が，各 n と各 $\boldsymbol{x}$ について，θ に関する一意的な解 $\hat{\theta}_n = \hat{\theta}_n(\boldsymbol{x})$ をもつと仮定する．このとき，$\hat{\theta}_n(\boldsymbol{X})$ は θ の一致推定量である．さらに，Θ を $\boldsymbol{R}^1$ の開区間とすれば，漸近的に確率 1 で，$\hat{\theta}_n$ は尤度関数を最大にし，すなわち $\hat{\theta}_n(\boldsymbol{X})$ は θ の MLE であり，これは一致推定量である．

証明は省略[28)]．次に，最尤推定量の**漸近正規性** (asymptotic normality) に関して，次の定理が成り立つ．

定理 A.7.5.5　p.d.f. $p(x,\theta)$ をもつ母集団分布からの無作為標本を $X_1, \cdots, X_n$ とする．ただし，$\theta \in \Theta$ とし Θ は $\boldsymbol{R}^1$ の開区間とする．また，定理 A.7.5.2 の条件 (B1)，(B3)，(B4) を仮定し，条件 (B2) において 2 回を 3 回に変え，条件 (B5) において，$\log p(x,\theta)$ の θ に関する 2 次導関数を 3 次導関数に変えたものも成り立つとする．このとき，尤度方程式 (A.7.5.16) の解による任意の一致推定量 $\hat{\theta}_n$ について

$$\mathcal{L}\left(\sqrt{n}(\hat{\theta}_n - \theta)\right) \longrightarrow N\left(0, 1/I_{X_1}(\theta)\right) \quad (n \to \infty) \tag{A.7.5.17}$$

が成り立つ．

証明は省略[29)]．

28) 証明については E. L. レーマン [L83] の p.414 を参照．

29) 証明については E. L. レーマン [L83] の pp.415–417 を参照．

注意 A.7.5.2 (A.7.5.17) を満たす推定量を**最良漸近正規** (best asymptotically normal 略して **BAN**) **推定量**といい，BAN 推定量は，任意の $\theta \in \Theta$ について (7.5.5) の等号を満たし，その漸近効率は 1 になる．標本平均 $\bar{X}$，(標本) 中央値 $X_{\text{med}}(n)$ の漸近効率は，正規分布 $N(\theta, 1)$ の場合には $\tilde{e}_\theta(\bar{X}) = 1$，$\tilde{e}_\theta(X_{\text{med}}(n)) = 2/\pi \fallingdotseq 0.637$ になり，位置母数 θ をもつコーシー分布の場合には $\tilde{e}_\theta(X_{\text{med}}(n)) = 8/\pi^2 \fallingdotseq 0.811$ になる (演習問題 6-10，脚注 26) 参照).

A.9.1 仮説検定問題 (補)

検定の受容域と信頼域の間に次のような関係が一般に成り立つ．

定理 A.9.1.1 各 $\theta_0 \in \Theta$ について，仮説 $H: \theta = \theta_0$ の水準 α の検定の受容域を $A(\theta_0)$ とし，各標本値 $\boldsymbol{x}$ について，Θ の部分集合 $C(\boldsymbol{x})$ を

$$C(\boldsymbol{x}) = \{\theta_0 \mid \boldsymbol{x} \in A(\theta_0)\} \tag{A.9.1.1}$$

で定義する．このとき，標本 $\boldsymbol{X}$ に基づく集合 $C(\boldsymbol{X})$ は，信頼係数 $1-\alpha$ の信頼域である．逆に，$C(\boldsymbol{X})$ を信頼係数 $1-\alpha$ の信頼域とし，任意の $\theta_0 \in \Theta$ について

$$A(\theta_0) = \{\boldsymbol{x} \mid \theta_0 \in C(\boldsymbol{x})\}$$

とすれば，$A(\theta_0)$ は仮説 $H: \theta = \theta_0$ の水準 α の検定の受容域である．

証明 まず，$A(\theta_0)$ が水準 α の検定の受容域であることから，$P_{\boldsymbol{X}}^{\theta_0}\{\boldsymbol{X} \notin A(\theta_0)\} \leq \alpha$，すなわち

$$P_{\boldsymbol{X}}^{\theta_0}\{\boldsymbol{X} \in A(\theta_0)\} \geq 1-\alpha \tag{A.9.1.2}$$

になる．このとき，θ_0 は任意であるから θ_0 を θ で置き換えて，(A.9.1.1)，(A.9.1.2) より

$$P_{\boldsymbol{X}}^{\theta}\{\theta \in C(\boldsymbol{X})\} = P_{\boldsymbol{X}}^{\theta}\{\boldsymbol{X} \in A(\theta)\} \geq 1-\alpha$$

になる．よって，$C(\boldsymbol{X})$ は θ の信頼係数 $1-\alpha$ の信頼域になる．

逆に，仮説 H: $\theta = \theta_0$ について，受容域 $A(\theta_0)$ をもつ検定の第 1 種の過誤の確率を考えると

$$P_{\boldsymbol{X}}^{\theta_0}\{\boldsymbol{X} \notin A(\theta_0)\} = P_{\boldsymbol{X}}^{\theta_0}\{\theta_0 \notin C(\boldsymbol{X})\} = 1 - P_{\boldsymbol{X}}^{\theta_0}\{\theta_0 \in C(\boldsymbol{X})\} \leq \alpha$$

になり，この検定は水準 α の検定であることが分かる．□

A.9.2 母平均の検定 (補)

正規母集団分布 $N(\mu, \sigma^2)$ の母平均 μ に関する水準 α の仮説検定問題において，(i)$_\mu$ σ^2 が既知の場合に棄却域として

(1) $H: \mu = \mu_0,\ K: \mu > \mu_0$ のとき，$C_Z = (u_\alpha, \infty)$,

(1′) $H: \mu = \mu_0,\ K: \mu < \mu_0$ のとき，$C'_Z = (-\infty, -u_\alpha)$,

(3) $H: \mu = \mu_0,\ K: \mu \neq \mu_0$ のとき，$(-\infty, -u_{\alpha/2}) \cup (u_{\alpha/2}, \infty)$

をとった．このように棄却域を決める根拠が**ネイマン・ピアソン** (Neyman–Pearson[30]) **の基本定理**と呼ばれるものである．母集団分布が依存する母数の空間を Θ とする．いま，$\theta_0, \theta_1 \in \Theta$ $(\theta_0 \neq \theta_1)$ をとり，**仮説** $\boldsymbol{H: \theta = \theta_0}$，**対立仮説** $\boldsymbol{K: \theta = \theta_1}$ の水準 α の検定問題を考える．そこで，標本 $\boldsymbol{X} = (X_1, \cdots, X_n)$ の j.p.d.f. または j.p.m.f. を $f_{\boldsymbol{X}}(\boldsymbol{x}, \theta)$ $(\theta \in \Theta)$ とする．ただし，$\boldsymbol{x} = (x_1, \cdots, x_n)$ とする．

定理 A.9.2.1 (Neyman–Pearson).　上記の検定問題において，棄却域

$$C_0 = \{\boldsymbol{x} \mid f_{\boldsymbol{X}}(\boldsymbol{x}, \theta_1) > k f_{\boldsymbol{X}}(\boldsymbol{x}, \theta_0)\} \qquad \text{(A.9.2.1)}$$

による検定は，水準 α の検定全体のクラスの中で最大の検出力 (すなわち，最小の第 2 種の過誤の確率) をもつ．ただし，k は

$$P_{\boldsymbol{X}}^{\theta_0}\{\boldsymbol{X} \in C_0\} = \alpha \qquad \text{(A.9.2.2)}$$

となる正の定数とする．

証明　水準 α の任意の検定の棄却域を C とし，$\alpha_{C_0}(\theta_0)$，$\alpha_C(\theta_0)$ をそれぞれ棄却域 C_0，C による検定の第 1 種の過誤の確率とすれば

$$\alpha = \alpha_{C_0}(\theta_0) = P_{\boldsymbol{X}}^{\theta_0}\{\boldsymbol{X} \in C_0\} \geq P_{\boldsymbol{X}}^{\theta_0}\{\boldsymbol{X} \in C\} = \alpha_C(\theta_0)$$

になる．このとき，$\beta_{C_0}(\theta_1)$，$\beta_C(\theta_1)$ をそれぞれ棄却域 C_0，C による検定の第 2 種の過誤の確率とすると

$$\begin{aligned}
\beta_C(\theta_1) - \beta_{C_0}(\theta_1) &= P_{\boldsymbol{X}}^{\theta_1}\{\boldsymbol{X} \in C_0\} - P_{\boldsymbol{X}}^{\theta_1}\{\boldsymbol{X} \in C\} \\
&= P_{\boldsymbol{X}}^{\theta_1}\{\boldsymbol{X} \in C_0 \cap C^c\} - P_{\boldsymbol{X}}^{\theta_1}\{\boldsymbol{X} \in C_0^c \cap C\} \\
&= \int_{C_0 \cap C^c} f_{\boldsymbol{X}}(\boldsymbol{x}, \theta_1) d\boldsymbol{x} - \int_{C_0^c \cap C} f_{\boldsymbol{X}}(\boldsymbol{x}, \theta_1) d\boldsymbol{x} \\
&\geq k \int_{C_0 \cap C^c} f_{\boldsymbol{X}}(\boldsymbol{x}, \theta_0) d\boldsymbol{x} - k \int_{C_0^c \cap C} f_{\boldsymbol{X}}(\boldsymbol{x}, \theta_0) d\boldsymbol{x} \\
&= k \left[P_{\boldsymbol{X}}^{\theta_0}\{\boldsymbol{X} \in C_0 \cap C^c\} - P_{\boldsymbol{X}}^{\theta_0}\{\boldsymbol{X} \in C_0^c \cap C\} \right]
\end{aligned}$$

---

[30] E. S. Pearson (1895–1980)

$$
\begin{aligned}
&= k\left[P_{\boldsymbol{X}}^{\theta_0}\{\boldsymbol{X}\in C_0\cap C^c\} + P_{\boldsymbol{X}}^{\theta_0}\{\boldsymbol{X}\in C_0\cap C\}\right.\\
&\qquad \left.-\left(P_{\boldsymbol{X}}^{\theta_0}\{\boldsymbol{X}\in C_0\cap C\} + P_{\boldsymbol{X}}^{\theta_0}\{\boldsymbol{X}\in C_0^c\cap C\}\right)\right]\\
&= k\left[P_{\boldsymbol{X}}^{\theta_0}\{\boldsymbol{X}\in C_0\} - P_{\boldsymbol{X}}^{\theta_0}\{\boldsymbol{X}\in C\}\right]\\
&= k\{\alpha_{C_0}(\theta_0) - \alpha_C(\theta_0)\} \geq 0
\end{aligned}
$$

になるから，$\beta_C(\theta_1) \geq \beta_{C_0}(\theta_1)$ となる．よって棄却域 C_0 をもつ検定は最小の第 2 種の過誤の確率をもつ，すなわちその検定は最大の検出力をもつ．□

水準 α の検定全体のクラスの中で最大の検出力をもつ検定は，水準 α の**最強力** (most powerful 略して **MP**) **検定**という．よって，定理 A.9.2.1 の棄却域 C_0 による検定は MP 検定になる．なお，定理 A.9.2.1 では単純仮説，単純対立仮説の場合を扱っているが，実は，上記の (1) の検定問題において，$\mu_1 > \mu_0$ なる μ_1 を任意に固定して，$H: \mu = \mu_0$，$K: \mu = \mu_1$ の水準 α の検定問題に定理 A.9.2.1 を適用すれば，(A.9.2.1) の形の棄却域 $C_{\mu_1}^*$ をもつ MP 検定が得られ，この棄却域 $C_{\mu_1}^*$ は μ_1 に依存しない．よって $\mu > \mu_0$ なる μ について一様な MP 検定になる．このように，対立仮説が複合仮説のときに，その母数について一様な MP 検定を**一様最強力** (uniformly MP 略して **UMP**) **検定**という．実際，上記の (1)，(1′) の場合に，棄却域 C_Z，C_Z' をもつ検定は UMP 検定になり，また，(1)，(1′) において H を (2) $H: \mu \leq \mu_0$，(2′) $H: \mu \geq \mu_0$ に変えても同じことがいえる．

例 A.9.2.1　上記の (1) の検定問題を考えるために，$\mu_1 > \mu_0$ として，仮説 $H: \mu = \mu_0$，$K: \mu = \mu_1$ の水準 α の検定問題を考える．まず，$N(\mu, \sigma^2)$ からの無作為標本を $X_1, \cdots, X_n$ とする．このとき，$\boldsymbol{X} = (X_1, \cdots, X_n)$ の j.p.d.f. は

$$
f(\boldsymbol{x}, \mu) = \left(\frac{1}{\sqrt{2\pi}\sigma}\right)^n \exp\left\{-\frac{1}{2\sigma^2}\sum_{i=1}^n (x_i - \mu)^2\right\}
$$

になるから

$$
\begin{aligned}
\frac{f_{\boldsymbol{X}}(\boldsymbol{x}, \mu_0)}{f_{\boldsymbol{X}}(\boldsymbol{x}, \mu_1)} &= \exp\left[-\frac{1}{2\sigma^2}\sum_{i=1}^n \left\{(x_i - \mu_0)^2 - (x_i - \mu_1)^2\right\}\right]\\
&= \exp\left[-\frac{n(\mu_1 - \mu_0)}{\sigma^2}\left\{\bar{x} - \frac{1}{2}(\mu_0 + \mu_1)\right\}\right]
\end{aligned}
$$

になるから，(A.9.2.1) の棄却域は，$\bar{X}$ に基づく棄却域として $C_{\bar{X}} = (a, \infty)$ の形になる．そして，水準が α であるから $P_{\bar{X}}^H\{\bar{X} > a\} = \alpha$ となる a として，$a = \mu_0 + u_\alpha(\sigma/\sqrt{n})$ とすればよい．また，$Z = \sqrt{n}(\bar{X} - \mu_0)/\sigma$ に基づく棄却域は $C_Z = (u_\alpha, \infty)$ になる．よって，定理 A.9.2.1 より，棄却域 $C_Z = (u_\alpha, \infty)$ をもつ検定は MP 検定になる．また，$C_{\bar{X}}$ は μ_1 に無関係であるから，C_Z をもつ検定は UMP 検定にもなっている．

例 A.9.2.1 と同様にして，$(1')$ の場合にも棄却域 $C'_Z = (-\infty, -u_\alpha)$ をもつ検定が UMP 検定であることが分かる．なお，例 A.9.2.1 では，連続型分布の場合に，(A.9.2.1) の棄却域 C^* をもつ検定を考えたが，離散型分布の場合には，一般には (A.9.2.2) を満たすように k を定めることはできない．そこで，母数空間 Θ の部分集合を ω とするとき，仮説 $H : \theta \in \omega$，対立仮説 $K : \theta \in \omega^c$ の検定問題を考える．まず，$\boldsymbol{X}$ に基づく関数 $\varphi(\boldsymbol{X})$ で，$0 \leq \varphi(\boldsymbol{X}) \leq 1$ となる φ を，$\boldsymbol{X}$ に基づく検定または検定関数と定義する．このとき，$\boldsymbol{X}$ の実現値 $\boldsymbol{x}$ について，確率 $\varphi(\boldsymbol{x})$ で仮説 H を棄却し，確率 $1-\varphi(\boldsymbol{x})$ で H を受容するという検定方式を考える．また，$E_\theta(\varphi)$ $(\theta \in \omega)$ は第 1 種の過誤の確率になり，$1 - E_\theta(\varphi)$ $(\theta \in \omega^c)$ は第 2 種の過誤の確率になり，$E_\theta(\varphi)$ $(\theta \in \omega^c)$ は検出力関数になる．定理 A.9.2.1 では

$$\varphi^*(\boldsymbol{x}) = \begin{cases} 1 & (\boldsymbol{x} \in C^*), \\ 0 & (\boldsymbol{x} \notin C^*) \end{cases}$$

なる非確率検定 φ^* を考えたことになる．そこで，定理 A.9.2.1 の次の拡張を得る．

定理 A.9.2.2　定理 A.9.2.1 と同じ仮説検定問題において，検定

$$\varphi_0^*(\boldsymbol{x}) = \begin{cases} 1 & (f_{\boldsymbol{X}}(\boldsymbol{x}, \theta_1) > k f_{\boldsymbol{X}}(\boldsymbol{x}, \theta_0)), \\ \gamma & (f_{\boldsymbol{X}}(\boldsymbol{x}, \theta_1) = k f_{\boldsymbol{X}}(\boldsymbol{x}, \theta_0)), \\ 0 & (f_{\boldsymbol{X}}(\boldsymbol{x}, \theta_1) < k f_{\boldsymbol{X}}(\boldsymbol{x}, \theta_0)) \end{cases}$$

は，水準 α の MP 検定である．ただし，定数 k (> 0) と γ $(0 \leq \gamma \leq 1)$ は $E_{\theta_0}[\varphi_0^*(\boldsymbol{X})] = \alpha$ となるように定める．

証明は定理 A.9.2.1 の証明と本質的に同じであるから省略．φ_0^* を確率検定という．

例 A.9.2.2　母集団分布がポアソン分布 $\mathrm{Po}(\lambda)$ $(\lambda > 0)$ であるとし，$0 < \lambda_0 < \lambda_1$ とする．このとき，仮説 $H : \lambda = \lambda_0$，対立仮説 $K : \lambda = \lambda_1$ の水準 α の検定問題を考える．そこで，$\mathrm{Po}(\lambda)$ からの無作為標本を $X_1, \cdots, X_n$ とすれば，$\boldsymbol{X} = (X_1, \cdots, X_n)$ の j.p.m.f. は

$$f(\boldsymbol{x}, \lambda) = e^{-n\lambda} \lambda^{\sum_{i=1}^n x_i} \Big/ \prod_{i=1}^n x_i! \quad (x_i = 0, 1, 2, \cdots; i = 1, \cdots, n)$$

になる．よって

$$\log \frac{f_{\boldsymbol{X}}(\boldsymbol{x}, \lambda_1)}{f_{\boldsymbol{X}}(\boldsymbol{x}, \lambda_0)} = \left(\sum_{i=1}^n x_i \right) \log \frac{\lambda_1}{\lambda_0} - n(\lambda_1 - \lambda_0)$$

になるから，$\lambda_1 > \lambda_0$ であることと定理 A.9.2.2 により，検定

$$\varphi_0^*(\boldsymbol{x}) = \begin{cases} 1 & \left(\sum_{i=1}^n x_i > K\right), \\ \gamma & \left(\sum_{i=1}^n x_i = K\right), \\ 0 & \left(\sum_{i=1}^n x_i < K\right) \end{cases}$$

は，水準 α の MP 検定になる．ただし，定数 $K\ (>0)$ と $\gamma\ (0 \leq \gamma \leq 1)$ は，$E_{\lambda_0}(\varphi_0^*) = \alpha$ となるように定める．実際には，仮説 H: $\lambda = \lambda_0$ の下で，$Y_n = \sum_{i=1}^{n} X_i$ が $\mathrm{Po}(n\lambda_0)$ に従うことを用いればよい．特に，$\lambda_0 = 0.1$，$\lambda_1 = 0.2$，$\alpha = 0.05$，$n = 25$ とする．このとき，$E_{\lambda_0}(\varphi_0^*) = P_{Y_{25}}^{\lambda_0}\{Y_{25} > K\} + \gamma P_{Y_{25}}^{\lambda_0}\{Y_{25} = K\} = 0.05$ となるように，K と γ を求める．まず，Y_{25} は $\mathrm{Po}(2.5)$ に従うから，$P_{Y_{25}}^{\lambda_0}\{Y_{25} > 5\} \fallingdotseq 0.042$，$P_{Y_{25}}^{\lambda_0}\{Y_{25} = 5\} \fallingdotseq 0.067$ になる．よって $K = 5, \gamma \fallingdotseq 0.119$ とすればよい．

一般に，p.d.f または p.m.f. が 1 母数指数型分布族の (4.4.7) で，Q が狭義単調関数ならば，$H: \theta \leq \theta_0, K: \theta > \theta_0$ の水準 α の仮説検定問題において，UMP 検定が存在する．

次に，(3) のような両側検定の場合には，水準 α の UMP 検定は存在しない．そこで，一般に，母数空間を Θ とし，$\omega \subset \Theta$ とする．このとき

$$\text{仮説 } H: \theta \in \omega, \quad \text{対立仮説 } K: \theta \in \omega^c$$

の検定問題を考える．いま，$0 < \alpha < 1$ とするとき，検定 φ が，任意の $\theta \in \omega$ について $E_\theta(\varphi) \leq \alpha$ であり，かつ任意の $\theta \in \omega^c$ について $E_\theta(\varphi) \geq \alpha$ であれば，φ を**不偏検定** (unbiased test) という．そこで，すべての不偏検定全体 $\mathcal{U}_\alpha$ の中で，ω^c において一様に検出力を最大にする検定，すなわち任意の $\theta \in \omega^c$ について

$$E_\theta(\varphi^*) = \sup_{\varphi \in \mathcal{U}_\alpha} E_\theta(\varphi)$$

となる $\varphi^* \in \mathcal{U}_\alpha$ を**一様最強力不偏** (UMP unbiased 略して **UMPU**) **検定**という．また，UMPU 検定についても，定理 A.9.2.1，A.9.2.2 の型の命題が成り立ち，(3) のような両側検定は UMPU 検定になることが示される (E. L. レーマン [L59] 参照)．

次に，$(\mathrm{ii})_\mu$ σ^2 が未知の場合に，棄却域として

(1) $H: \mu = \mu_0$，$K: \mu > \mu_0$ のとき，$C_{T_n} = (t_\alpha(n-1), \infty)$,

(1′) $H: \mu = \mu_0$，$K: \mu < \mu_0$ のとき，$C'_{T_n} = (-\infty, -t_\alpha(n-1))$,

(3) $H: \mu = \mu_0, K: \mu \neq \mu_0$ のとき，

$$C''_{T_n} = \left(-\infty, -t_{\alpha/2}(n-1)\right) \cup \left(t_{\alpha/2}(n-1), \infty\right)$$

をとった．(1)，および (1) で H を $\mu \leq \mu_0$ としたとき，棄却域 C_{T_n} をもつ検定が水準 α の UMPU になり，また (1′)，および (1′) で H を $\mu \geq \mu_0$ としたとき，棄却域 C'_{T_n} をもつ検定が水準 α の UMPU になり，そして (3) で棄却域 C''_{T_n} をもつ検定も水準 α の UMPU になる．

A.9.3 平均の差の検定 (補)

2 つの正規母集団分布 $N(\mu_1,\sigma_1^2)$, $N(\mu_2,\sigma_2^2)$ について，平均 μ_1，μ_2 に関する検定について，その妥当性について考える．

$(\mathrm{i})_{\mu_1,\mu_2}$　σ_1^2, σ_2^2 がともに既知の場合．仮説 $H:\mu_1=\mu_2$，$K:\mu_1\neq\mu_2$ の水準 α の検定問題において，(9.3.1) の Z $(\sim N(0,1))$ に基づく棄却域 $C_Z=(-\infty,-u_{\alpha/2})\cup(u_{\alpha/2},\infty)$ をもつ検定は UMPU になる (A.9.2 節参照)．また，仮説 $H:\mu_1=\mu_2$, $K:\mu_1>\mu_2$ の水準 α の検定問題において，棄却域 $C_Z=(u_\alpha,\infty)$ をもつ検定は UMP になる (A.9.2 節参照)．また，K を $K:\mu_1<\mu_2$ に変えた場合には，棄却域 $C_Z'=(-\infty,-u_\alpha)$ をもつ検定が UMP になる．さらに，H を $\mu_1\leq\mu_2$ に変えたときにも同様のことがいえる．

$(\mathrm{ii})_{\mu_1,\mu_2}$　$\sigma_1^2=\sigma_2^2=\sigma^2$ で σ^2 が未知の場合．仮説 $H:\mu_1=\mu_2$，$K:\mu_1\neq\mu_2$ の水準 α の検定問題において，(9.3.6) の T $(\sim t_{n_1+n_2-2}$ 分布) に基づく棄却域 $C_T=\big(-\infty,-t_{\alpha/2}(n_1+n_2-2)\big)\cup\big(t_{\alpha/2}(n_1+n_2-2),\infty\big)$ をもつ検定は UMPU である．また，仮説 $H:\mu_1=\mu_2$, $K:\mu_1>\mu_2$ の水準 α の検定問題において，棄却域 $C_T=(t_\alpha,\infty)$ をもつ検定が UMPU になり，ここで $H:\mu_1\leq\mu_2$ と変えても同じことがいえる．さらに H を $H:\mu_1=\mu_2$ または $H:\mu_1\geq\mu_2$ とし，K を $K:\mu_1<\mu_2$ に変えた場合には，棄却域 $C_T=(-\infty,-t_\alpha)$ をもつ検定が UMPU になる．

A.9.5 母分散の検定 (補)

正規母集団分布 $N(\mu,\sigma^2)$ の母分散 σ^2 に関する水準 α の仮説検定問題において，$(\mathrm{i})_{\sigma^2}$ μ が既知の場合に，棄却域として

(1)　$H:\sigma^2=\sigma_0^2$，$K:\sigma^2>\sigma_0^2$ のとき，$C_{V_0}=\big(\chi_\alpha^2(n),\infty\big)$,

(1′)　$H:\sigma^2=\sigma_0^2$，$K_1:\sigma^2<\sigma_0^2$ のとき，$C_{V_0}^{(1)}=\big(0,\chi_{1-\alpha}^2(n)\big)$,

(3)　$H:\sigma^2=\sigma_0^2$，$K_2:\sigma^2\neq\sigma_0^2$ のとき，$C_{V_0}^{(2)}=\big(0,\chi_{1-(\alpha/2)}^2(n)\big)\cup\big(\chi_{\alpha/2}^2(n),\infty\big)$

をとった．このような棄却域をもつ検定の妥当性については，(1)，(1′) については，C_{V_0}，$C_{V_0}^{(1)}$ をもつそれぞれの検定は UMP 検定になる．しかし，(3) の $C_{V_0}^{(2)}$ をもつ検定は不偏検定にならない．そこで，仮説 $H:\sigma^2=\sigma_0^2$ の下で統計量 $V_0=\sum_{i=1}^n(X_i-\mu)^2/\sigma_0^2$ は χ_n^2 分布に従うから，V_0 の p.d.f. を $f_{V_0}^{(n)}$ として

$$P_{V_0}^{\sigma_0^2}\{a<V_0<b\}=\frac{1}{n}\int_a^b yf_{V_0}^{(n)}(y)dy=1-\alpha$$

となる定数 a，b $(a<b)$ をとれば，V_0 に基づく棄却域 $C_{V_0}^*=(0,a)\cup(b,\infty)$ をもつ検定が UMPU になる．ここで，$yf_{V_0}^{(n)}(y)=yf_{V_0}^{(n+2)}(y)$ であり，また上式を部分積分すると $a^{n/2}e^{-a/2}=b^{n/2}e^{-b/2}$ になる．

また，$(\mathrm{ii})_{\sigma^2}$ μ が未知の場合に，棄却域として

(1)　$H:\sigma^2=\sigma_0^2$，$K:\sigma^2>\sigma_0^2$ のとき，$C_V=\left(\chi^2_\alpha(n-1),\infty\right)$,

(1′)　$H:\sigma^2=\sigma_0^2$，$K_1:\sigma^2<\sigma_0^2$ のとき，$C_V^{(1)}=\left(0,\chi^2_{1-\alpha}(n-1)\right)$,

(3)　$H:\sigma^2=\sigma_0^2$，$K_2:\sigma^2\neq\sigma_0^2$ のとき，

$$C_V^{(2)}=\left(0,\chi^2_{1-(\alpha/2)}(n-1)\right)\cup\left(\chi^2_{\alpha/2}(n-1),\infty\right)$$

をとった．(1)，および (1) で H を $\sigma^2\leq\sigma_0^2$ に変えたとき，C_V をもつ検定は水準 α の UMP 検定になり，また (1′)，および (1′) で $H:\sigma^2\geq\sigma_0^2$ に変えたとき，$C_V^{(1)}$ をもつ検定は水準 α の UMPU 検定になる．(3) の $C_V^{(2)}$ をもつ検定は不偏検定ではないが，$(\mathrm{i})_{\sigma^2}$ の場合の (3) と同様に不偏検定をつくることができる．実際，仮説 $H:\sigma^2=\sigma_0^2$ の下で統計量 $V=\sum_{i=1}^n\left(X_i-\bar{X}\right)^2/\sigma_0^2$ は χ^2_{n-1} 分布に従うから，f_V を V の p.d.f. として

$$P_V^{\sigma_0^2}\{a'<V<b'\}=\frac{1}{n-1}\int_{a'}^{b'}yf_Y(y)dy=1-\alpha \qquad \text{(A.9.5.1)}$$

となる定数 a', b' $(0<a'<b')$ をとれば，V に基づく棄却域

$$C_V^*=(0,a')\cup(b',\infty)$$

をもつ検定が UMPU になる．なお，$(\mathrm{i})_{\sigma^2}$，$(\mathrm{ii})_{\sigma^2}$ の (3) に対して棄却域 $C_{V_0}^{(2)}$，$C_V^{(2)}$ をもつ検定は n が大きいとき, UMPU 検定に近づく (例 6.2.2 参照)．また，$H:\sigma^2\leq\sigma_1^2$, $\sigma^2\geq\sigma_2^2$，$K:\sigma_1^2<\sigma^2<\sigma_2^2$ についても $P_V^{\sigma_i^2}\{a''<V<b''\}=\alpha$ $(i=1,2)$ となる定数 a''，b'' を求めれば，棄却域 (a'',b'') をもつ検定が UMPU になる．さらに，$H:\sigma_1^2\leq\sigma^2\leq\sigma_2^2$, $K:\sigma^2<\sigma_1^2$，$\sigma^2>\sigma_2^2$ についても棄却域 $(0,a'')\cup(b'',\infty)$ をもつ検定が UMPU になる．

例 9.5.1(続)　仮説 $H:\sigma^2=100$，対立仮説 $K_2:\sigma^2\neq100$ の水準 0.05 の検定問題を考える．このとき，V は χ^2_{15} 分布に従い，f_V をその分布の p.d.f. とすれば (A.9.5.1) より

$$\int_{a'}^{b'}f_V(y)dy=\frac{1}{15}\int_{a'}^{b'}yf_V(y)dy=0.95$$

となる a', b' は，数値計算によって，それぞれ 6.59，28.61 になり，V に基づく棄却域は $C_V^*=(0,6.59)\cup(28.61,\infty)$ となって，これをもつ検定は UMPU である．一方，例 9.5.1 から等しい裾確率をもつ検定の棄却域は $C_V^{(2)}=(0,6.26)\cup(27.49,\infty)$ になり，C_V^* とはやや異なっていることが分かる．

次に，注意 9.5.1 で述べた分布の正規性を判定する方法として，(市販されている) 正規確率紙の利用について考える．まず，r.v. X が正規分布 $N(\mu,\sigma^2)$ に従うとす

れば，$(X-\mu)/\sigma$ は $N(0,1)$ に従う．このとき，**正規確率紙**は $X=x$ について点 $(x, 100\Phi((x-\mu)/\sigma))$ の軌跡が**直線**になるように軸が目盛られている方眼紙である．実際には，次のような手続きでグラフを作成する[31]．

(i)　大きさ n の無作為標本 $X_1,\cdots,X_n$ の順序統計量

$$X_{(1)} \leq X_{(2)} \leq \cdots \leq X_{(n)}$$

をつくり，それらの実現値を $x_{(1)} \leq x_{(2)} \leq \cdots \leq x_{(n)}$ とする．

(ii)　正規確率紙に，点 $\bigl(x_{(i)}, 100i/(n+1)\bigr)$ $(i=1,\cdots,n)$ をプロットする．

このとき，プロットされた点が直線上にあれば，分布の正規性は正しいということになる．

例 2.1.1(続)$_4$　N 大学 S 学部の 1 年生の男子学生 20 名の体重のデータについて，各データの 1/3 乗の値を上記の手続き (i)，(ii) に従って正規確率紙にプロットした[32] (図 A.9.5.1 参照)．それによれば，1 つの異常値があるため，正規分布より裾の長い分布からのデータのように見えるが，その異常値を除けば，データはほぼ直線に近いところにあるように見える (図 2.2.2 参照)．

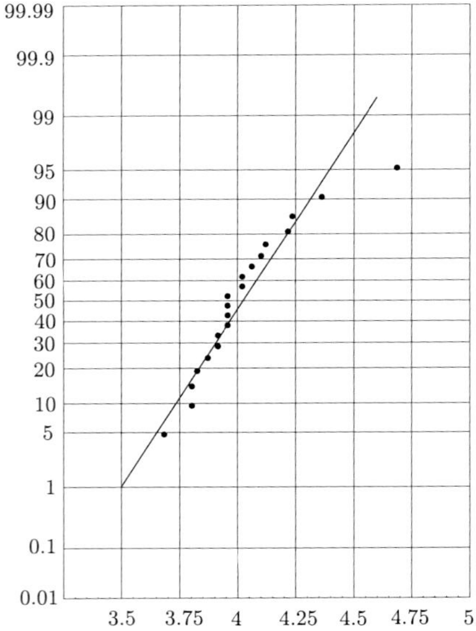

図 A.9.5.1　例 2.1.1 の N 大学 S 学部の 1 年生の男子学生 20 名の体重のデータ

---

31) 正規確率紙の利用については，柴田義貞 (1981).「正規分布」(東京大学出版会) の第 7.6 節に詳述されている．

32) 人の身長 L と体重 W について，W は L^3 に比例すると経験的に見なされ，また，身長の分布は正規分布に従うと見なされることによる．

A.9.6 尤度比検定 (補)

尤度比検定の応用として分散分析について考える．農事試験場において，ある品種の穀物の収量 X の平均が，施される p 種類の肥料によって変わるとし，各 $i=1, \cdots, p$ について，第 i 番目の肥料を用いたとき，収量について標本 $X_{i1}, \cdots, X_{in_i}$ が得られたとする．そこで，各 X_{ij} が次の **1 元配置モデル**で表されていると仮定する．

$$X_{ij} = \mu + \alpha_i + \varepsilon_{ij} \quad (i=1,\cdots,p; j=1,\cdots,n_i) \tag{A.9.6.1}$$

ただし，$\sum_{i=1}^p n_i\alpha_i = 0$ で，ε_{ij} $(i=1,\cdots,p; j=1,\cdots,n_i)$ はたがいに独立に，いずれも正規分布 $N(0,\sigma^2)$ に従うとする．上記における，肥料のような実験の条件を定めるいろいろな要因を**因子** (factor) といい，α_i を肥料の第 i 水準の効果といい，(A.9.6.1) は肥料が収量に影響を与え，それ以外のものは誤差 ε_{ij} と考えている．

いま，**ダミー変数** (dummy variable) として，各 i，j について

$$d_\ell(i,j) = \begin{cases} 1 & (\ell = i), \\ 0 & (\ell \neq i) \end{cases}$$

をとる $(\ell = 1,\cdots,p)$．このとき，モデル (A.9.6.1) は回帰モデル

$$X_{ij} = \mu + \sum_{\ell=1}^p \alpha_\ell d_\ell(i,j) + \varepsilon_{ij} \quad (i=1,\cdots,p; j=1,\cdots,n_i)$$

に帰着できる．さて，モデル (A.9.6.1) において，異なる因子の効果はないという仮説 H，すなわち

$$\textbf{仮説}\boldsymbol{H}: \boldsymbol{\alpha_i = 0\ (i=1,\cdots,p)},$$

$$\textbf{対立仮説}\boldsymbol{K}:\text{「}\boldsymbol{\alpha_1,\cdots,\alpha_p}\textbf{のすべては 0 でない}\text{」}$$

の水準 α の検定問題を考える．まず，モデル (A.9.6.1) において μ，α_1，$\cdots$，α_p，σ^2 の最尤推定量は，$n = \sum_{i=1}^p n_i$ とおくと，それぞれ

$$\hat{\mu}(\boldsymbol{X}) = \frac{1}{n}\sum_{i=1}^p\sum_{j=1}^{n_i} X_{ij} = \bar{X}_{\cdot\cdot},$$

$$\hat{\alpha}_i(\boldsymbol{X}) = \frac{1}{n_i}\sum_{j=1}^{n_i} X_{ij} - \bar{X}_{\cdot\cdot} = \bar{X}_{i\cdot} - \bar{X}_{\cdot\cdot} \quad (i=1,\cdots,p),$$

$$\hat{\sigma}^2(\boldsymbol{X}) = \frac{1}{n}\sum_{i=1}^p\sum_{j=1}^{n_i}(X_{ij} - \bar{X}_{i\cdot})^2$$

になる．ただし，$\boldsymbol{X} = (X_{11},\cdots,X_{1n_1},\cdots,X_{p1},\cdots,X_{pn_p})'$ とする．さらに，仮説 H: $\alpha_1 = \cdots = \alpha_p = 0$ の下で，各 $i=1$，$\cdots$，p について，$X_{i1}, \cdots, X_{in_i}$ はたがいに独立にいずれも $N(\mu,\sigma^2)$ に従うから，μ，σ^2 の最尤推定量は

$$\hat{\mu}_H(\boldsymbol{X}) = \bar{X}_{\cdot\cdot}, \quad \hat{\sigma}_H^2(\boldsymbol{X}) = \frac{1}{n}\sum_{i=1}^p\sum_{j=1}^{n_i}(X_{ij} - \bar{X}_{\cdot\cdot})^2$$

になる (例 7.1.2(続)$_2$ 参照)．よって，尤度比統計量は

$$\lambda(\boldsymbol{X}) = \left\{\hat{\sigma}_H^2(\boldsymbol{X})/\hat{\sigma}^2(\boldsymbol{X})\right\}^{-n/2}$$

$$= \left\{ \sum_{i=1}^{p} \sum_{j=1}^{n_i} (X_{ij} - \bar{X}_{..})^2 \Big/ \sum_{i=1}^{p} \sum_{j=1}^{n_i} (X_{ij} - \bar{X}_{i\cdot})^2 \right\}^{-n/2}$$

になる (第 9.6 節参照)．また，尤度比統計量 $\lambda(\boldsymbol{X})$ に基づく棄却域は $C_{\lambda(\boldsymbol{X})} = (0, a)$ の形になるが，$C_{\lambda(\boldsymbol{X})}$ は統計量

$$F = \frac{1}{(p-1)\sigma^2} \sum_{i=1}^{p} n_i (\bar{X}_{i\cdot} - \bar{X}_{..})^2 \Big/ \left\{ \frac{1}{(n-p)\sigma^2} \sum_{i=1}^{p} \sum_{j=1}^{n_i} (X_{ij} - \bar{X}_{i\cdot})^2 \right\} \quad \text{(A.9.6.2)}$$

に基づく棄却域 $C_F = (b, \infty)$ の形と同値になる．ただし，a，b はある正の定数とする．

一方，

$$\sum_{i=1}^{p} \sum_{j=1}^{n_i} (X_{ij} - \bar{X}_{..})^2 = \sum_{i=1}^{p} \sum_{j=1}^{n_i} (X_{ij} - \bar{X}_{i\cdot})^2 + \sum_{i=1}^{p} n_i (\bar{X}_{i\cdot} - \bar{X}_{..})^2 \quad \text{(A.9.6.3)}$$

より，仮説 H の下で，(A.9.6.2) の統計量 F の分子と分母はたがいに独立で，$(p-1)$, $(n-p)$ を除けば，それぞれ χ^2_{p-1} 分布，χ^2_{n-p} 分布に従うから，F は $F_{p-1,n-p}$ 分布に従う．よって，$F_{p-1,n-p}$ 分布の上側 100α %点を $F_\alpha(p-1, n-p)$ とすれば，水準 α の F に基づく棄却域は

$$C_F = (F_\alpha(p-1, n-p), \infty)$$

となる．

注意 A.9.6.1　等式 (A.9.6.3) において

$$V = \sum_{i=1}^{p} \sum_{j=1}^{n_i} (X_{ij} - \bar{X}_{..})^2,$$

$$V_w = \sum_{i=1}^{p} \sum_{j=1}^{n_i} (X_{ij} - \bar{X}_{i\cdot})^2, \quad V_b = \sum_{i=1}^{p} n_i (\bar{X}_{i\cdot} - \bar{X}_{..})^2$$

とおいて，それぞれ**全変動**，**級内変動**，**級間変動**という．また，統計量 $F = (n-p)V_b/\{(p-1)V_w\}$ の実現値を計算する際には，次のように変形したものが有用である．

$$V = \sum_{i=1}^{p} \sum_{j=1}^{n_i} X_{ij}^2 - n\bar{X}_{..}^2, \quad V_b = \sum_{i=1}^{p} n_i \bar{X}_{i\cdot}^2 - n\bar{X}_{..}^2$$

上記をまとめて，分散分析表 (表 A.9.6.1) をつくっておくと便利である．

表 A.9.6.1　分散分析表 (1 元配置)

変動	平方和	自由度	平均平方和	F
級間変動	$V_b = \sum_{i=1}^{p} n_i (\bar{X}_{i\cdot} - \bar{X}_{..})^2$	$p-1$	$\dfrac{V_b}{p-1}$	$\dfrac{(n-p)V_b}{(p-1)V_w}$ ($F_{p-1,n-p}$ 分布)
級内変動	$V_w = \sum_{i=1}^{p} \sum_{j=1}^{n_i} (X_{ij} - \bar{X}_{i\cdot})^2$	$n-p$	$\dfrac{V_w}{n-p}$	
全変動	$V = \sum_{i=1}^{p} \sum_{j=1}^{n_i} (X_{ij} - \bar{X}_{..})^2$	$n-1$		

各 X_{ij} が次の **2 元配置モデル**で表されていると仮定する．

$$X_{ij} = \mu + \alpha_i + \beta_j + \varepsilon_{ij} \quad (i = 1, \cdots, p; j = 1, \cdots, q) \tag{A.9.6.4}$$

ただし，$\sum_{i=1}^{p} \alpha_i = \sum_{j=1}^{q} \beta_i = 0$ で，ε_{ij} $(i = 1, \cdots, p; j = 1, \cdots, q)$ はたがいに独立に，いずれも正規分布 $N(0, \sigma^2)$ に従うとする．このとき，各 i, j について，α_i を第 i 番目の処理の効果，β_j を第 j 番目のブロックの効果，ε_{ij} を誤差という．

さて，モデル (A.9.6.4) において，異なる処理の効果の平均は等しいという仮説 H_0，すなわち

仮説 H_0: $\boldsymbol{\alpha_1 = \cdots = \alpha_p = 0}$,

対立仮説 K_0:「$\boldsymbol{\alpha_1, \cdots, \alpha_p}$**のすべては 0 でない**」

あるいは，異なるブロックの効果の平均は等しいという仮説 H_1，すなわち

仮説 H_1: $\boldsymbol{\beta_1 = \cdots = \beta_p = 0}$,

対立仮説 K_1:「$\boldsymbol{\beta_1, \cdots, \beta_p}$**のすべては 0 でない**」

という水準 α の検定問題を 1 元配置モデルの場合と同様に考えることができる．

演習問題 A

1. $x_1, \cdots, x_n$ を正数とするとき，$\bar{x}_A = \sum_{i=1}^{n} x_i/n$ (**算術平均**)，$\bar{x}_G = \prod_{i=1}^{n} x_i^{1/n}$ (**幾何平均**)，$\bar{x}_H = 1/\left\{(1/n)\sum_{i=1}^{n}(1/x_i)\right\}$ (**調和平均**) の間に不等式 $\bar{x}_H \leq \bar{x}_G \leq \bar{x}_A$ が成り立つことを示せ．ただし，$\prod_{i=1}^{n} x_i = x_1 \cdots x_n$ とする．

2. 確率変数 X が対数正規分布 $L_N(\mu, \sigma)$ に従うとき，$r > 0$ について $E(X^r)$ の値を求めよ．

3. t_ν 分布の p.d.f. は，$\nu \to \infty$ のとき $N(0, 1)$ の p.d.f. に収束することを示せ．

4. r.v. X が次の分布に従うとき，X の m.g.f. g_X が次のようになることを示し，$\mu_i' = E(X^i)$ $(i = 1, 2)$ の値を求めよ．

(1) 負の 2 項分布 NB(r, p) のとき，$g_X(\theta) = p^r(1 - qe^\theta)^{-r}$ $(qe^\theta < 1)$.

(2) 一様分布 $U(a, b)$ のとき，$g_X(\theta) = (e^{b\theta} - e^{a\theta})/\{\theta(b - a)\}$ $(\theta \neq 0)$.

(3) χ_n^2 分布のとき，$g_X(\theta) = (1 - 2\theta)^{-n/2}$ $(\theta < 1/2)$.

(4) ガンマ分布 $G(\alpha, \beta)$ のとき，$g_X(\theta) = (1 - \beta\theta)^{-\alpha}$ $(\theta < 1/\beta)$.

(5) 両側指数分布 T-Exp$(0, \lambda)$ のとき，$g_X(\theta) = (1 - \lambda^2\theta^2)^{-1}$ $(|\theta| < 1/\lambda)$.

5. r.v. X がコーシー分布 (t_1 分布) に従うとき，X の特性関数は $\varphi_X(t) = e^{-|t|}$ であることを示せ．

6. 確率変数 $X_1, \cdots, X_n$ がたがいに独立に，各 X_i が次の分布に従うとき，$Y = \sum_{i=1}^{n} X_i$ の分布が次のようになることを示せ．

(1)　$X_i \sim \mathrm{NB}(r_i, p)$ $(i = 1, \cdots, n)$ のとき，$Y \sim \mathrm{NB}\left(\sum_{i=1}^{n} r_i, p\right)$

(2)　$X_i \sim G(\alpha_i, \beta)$ $(i = 1, \cdots, n)$ のとき，$Y \sim G\left(\sum_{i=1}^{n} \alpha_i, \beta\right)$

(上のことから，それぞれ共通の母数 p, β をもつ負の 2 項分布，ガンマ分布は再生性をもつ．特に，χ_n^2 分布 $(= G(n/2, 2))$ は再生性をもつ．また，$X_i \sim \mathrm{Exp}(\lambda) = G(1, \lambda)$ $(i = 1, \cdots, n)$ より $Y \sim G(n, \lambda)$．)

7.　確率変数 X_1, X_2 がたがいに独立に，いずれも $N(0, 1)$ に従うとする．このとき $Y = X_1/X_2$ はコーシー分布 (すなわち t_1 分布) に従うことを示せ．また，Y の絶対積率 $E\left(|Y|^i\right)$ $(i = 1, 2, \cdots)$ はいずれも存在しないことを示せ．

8.　確率変数 X_1, X_2 がたがいに独立に，いずれも指数分布 $\mathrm{Exp}(1)$ に従うとする．このとき $Y = X_1/(X_1 + X_2)$ は一様分布 $U(0, 1)$ に従うことを示せ．

9.　確率変数 X_1, X_2 がたがいに独立に，それぞれガンマ分布 $G(\alpha, 2)$，$G(\beta, 2)$ に従うとする．このとき，$Y = X_1/(X_1 + X_2)$ がベータ分布 $\mathrm{Be}(\alpha, \beta)$ に従うことを示せ．

10.　r.v. X が F_{ν_1, ν_2} 分布に従うとき，$(\nu_1/\nu_2)X/(1 + (\nu_1/\nu_2)X)$ が $\mathrm{Be}(\nu_1/2, \nu_2/2)$ に従うことを示せ．

11.　r.v. $X \sim G(\alpha + 1, 1)$ とし，α は自然数とする．また，r.v. $Y \sim \mathrm{Po}(\lambda)$ とする．このとき，$P_X\{X \geq \lambda\} = P_Y\{Y \leq \alpha\}$ であることを示せ．

12.　r.v. $X \sim B(n, p)$ とし，$q = 1 - p$ とする．また，r.v. $Y \sim \mathrm{Be}(n - r, r + 1)$ とする．このとき，X，Y の c.d.f. を F_X，F_Y とすれば，$F_X(r) = F_Y(q)$ が成り立つことを示せ．

13.　$X_1, \cdots, X_n$ を指数分布 $\mathrm{Exp}(\theta)$ からの無作為標本とし，$S(\boldsymbol{X}) = X_n/(X_1 + \cdots + X_n)$ とする．

(1)　$S(\boldsymbol{X})$ が補助統計量であることを示せ．

(2)　$E_\theta\left[S(\boldsymbol{X})\right]$ の値を求めよ．

14.　推定量の偏りを削減する方法として，ジャックナイフ (jackknife) 法がある (Quenouille (1956, *Biometrika*))．まず，$X_1, \cdots, X_n$ を母数 θ をもつ母集団分布からの無作為標本とし，$\hat{\theta}_n = \hat{\theta}_n(X_1, \cdots, X_n)$ を θ の推定量とする．そして，各 $i = 1, \cdots, n$ について，$X_1, \cdots, X_n$ から X_i を除いたものに基づく推定量 $\hat{\theta}_{n-1}^{(i)} = \hat{\theta}_{n-1}^{(i)}(X_1, \cdots, X_{i-1}, X_{i+1}, \cdots, X_n)$ をとるとき，$\hat{\theta}_{n-1}^{(1)}, \cdots, \hat{\theta}_{n-1}^{(n)}$ に基づいて θ の**ジャックナイフ推定量**を

$$\hat{\theta}_{\mathrm{JK}} = n\hat{\theta}_n - \frac{n-1}{n}\sum_{i=1}^{n} \hat{\theta}_{n-1}^{(i)}$$

によって定義する．いま，$X_1, \cdots, X_n$ をベルヌーイ分布 $\mathrm{Ber}(\theta)$ からの無作為標本とし，θ^2 の推定問題を考える．

(1)　θ^2 の最尤推定量 (MLE) を求め，その偏りも求めよ．

(2)　θ^2 の MLE に基づいてジャックナイフ推定量を求めよ．

(3)　(2) のジャックナイフ推定量が不偏であることを示せ．

(注：ジャックナイフの命名は統計の手っ取り早い道具の意味に由来する．)

15.　$X_1, \cdots, X_n$ を c.d.f. F をもつ分布からの無作為標本とするとき，$\hat{F}_n$ を経験分布関数 (e.d.f.) とする．

(1)　各 $x \in \boldsymbol{R}^1$ について，$\hat{F}_n(x)$ は $F(x)$ の不偏推定量であることを示し，$\hat{F}_n(x)$ の分散を求めよ．

(2)　各 $x \in \boldsymbol{R}^1$ について，
$\mathcal{L}\left(\sqrt{n}\left(\hat{F}_n(x) - F(x)\right)\right) \longrightarrow N(0, F(x)(1 - F(x)))\ (n \to \infty)$ を示せ．

16.　$X_1, \cdots, X_n$ を c.d.f. F をもつ分布からの無作為標本とする．また，$\boldsymbol{X} = (X_1, \cdots, X_n)$ とし，$\boldsymbol{X}$ の実現値を $\boldsymbol{x} = (x_1, \cdots, x_n)$ とする．このとき，$\boldsymbol{X}$ と F に依存する確率変数 $R(\boldsymbol{X}, F)$ の分布を $\boldsymbol{x}$ から**ブートストラップ** (bootstrap) **法**によって推定しよう (Efron (1979, *Ann. Statist.*))．その手順は次の通りである．(i) e.d.f. $\hat{F}_n$ を求める．(ii) $\hat{F}_n$ から大きさ n の無作為標本 $X_1^*, \cdots, X_n^*$ をとり，$\boldsymbol{X}^* = (X_1^*, \cdots, X_n^*)$ としその実現値を $\boldsymbol{x}^* = (x_1^*, \cdots, x_n^*)$ とする．(ここで，X^* の値は $\{x_1, \cdots, x_n\}$ からの復元抽出，ジャックナイフ法は大きさ $n-1$ の標本の非復元抽出になる (問 14 参照)．) (iii) $R(\boldsymbol{X}, F)$ の分布を $R^* = R\left(\boldsymbol{X}^*, \hat{F}_n\right)$ の分布で推定する．そこで，F をベルヌーイ分布 $\mathrm{Ber}(\theta(F))$，R を $R(\boldsymbol{X}, F) = \bar{X} - \theta(F)$, $\bar{X} = \sum_{i=1}^n X_i/n$ とするとき，ブートストラップ法によって $R^* = R\left(\boldsymbol{X}^*, \hat{F}_n\right)$ の分布の平均, 分散を求めよ．
(注：ブートストラップの命名は靴ひもを引いて自分を持ち上げること，すなわち自力で行うという意味に由来する．)

17.　$X_1, \cdots, X_n$ をベルヌーイ分布 $\mathrm{Ber}(\theta)$ からの無作為標本とする．このとき，この分布の分散 $g(\theta) = \theta(1-\theta)$ の UMVU 推定量を求めよ．

18.　$X_1, \cdots, X_n$ をポアソン分布 $\mathrm{Po}(\lambda)$ からの無作為標本とする．ただし，$n \geq 2$ とする．このとき，$g(\lambda) = P\{X_1 = 0\} = e^{-\lambda}$ の UMVU 推定量を求めよ．

19.　$X_1, \cdots, X_n$ を一様分布 $U(0, \theta)$ からの無作為標本とするとき，次のことを示せ．

(1)　$Y_n = \max_{1 \leq i \leq n} X_i$ は θ に対する完備十分統計量である．

(2)　$\hat{\theta}^* = (n+1)Y_n/n$ は θ の UMVU 推定量である．

20.　$X_1, \cdots, X_n$ を次のそれぞれの p.d.f. または p.m.f. をもつ分布 $p(x, \theta)$ からの無作為標本とするとき，母数 θ に対する完備十分統計量を求め，$g(\theta)$ の UMVU 推定量も求めよ．ただし $n \geq 2$ とする．

(1) $p(x,\theta) = \sqrt{\lambda/(2\pi x^3)} \exp\{-\lambda(x-\mu)^2/(2\mu^2 x)\}$ $(x > 0; \mu > 0, \lambda > 0)$ (**逆ガウス** (inverse Gaussian) **分布**), $\theta = (\mu, \lambda)$ とし, $g(\theta) = 1/\mu$ で λ は未知とする.

(2) $p(x,\theta) = (px^{p-1}/\theta^p) \exp\{-(x/\theta)^p\}$ $(x > 0; \theta > 0, p > 0)$ (ワイブル分布 $W(p,\theta)$) で, p は既知とし, $g(\theta) = \theta$ とする.

(3) $p(x,\theta) = (x/\theta) \exp\{-x^2/(2\theta)\}$ $(x > 0; \theta > 0)$ (**レイリー** (Rayleigh) **分布**) で, $g(\theta) = \theta^\nu$ $(\nu > -n)$ とする.

(4) $p(x,\theta) = \theta\lambda^\theta / x^{\theta+1}$ $(x > \lambda; \theta > 0; \lambda > 0)$ (**パレート** (Pareto) **分布**) で, λ は既知とし, $g(\theta) = \theta$ とする.

21. $X_1, \cdots, X_p$ がたがいに独立に, 各 $i = 1, \cdots, p$ について $X_i \sim N(\theta_i, 1)$ とする. ただし, $p \geq 3$ とする. また, $\boldsymbol{\theta} = (\theta_1, \cdots, \theta_p)$ の推定量を $\hat{\theta}(\boldsymbol{X}) = \big(\hat{\theta}_1(\boldsymbol{X}), \cdots, \hat{\theta}_p(\boldsymbol{X})\big)$ とし, そのリスク (risk) を $R(\theta, \hat{\theta}) = E_\theta \left[\sum_{i=1}^p \left\{ \theta_i - \hat{\theta}_i(\boldsymbol{X}) \right\}^2 \right]$ とする. ただし, $\boldsymbol{X} = (X_1, \cdots, X_p)$ とする. このとき, $\boldsymbol{\theta}$ の推定量 $\boldsymbol{X} = (X_1, \cdots, X_p)$ に対して, **縮小推定量** (shrinkage estimator) $\hat{\theta}^*(\boldsymbol{X}) = \big(\hat{\theta}_1^*(\boldsymbol{X}), \cdots, \hat{\theta}_p^*(\boldsymbol{X})\big)$ をとる. ただし

$$\hat{\theta}_i^*(\boldsymbol{X}) = \left[1 - \left\{ (p-2) \Big/ \sum_{i=1}^p X_i^2 \right\} \right] X_i \quad (i = 1, \cdots, p)$$

とする. このとき $\boldsymbol{X}$ と $\hat{\theta}^*(\boldsymbol{X})$ のリスク (risk) を比較すると

$$R(\theta, \hat{\theta}^*) < p = R(\theta, \boldsymbol{X})$$

となることを示せ. (ヒント: **スタイン** (Stein) **の補題**「$X \sim N(\theta, \sigma^2)$ で g を連続微分可能な関数で $E\left[|g'(X)|\right] < \infty$ とすれば $E_\theta\left[g(X)(X-\theta)\right] = \sigma^2 E_\theta\left[g'(X)\right]$ である」を用いよ.) (この結果から, $\boldsymbol{X}$ を縮小した推定量 $\hat{\theta}^*$ が $\boldsymbol{X}$ より良い推定量になり, これは意外な現象と考えられ, この現象を発見したスタインに因んで**スタイン現象**とも呼ばれている. この現象に関しては, 非常に多くの研究が行われている.)

22. 決定関数 δ $(\in \mathcal{D})$ のリスクを $R(\theta, \delta)$ $(\theta \in \Theta)$ とするとき, $\sup_{\theta \in \Theta} R(\theta, \delta_0) = \inf_{\delta \in \mathcal{D}} \sup_{\theta \in \Theta} R(\theta, \delta)$ となる δ_0 $(\in \mathcal{D})$ を**ミニマックス** (minimax) **決定関数**という. いま, r.v. $X \sim B(n, p)$ とし, 損失関数を $L(p, a) = \{1 - (a/p)\}^2$ $(0 < p < 1,\ 0 \leq a \leq 1)$ として, p の推定問題を考える. このとき $\delta^*(x) = 0$ $(x = 0, 1, \cdots, n)$ とすれば, δ^* は p の唯一つのミニマックス推定量であることを示せ.

23. 確率ベクトル $\boldsymbol{X}$ について, $\boldsymbol{X} = \boldsymbol{x}$ を与えたときの母数 θ $(\in \Theta)$ の事後密度を $\pi(\theta|\boldsymbol{x})$ とすると, $A \subset \Theta$ に対して A の事後確率は $P(\theta \in A|\boldsymbol{x}) = \int_A \pi(\theta|\boldsymbol{x}) d\theta$ になり, A を θ に対するベイズ信頼域という. ここで, $\pi(\theta|\boldsymbol{x})$ が p.m.f. であれば上の積分は和に置き換える. 次に, 任意の α $(0 < \alpha < 1)$ について

$$1-\alpha = \int_{\{\theta|\pi(\theta|\boldsymbol{x})\geq c\}} \pi(\theta|\boldsymbol{x})d\theta$$

となる集合 $\{\theta \mid \pi(\theta|\boldsymbol{x}) \geq c\}$ を信頼係数 $1-\alpha$ の**最大事後密度** (highest posterior density 略して **HPD**) **信頼域**という．そこで，$X_1, \cdots, X_n$ を $N(\theta, \sigma^2)$ からの無作為標本とし，θ の事前分布を $N(\mu, \tau^2)$ とする．ただし，μ，σ^2，τ^2 は既知とする．このとき，信頼係数 $1-\alpha$ の θ の HPD 信頼域を求めよ．(注) $\Theta \subset \boldsymbol{R}^1$ として，HPD 信頼域が区間になるとき HPD 信頼区間という．また $\pi(\cdot|\boldsymbol{x})$ に単峰性などの条件があれば HPD 区間は信頼係数 $1-\alpha$ のベイズ信頼区間の中で最短なものになる (演習問題 8-2 参照).

24. (1)　δ_π をある事前 p.d.f. または p.m.f. π に関するベイズ決定関数とし，任意の $\theta \in \Theta$ について $R(\theta, \delta_\pi) \leq B(\pi, \delta_\pi)$ であるとき，δ_π はミニマックスになることを示せ.

(2)　δ が $R(\theta, \delta) \equiv c$(定数) をみたし，$\pi$ に関するベイズならば, δ はミニマックスになることを示せ.

(3)　例 A.7.3.1 において $\alpha = \beta = \sqrt{n}/2$ とするとき，$\hat{p}_B^* = (2T+\sqrt{n})/\{2(n+\sqrt{n})\}$ がミニマックスになることを示せ.

問・演習問題 略解

第 1 章

問 1.1　(1.1) において $X \fallingdotseq 20$(万年) として，今後人類が生存する期間は 50 %の確率で 6667 年〜60 万年になる．また，例 1.1 よりその期間は 95 %の確率で 5100 年〜780 万年になる (演習問題 8-7 参照).

問 1.2　2000 年 9 月 1 日現在では，関東地方に関東大震災級の地震が起きない状況が存続する期間は，50 %の確率で 25 年 8ヶ月〜231 年，95 %の確率で 2 年〜3003 年になる (演習問題 8-7 参照).

第 2 章

問 2.2.1

表 (1) 統計学の著書の価格の度数分布表

級	級中央値 b_i	度数 f_i
3.5 〜 5.5	4.5	5
5.5 〜 7.5	6.5	3
7.5 〜 9.5	8.5	5
9.5 〜 11.5	10.5	4
11.5 〜 13.5	12.5	1
13.5 〜 15.5	14.5	1
15.5 〜 17.5	16.5	0
17.5 〜 19.5	18.5	0
19.5 〜 21.5	20.5	0
21.5 〜 23.5	22.5	0
23.5 〜 25.5	24.5	1

表 (2) 統計学の著書の価格の度数分布表

級	級中央値 b_i	度数 f_i
3.5 〜 7.5	5.5	8
7.5 〜 11.5	9.5	9
11.5 〜 15.5	13.5	2
15.5 〜 19.5	17.5	0
19.5 〜 23.5	21.5	0
23.5 〜 27.5	25.5	1

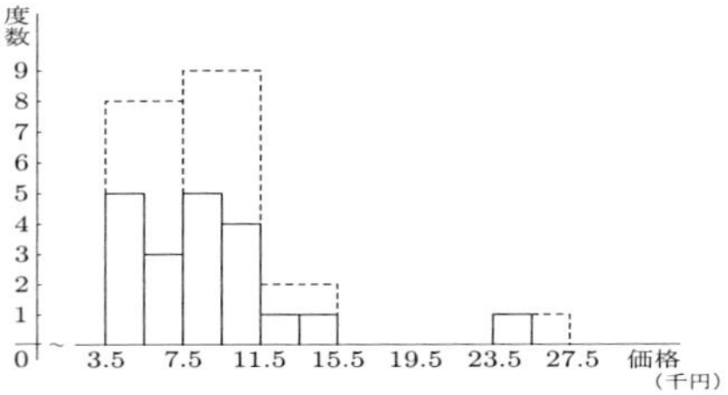

統計学の著書の価格のヒストグラム (実線が表 (1)，点線が表 (2) に対応)

問 2.2.2，2.3.1　解答略.

演習問題 2

1. (1) 生データによる場合 (単位: 千円)

異常値 25 (千円)	平均値	中央値	最頻値
含める場合	8.85	8.5	4, 9, 10
含めない場合	8	8	4, 9, 10

度数分布 (2.2.4) による場合 (単位: 千円)

異常値 25 (千円)	平均値	中央値	最頻値
含める場合	8.9	8.3	4.5, 8.5
含めない場合	8.08	8.1	4.5, 8.5

(2) 生データによる場合

異常値 25 (千円)	範囲	四分位範囲	半四分位範囲	分散	標準偏差	平均偏差
含める場合	21	5	2.5	21.73	4.66	3.15
含めない場合	10	5	2.5	8.42	2.90	2.42

度数分布 (2.2.4) による場合

異常値 25 (千円)	範囲	四分位範囲	半四分位範囲	分散	標準偏差	平均偏差
含める場合	20	5	2.5	20.64	4.54	3.12
含めない場合	10	—	—	8.24	2.87	2.38

2. (1) 平均値 : 2.14 (人), 中央値 : 2 (人), 最頻値 : 2 (人)

(2) 範囲 : 3 (人), 四分位範囲 : 0 (人), 半四分位範囲 : 0 (人), 分散 : 0.41 (人^2), 標準偏差 : 0.64 (人), 平均偏差 : 0.42 (人)

3. (1) 平均値 : 3.62, 中央値 : 4, 最頻値 : 5

(2) 範囲 : 5, 四分位範囲 : 3, 半四分位範囲 : 1.5, 分散 : 3.1, 標準偏差 : 1.75, 平均偏差 : 1.56

4. (1) 度数分布表

得点	0	1	2	3	4	5
度数	7	3	8	1	0	1

棒グラフ

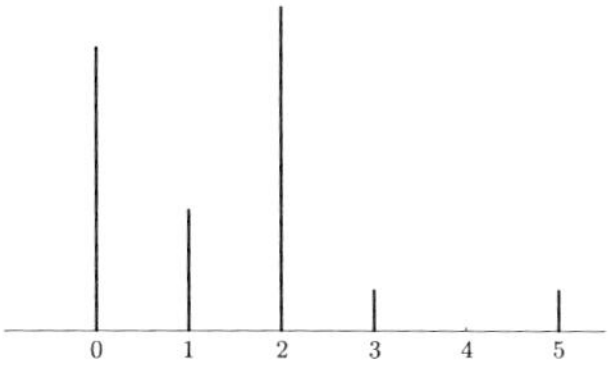

(2) (i) 全データに基づく場合. 平均 : 27/20=1.35, 中央値 : 3/2=1.5, 最頻値 : 2, 範囲 : 5, 四分位範囲 : 2, 半四分位範囲 : 1, 分散 : 1.63, 標準偏差 : 1.28, 平均偏差 : 1.05

(ii) 最高得点 5 を除いた場合. 平均 : 22/19≒1.16, 中央値 : 1, 最頻値 : 2, 範囲 : 3, 四分位範囲 : 2, 半四分位範囲 : 1, 分散 : 0.98, 標準偏差 : 0.99, 平均偏差 : 0.90

5. (1)　平均値 : 172.26(cm)，中央値 : 173(cm)，最頻値 : 175(cm)，範囲 : 21(cm)，四分位範囲 : 10(cm)，半四分位範囲 : 5(cm)，分散 : 30.41(cm^2)，標準偏差 : 5.51(cm)，平均偏差 : 4.62(cm)

(2)　度数分布表

級	級中央値 b_i	度数 f_i
160.5～165.5	163.0	4
165.5～170.5	168.0	5
170.5～175.5	173.0	11
175.5～180.5	178.0	4
180.5～185.5	183.0	3

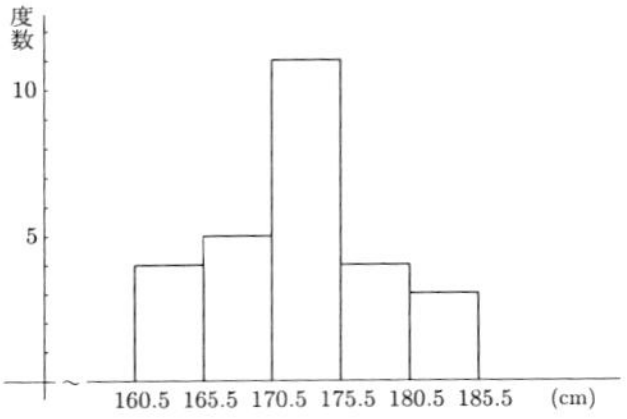

ヒストグラム

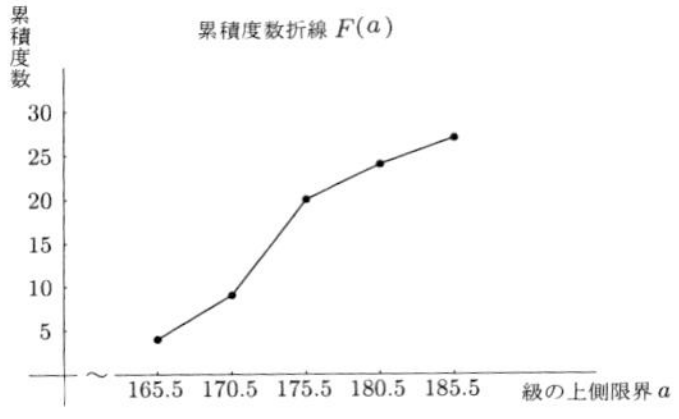

累積度数折線 $F(a)$

(3)　平均値 : 172.44 (cm)，中央値 : 172.55 (cm)，最頻値 : 173.0 (cm)，分散 : 33.95 (cm^2)，標準偏差 : 5.83 (cm)，平均偏差 : 4.44 (cm)

6. (1)　$\bar{y}_n = (1/n)\sum_{i=1}^{n}(ax_i + b) = a\bar{x}_n + b$.

(2)　$S_{y,n}^2 = (1/n)\sum_{i=1}^{n}\{a(x_i - \bar{x}_n)\}^2 = a^2 S_{x,n}^2$.

第 3 章

問 3.2.1　(1) $P(A_1^c|A_2) = P(A_1^c \cap A_2)/P(A_2) = \{P(A_2) - P(A_1 \cap A_2)\}/P(A_2)$
$= 1 - P(A_1|A_2)$.

(2) $P(A_1 \cup A_2|A_3) = P((A_1 \cup A_2) \cap A_3)/P(A_3)$

$$= \{P(A_1 \cap A_3) + P(A_2 \cap A_3) - P(A_1 \cap A_2 \cap A_3)\}/P(A_3)$$

$$= P(A_1|A_3) + P(A_2|A_3) - P(A_1 \cap A_2|A_3).$$

問 3.2.2　$B = \{110, 101, 011\}$, $C = \{110, 101, 011, 100, 010, 001\}$ となるから，$P(B|C) = P(B \cap C)/P(C) = P(B)/P(C) = 1/2$ になる．

問 3.4.1

$P\{A_1|(合)_2\} = 0.9 \times 0.2/(0.9 \times 0.2 + 0.8 \times 0.3 + 0.6 \times 0.4 + 0.5 \times 0.1) \fallingdotseq 0.25$.

$P\{A_1|(不)_2\} = 0.1 \times 0.2/(0.1 \times 0.2 + 0.2 \times 0.3 + 0.4 \times 0.4 + 0.5 \times 0.1) \fallingdotseq 0.07$.

演習問題 3

1. (1) 確率 P の定義の (P3) において，$A_1 = \Omega$，$A_n = \phi$ $(n = 2, 3, \cdots)$ とすれば，$\bigcup_{n=1}^{\infty} A_n = \Omega$ になり，$P(\Omega) = P(\Omega) + P(\phi) + P(\phi) + \cdots$ になる．また，(P1)，(P2) より $P(\phi) = 0$.
(2) $A_i = \phi$ $(i = n+1, n+2, \cdots)$ とすれば，$\bigcup_{i=1}^{\infty} A_i = \bigcup_{i=1}^{n} A_i$ となり，(P3) より $P\left(\bigcup_{i=1}^{n} A_i\right) = \sum_{i=1}^{n} P(A_i) + P(\phi) + P(\phi) + \cdots$ となるから，$P(\bigcup_{i=1}^{n} A_i) = \sum_{i=1}^{n} P(A_i)$.
(3) $\Omega = A \cup A^c$, $A \cap A^c = \phi$ より $P(\Omega) = P(A) + P(A^c)$ より $P(A^c) = 1 - P(A)$.
(4) $A_2 = A_1 \cup (A_2 \cap A_1^c)$，$A_1 \cap (A_2 \cap A_1^c) = \phi$ より $P(A_2) = P(A_1) + P(A_2 \cap A_1^c) \geq P(A_1)$.
(5) $A \subset \Omega$ より，(4) を用いれば $P(A) \leq P(\Omega) = 1$. また，$P(A \cup B) = P(A \cap B^c) + P(B \cap A^c) + P(A \cap B)$，$P(A) = P(A \cap B^c) + P(A \cap B)$，$P(B) = P(B \cap A^c) + P(A \cap B)$ より
$$\begin{aligned} P(A \cup B) &= \{P(A) - P(A \cap B)\} + \{P(B) - P(A \cap B)\} + P(A \cap B) \\ &= P(A) + P(B) - P(A \cap B) \end{aligned}$$
になる．

2. $\{A_n\}$ を $\mathcal{A}$ における増加列とする．$A_0 = \phi$ とすれば，各 $n = 1, 2, \cdots$ について $A_n \subset A_{n+1}$ より $A_n = \bigcup_{i=1}^{n}(A_i - A_{i-1})$ になる．よって，(P3) より
$$\begin{aligned} P\left(\lim_{n\to\infty} A_n\right) &= P\left(\bigcup_{n=1}^{\infty} A_n\right) = P\left(\bigcup_{i=1}^{\infty} (A_i - A_{i-1})\right) \\ &= \sum_{i=1}^{\infty} P(A_i - A_{i-1}) = \lim_{n\to\infty} \sum_{i=1}^{n} P(A_i - A_{i-1}) \\ &= \lim_{n\to\infty} P\left(\bigcup_{i=1}^{n} (A_i - A_{i-1})\right) = \lim_{n\to\infty} P(A_n) \end{aligned}$$
になる．$\{A_n\}$ を $\mathcal{A}$ における減少列とすれば，ド・モルガンの公式より $(\bigcap_{i=1}^{\infty} A_i)^c = \bigcup_{i=1}^{\infty} A_i^c$ となり，$\{A_i^c\}$ は増加列となるから上の場合に帰着できる．

3. $\Omega = \{0, 1, 2\}$ とし，$\mathcal{A}$ を Ω の部分集合全体とし，$P(\{0\}) = 1/2$, $P(\{1\}) = P(\{2\}) = 1/4$ となる確率 P を考える．
(1) $A = \{0\}$, $B = \{0, 1\}$ とすれば，$P(A|B^c) = 0$, $P(A|B) = 2/3$ となり，等式は不成立．
(2) $A = \{0\}$，$B = \{1\}$，$C = \{0, 2\}$ とすれば，$P(C|A \cup B) = 2/3$，$P(C|A) = 1$，$P(C|B) = 0$ となり，等式は不成立．

4. A_1 を 1 回目に赤色のボールが出るという事象，A_2 を 2 回目に白色のボールが出るという事象，A_3 を 3 回目に青色のボールが出るという事象とする．このとき，$P(A_1) = 5/12$，$P(A_2|A_1) = 4/11$ より $P(A_1 \cap A_2) = P(A_1)P(A_2|A_1) =$

$(5/12)\cdot(4/11)$ になる．また，$P(A_3|A_1\cap A_2)=3/10$ より $P(A_1\cap A_2\cap A_3)=P(A_1\cap A_2)P(A_3|A_1\cap A_2)=(5/12)\cdot(4/11)\cdot(3/10)=1/22$ になる．

5. (1) $P(A\cap B^c)=P(A\cap(A\cap B)^c)=P(A)-P(A\cap B)=P(A)-P(A)P(B)=P(A)\{1-P(B)\}=P(A)P(B^c)$.

(2) $P(A^c\cap B^c)=1-P(A\cup B)=1-\{P(A)+P(B)-P(A\cap B)\}=\{1-P(A)\}\{1-P(B)\}=P(A^c)P(B^c)$.

6. $P(A_1)=P(A_2)=P(A_3)=1/2$ より $P(A_i\cap A_j)=P(A_i)P(A_j)=1/4$ $(i\neq j)$ になる．しかし，$P(A_1\cap A_2\cap A_3)=P(\{\omega_1\})=1/4$，$P(A_1)P(A_2)P(A_3)=1/8$ より $P(A_1\cap A_2\cap A_3)\neq P(A_1)P(A_2)P(A_3)$ になる．

7. A を解答形式がレポートであるという事象とし，B を正しい解答をするという事象とする．このとき，$P(A)=p$，$P(A^c)=1-p$，$P(B|A)=1$，$P(B|A^c)=1/6$ となるから，ベイズの定理より

$P(A|B)=P(B|A)P(A)/\left\{P(B|A)P(A)+P(B|A^c)P(A^c)\right\}=6p/(5p+1)$

となる．また，$p=0.8$，0.6，0.3 のとき，$P(A|B)$ の値はそれぞれ 0.96，0.9，0.72 になる．

8. (1) 7 人のうち，どの 2 人も出身の都道府県が異なる確率は $(46/47)\cdot(45/47)\cdots(41/47)\fallingdotseq 0.63$ になるから，7 人のうち少なくとも 2 人が同じ都道府県出身である確率はほぼ $1-0.63=0.37$ になる．

(2) 各人について北海道，青森県，$\cdots$，沖縄県出身の確率をそれぞれ $p_1,p_2,\cdots,p_{47}$ とする．7 人とも異なる確率は

$$f(p_1,\cdots,p_{47})=\sum_{i_1,\cdots,i_7\in\{1,\cdots,47\}:\text{相異なる}} p_{i_1}\cdots p_{i_7}$$

になる．上式を (i) $p_1+\cdots+p_{47}=1$，(ii) $p_1\geq 0,p_2\geq 0,\cdots,p_{47}\geq 0$ の下で最大にしたい．(i) を前提条件として (ii) は (ii$'$) $0\leq p_1\leq 1,\cdots,0\leq p_{47}\leq 1$ と同値であり，(ii$'$) は有界閉集合，(i) は閉集合を定め，f はそこで連続なので最大値は存在する．$L=\sum p_{i_1}\cdots p_{i_7}+\lambda(\sum_{j=1}^{47}p_j-1)$ とすると

$$\frac{\partial L}{\partial p_k}=7\sum_{\substack{i_1,\cdots,i_6\neq k\\ \text{相異なる}}} p_{i_1}\cdots p_{i_6}+\lambda$$

となるので，最大値を与えるところでは，次のいずれかを満たさねばならない．

(a) $\displaystyle\sum_{\substack{i_1,\cdots,i_6\neq k\\ \text{相異なる}}} p_{i_1}\cdots p_{i_6}$ は $k=1,2,\cdots,47$ によらず一定．

(b) (ii) で定まる集合の境界点，すなわち $\prod p_j=0$.

(a) のときには $p_1=\cdots=p_{47}=1/47$. (b) のときは不適となり，結局，最大値を与えるのは (a) のときである．

第 4 章

問 4.1.1　$x<0$ について $\{\omega|X(\omega)\le x\}=\phi\in\mathcal{A}$, $0\le x<1$ について $\{\omega|X(\omega)\le x\}=\{\omega|X(\omega)=0\}=\{000\}\in\mathcal{A}$, $1\le x<2$ について $\{\omega|X(\omega)\le x\}=\{\omega|X(\omega)=0\}\cup\{\omega|X(\omega)=1\}=\{000,100,010,001\}\in\mathcal{A}$, $2\le x<3$ について $\{\omega|X(\omega)\le x\}=\{\omega|X(\omega)=0\}\cup\{\omega|X(\omega)=1\}\cup\{\omega|X(\omega)=2\}=\{000,100,010,001,110,101,011\}\in\mathcal{A}$, $x\ge 3$ について $\{\omega|X(\omega)\le x\}=\Omega\in\mathcal{A}$ になるから，X は r.v. である．

問 4.2.1　(離散型の場合)．r.v. X の p.m.f. を $f_X(x)$ $(x=x_1,\cdots,x_i,\cdots)$ とする．(i)

$$E\left[c_1g_1(X)+c_2g_2(X)+c_3\right]=\sum_{i=1}^{\infty}c_1g_1(x_i)f_X(x_i)+\sum_{i=1}^{\infty}c_2g_2(x_i)f_X(x_i)+c_3$$
$$=c_1E\left[g_1(X)\right]+c_2E\left[g_2(X)\right]+c_3.$$

(ii) 仮定より $E\left[g_1(X)\right]=\sum_{i=1}^{\infty}g_1(x_i)f_X(x_i)\ge 0$, (iii), (iv) は (ii) より明らか．また連続型の場合も同様.

演習問題 4

1. (1) $\varepsilon_n\downarrow 0$ $(n\to\infty)$ となる正数列 $\{\varepsilon_n\}$ について，
$\{X=c\}=\bigcap_{n=1}^{\infty}\{c-\varepsilon_n<X\le c\}$ となり，確率の連続性より
$P_X\{X=c\}=\lim_{n\to\infty}P_X\{c-\varepsilon_n<X\le c\}=F_X(c)-F_X(c-0)$ になる．
(2) X が連続型であれば，F_X は連続関数であるから $F_X(c)=F_X(c-0)$ になる．よって，(1) から $P_X\{X=c\}=0$ になる．

2. (1) $E(X)=\sum_{x=1}^{N}x/N=(N+1)/2$, $E(X^2)=\sum_{x=1}^{N}x^2/N=(N+1)(2N+1)/6$ より $V(X)=E(X^2)-\{E(X)\}^2=(N+1)(N-1)/12$, $D(X)=\sqrt{V(X)}=\sqrt{(N+1)(N-1)/12}$.
(2) $F_X(x)=0$ $(x<1)$; $F_X(x)=i/N$ $(i\le x<i+1)$ $(i=1,\cdots,N-1)$, $F_X(x)=1$ $(x\ge N)$.

3. $E(X)=\left(\int_{-\infty}^{0}+\int_{0}^{\infty}\right)xf_X(x)dx=\int_{-\infty}^{0}xF_X'(x)dx-\int_{0}^{\infty}x\left\{1-F_X(x)\right\}'dx$
$=\int_{0}^{\infty}\left\{1-F_X(x)\right\}dx-\int_{-\infty}^{0}F_X(x)dx.$

4. (1) X の p.m.f. は，問 2 の (1) から次のようになる．

x	-1	0	2	3
$f_X(x)$	1/12	1/2	1/12	1/3

たとえば，$f_X(0)=F_X(0)-F_X(0-0)=(7/12)-(1/12)=1/2$ になる．
(2) $E(X)=13/12\fallingdotseq 1.08$, $V(X)=323/144\fallingdotseq 2.24$, $D(X)=\sqrt{323}/12\fallingdotseq 1.50$.

5. (1) $F_X(x) = P_X\{X \leq x\} = \sum_{k=0}^{x} f_X(x) = \sum_{k=0}^{x} pq^k = 1 - q^{x+1}$ $(x = 0, 1, 2, \cdots)$ になる．このとき，任意の $i = 0, 1, 2, \cdots$ について $F_X(x) = F_X(i)$ $(i \leq x < i+1)$，$F_X(x) = 0$ $(x < 0)$ になる．(i) については $0 < q < 1$ であることから明らか．(ii) については, $x < 0$ では $F_X(x) = 0$ であるから $\lim_{x\to-\infty} F_X(x) = 0$ になり，$\lim_{x\to\infty} F_X(x) = \lim_{x\to\infty}(1-q^{x+1}) = 1$ になる．(iii) については, 任意の x に対して十分小さい正数 ε をとれば，$F_X(x+\varepsilon) = F_X(x)$ になることから F_X は右連続になる．

(2) $E(X) = \sum\limits_{x=0}^{\infty} xpq^x = pq \sum\limits_{x=0}^{\infty} xq^{x-1} = pq \left(\sum\limits_{x=0}^{\infty} q^x\right)' = pq/(1-q)^2 = q/p$,

$$E[X(X-1)] = \sum_{x=1}^{\infty} x(x-1)pq^x = pq^2 \sum_{x=1}^{\infty} x(x-1)q^{x-2}$$
$$= pq^2 \left(\sum_{x=1}^{\infty} q^x\right)'' = 2pq^2/(1-q)^3 = 2q^2/p^2$$

となるから，$V(X) = E[X\ (X-1)] + E(X) - \{E(X)\}^2 = q/p^2$，$D(X) = \sqrt{q}/p$ になる．

6. (1) $F_T(t) = 1 - e^{-t/\lambda}$ $(t \geq 0)$ より $R(t) = e^{-t/\lambda}$ $(t \geq 0)$.

(2) $H(t) = 1/\lambda$.

7. (1) $F_X(x) = 1/(1+e^{-x})$.

(2) (i) については，$F_X'(x) = e^{-x}/\left(1-e^{-x}\right)^2 > 0$ $(-\infty < x < \infty)$ であるから，F_X は増加関数になる．(ii) については，$\lim_{x\to-\infty} e^{-x} = \infty$ より $\lim_{x\to-\infty} F_X(x) = 0$ になり，$\lim_{x\to\infty} e^{-x} = 0$ より $\lim_{x\to\infty} F_X(x) = 1$ になる．(iii) については，F_X が連続関数であるから明らか.

8. r.v. X の 2 項分布 $B(n,p)$ の p.m.f. f_X は (4.3.1) であるから，$f_X(x) = \exp\left\{\log\binom{n}{x} + x\log(p/(1-p)) + n\log(1-p)\right\}$ となり，(4.4.7) より 2 項分布は指数型分布族に属する．また，r.v. X のポアソン分布 $\mathrm{Po}(\lambda)$ の p.m.f. f_X は，(4.3.4) であるから，$f_X(x) = \exp(x\log\lambda - \lambda - \log x!)$ となり，(4.4.7) よりポアソン分布は指数型分布族になる．正規分布 $N(\mu, 1)$ については省略.

9. (1) X の m.g.f. は

$$g_X(\theta) = E\left(e^{\theta X}\right) = \int_{-\infty}^{\infty} \frac{1}{\sqrt{2\pi}\sigma} \exp\left[-\frac{1}{2\sigma^2}\left\{(x-\mu)^2 - 2\sigma^2\theta x\right\}\right] dx$$
$$= e^{\mu\theta + \frac{\sigma^2}{2}\theta^2} \int_{-\infty}^{\infty} \frac{1}{\sqrt{2\pi}\sigma} \exp\left[-\frac{1}{2\sigma^2}\left\{x - (\mu + \sigma^2\theta)\right\}^2\right] dx$$
$$= e^{\mu\theta + \frac{\sigma^2}{2}\theta^2}$$

になる．また，$\mu = 0$，$\sigma^2 = 1$ のとき $g(\theta) = e^{\theta^2/2} = \sum_{j=0}^{\infty} \theta^{2j}/(2^j j!)$ から $E(X^k)$ の値を得る.

(2) X の m.g.f. は

$$g_X(\theta) = E\left(e^{\theta X}\right) = \frac{1}{2\lambda}\int_0^{\infty} e^{-\frac{1}{\lambda}(1-\lambda\theta)x}dx + \frac{1}{2\lambda}\int_{-\infty}^{0} e^{\frac{1}{\lambda}(1+\lambda\theta)x}dx$$
$$= \frac{1}{2\lambda}\left(\frac{\lambda}{1-\lambda\theta}+\frac{\lambda}{1+\lambda\theta}\right) = \frac{1}{1-\lambda^2\theta^2} \quad \left(|\theta| < \frac{1}{\lambda}\right)$$

になる.

10. $K_X(\theta) = \log g_X(\theta)$ より $K'_X(\theta) = g'_X(\theta)/g_X(\theta)$ となり，$g_X(0) = 1$ より $K'_X(0) = g'_X(0) = E(X)$ になる．一方，$K'_X(\theta) = \sum_{j=1}^{\infty}\kappa_j\theta^{j-1}/(j-1)!$ より $K'_X(0) = \kappa_1$ であるから $\kappa_1 = E(X)$ になる.

$K''_X(0) = g''_X(0) - \{g'_X(0)\}^2 = E(X^2) - \{E(X)\}^2 = V(X)$，また $K''_X(\theta) = \sum_{j=2}^{\infty}\kappa_j\theta^{j-2}/(j-2)!$ より $K''_X(0) = \kappa_2$ となるから，$\kappa_2 = V(X)$, $K'''_X(0) = g'''_X(0) - 3g''_X(0)g'_X(0) + 2\left(g'_X(0)\right)^3 = E(X^3) - 3E(X^2)E(X) + 2\left(E(X)\right)^3 = E\left[(X-E(X))^3\right]$，また $K'''_X(\theta) = \sum_{j=3}^{\infty}\kappa_j\theta^{j-3}/(j-3)!$ より $K'''_X(0) = \kappa_3$ となるから，$\kappa_3 = E\left[(X-E(X))^3\right]$.

11. X，Y のそれぞれの分布の対称性から $E(X^i) = E(Y^i) = 0$ $(i = 1,3,5)$ になり，$E(X^2) = E(Y^2) = 1$, $E(X^4) = E(Y^4) = 3$ になる.

12. $N(0,1)$ の c.d.f. を Φ とすれば，$g(x) = \sqrt{2\pi}e^{x^2/2}\{1-\Phi(x)\}$ になるから

$$E[g(X)] = \int_{-\infty}^{\infty} e^{-(x-\mu)^2/2}\cdot e^{x^2/2}\{1-\Phi(x)\}\,dx$$
$$= e^{-\mu^2/2}\int_{-\infty}^{\infty} e^{\mu x}\{1-\Phi(x)\}\,dx = 1/\mu.$$

第 5 章

問 5.2.1　$E(Y|x) = 370 + (39/140)(x-560)$ において，$x = 650$ (点) とすれば 395 点.

問 5.2.2　X，Y はいずれも一様分布 $U(0,\pi)$ になり，それらの m.p.d.f. を f_X，f_Y とすれば，$f_{X,Y}(x,y) = f_X(x)f_Y(y)$ $(0 \le x \le \pi, 0 \le y \le \pi)$ にならないから，X，Y は独立でない.

問 5.4.1　$S^2 = \{(n-1)/n\}S_0^2$ より $V(S^2) = \{1-(1/n)\}^2 V(S_0^2)$ になる．次に，μ は位置母数だから $\mu = 0$ と仮定して一般性を失わない．$E\left[\left\{\sum_{i=1}^n\left(X_i-\bar{X}\right)^2\right\}^2\right] = E\left[\sum_{i=1}^n\left(X_i-\bar{X}\right)^4\right] + E\left[\sum\sum_{i\neq j}\left(X_i-\bar{X}\right)^2\left(X_j-\bar{X}\right)^2\right]$ となるから，

$$E\left[\sum_{i=1}^n\left(X_i-\bar{X}\right)^4\right] = n\mu_4 - 4E\left[\bar{X}\sum_{i=1}^n X_i^3\right] + 6E\left[\bar{X}^2\sum_{i=1}^n X_i^2\right]$$
$$-4E\left[\bar{X}^3\sum_{i=1}^n X_i\right] + nE\left(\bar{X}^4\right),$$

$$E\left[\sum\sum_{i\neq j}\left(X_i-\bar{X}\right)^2\left(X_j-\bar{X}\right)^2\right]=n(n-1)\sigma^4-4E\left[\bar{X}\sum\sum_{i\neq j}X_i^2X_j\right]$$
$$+2(n-1)E\left[\bar{X}^2\sum_{i=1}^n X_i^2\right]+4E\left[\bar{X}^2\sum\sum_{i\neq j}X_iX_j\right]$$
$$-4(n-1)E\left[\bar{X}^3\sum_{i=1}^n X_i\right]+n(n-1)E\left(\bar{X}^4\right)$$

になる．そこで，

$$E\left[\bar{X}\sum_{i=1}^n X_i^3\right]=\mu_4, E\left[\bar{X}^2\sum_{i=1}^n X_i^2\right]=(1/n)\mu_4+((n-1)/n)\sigma^4,$$
$$E\left[\bar{X}^3\sum_{i=1}^n X_i\right]=(1/n^2)\mu_4+\left\{3(n-1)/n^2\right\}\sigma^4,$$
$$E\left(\bar{X}^4\right)=(1/n^3)\mu_4+\left\{3(n-1)/n^3\right\}\sigma^4$$

より

$$E\left[\left(X_i-\bar{X}\right)^4\right]=\left\{(n-1)(n^2-3n+3)/n^2\right\}\mu_4+\left\{3(n-1)(2n-3)/n^2\right\}\sigma^4$$

となり，さらに

$$E\left[\bar{X}\sum\sum_{i\neq j}X_i^2X_j\right]=(n-1)\sigma^4,\quad E\left[\bar{X}^2\sum\sum_{i\neq j}X_iX_j\right]=\{2(n-1)/n\}\sigma^4$$

より，

$$E\left[\sum\sum_{i\neq j}\left(X_i-\bar{X}\right)^2\left(X_j-\bar{X}\right)^2\right]=\left\{(n-1)(n^3-2n^2-3n+9)/n^2\right\}\sigma^4$$
$$+\left\{(n-1)(2n-3)/n^2\right\}\mu_4$$

となる．よって

$$E\left[\left\{\sum_{i=1}^n(X_i-\bar{X})^2\right\}^2\right]=\left\{(n-1)^2/n\right\}\mu_4+\left\{(n-1)(n^2-2n+3)/n\right\}\sigma^4$$

となるから

$$V(S_0^2)=\left\{1/(n-1)^2\right\}\left[\left\{(n-1)^2/n\right\}\mu_4+\{(n-1)/n\}(n^2-2n+3)\sigma^4\right]-\sigma^4$$
$$=(1/n)\left[\mu_4-\{(n-3)/(n-1)\}\sigma^4\right]$$

になる．

問 5.4.2　$f_Y(y)=(1/2)(y^2+3y+9/4)$ $(-3/2\leq y\leq -1/2)$; $=3/4-y^2$ $(-1/2\leq y\leq 1/2)$; $=(1/2)(y^2-3y+9/4)$ $(1/2\leq y\leq 3/2)$; $=0$ (その他). $E(Y)=0$, $V(Y)=1/4$.

問 5.5.1　$A=nS^2(\mu)/\sigma^2$, Z^2 の m.g.f. はそれぞれ $g_A(\theta)=(1-2\theta)^{-n/2}$, $g_{Z^2}(\theta)=(1-2\theta)^{-1/2}$ $(\theta<1/2)$ であり, $B=nS^2/\sigma^2$ の m.g.f. を $g_B(\theta)$ とすれば, $g_B(\theta)=g_A(\theta)/g_{Z^2}(\theta)$ より $g_B(\theta)=(1-2\theta)^{-(n-1)/2}$ となり，これは χ^2_{n-1} 分布の m.g.f. であるから $B\sim\chi^2_{n-1}$ 分布 (補遺の演習問題 A-4 参照).

問 5.6.1　Y_n の c.d.f. は $F_{Y_n}(y)=P_{\boldsymbol{X}}\{Y_n\leq y\}=P_{\boldsymbol{X}}\{\max_{1\leq i\leq n}X_i\leq y\}=(P_{X_1}\{X_1\leq y\})^n=\{F(y)\}^n$ $(y\in\boldsymbol{R}^1)$ より Y_n の p.d.f. は $f_{Y_n}(t)=F'_{Y_n}(y)=n\{F(y)\}^{n-1}f(y)$ $(y\in\boldsymbol{R}^1)$ になる．Y_1 の c.d.f. は $F_{Y_1}(y)=P_{\boldsymbol{X}}\{Y_1\leq y\}=$

$1 - P_{\boldsymbol{X}}\{Y_1 > y\} = 1 - P_{\boldsymbol{X}}\{\min_{1\le i\le n} X_i > y\} = 1 - \{1 - F(y)\}^n$ $(y \in \boldsymbol{R}^1)$ より，Y_1 の p.d.f. は $f_{Y_1}(y) = F'_{Y_1}(y) = n\{1 - F(y)\}^{n-1} f(y)$ $(y \in \boldsymbol{R}^1)$ になる．

問 5.6.2 $\boldsymbol{Y} = (Y_1, \cdots, Y_n)$ の j.p.d.f. を $f_{\boldsymbol{Y}}$ とすると，$y_1 < \cdots < y_n$ について

$$f_{\boldsymbol{Y}}(y_1, \cdots, y_n)$$
$$= \lim_{h_1,\cdots,h_n\to 0} \{1/(h_1 \cdots h_n)\} P_{\boldsymbol{Y}}\{y_1 < Y_1 \le y_1 + h_1, \cdots, y_n < Y_n \le y_n + h_n\}$$

になる．ここで，$I_i = (y_i, y_i + h_i]$ $(i = 1, \cdots, n)$ なる n 区間のそれぞれに $X_1, \cdots, X_n$ が落ちる個数を $Z_1, \cdots, Z_n$ とすると，これらは n 項分布 $M_n(n; F(y_1 + h_1) - F(y_1), \cdots, F(Y_n + h_n) - F(y_n))$ に従う．よって，

$$P_{\boldsymbol{Y}}\{y_1 < Y_1 \le y_1 + h_1, \cdots, y_n < Y_n \le y_n + h_n\} = P\{Z_1 = 1, \cdots, Z_n = 1\}$$
$$= n!\{F(y_1 + h_1) - F(y_1)\} \cdots \{F(y_n + h_n) - F(y_n)\}$$

になり，$\boldsymbol{Y}$ の j.p.d.f. は $f_{Y_1,\cdots,Y_n}(y_1, \cdots, y_n) = n! f(y_1) \cdots f(y_n)$ $(y_1 < \cdots < y_n)$, $= 0$ (その他) になる．

演習問題 5

1. (1) $\boldsymbol{X} = (X_1, X_2)$ の j.p.d.f. は
$f_{\boldsymbol{X}}(x_1, x_2) = (1/4\pi) \exp\left\{-(1/2)(x_1^2 + (x_2^2/4))\right\}$ $(\boldsymbol{x} = (x_1, x_2) \in \boldsymbol{R}^2)$ になり，$y_1 = x_1 + x_2$, $y_2 = x_1 - x_2$ より $x_1 = (y_1 + y_2)/2$, $x_2 = (y_1 - y_2)/2$ となるから $J = \partial(x_1, x_2)/\partial(y_1, y_2) = -1/2$ より (Y_1, Y_2) の j.p.d.f. は $f_{Y_1,Y_2}(y_1, y_2) = (1/8\pi) \exp\left\{-(1/32)(5y_1^2 + 6y_1y_2 + 5y_2^2)\right\}$.
(2) (1) より (Y_1, Y_2) は 2 変量正規分布に従うから，その p.d.f. の形から，Y_1, Y_2 の (分散) 共分散行列を $\boldsymbol{\Sigma}$ とすれば
$$\boldsymbol{\Sigma}^{-1} = \begin{pmatrix} 5/16 & 3/16 \\ 3/16 & 5/16 \end{pmatrix}$$

2. (1) 解答略.
(2) $P_{\boldsymbol{X}}\{\bar{X} \le 1/4\} = 1/8$, $P_{\boldsymbol{X}}\{Y \ge 1/8\} = 1/4$.
(3) $P\{\bar{X} \le 1/4, Y \ge 1/8\} = 0$.
(4) (2)，(3) より $P_{\boldsymbol{X}}\{\bar{X} \le 1/4, Y \ge 1/8\} \ne P\{\bar{X} \le 1/4, Y \ge 1/8\}$ より $\bar{X}$ と Y はたがいに独立でない.

3. (1) $c = 6$.
(2) $P_{X,Y}\{X + Y < 1\} = \int_0^{1/2} \int_y^{1-y} 6(x - y)dxdy = 1/2$.
(3) $f_X(x) = 3x^2$ $(0 < x < 1)$, $f_X(x) = 0$ (その他)；$f_Y(y) = 3(1 - y)^2$ $(0 < y < 1)$, $f_Y(y) = 0$ (その他).
(4) $\sigma_X^2 = \sigma_Y^2 = 3/80$, $\sigma_{X,Y} = 1/80$, $\rho_{X,Y} = 1/3$.

4. (1)　(X, Y) の j.p.m.f. $f_{X,Y}$ は次の表のようになる.

$y \diagdown x$	2	3	4	5	6	7	8	9	10	11	12	横計
0	1/36	0	1/36	0	1/36	0	1/36	0	1/36	0	1/36	1/6
1	0	1/18	0	1/18	0	1/18	0	1/18	0	1/18	0	5/18
2	0	0	1/18	0	1/18	0	1/18	0	1/18	0	0	2/9
3	0	0	0	1/18	0	1/18	0	1/18	0	0	0	1/6
4	0	0	0	0	1/18	0	1/18	0	0	0	0	1/9
5	0	0	0	0	0	1/18	0	0	0	0	0	1/18
縦計	1/36	1/18	1/12	1/9	5/36	1/6	5/36	1/9	1/12	1/18	1/36	1

(2)　(1) の表の縦計，横計からそれぞれ m.p.m.f. f_X，f_Y を得る.

(3)　$\sigma_X^2 = 35/6 \fallingdotseq 5.83$，$\sigma_Y^2 = 665/324 \fallingdotseq 2.05$，$\sigma_{X,Y} = 0$，$\rho_{X,Y} = 0$.

(4)

y	0	1	2	3	4	5
$f_{Y\|X}(\cdot\|6)$	1/5	0	2/5	0	2/5	0

$E(Y|6) = 13/5,\ V(Y|6) = 31/25.$

5.　まず，$\boldsymbol{\Sigma} = E[(\boldsymbol{X}-\boldsymbol{\mu})(\boldsymbol{X}-\boldsymbol{\mu})'] = \boldsymbol{C}E(\boldsymbol{Y}\boldsymbol{Y}')\boldsymbol{C}' = \boldsymbol{C}\boldsymbol{C}'$ となるから $|\boldsymbol{C}| = |\boldsymbol{\Sigma}|^{1/2}$ になり，$\boldsymbol{Y}$ の j.p.d.f. は $f_{\boldsymbol{Y}}(\boldsymbol{y}) = (2\pi)^{-k/2}\exp(-\frac{1}{2}\boldsymbol{y}'\boldsymbol{y})$ より

$$\begin{aligned} f_{\boldsymbol{X}}(\boldsymbol{x}) &= |\boldsymbol{C}|^{-1} f_{\boldsymbol{Y}}\left(\boldsymbol{C}^{-1}(\boldsymbol{x}-\boldsymbol{\mu})\right) \\ &= (2\pi)^{-k/2}|\boldsymbol{\Sigma}|^{-1/2}\exp\left\{-\frac{1}{2}(\boldsymbol{x}-\boldsymbol{\mu})'\boldsymbol{\Sigma}^{-1}(\boldsymbol{x}-\boldsymbol{\mu})\right\}. \end{aligned}$$

次に，$\boldsymbol{X}$ の m.g.f.

$$g_{\boldsymbol{X}}(\boldsymbol{\theta}) = \frac{1}{(2\pi)^{k/2}|\boldsymbol{\Sigma}|^{1/2}}\int_{\boldsymbol{R}^k}\exp\left\{\boldsymbol{\theta}'\boldsymbol{x} - \frac{1}{2}(\boldsymbol{x}-\boldsymbol{\mu})'\boldsymbol{\Sigma}^{-1}(\boldsymbol{x}-\boldsymbol{\mu})\right\}d\boldsymbol{x}$$

において

$$\{\cdots\} = \boldsymbol{\mu}'\boldsymbol{\theta} + \frac{1}{2}\boldsymbol{\theta}'\boldsymbol{\Sigma}\boldsymbol{\theta} - \frac{1}{2}\left[2\boldsymbol{\mu}'\boldsymbol{\theta} + \boldsymbol{\theta}'\boldsymbol{\Sigma}\boldsymbol{\theta} - 2\boldsymbol{\theta}'\boldsymbol{x} + (\boldsymbol{x}-\boldsymbol{\mu})'\boldsymbol{\Sigma}^{-1}(\boldsymbol{x}-\boldsymbol{\mu})\right]$$

になり，$\boldsymbol{\Sigma}' = \boldsymbol{\Sigma}$, $\left(\boldsymbol{\Sigma}^{-1}\right)' = \boldsymbol{\Sigma}^{-1}$, $\boldsymbol{x}'\boldsymbol{\theta} = \boldsymbol{\theta}'\boldsymbol{x}$, $\boldsymbol{\mu}'\boldsymbol{\theta} = \boldsymbol{\theta}'\boldsymbol{\mu}$, $\boldsymbol{x}'\boldsymbol{\Sigma}^{-1}\boldsymbol{\mu} = \boldsymbol{\mu}'\boldsymbol{\Sigma}^{-1}\boldsymbol{x}$ より $[\cdots] = (\boldsymbol{x}-(\boldsymbol{\mu}+\boldsymbol{\Sigma}\boldsymbol{\theta}))'\,\boldsymbol{\Sigma}^{-1}\,(\boldsymbol{x}-(\boldsymbol{\mu}+\boldsymbol{\Sigma}\boldsymbol{\theta}))$ となる．よって

$$\begin{aligned} g_{\boldsymbol{X}}(\boldsymbol{\theta}) &= \left\{\exp\left(\boldsymbol{\mu}'\boldsymbol{\theta} + \frac{1}{2}\boldsymbol{\theta}'\boldsymbol{\Sigma}\boldsymbol{\theta}\right)\right\}\frac{1}{(2\pi)^{k/2}|\boldsymbol{\Sigma}|^{1/2}} \\ &\quad \cdot\int_{\boldsymbol{R}^k}\exp\left[-\frac{1}{2}\left(\boldsymbol{x}-(\boldsymbol{\mu}+\boldsymbol{\Sigma}\boldsymbol{\theta})\right)'\boldsymbol{\Sigma}^{-1}\left(\boldsymbol{x}-(\boldsymbol{\mu}+\boldsymbol{\Sigma}\boldsymbol{\theta})\right)\right]d\boldsymbol{x} \\ &= \exp\left(\boldsymbol{\mu}'\boldsymbol{\theta} + \frac{1}{2}\boldsymbol{\theta}'\boldsymbol{\Sigma}\boldsymbol{\theta}\right). \end{aligned}$$

6. (1)　X, Y が連続型の場合に

$$E\left[f_{Y|X}(y|x)\right] = \int_{-\infty}^{\infty} f_{Y|X}(y|x)f_X(x)dx\int_{-\infty}^{\infty} f_{X,Y}(x,y)dx = f_Y(y).$$

離散型の場合も同様.

(2)　$E[V(Y|X)] + V[E(Y|X)]$

$= E[E(Y^2|X) - \{E(Y|X)\}^2] + E[\{E(Y|X)\}^2] - \{E[E(Y|X)]\}^2$

$= E[Y^2] - \{E(Y)\}^2 = V(Y).$

(X, Y) の j.p.d.f. が問 3 の $f_{X,Y}$ であるとき，$V(Y|X) = X^2/18$ より $E[V(Y|X)] = 1/30$ になる．一方，$V(Y) = 3/80$ になり，$E(Y|X) = X/3$, $E(Y) = 1/4$ より $V(E(Y|X)) = 1/240$ となるから，等式 (2) が成り立つ．

7. (1) $\sigma_{X+Y,X-Y} = \mathrm{Cov}(X+Y, X-Y) = \sigma_X^2 - \sigma_Y^2 = 0$ より $\rho_{X+Y,X-Y} = 0$ になる．

(2) $\rho_{X,Y} = 0$.

8. 各 i, j について $Z_i = X_i - E(X_i)$, $W_j = Y_j - E(Y_j)$ とおく．

(1) $\mathrm{Cov}(\sum_{i=1}^m a_i X_i \sum_{j=1}^n b_j Y_j) = E[(\sum_{i=1}^m a_i Z_i)(\sum_{j=1}^n b_j W_j)]$
$= \sum_{i=1}^m \sum_{j=1}^n a_i b_j E(Z_i W_j) = \sum_{i=1}^m \sum_{j=1}^n a_i b_j \mathrm{Cov}(X_i, X_j).$

(2) $V(\sum_{i=1}^m X_i) = E[(\sum_{i=1}^m Z_i)^2]$
$= \sum_{i=1}^m E(Z_i^2) + \sum\sum_{i\neq j} E(Z_i Z_j)$
$= \sum_{i=1}^m V(X_i) + \sum\sum_{i\neq j} \mathrm{Cov}(X_i, X_j).$

9. (1) $F_V(v) = P\{X + Y \le v\} = \displaystyle\int_0^v \int_0^{v-y} (1/\theta^2) e^{-(x+y)/\theta} dxdy$
$= 1 - \{1 + (v/\theta)\} e^{-v/\theta},$
$F_W(w) = P\{Y/X \le w\} = \displaystyle\int_0^\infty \int_0^{wx} (1/\theta^2) e^{-(x+y)/\theta} dydx$
$= w/(1+w).$

(2) $F_{V,W}(v, w) = P\{V \le v, W \le w\}$

$$= \int_0^{vw/(1+w)} \int_{y/w}^{v-y} (1/\theta^2) e^{-(x+y)/\theta} dxdy$$

$$= \{w/(1+w)\} \left[1 - \{1 + (v/\theta)\} e^{-v/\theta}\right].$$

(3) $F_{V,W}(v, w) = F_V(v) F_W(w)$ より V, W はたがいに独立．

10. (X, Y) の j.p.m.f. は $f_{X,Y}(x, y) = (\mu^x e^{-\mu}/x!)(\lambda^y e^{-\lambda}/y!)$ $(x, y = 0, 1, 2, \cdots;$ $\mu > 0, \lambda > 0)$ になるから，$u = x + y$，$v = y$ とおくと $U = X + Y$, $V = Y$ の j.p.m.f. は

$$f_{U,V}(u, v) = f_{X,Y}(u - v, v) = \frac{\mu^{u-v} e^{-\mu}}{(u-v)!} \frac{\lambda^v e^{-\lambda}}{v!}$$

$$(v = 0, 1, 2, \cdots; u = v, v+1, v+2, \cdots)$$

となる．よって，U の m.p.m.f. は

$$f_U(u) = e^{-(\mu+\lambda)} \sum_{v=0}^u \frac{\mu^{u-v}}{(u-v)!} \frac{\lambda^v}{v!} = \frac{e^{-(\mu+\lambda)}}{u!} \sum_{v=0}^u {}_uC_v \lambda^v \mu^{u-v}$$

$$= \frac{e^{-(\mu+\lambda)}}{u!} (\mu + \lambda)^u \quad (u = 0, 1, 2, \cdots)$$

になるから，$U \sim \mathrm{Po}(\mu + \lambda)$ になる．

11. (4.5.4) と演習問題 4-9 を用いて，Y の m.g.f. は，$g_Y(\theta) = (1-2\theta)^{-1/2}$ ($|\theta| < 1$) になるから，演習問題 A-4 より $Y \sim \chi_1^2$ 分布になる．

12. X は連続型なので F_X は $(0,1)$ 上のすべての値をとり，Y の c.d.f. は $F_Y(y) = P_Y\{Y \leq y\} = P_X\{X \leq \max F_X^{-1}(y)\} = y$ ($0 < y < 1$); $= 0$ ($y \leq 0$); $= 1$ ($y \geq 1$) になるから，$Y \sim U(0,1)$ になる．

13. (1) $X \sim U(-\lambda, \lambda)$ より，$|X|$ の c.d.f. $F_{|X|}(t) = t/\lambda$ ($0 \leq t \leq \lambda$);$= 1$ ($\lambda < t$), $= 0$ (その他) となり $|X|$ の p.d.f. は $f_{|X|}(t) = 1/\lambda$ ($0 \leq t \leq \lambda$), $= 0$ (その他).
(2) $X \sim U(\theta-\lambda, \theta+\lambda)$ より，$|X|$ の c.d.f. は $F_{|X|}(t) = t/\lambda$ ($0 \leq t < -\theta+\lambda$); $= (t-\theta+\lambda)/(2\lambda)$ ($-\theta+\lambda \leq t \leq \theta+\lambda$)； $= 1$ ($\theta+\lambda \leq t$); $= 0$ ($t < 0$) となり，$|X|$ の p.d.f. は $f_{|X|}(t) = 1/\lambda$ ($0 \leq t < -\theta+\lambda$)；$= 1/(2\lambda)$ ($-\theta+\lambda \leq t < \theta+\lambda$)； $= 0$ (その他).

14. r.v. Y の c.d.f. は $F_Y(y) = P\{Y \leq y\} = P\{X \leq y\} = \Phi(y)$ ($|y| \geq 2$) となり，$|y| < 2$ のとき，$F_Y(y) = P\{Y \leq -2\} + P\{-2 < Y \leq y\} = P\{X \geq 2\} + P\{-y \leq X < 2\} = 1 - \Phi(-y) = \Phi(y)$ になる．

15. $P\{X = Y\} = P\{X = Y = 1\} + P\{X = Y = 0\} = P\{X = 1\}P\{Y = 1\} + P\{X = 0\}P\{Y = 0\} = 1/4 + 1/4 = 1/2 \neq 1$.

第 6 章

問 6.1.1　任意の $\varepsilon > 0$ について，$P\{|X_n - c| > \varepsilon\} = 1/n$ ($\varepsilon < n$); $= 0$ ($\varepsilon \geq n$) になるから $X_n \xrightarrow{P} c$ ($n \to \infty$) になる．一方，$E(X_n) = c + 1 \nrightarrow c$ になる．

問 6.2.1　解答略.

演習問題 6

1. チェビシェフの不等式による場合には $\varepsilon \fallingdotseq 0.89$，中心極限定理による場合には $\varepsilon \fallingdotseq 0.39$ になる．

2. 各 n について，X_n の c.d.f. を F_n とする．任意の $\varepsilon > 0$ について，F の連続点 K_1, K_2 が存在して，$F(K_1) > 1 - (\varepsilon/4)$，$F(-K_2) < \varepsilon/4$ となる．さらに，n_0 が存在して，任意の $n \geq n_0$ について $F_n(K_1) > F(K_1) - (\varepsilon/4) > 1 - (\varepsilon/2)$, $F_n(-K_2) < F(-K_2) + (\varepsilon/4) < \varepsilon/2$ となる．よって，$P\{-K_2 \leq X_n \leq K_1\} \geq F_n(K_1) - F_n(-K_2) > 1 - \varepsilon$ となるから K として $\max\{|K_1|, |K_2|\}$ をとればよい．

3. (1) $F_{X_n}(x) = 0\ (x < 1-(1/n)),\ = 1/2\ (1-(1/n) \le x < 1+(1/n)),$
$= 1\ (x \ge 1+(1/n)).$
(2) 解答略.

4. $x\ (\in \boldsymbol{R}^1)$ を F の連続点とし，$\varepsilon > 0$ とする．いま，$\{X \le x-\varepsilon\} \subset \{X_n \le x\} \cup \{|X_n - X| \ge \varepsilon\}$ より，$F(x-\varepsilon) \le F_n(x) + P\{|X_n - X| \ge \varepsilon\}$ になり，$X_n \xrightarrow{P} X$ より $F(x-\varepsilon) \le \underline{\lim}_{n\to\infty} F_n(x)$ になる．また，同様にして $\overline{\lim}_{n\to\infty} F_n(x) \le F(x+\varepsilon)$ を得るから，$\varepsilon \to 0$ として $\lim_{n\to\infty} F_n(x) = F(x)$，すなわち $X_n \xrightarrow{L} X$ を得る．次に，$P\{X = c\} = 1$ とすると，X の c.d.f. は $F_X(x) = 0\ (x < c)$, $= 1\ (x \ge c)$ となり，$x \ne c$ のとき $\lim_{n\to\infty} F_n(x) = F(x)$ であるという仮定より $\underline{\lim}_{n\to\infty} P\{|X_n - c| \le \varepsilon\} \ge \underline{\lim}_{n\to\infty} [P\{X_n \le c+\varepsilon\} - P\{X_n \le c-\varepsilon\}] \ge F(c+\varepsilon) - F(c-\varepsilon) = 1$ となるから $X_n \xrightarrow{P} c$ が成り立つ．

5. 任意の $\varepsilon > 0$ について，$\delta\ (>0)$ が存在して $|x-c| < \delta$ のとき $|g(x)-g(c)| < \varepsilon$ になるから，

$$\begin{aligned} P\{|g(X_n) - g(c)| < \varepsilon\} &\ge P\{|X_n - c| < \delta\} \\ &= 1 - P\{|X_n - c| \ge \delta\} \longrightarrow 1 \quad (n \to \infty). \end{aligned}$$

6. (1) $X+c,\ X_n+Y_n$ の c.d.f. をそれぞれ $F,\ F_n$ とする．t を F の連続点とする．c.d.f. の不連続点は高々可算個なので，高々可算個を除く $\varepsilon > 0$ について $t \pm \varepsilon$ も連続点になるから

$$\begin{aligned} F_n(t) &= P\{X_n + Y_n \le t, Y_n \ge c-\varepsilon\} + P\{X_n + Y_n \le t, Y_n < c-\varepsilon\} \\ &\le P\{X_n \le t-c+\varepsilon\} + P\{|Y_n - c| > \varepsilon\} \\ &= F_{X_n+c}(t+\varepsilon) + P\{|Y_n - c| > \varepsilon\} \end{aligned}$$

になる．よって $X_n \xrightarrow{L} X$ より $X_n + c \xrightarrow{L} X + c$ になり，$Y_n \xrightarrow{P} c$ より $\overline{\lim}_{n\to\infty} F_n(t) \le F(t+\varepsilon)$ になる．一方，$F_n(t) \ge F_{X_n+c}(t-\varepsilon) - P\{|Y_n - c| > \varepsilon\}$ より $\underline{\lim}_{n\to\infty} F_n(t) \ge F(t-\varepsilon)$ になる．$\varepsilon \to 0$ とすれば，$\lim_{n\to\infty} F_n(t) = F(t)$ になる．

(2) $c > 0$ の場合，$0 < \varepsilon < c$ となる ε を任意に固定する．$t \in \boldsymbol{R}^1$ について事象 $A_1 = \{X_nY_n \le t, |Y_n - c| \le \varepsilon\}$，$A_2 = \{X_nY_n \le t, |Y_n - c| > \varepsilon\}$，$A = \{X_nY_n \le t\}$ を考えると，$A = A_1 \cup A_2$ で $A_1 \cap A_2 = \phi$ になる．まず，$Y_n \xrightarrow{P} c$ より $P(A_2) \to 0\ (n \to \infty)$ になる．また

$P\{X_n \le t/(c+\varepsilon), |Y_n - c| \le \varepsilon\} \le P(A_1) \le P\{X_n \le t/(c-\varepsilon), |Y_n - c| \le \varepsilon\}$
となるから，X_n の c.d.f. F_{X_n} について

$$F_{X_n}(t/(c+\varepsilon)) - P\{|Y_n - c| > \varepsilon\} \le P(A_1) \le F_{X_n}(t/(c-\varepsilon))$$

となる．ここで t/c を X の c.d.f. F_X の連続点とすると，高々可算個を除く $\varepsilon > 0$ について $t/(c \pm \varepsilon)$ も F_X の連続点になる．よって，$X_n \xrightarrow{L} X$，$Y_n \xrightarrow{P} c$ より

$$F_X(t/(c+\varepsilon)) \leq \varliminf_{n\to\infty} P(A_1) \leq \varlimsup_{n\to\infty} P(A_1) \leq F_X(t/(c-\varepsilon))$$

になる．ここで $\varepsilon \to 0$ とすれば，$P(A_1) \to F_X(t/c) = F_{cX}(t)$ $(n \to \infty)$ となるから $P(A) \to F_{cX}(t)$ $(n \to \infty)$ となり $X_nY_n \xrightarrow{L} cX$ になる．

7.　$\mathcal{L}(\sqrt{n}(\bar{X}-\mu)/\sigma) \to N(0,1)$ になり，$S_0^2 \xrightarrow{P} \sigma^2$ と問 5 から $S_0/\sigma \xrightarrow{P} 1$ になる．よって，問 5，問 6 から $\mathcal{L}(\sqrt{n}(\bar{X}-\mu)/S_0) \to N(0,1)$ になる．

8.　(1) $P_{Y_{15}}\{8 \leq Y_{15} \leq 10\} = \sum_{y=8}^{15} \binom{15}{y} \left(\frac{1}{2}\right)^{15} \fallingdotseq 0.4408$，正規近似を用いると，$Y_{15}$ はほぼ $N(7.5, 3.75)$ に従うから，

$$\begin{aligned} P_{Y_{15}}\{8 \leq Y_{15} \leq 10\} &\fallingdotseq P_{Y_{15}}\{7.5 \leq Y_{15} \leq 10.5\} \\ &\approx \Phi(3.0/\sqrt{3.75}) - \Phi(0) \fallingdotseq 0.4394. \end{aligned}$$

(2) $P_{Y_{20}}\{5 \leq Y_{20} \leq 11\} = \sum_{y=5}^{11} \binom{20}{y} \left(\frac{1}{2}\right)^{20} \fallingdotseq 0.7424$，正規近似を用いると，$Y_{20}$ はほぼ $N(10, 5)$ に従うから，

$$\begin{aligned} P_{Y_{20}}\{5 \leq Y_{20} \leq 11\} &\fallingdotseq P_{Y_{20}}\{4.5 \leq Y_{20} \leq 11.5\} \\ &\approx \Phi(1.5/\sqrt{5}) - \Phi(-5.5/\sqrt{5}) \fallingdotseq 0.7419. \end{aligned}$$

9.　$Y_{100} \sim B(100, 0.08)$ より，正規近似を用いると Y_{100} はほぼ $N(8, 7.36)$ に従うから

$$\begin{aligned} P_{Y_{100}}\{Y_{100} \leq 5\} &= P_{Y_{100}}\{-0.5 \leq Y_{100} \leq 5.5\} \\ &\approx \Phi(3.133) - \Phi(0.922) \fallingdotseq 0.1777. \end{aligned}$$

10.　$X_{\mathrm{med}}(n) = X_{(k)}$ (順序統計量) になるから，$P_{\boldsymbol{X}}^{\theta}\{\sqrt{n}(X_{\mathrm{med}}(n) - \theta) \leq t\} = P_{\boldsymbol{X}}^{0}\{X_{\mathrm{med}}(n) \leq t/\sqrt{n}\}$ となる．ただし，$\boldsymbol{X} = (X_1, \cdots, X_n)$ とする．ここで，$Y_n = \#\{i | X_i > t/\sqrt{n}\}$ とおくと，$X_{(k)} \leq t/\sqrt{n}$ は $Y_n \leq k-1 = (n-1)/2$ と同値になる．f による c.d.f. を F とすれば, $Y_n \sim B(n, p_n)$ $(p_n = 1 - F(t/\sqrt{n}))$ になる．このとき，$p_n \to 1/2$ $(n \to \infty)$ より，2 項分布の正規近似を用いて

$$\begin{aligned} &P_{Y_n}\{Y_n \leq (n-1)/2\} \\ &\approx \Phi(((1/2)(n-1) - np_n)/\sqrt{np_n(1-p_n)}) \approx \Phi(2\sqrt{n}((1/2) - p_n)) \\ &\approx \Phi(2t(F(t/\sqrt{n}) - F(0))/(t/\sqrt{n})) \approx \Phi(2tf(0)) \quad (n \to \infty) \end{aligned}$$

となり，よって，$\mathcal{L}(\sqrt{n}(X_{\mathrm{med}}(n) - \theta)) \to N(0, 1/\{4f^2(0)\})$ $(n \to \infty)$ になる．ただし，Φ は $N(0,1)$ の c.d.f. とする．

第 7 章

問 7.2.1

(1) $E_\mu(\hat{\mu}_{1,n}) = \mu, \quad E_\mu(\hat{\mu}_{2,n}) = \mu + (\mu/n),$

$E_\mu(\hat{\mu}_{3,n}) = \left\{(n+1)(2n+1)/(2n^2)\right\}\mu = \mu + \{3 + (1/n)\}\mu/(2n).$

(2) $\mu^*_{2,n} = \{n/(n+1)\}\hat{\mu}_{2,n},\ \hat{\mu}^*_{3,n} = \left[2n^2/\{(n+1)(2n+1)\}\right]\hat{\mu}_{3,n}.$

問 7.3.1 $\mathrm{MSE}_\theta(\hat{\mu}_{1,n}) = V_\theta(\bar{X}) = \sigma^2/n,$

$$\mathrm{MSE}_\theta(\hat{\mu}_{2,n}) = 4\sigma^2/(3n) + (2/n^2)\{1 + (1/3n)\}\sigma^2 + \mu^2/n^2 > 4\sigma^2/(3n) > \sigma^2/n$$

となり，任意の $\theta = (\mu, \sigma^2)$ について $\mathrm{MSE}_\theta(\hat{\mu}_{1,n}) < \mathrm{MSE}_\theta(\hat{\mu}_{2,n})$ になる．よって，$\hat{\mu}_{1,n}$ は $\hat{\mu}_{2,n}$ より良い．

問 7.3.2 $V_\theta(\hat{\mu}_{1,n}) = V_\theta(\bar{X}) = \sigma^2/n$, $V_\theta(\hat{\mu}_n^{(\alpha)}) = (1/n^2)V_\theta(X_1 + \cdots + X_{n-2} + \alpha X_{n-1} + (2-\alpha)X_n) = (\sigma^2/n)\left\{1 + (2/n)(\alpha-1)^2\right\}$ より，$\alpha \neq 1$ から任意の θ について $V_\theta(\hat{\mu}_{1,n}) < V_\theta(\hat{\mu}_n^{(\alpha)})$ になるから，$\hat{\mu}_{1,n}$ は $\hat{\mu}_n^{(\alpha)}$ より良い．

問 7.4.1 $\mathrm{Po}(\lambda)$ の p.m.f. $p(x,\lambda)$ について，$\log p(x,\lambda) = -\lambda + x\log\lambda - \log x!$ $(x = 0, 1, 2, \cdots; \lambda > 0)$ より，X_1 がもつ λ に関する情報量は $I_{X_1}(\lambda) = E_\lambda\left[\{(\partial/\partial\lambda)\log p(X,\lambda)\}^2\right] = (1/\lambda^2)V_\lambda(X_1) = 1/\lambda$ になるから，$I_{\boldsymbol{X}}(\lambda) = n/\lambda$．一方，$T \sim \mathrm{Po}(n\lambda)$ より $I_T(\lambda) = (1/\lambda^2)V_\lambda(T) = n/\lambda$ になり，$I_T(\lambda) = I_{\boldsymbol{X}}(\lambda)$ になる．

問 7.4.2 (i) 問 7.4.1 より $I_{\boldsymbol{X}}(\lambda) = n/\lambda$．一方，$\sum_{i=1}^n(\partial/\partial\lambda)\log p(x_i,\lambda) = n(\bar{x}-\lambda)/\lambda$ となるから，$\hat{\lambda}_n(\boldsymbol{X}) = \bar{X}$ とすれば (7.4.10) が成り立つ．よって，$\bar{X}$ は λ の UMVU 推定量．

(ii) $\mathrm{Exp}(\lambda)$ の p.d.f. $p(x,\lambda)$ について，$\log p(x,\lambda) = -\log\lambda - (x/\lambda)$ より $(\partial/\partial\lambda)\log p(x,\lambda) = (1/\lambda^2)(x-\lambda)$ となるから，$I_{X_1}(\lambda) = (1/\lambda^4)V_\lambda(X_1) = 1/\lambda^2$ より $I_{\boldsymbol{X}}(\lambda) = n/\lambda^2$ になる．一方，$\sum_{i=1}^n(\partial/\partial\lambda)\log p(x_i,\lambda) = (n/\lambda^2)(\bar{x}-\lambda)$ より $\hat{\lambda}_n(\boldsymbol{X}) = \bar{X}$ とすれば，(7.4.10) が成り立つ．よって，$\bar{X}$ は λ の UMVU 推定量．

問 7.5.1 問 7.2.1 の (1) より $\lim_{n\to\infty} b_{2,n}(\mu) = 0$ になるから $\hat{\mu}_{2,n}$ は μ の漸近不偏推定量になり，また，問 7.3.1 の解答より $\lim_{n\to\infty}\mathrm{MSE}_\theta(\hat{\mu}_{2,n}) = 0$ となり，定理 7.5.1 の (i) から $\hat{\mu}_{2,n}$ は μ の一致推定量になる．

問 7.5.2 $X_1, \cdots, X_n$ を $N(\theta,1)$ $(\theta > 0)$ からの無作為標本とし，$g(\theta) = 1/\theta$, $\hat{g}(X_1, \cdots, X_n) = 1/\bar{X}$ とする．$\sqrt{n}(\bar{X}-\theta) \sim N(0,1)$ であるから，系 A.6.2.1 より $\mathcal{L}(\sqrt{n}(\hat{g}-g)) \to N(0, 1/\theta^4)$ であり，$V_\theta(\hat{g}) = \infty$ となり，$V_\theta(\hat{g}) > v(\theta) = 1/\theta^4$．

問 7.5.3　$\theta \neq 0$ のとき

$$P_{\boldsymbol{X}}^{\theta}\left\{\hat{\theta}_n \neq \bar{X}\right\} = P_{\boldsymbol{X}}^{\theta}\left\{|\bar{X}| < n^{-1/4}\right\} \leq P_{\boldsymbol{X}}^{\theta}\left\{|\theta| - n^{-1/4} < |\bar{X} - \theta|\right\}$$
$$= P_{\boldsymbol{X}}^{\theta}\left\{\sqrt{n}|\theta| - n^{1/4} \leq \sqrt{n}|\bar{X} - \theta|\right\} \longrightarrow 0 \quad (n \longrightarrow \infty)$$

になるから，$\mathcal{L}\left(\sqrt{n}(\bar{X} - \theta)\right) \longrightarrow N(0,1)$ より $\mathcal{L}\left(\sqrt{n}(\hat{\theta}_n - \theta)\right) \longrightarrow N(0,1)$ になる．
また，$\theta = 0$ のとき

$$P_{\boldsymbol{X}}^{0}\left\{\hat{\theta}_n = c\bar{X}\right\} = P_{\boldsymbol{X}}^{0}\left\{|\bar{X}| < n^{-1/4}\right\} = P_{\boldsymbol{X}}^{0}\left\{\sqrt{n}|\bar{X}| \leq n^{1/4}\right\} \longrightarrow 1$$
$$(n \to \infty)$$

になるから，$\mathcal{L}(\sqrt{n}\hat{\theta}_n) \longrightarrow N(0, c^2)$ になる．よって，$v(\theta) = 1$ $(\theta \neq 0)$；$= c^2$ $(\theta = 0)$ とおけば (7.5.6) が成り立つ．

演習問題 7

1. (1) $\theta = (\mu, \sigma^2)$ は識別可能．
(2) $\theta_1 = (1,1,1)$，$\theta_2 = (0,2,1)$ とすれば $\theta_1 \neq \theta_2$ であるが，分布はいずれも $N(2,1)$ となり，$\theta = (\mu, \delta, \sigma^2)$ は識別不 (可) 能．

2. (1) モーメント推定量：$\{(1/\bar{X}) - 1\}^{-1}$，$(\bar{X} = \sum_{i=1}^n X_i/n)$，
最尤推定量：$-\left(\sum_{i=1}^n \log X_i/n\right)^{-1}$．
(2) $\sum_{i=1}^n \log X_i$．

3. $\Theta = \left\{\theta = (p_1, \cdots, p_k) \in \boldsymbol{R}^k \,\middle|\, p_i > 0 \ \ (i = 1, \cdots, k), \sum_{i=1}^k p_i = 1\right\}$ として，$\theta \in \Theta$ について $L(\theta; x_1, \cdots, x_k) = \left(n! \middle/ \prod_{i=1}^k x_i!\right) p_1^{x_1} \cdots p_{k-1}^{x_{k-1}} p_k^{x_k}$ とおく．ただし，$\sum_{i=1}^k x_i = n$ とする．そこで，$\log L(\theta; x_1, \cdots, x_k) = \log n! - \sum_{i=1}^k \log x_i! + \sum_{i=1}^k x_i \log p_i$ になる．一方，不等式 $\log(1/t) = -\log t \geq 1 - t$ より $\sum_{i=1}^k (x_i/n)\log(x_i/n) \geq \sum_{i=1}^k (x_i/n)\log p_i$ を得るから，$(X_1/n, \cdots, X_k/n)$ は $L(\theta; X_1, \cdots, X_k)$ を最大にする．よって，これは $(p_1, \cdots, p_k)$ の最尤推定量になる．

4. (1) $\sum_{i=1}^n c_i = 1$．
(2) (1) の条件の下で $\sum_{i=1}^n c_i^2$ を最小にする $c_1, \cdots, c_n$ は $c_i = 1/n$ $(i = 1, \cdots, n)$ になるから，そのときの $\hat{\mu}_{\boldsymbol{c}} = \bar{X}$ になる．

5. (1) $n = 2k+1$ のとき，$\alpha \uparrow 1/2$ とすれば，$n\alpha = (2k+1)\alpha \uparrow k + (1/2)$ より $[n\alpha] \to k$ となり，$\bar{X}_\alpha \to X_{(k+1)} = X_{\mathrm{med}}$，$n = 2k$ のとき，$\alpha \uparrow 1/2$ とすれば，$n\alpha = 2k\alpha \uparrow k$ より $[n\alpha] \to k - 1$ となり，$\bar{X}_\alpha \to (X_{(k)} + X_{(k+1)})/2 = X_{\mathrm{med}}$．
(2) $\bar{X}_{1/8}$ の値は 9.55．

6. (1) X_1 の p.d.f. は $p_{X_1}(x, \theta) = \theta e^{-\theta x}$ $(x > 0; \theta > 0)$ であるから，$I_{X_1}(\theta) = E_\theta\left[\{X_1 - (1/\theta)\}^2\right] = V_\theta(X_1) = 1/\theta^2$ となり，$I_{\boldsymbol{X}}(\theta) = n/\theta^2$ になる．

(2) X_1 の p.d.f. $p_{X_1}(x,\mu)=(1/2)e^{-|x-\mu|}$ $(-\infty<x<\infty; -\infty<\mu<\infty)$ より，$\partial \log p_{X_1}(x,\mu)/\partial\mu = 1$ $(x>\mu)$; $=-1$ $(x<\mu)$ になるから $I_{X_1}(\mu)=1$ となり $I_{\boldsymbol{X}}(\mu)=n$ になる．なお，ここで $\partial \log p_{X_1}(x,\mu)/\partial\mu$ は $\mu=x$ では微分不可能であるが，1 点をとる確率は 0 なので無視できる．

7. (1) X_1 のもつ σ^2 に関する F 情報量は $I_{X_1}(\sigma^2)=1/(2\sigma^4)$ になるから，系 7.4.1 より σ^2 の不偏推定量の分散に対する C–R の下界は $2\sigma^4/n$ になる．
(2) $\theta=(\mu,\sigma^2)$ とすれば，$V_\theta(S_0^2)=2\sigma^4/(n-1)$ となり $2\sigma^4/(n-1)>2\sigma^4/n$ になるから，C–R の下界に一致しない．
(3) $E_{\sigma^2}\left[S^2(\mu)\right]=\sigma^2$ になり，$V_{\sigma^2}(S^2(\mu))=2\sigma^4/n$ となり σ^2 に関して一様に C–R の下界に一致するから，S_μ^2 は σ^2 の UMVU 推定量になる．

8. (1) F 情報量 $I_{X_1}(\beta)=\alpha/\beta^2$ より，C–R の下界は $\beta^2/(n\alpha)$ になる．
(2) $E_\beta(\hat\beta)=\beta$ で $V_\beta(\hat\beta)=\beta^2/(n\alpha)$ となり，$\hat\beta$ は β の UMVU 推定量になる．

9. (1) $E_\theta(\hat\theta_0)=\theta$ であることは明らか．そして，$V_\theta(\hat\theta)=V_\theta(\hat\theta_1)$ に注意すれば

$$\begin{aligned}4V_\theta(\hat\theta_0)&=V_\theta(\hat\theta)+V_\theta(\hat\theta_1)+2\mathrm{Cov}_\theta(\hat\theta,\hat\theta_1)\\&\le V_\theta(\hat\theta)+V_\theta(\hat\theta_1)+2\left\{V_\theta(\hat\theta)V_\theta(\hat\theta_1)\right\}^{1/2}\\&=4V_\theta(\hat\theta)\end{aligned}$$

を得る．
(2) 解答略．

10. $V_{\theta_0}(\hat\theta_0)=1/I(\theta_0)$ になるから C–R 不等式より $\hat\theta_0$ は θ の LMVU 推定量になる．

11. (X_i,Y_i) の j.p.d.f. を $f_{X,Y}^\theta(x,y)$ とすれば，θ の尤度関数 $L(\theta)=\prod_{i=1}^n f_{X_i,Y_i}^\theta(x_i,y_i)$ より

$$\begin{aligned}\log L(\theta)=&-n\log 2\pi-(n/2)\log(1-\theta^2)\\&-\left\{\textstyle\sum_{i=1}^n(x_i^2+y_i^2)-2\theta\sum_{i=1}^n x_iy_i\right\}/\bigl(2(1-\theta^2)\bigr)\end{aligned}$$

となるから，$I_n(\theta)=-E\left[(\partial^2/\partial\theta^2)\log L(\theta)\right]=n(1+\theta^2)/(1-\theta^2)^2$．また，問 10 より

$$\begin{aligned}\hat\theta_0&=(1/I(\theta_0))\{(\partial/\partial\theta)\log L(\theta_0)\}+\theta_0\\&=(1/n)\textstyle\sum_{i=1}^n X_iY_i-\bigl(\theta_0/n(1+\theta_0^2)\bigr)\sum_{i=1}^n\bigl(X_i^2+Y_i^2-2\bigr)\end{aligned}$$

になり，任意の θ について $E_\theta(\hat\theta_0)=\theta$ となるから，$\hat\theta_0$ は θ の LMVU 推定量．

12. $\boldsymbol{X}=(X_1,X_2,X_3)$ の j.p.m.f. は $f_{\boldsymbol{X}}(\boldsymbol{x},\theta)=\bigl(n!/\prod_{i=1}^n x_i!\bigr)\prod_{i=1}^n p_i^{x_i}$ (x_1, x_2, x_3 は $\sum_{i=1}^3 x_i=n$ を満たす非負定数)．θ の尤度関数 $L(\theta)=f_{\boldsymbol{X}}(\boldsymbol{x},\theta)$ より $I_n(\theta)=-E_\theta\left[(\partial^2/\partial\theta^2)\log L(\theta)\right]=n\sum_{i=1}^3 b_i^2/p_i$．いま，$\theta=\theta_0$ として

$p_{i0} = a_i + b_i\theta_0$ $(i = 1, 2, 3)$ とするとき，問 10 より $\hat{\theta}_0 = \left\{\sum_{i=1}^{3}(b_i/p_{i0})X_i\right\} \Big/ \left(n\sum_{i=1}^{3} b_i^2/p_{i0}\right) + \theta_0$ になり，任意の θ について $E_\theta(\hat{\theta}_0) = \theta$ となるから，$\hat{\theta}$ は θ の LMVU 推定量.

13. (1)

$$\hat{\theta}_{PT}(\boldsymbol{x}) = \frac{\int_{-\infty}^{\infty}(\theta\sqrt{n}/\sqrt{2\pi})\exp\left\{-n(\theta-\bar{x})^2/2\right\}d\theta}{\int_{-\infty}^{\infty}(\sqrt{n}/\sqrt{2\pi})\exp\left\{-n(\theta-\bar{x})^2/2\right\}d\theta} = \bar{x}.$$

(2)

$$\hat{\theta}_{PT}(\boldsymbol{x}) = \int_{x_{(n)}-(1/2)}^{x_{(1)}+(1/2)} \theta d\theta \Bigg/ \int_{x_{(n)}-(1/2)}^{x_{(1)}+(1/2)} d\theta = \frac{x_{(1)} + x_{(n)}}{2}.$$

(3) $V_{\theta_0}(\hat{\theta}_0) = 0$. また $\theta = \theta_0 + k + \alpha$ (k は整数，$0 \le \alpha < 1$) とすると，$k + 1 \le X_1 - \theta_0 + (1/2) < k + 2$ のとき $\hat{\theta}_0 = k + 1 + \theta_0$，$k \le X_1 - \theta_0 + (1/2) < k + 1$ のとき $\hat{\theta}_0 = k + \theta_0$ となる．さらに $P_\theta\{k+1 \le X_1 - \theta_0 + (1/2) < k+2\} = \alpha$，$P_\theta\{k \le X_1 - \theta_0 + (1/2) < k+1\} = 1-\alpha$ となるから $E_\theta(\hat{\theta}_0) = (k+1+\theta_0)\alpha + (k+\theta_0)(1-\alpha) = \theta$ となり，$\hat{\theta}_0$ は θ の不偏推定量になる．よって $\hat{\theta}_0$ は θ の LMVU 推定量.

14. (1) $\hat{\theta}^2 = \sum_{i=1}^{n} X_i^2/(n+2)$.
(2) $\hat{\theta} = \sum_{i=1}^{n} X_i/(n+1)$.
(3) $\hat{\theta} = (n+2)X_{(n)}/(n+1)$ $(X_{(n)} = \max_{1\le i\le n} X_i)$.

15. 任意の $K > 0$ に対して，n を十分大きくとると，$P\{|\hat{\theta}_n - \theta| > \varepsilon\} \le P\{|\hat{\theta}_n - \theta| > K/\sqrt{n}\} = P\{\sqrt{n}|\hat{\theta}_n - \theta| > K\} \to 2\{1 - \Phi(K/\sqrt{v(\theta)})\}$ になり，これが任意の K に対して成り立つので $P\{|\hat{\theta}_n - \theta| > \varepsilon\} \to 0$ $(n \to \infty)$.

16. $I_{11}(\theta) = 1/\sigma^2$, $I_{12}(\theta) = I_{21}(\theta) = 0$，$I_{22}(\theta) = 1/(2\sigma^4)$ より，$\theta = (\mu, \sigma^2)$ のフィッシャー行列 $\boldsymbol{I}(\theta) = (I_{ij}(\theta))$ を得る.

17. $\log L(\boldsymbol{\theta}_0; \boldsymbol{X}) = -(n/2)\log 2\pi - (n/2)\log\sigma^2 - (n/2\sigma^2)\left\{(\mu - \bar{X})^2 + S^2\right\}$

$$\left(\bar{X} = (1/n)\sum_{i=1}^{n} X_i, S^2 = (1/n)\sum_{i=1}^{n}(X_i - \bar{X})^2\right)$$

より $\boldsymbol{\theta}_0$ の MLE は $\hat{\boldsymbol{\theta}}_0^* = (\bar{X}, S^2)$ であるから，(7.6.2) より $\mathrm{AIC}_{\boldsymbol{\theta}_0}(2) = n(\log 2\pi + \log S^2 + 1) + 4$ になる．同様にして $\mathrm{AIC}_{\boldsymbol{\theta}_1}(1) = n(\log 2\pi + S^2) + 2$，データから $\mathrm{AIC}_{\boldsymbol{\theta}_0}(2) = 21.8$，$\mathrm{AIC}_{\boldsymbol{\theta}_1}(1) = 23.9$ より，このデータはモデル $\boldsymbol{\theta}_1$ よりモデル $\boldsymbol{\theta}_0$ の方が良く当てはまる.

18. 解答略.

第 8 章

演習問題 8

1. (1) 3.67, (2) 3.40, (3) 3.29.

2. $b-a > b'-a'$ となる任意の区間 $[a', b']$ について，$\int_{a'}^{b'} p(x)dx < 1-\alpha$ となることを示せばよい．$a' \le a$ の場合を考える．
(ア) $b' \le a$ の場合．$a' \le b' \le a \le x^*$ より

$$\int_{a'}^{b'} p(x)dx \le p(b')(b'-a') \le p(a)(b'-a') < p(a)(b-a) \le \int_a^b p(x)dx = 1-\alpha.$$

(イ) $b' > a$ の場合．$a' \le a < b' < b$ より

$$\int_{a'}^{b'} p(x)dx = \int_a^b p(x)dx + \left\{\int_{a'}^{a} p(x)dx - \int_{b'}^{b} p(x)dx\right\} = 1-\alpha + \left\{\int_{a'}^{a} p(x)dx - \int_{b'}^{b} p(x)dx\right\} \quad (*)$$

になる．一方，p の単峰性，$a' \le a < b' < b$, (ii) より $\int_{a'}^{a} p(x)dx \le p(a)(a-a')$, $\int_{b'}^{b} p(x)dx \ge p(b)(b-b')$ となり，

$$\int_{a'}^{a} p(x)dx - \int_{b'}^{b} p(x)dx \le p(a)(a-a') - p(b)(b-b') = p(a)\left\{(b'-a')-(b-a)\right\} < 0$$

になるから，$(*)$ より $\int_{a'}^{b'} p(x)dx < 1-\alpha$ を得る．$a' > a$ の場合も同様に示される．

3. (1) Y_n の p.d.f. は $f_{Y_n}(y) = ny^{n-1}$ $(0 \le t \le 1)$, $= 0$ (その他) になるから，$1-\alpha = P\{a \le Y_n \le b\} = b^n - a^n$ で，$0 < a < b \le 1$ となる a, b をとる．そして，$Y_n = X_{(n)}/\theta$ より $1-\alpha = P\{a \le Y_n \le b\} = P\{X_{(n)}/b \le \theta \le X_{(n)}/a\}$ となるから，区間 $[X_{(n)}/b, X_{(n)}/a]$ は θ の信頼係数 $1-\alpha$ の信頼区間になる．
(2) (1) で得た信頼区間の幅は $l = (1/a - 1/b)X_{(n)}$ になる．よって，$dl/db = X_{(n)}\left\{-(da/db)/a^2 + (1/b^2)\right\}$ であり，$da/db = b^{n-1}/a^{n-1}$ になるから $dl/db = X_{(n)}(a^{n+1} - b^{n+1})/(b^2 a^{n+1}) < 0$ になる．l は b の単調減少関数であるから $b = 1$，すなわち $a = \alpha^{1/n}$ のとき最小値をとる．ゆえに，θ の信頼係数 $1-\alpha$ の最短信頼区間は $[X_{(n)}, X_{(n)}/\alpha^{1/n}]$ になる．
(3) [98, 114].

4. (1) Y の p.d.f. は $f_Y(y) = ne^{-n(y-\theta)}$ $(y > \theta)$, $=0$ (その他).
(2) $T_n \sim \chi_2^2$ 分布.
(3) 解答略.

(4) θ の信頼係数 $1-\alpha$ の最短信頼区間は $[Y-\chi^2_\alpha(2)/(2n), Y]$ になる．ただし，$\chi^2_\alpha(2)$ は χ^2_2 分布の上側 100α %点とする．

5. [0.73, 1.05] は δ の 90 %信頼区間，[0.70, 1.08] は δ の 95 %信頼区間．

6. $E(\chi^2)=\nu$，$V(\chi^2)=2\nu$ より，$Z_\nu=(\chi^2-\nu)/\sqrt{2\nu}$ とおくと，χ^2 分布の再生性と中心極限定理より $\mathcal{L}(Z_\nu) \longrightarrow N(0,1)$ $(\nu\to\infty)$ になる．一方

$$\sqrt{2\chi^2}-\sqrt{2\nu-1}=\frac{2(\chi^2-\nu)}{\sqrt{2\chi^2}+\sqrt{2\nu-1}}+\frac{1}{\sqrt{2\chi^2}+\sqrt{2\nu-1}}$$

の右辺の第 2 項は $\nu\to\infty$ のとき 0 に収束する．また，右辺の第 1 項は変形すると，$2Z_\nu/\{\sqrt{\chi^2/\nu}+\sqrt{1-(1/2\nu)}\}$ となり，$\chi^2/\nu=\sqrt{2/\nu}Z_\nu+1 \xrightarrow{P} 1$ $(\nu\to\infty)$ となるから，スラツキーの定理より，$\nu\to\infty$ のときその第 1 項は $N(0,1)$ に従う確率変数に法則収束する．よって，$\mathcal{L}(\sqrt{2\chi^2}-\sqrt{2\nu-1}) \longrightarrow N(0,1)$ $(\nu\to\infty)$ になる．

7. $X\sim U(0,\theta)$ より，

$$\begin{aligned}1-\alpha &= P\{\alpha\theta/2 \le X \le (1-(\alpha/2))\,\theta\}\\ &= P\{X/\,(1-(\alpha/2)) \le \theta \le (\alpha/2)X\}\\ &= P\left\{((2/\alpha)-1)^{-1}X \le \theta - X \le ((2/\alpha)-1)\,X\right\}\end{aligned}$$

より，区間 $\left[((2/\alpha)-1)^{-1}X, ((2/\alpha)-1)X\right]$ は $Y=\theta-X$ の信頼係数 $1-\alpha$ の予測区間になる．

第 9 章

演習問題 9

1. 2 つのクラス A，B の学生の統計学の成績は，それぞれ $N(\mu_A,\sigma^2)$，$N(\mu_B,\sigma^2)$ とし，σ^2 は未知とする．このとき，仮説 $H:\mu_A=\mu_B$，対立仮説 $K:\mu_A\neq\mu_B$ の水準 α の検定問題を考える．クラス A，B のそれぞれ 11 名，9 名のテストの成績を $x_{A1},\cdots,x_{A11};x_{B1},\cdots,x_{B9}$ とすると，$\bar{x}_A=58.0$, $\bar{x}_B=54.0$, $s^2_{0A}=(10.0)^2$，$s^2_{0B}=(8.0)^2$ になるから，(9.3.6) の統計量 T の実現値は約 0.97 になる．一方，$\alpha=0.10$ のとき t_{18} 分布に従う T に基づく棄却域は $C_T=(-\infty,-1.73)\cup(1.73,\infty)$ になり，$0.97\notin C_T$ になるから，仮説 H は受容される．よって，このデータからは，クラス A，B の学生の成績の平均が等しいと見なせる．

2. A 政党の支持率を p として，ベルヌーイ分布 $\mathrm{Ber}(p)$ において仮説 $H:p\ge 0.52$，対立仮説 $K:p<0.52$ の水準 0.05 の検定問題を考える．400 人の有権者の A 政党への支持の有無の結果を $X_1,\cdots,X_{400}$ とすれば，これは $\mathrm{Ber}(p)$ からの大きさ 400 の無作為標本と見なせ，その標本の大きさ 400 も大きいと見なせ

るから，$Y_{400} = \sum_{i=1}^{400} X_i$ とすれば中心極限定理より，仮説 H の下で統計量 $Z_{400} = (Y_{400}/400 - 0.52) \Big/ \sqrt{0.52 \times 0.48/400}$ に従うと考える．水準 0.10 の Z_{400} に基づく棄却域は $C_{Z_{400}} = (-\infty, -1.645)$ になり，一方，$Y_{400} = 190$ のとき $Z_{400} = -1.801 \in C_{Z_{400}}$ となり，仮説 H は棄却される．よって，このデータからは A 政党の支持率は 52 %未満と考えられるので，その責任者はもっと党の宣伝をすることになる．

3. その大学出身者のその試験の合格率を p とする．このとき，仮説 $H : p = 0.35$，対立仮説 $K : p > 0.35$ の水準 α の検定問題を考える．例 9.4.1 と同様に大標本の場合と見なせるから，(9.4.1) の統計量 Z_{320} は H の下で漸近的に $N(0,1)$ に従う．まず，データによる Z_{320} の実現値は約 1.87 になる．また，$\alpha = 0.05$ のとき Z_{320} に基づく棄却域は $C_{Z_{320}} = (1.645, \infty)$ になり，$\alpha = 0.10$ のときには棄却域は $C'_{Z_{320}} = (1.28, \infty)$ になる．よって，$1.88 \in C_{Z_{320}}$，$C'_{Z_{320}}$ になるから，いずれの場合も H は棄却され，この大学関係者の出張は妥当なものと言える．そして p 値は $P_{Z_{320}}\{Z_{320} > 1.87 | H\} \fallingdotseq 0.03$ になる．

4. 都内の高校受験生の合格率を p_1，地方の高校の受験生の合格率を p_2 とする．
(i) 仮説 $H : p_1 \leq p_2$，対立仮説 $K : p_1 > p_2$ の水準 0.05 の片側検定問題を考える．$n_1 = n_2 = 200$ で，$\bar{X}_1$，$\bar{X}_2$，$\bar{X}$ のそれぞれの値は，$\bar{x}_1 = 78/200$，$\bar{x}_2 = 61/200$，$\bar{x} = 139/400$ となり，(9.4.4) の統計量 $Z_{200,200}$ の値はほぼ 1.79 になる．一方，$Z_{200,200}$ は H の下で漸近的に $N(0,1)$ に従うと見なせば，その棄却域は，$u_{0.05} = 1.645$ より $C_{Z_{200,200}} = (1.645, \infty)$ になり，$1.79 \in C_{Z_{200,200}}$ となるから，仮説 H は棄却され，都内の高校の受験生が地方の高校の受験生より合格率が高いということは妥当なものと言える．
(ii) $H : p_1 = p_2$，$K' : p_1 \neq p_2$ の水準 0.05 の両側検定問題では，$Z_{200,200}$ による棄却域は $C'_{Z_{200,200}} = (-\infty, 1.96) \cup (1.96, \infty)$ になり，$1.79 \notin C'_{Z_{200,200}}$ となるから，仮説 H は受容される．

5. 2 つのクラス A，B の学生の統計学の成績は，それぞれ $N(\mu_A, \sigma_A^2)$，$N(\mu_B, \sigma_B^2)$ に従うとし，μ_A，μ_B は未知とする．このとき，仮説 $H : \sigma_A^2 = \sigma_B^2$，対立仮説 $K : \sigma_A^2 \neq \sigma_B^2$ の水準 α の両側検定問題を考える．クラス A，B のそれぞれ 11 名，9 名のテストの成績について，問 1 の解から $\bar{x}_A = 58.0$，$\bar{x}_B = 54.0$，$s_{0A}^2 = (10.0)^2$，$s_{0B}^2 = (8.0)^2$ になる．このとき，(9.5.1) において $n_1 = 11$，$n_2 = 9$ で統計量 F の実現値は $s_{0A}^2/s_{0B}^2 \fallingdotseq 1.56$ になる．一方，F 分布表より，$\alpha = 0.05$ の場合には $F_{0.025}(10,8) = 4.30$，$F_{0.025}(8,10) = 3.86$ となり，F に基づく棄却域は $C_F = (0, 0.26) \cup (4.30, \infty)$ になる．よって，$1.56 \notin C_F$ より，仮説 H に受容され，このデータからは，クラス A，B の学生の成績の分散が等しいということは否定できない．$\alpha = 0.10$ の場合には棄却域は $C'_F = (0, 0.33) \cup (3.35, \infty)$

になり仮設 H は受容される．

6. このサイコロの目の数 $1,\cdots,6$ が出る確率を $p_1,\cdots,p_6$ とし，仮説 $H: p_1 = \cdots = p_6 = 1/6$ の水準 α の検定問題を考える．表から (9.7.5) の補正検定統計量 χ^2_{0*} の実現値は

$$(|36-40|-0.5)^2/40 + (|42-40|-0.5)^2/40 + \cdots + (|40-40|-0.5)^2/40 \fallingdotseq 1.19$$

になり，一方，χ^2_5 分布の上側 5 %点，上側 10 %点はそれぞれ $\chi^2_{0.05}(5) = 11.07$，$\chi^2_{0.10}(5) \fallingdotseq 9.24$ になり，水準 0.05，0.10 の場合の χ^2_{0*} に基づくそれぞれの棄却域は $C_{\chi^2_{0*}} = (11.07, \infty)$，$C'_{\chi^2_{0*}} = (9.24, \infty)$ になり，$1.19 \notin C_{\chi^2_{0*}}$，$C'_{\chi^2_{0*}}$ になる．よって，仮説 H は受容され，このサイコロは偏っているとはいえない．

7. (1) X_1，X_2 の j.p.m.f. は

$$f_{X_1,X_2}(x_1,x_2) = \binom{n_1}{x_1} p_1^{x_1} q_1^{n_1-x_1} \binom{n_2}{x_2} p_2^{x_2} q_2^{n_2-x_2}$$

$$(x_j = 0,1,\cdots,n_j(j=1,2); q_j = 1-p_j(j=1,2))$$

になり，$T = X_1 + X_2$ の p.m.f. は (5.4.8) より，$t = 0,1,\cdots,n_1+n_2$ について

$$f_T(t) = \sum_{x_1=a}^{b} \binom{n_1}{x_1} p_1^{x_1} q_1^{n_1-x_1} \binom{n_2}{t-x_1} p_2^{t-x_1} q_2^{n_2-t+x_1}$$

$$(a = \max\{0, t-n_2\}, b = \min\{n_1, t\})$$

になる．

(2) $T = t$ を与えたときの X_1 の c.p.m.f. は

$$f^{\theta}_{X_1|T}(x_1|t) = \binom{n_1}{x_1}\binom{n_2}{t-x_1}\theta^{x_1} \Bigg/ \sum_{x=a}^{b} \binom{n_1}{x}\binom{n_2}{t-x}\theta^{x}$$

$$(x = a, a+1, \cdots, b)$$

になる．

(3) $\sum_{x=a}^{x_1} f^{\theta_0}_{X_1|T}(x|t) \leq \alpha$ となるとき，仮説 H を棄却すればよい．

補　　遺

問 A.5.5.1　$\mathcal{X}_1 = (-\infty, 0)$, $\mathcal{X}_2 = (0, \infty)$ とすれば，$\mathcal{X}_1 \cap \mathcal{X}_2 = \phi$ で $\boldsymbol{R}^1 \cap \{0\}^c = \mathcal{X}_1 \cup \mathcal{X}_2$ になり $h(z) = z^2$ は $\mathcal{X}_1$ 上で狭義単調減少関数で，$\mathcal{X}_2$ 上では狭義単調増加関数になる．$\{0\}$ は確率 0 なので無視してよい．$h^{-1}(y) = \pm\sqrt{y}$ $(y > 0)$ となり，$(d/dy)h^{-1}(y) = \pm 1/(2\sqrt{y})$ $(y > 0)$ になる．よって Z の p.d.f. $f_Z(z) = (1/\sqrt{2\pi})e^{-z^2/2}$ より，定理 A.5.4.1 を用いれば，$Y = Z^2$ の p.d.f. は

$f_Y(y) = f_Z(\sqrt{y})(1/(2\sqrt{y})) + f_Z(-\sqrt{y})(1/(2\sqrt{y})) = e^{-y/2} \Big/ \sqrt{2\pi y} \quad (y > 0),$

$f_Y(y) = 0 \quad (y \leq 0)$

になり，例 5.5.3 の結果とも一致する．

問 A.5.7.1 (i) $\boldsymbol{X} = (X_1, \cdots, X_n)$ の j.p.d.f.

$f_{\boldsymbol{X}}(\boldsymbol{x}; \mu, \sigma^2) = (1/\sqrt{2\pi\sigma^2})^n \exp\left\{-(1/2\sigma^2)\sum_{i=1}^n (x_i - \bar{x})^2 - (n/2\sigma^2)(\bar{x} - \mu)^2\right\}$

より，定理 A.5.7.1 から，$\left(\bar{X}, \sum_{i=1}^n (X_i - \bar{X})^2\right)$ は $\theta = (\mu, \sigma^2)$ に対する十分統計量になる．ただし，$\bar{X} = (1/n)\sum_{i=1}^n X_i$ とする．また注意 A.5.7.2 より，$(\bar{X}, S^2)$, $(\bar{X}, S_0^2)$ も θ に対する十分統計量．

(ii) $f_{\boldsymbol{X}}(\boldsymbol{x}, \mu, \sigma^2) = (1/\sqrt{2\pi\sigma^2})^n \left[\exp\left\{-n\mu^2/(2\sigma^2)\right\}\right] \cdot$

$$\left[\exp\left\{(\mu/\sigma^2)\sum_{i=1}^n x_i - (1/(2\sigma^2))\sum_{i=1}^n x_i^2\right\}\right]$$

より定理 A.5.7.1 から σ^2 が既知のとき $\sum_{i=1}^n X_i$ が $\theta = \mu$ に対する十分統計量．

(iii) μ が既知のとき $\boldsymbol{X}$ の j.p.d.f. の元の形より定理 A.5.7.1 から $\sum_{i=1}^n (X_i - \mu)^2$ が σ^2 に対する十分統計量．

演習問題 A

1. $i = 1, \cdots, n$ について等確率を与える．$-\log x$ は凸関数であるからイェンセンの不等式 (第 4.2 節) から $E[\log X] \leq \log E(X)$ となる．よって $\log \bar{x}_G = (1/n)\sum_{i=1}^n \log x_i = E[\log X] \leq \log E(X) = \log\left(\sum_{i=1}^n x_i/n\right) = \log \bar{x}_A$ より $\bar{x}_G \leq \bar{x}_A$．次に，$x > 0$ において $1/x$ は凸関数であるから
   $1/\bar{x}_H = (1/n)\sum_{i=1}^n (1/x_i) = E(1/X) > 1/E(X) = 1\Big/\left(\sum_{i=1}^n x_i/n\right) = 1/\bar{x}_A$
   より $\bar{x}_A \geq \bar{x}_H$．

2. $E(X^r) = \exp\left(\mu r + \frac{1}{2}\sigma^2 r^2\right)$.

3. スターリングの公式 (補遺 A.4.4 節参照) から，$\Gamma((\nu+1)/2) / \{\sqrt{\nu}\Gamma(\nu/2)\} \sim 1/\sqrt{2}$ になり
   $$\lim_{\nu\to\infty}\left\{1 + (x^2/\nu)\right\}^{-(\nu+1)/2} = \left[\lim_{\nu\to\infty}\left\{1 + (x^2/\nu)\right\}^{\nu+1}\right]^{-1/2}$$
   $$= \left[\lim_{\nu\to\infty}\left\{1 + (x^2/\nu)\right\}^{\nu}\right]^{-1/2}\left[\lim_{\nu\to\infty}\left\{1 + (x^2/\nu)\right\}\right]^{-1/2} = e^{-x^2/2}$$
   となるから，t_ν 分布の p.d.f. は $\nu \to \infty$ のとき $N(0,1)$ の p.d.f. に収束する．

4. (1) $g_X(\theta) = E(e^{\theta X}) = \sum_{x=0}^\infty \binom{-r}{x} p^r (-qe^\theta)^x = p^r(1 - qe^\theta)^{-r}$ $(qe^\theta < 1)$ となり，$\mu_1' = g_X'(0) = rq/p$，$\mu_2' = g''(0) = rq(rq+1)/p^2$.
   (2) $g_X(\theta) = \int_a^b e^{\theta x}/(b-a)dx = \left(e^{b\theta} - a^{a\theta}\right)/\{\theta(b-a)\}$ $(\theta \neq 0)$ となり，$\mu_1' = (a+b)/2$，$\mu_2' = (a^2 + ab + b^2)/3$.
   (3) $g_X(\theta) = \int_0^\infty \{1/2^{n/2}\Gamma(n/2)\} x^{(n/2)-1} e^{-(1-2\theta)x/2} dx$

$= (1-2\theta)^{-n/2}$ $(\theta < 1/2)$ となり，$\mu_1' = n$, $\mu_2' = n^2 + 2n$.

(4) $g_X(\theta) = \int_0^\infty \left(\beta^{-1}/\Gamma(\alpha)\right)(x/\beta)^{\alpha-1}\ e^{-((1/\beta)-\theta)x}dx = (1-\beta\theta)^{-\alpha}$ $(\theta < 1/\beta)$ となり，$\mu_1' = \alpha\beta$, $\mu_2' = \alpha(\alpha+1)\beta^2$.

(5) $g_X(\theta) = \int_{-\infty}^\infty (1/(2\lambda))\exp\{-(1/\lambda)\ (|x| - \lambda\theta x)\}dx = (1-\lambda^2\theta^2)^{-1}$ $(|\theta| < 1/\lambda)$ となり，$\mu_1' = 0$, $\mu_2' = 2\lambda^2$.

5. $$\phi_X(t) = \int_{-\infty}^\infty \frac{e^{itx}}{\pi(1+x^2)}dx = \frac{1}{\pi}\int_{-\infty}^\infty \frac{\cos(tx)}{1+x^2}dx + \frac{i}{\pi}\int_{-\infty}^\infty \frac{\sin(tx)}{1+x^2}dx$$
になり，$\sin(tx)$ は x の奇関数であるから上式の最終項は 0 になり，$\cos(tx)$ が x の偶関数であるから，$\phi_X(t) = (2/\pi)\int_0^\infty \cos(tx)/(1+x^2)dx = e^{-|t|}$ になる.

6. (1) (5.4.5) と問 4 の (1) より Y の m.g.f. は $g_Y(\theta) = \prod_{i=1}^n g_{X_i}(\theta) = \prod_{i=1}^n p^{r_i}$ $(1-qe^\theta)^{-r_i} = p^{\sum_{i=1}^n r_i}(1-qe^\theta)^{-\sum_{i=1}^n r_i}$ となるから，$Y \sim \mathrm{NB}(\sum_{i=1}^n r_i, p)$.
(2) $g_Y(\theta) = (1-\beta\theta)^{-\sum_{i=1}^n \alpha_i}$ $(\theta < 1/\beta)$ より，$Y \sim G(\sum_{i=1}^n \alpha_i, \beta)$.

7. (X_1, X_2) の j.p.d.f. $f_{X_1,X_2}(x_1,x_2)$ から，$Y = X_1/X_2$, $Z = X_2$ とおくと (Y,Z) の j.p.d.f. は
$$f_{Y,Z}(y,z) = f_{X_1,X_2}(yz,z)\cdot|z| = (1/2\pi)|z|\exp\left\{-(y^2z^2+z^2)/2\right\} \quad ((y,z)\in \boldsymbol{R}^2)$$
になる. そして Y の m.p.d.f. は $f_Y(y) = (1/\pi)\int_0^\infty z\exp\left\{-(y^2+1)z^2/2\right\}dz$ になり，$t = (y^2+1)z^2/2$ とおくと，$f_Y(y) = (1/\pi)\int_0^\infty e^{-t}/(y^2+1)dt = 1/\left\{\pi(y^2+1)\right\}$ $(y \in \boldsymbol{R}^1)$ になり，これはコーシー分布 (t_1 分布) の p.d.f. になる. また，$E(|Y|^i) = 2\int_0^\infty y^i/\left\{\pi(y^2+1)\right\}dy \ge 2\int_1^\infty y/\left\{\pi(y^2+1)\right\}dy = (1/\pi)\left[\log(1+y^2)\right]_1^\infty = \infty$ $(i = 1, 2, \cdots)$.

8. (X_1, X_2) の j.p.d.f. $f_{X_1,X_2}(x_1,x_2) = e^{-x_1-x_2}$ $(x_1 > 0, x_2 > 0)$, $= 0$ (その他) より，$Y = X_1/(X_1+X_2)$, $Z = X_1 + X_2$ とおくと (Y,Z) の j.p.d.f. は $f_{Y,Z}(y,z) = ze^{-z}$ $(0 < y < 1, 0 < z)$, $= 0$ (その他) になり，Y の m.p.d.f. は $f_Y(y) = 1$ $(0 < y < 1)$, $= 0$ (その他) になり，$Y \sim U(0,1)$ となる.

9. (X_1, X_2) の j.p.d.f. は
$$f_{X_1,X_2}(x_1,x_2) = \begin{cases} \frac{1}{\Gamma(\alpha)\Gamma(\beta)2^{\alpha+\beta}}x_1^{\alpha-1}x_2^{\beta-1}e^{-\frac{1}{2}(x_1+x_2)} & (x_1 > 0, x_2 > 0), \\ 0 & (\text{その他}) \end{cases}$$
より，$Y = X_1/(X_1+X_2)$, $Z = X_1 + X_2$ とおくと
$$f_{Y,Z}(y,z) = \begin{cases} \frac{1}{\Gamma(\alpha)\Gamma(\beta)2^{\alpha+\beta}}y^{\alpha-1}(1-y)^{\beta-1}z^{\alpha+\beta-1}e^{-z/2} & (0<y<1, 0<z), \\ 0 & (\text{その他}) \end{cases}$$
になる. よって，Y の m.p.d.f. は

$$f_Y(y) = \begin{cases} \frac{1}{\Gamma(\alpha)\Gamma(\beta)2^{\alpha+\beta}} y^{\alpha-1}(1-y)^{\beta-1} \int_0^\infty z^{\alpha+\beta-1} e^{-z/2} dz \\ \quad = \frac{\Gamma(\alpha+\beta)}{\Gamma(\alpha)\Gamma(\beta)} y^{\alpha-1}(1-y)^{\beta-1} & (0 < y < 1), \\ 0 & (\text{その他}) \end{cases}$$

になるから，$Y \sim \mathrm{Be}(\alpha, \beta)$ になる．

10\. X の p.d.f. は

$$f_X(x) = \frac{\nu_1^{\nu_1/2} \nu_2^{\nu_2/2}}{B(\nu_1/2, \nu_2/2)} \frac{x^{\nu_1/2-1}}{(\nu_1 x + \nu_2)^{(\nu_1+\nu_2)/2}} \quad (x > 0), \ = 0 \quad (\text{その他})$$

において，$y = \frac{\nu_1}{\nu_2} x \Big/ \left(1 + \frac{\nu_1}{\nu_2} x\right)$ とおくと $x = y \Big/ \left\{\frac{\nu_1}{\nu_2}(1-y)\right\}$ より

$$f_y(y) = \frac{1}{B(\nu_1/2, \nu_2/2)} y^{\nu_1/2-1}(1-y)^{\nu_2/2-1} \quad (0 < y < 1), \ = 0 \quad (\text{その他})$$

になる．よって $Y \sim \mathrm{Be}(\nu_1/2, \nu_2/2)$ になる．

11\. F_X を X の c.d.f. とすれば，$P_X\{X \geq \lambda\} = 1 - F_X(\lambda) = 1 - (1/\Gamma(\alpha+1)) \int_0^\lambda x^\alpha e^{-x} dx$ となり，部分積分を繰り返し行えば $F_X(\lambda) = 1 - e^{-\lambda} \sum_{k=0}^{\alpha} \lambda^k / k! = 1 - F_Y(\alpha)$ を得る．

12\.
$$\begin{aligned} F_X(r) &= P_X\{X \leq r\} = \textstyle\sum_{k=0}^{r} \binom{n}{k} p^k q^{n-k} \\ &= \left\{q^{n-r}/B(r+1, n-r)\right\} \textstyle\sum_{k=0}^{r} \binom{r}{k} p^k q^{r-k} B(n-r, r-k+1) \\ &= \left\{q^{n-r}/B(r+1, n-r)\right\} \textstyle\sum_{k=0}^{r} \binom{r}{k} p^k q^{n-k} \int_0^1 t^{r-k}(1-t)^{n-r-1} dt \\ &= \left\{q^{n-r}/B(r+1, n-r)\right\} \textstyle\int_0^1 t^{r-k}(1-t)^{n-r-1} dt \\ &= \left\{q^{n-r}/B(r+1, n-r)\right\} \textstyle\int_0^1 (1-t)^{n-r-1}(p+qt)^r dt \\ &= \{1/B(r+1, n-r)\} \textstyle\int_0^q u^{n-r-1}(1-u)^r du = F_y(q). \end{aligned}$$

13\. (1) 指数分布 $\mathrm{Exp}(\theta)$ $(\theta > 0)$ は尺度母数分布族であり，$S = S(\boldsymbol{X})$ は $X_1/X_n, \cdots, X_{n-1}/X_n$ を通してのみ標本 $\boldsymbol{X}$ に基づく統計量であるから，例 A.5.7.5 より $S(\boldsymbol{X})$ は補助推定量である．

(2) $T = \sum_{i=1}^{n} X_i$ は θ に対する完備十分統計量であるから，定理 A.5.7.3 (Basu) より T は S に独立になる．よって，$\theta = E_\theta(X_n) = E_\theta(TS) = E_\theta(T)E_\theta(S) = n\theta E_\theta(S)$ より，任意の θ について $E_\theta(S) = n^{-1}$ になる．

14\. (1) θ の MLE は $\bar{X} = \sum_{i=1}^{n} X_i/n$ になるから，θ^2 の MLE は $\bar{X}^2$ になる．また $E_\theta(\bar{X}^2) = \theta^2 + \{\theta(1-\theta)/n\}$ になるから，$\bar{X}^2$ の偏り $b(\theta) = \theta(1-\theta)/n$ になる．

(2) $X_1, \cdots, X_n$ に基づく MLE を $\hat{\theta}_n^2 = \bar{X}^2$ とし，$X_1, \cdots, X_{i-1}, X_{i+1}, \cdots, X_n$ に基づく θ^2 の ML は $\hat{\theta}_{n-1}^{2(i)} = (\sum_{j \neq i} X_j/(n-1))^2$ になるから，θ^2 の MLE に基づくジャックナイフ統計量は

$$\hat{\theta}_{JK}^2 = n\bar{X}^2 - \frac{n-1}{n} \sum_{i=1}^{n} \left(\frac{1}{n-1} \sum_{j \neq i} X_j \right)^2$$

$$= \frac{1}{n(n-1)}\sum\sum_{i\neq j} X_iX_j = \frac{n\bar{X}(n\bar{X}-1)}{n(n-1)} = \frac{\bar{X}(n\bar{X}-1)}{n-1}$$

になる．

(3) $E_\theta(\hat{\theta}^2_{JK}) = \sum\sum_{i\neq j} E(X_i)E(X_j)/n(n-1) = \theta^2$ より $\hat{\theta}^2_{JK}$ は θ^2 の不偏推定量．

15. (1) $Y = \#\{i|X_i \le x\}$ とし，$p = F(x)$ とすれば，$Y \sim B(n,p)$ になる．よって，$E(Y/n) = p, V(Y/n) = pq/n$ $(q = 1-p)$ になるから $E[\hat{F}_n(x)] = F(x)$, $V\left(\hat{F}_n(x)\right) = F(x)\{1-F(x)\}/n$.
(2) (1) と 2 項分布の正規近似より明らか．

16. $\boldsymbol{X}$ の実現値を $\boldsymbol{x}$ とし，$\bar{x} = \theta(\hat{F}_n)$ とすれば，$X_1^*, \cdots, X_n^*$ は $\mathrm{Ber}(\bar{x})$ からの大きさ n の無作為標本になり，$R^* = R(\boldsymbol{X}^*, \hat{F}_n) = \bar{X}^* - \bar{x}$ の平均，分散はそれぞれ，$E_*(\bar{X}^* - \bar{x}) = 0$，$V_*(\bar{X}^* - \bar{x}) = \bar{x}(1-\bar{x})/n$ になる．ただし，E_*，V_* は，$\bar{x}$，$\hat{F}_n$ を固定したときの $\boldsymbol{X}^*$ の分布による平均，分散とする．

17. 不偏分散 $S_0^2 = \sum_{i=1}^n (X_i - \bar{X})^2/(n-1)$ $(\bar{X} = \sum_{i=1}^n X_i/n)$ は $g(\theta) = \theta(1-\theta) = V_\theta(X_1)$ の不偏推定量になる．そこで，$X_i^2 = X_i$ $(i = 1, \cdots, n)$ に注意して，$T = \sum_{i=1}^n X_i$ とおけば $S_0^2 = \left\{T - (T^2/n)\right\}/(n-1)$ になり，定理 A.7.4.3 より T は θ に対する完備十分統計量になるから，定理 A.7.4.2 より S_0^2 は $g(\theta)$ の UMVU 推定量になる．

18. $\hat{g}(\boldsymbol{X}) = 1$ ($X_1 = 0$ のとき)，$=0$ ($X_1 \ge 1$ のとき) とすれば，$\hat{g}$ は $g(\lambda) = e^{-\lambda}$ の不偏推定量になる．また，定理 A.7.4.3 より $T = \sum_{i=1}^n X_i$ は λ に対する完備十分統計量であるから，定理 A.7.4.2 より $E_\lambda[\hat{g}|T=t] = P\{X_1 = 0|T=t\} = \{1-(1/n)\}^t$ になり，よって，$\hat{g}^*(T) = \{1-(1/n)\}^T$ は $g(\lambda) = e^{-\lambda}$ の UMVU 推定量になる．

19. (1) $\boldsymbol{X} = (X_1, \cdots, X_n)$ の j.p.d.f. は

$$f_{\boldsymbol{X}}(\boldsymbol{x}, \theta) = 1 \ \left(0 < \min_{1\le i\le n} x_i, \max_{1\le i\le n} x_i < \theta\right), = 0 \ (\text{その他})$$

になるから，因子分解定理より $Y_n = \max_{1\le i\le n} X_i$ は θ に対する十分統計量になる．また，Y_n の p.d.f. は $f_{Y_n}(y) = ny^{n-1}/\theta^n$ $(0 < y < \theta)$，$= 0$ (その他) になり，任意の θ (>0) について $E_\theta[g(Y)] = 0$ とすれば，辺々に θ^n を掛けて微分して $0 = (d/d\theta)\int_0^\theta g(y)ny^{n-1}dy = ng(\theta)\theta^{n-1}$ となり，$g(\theta) = 0$ になる．よって Y_n は完備性をもつ．
(2) $\hat{\theta}^*$ は θ の不偏推定量で完備十分統計量の関数であるから，系 A.7.4.1 より $\hat{\theta}^*$ は θ の UMVU 推定量になる．

20. (1) $\bar{X} = \sum_{i=1}^n X_i/n$, $T = \sum_{i=1}^n \left\{(1/X_i) - (1/\bar{X})\right\}$ とすると $(\bar{X}, T)$ は θ に対する完備十分統計量で，$\bar{X}$ と T はたがいに独立で $\bar{X}$, T の p.d.f. はそれぞれ

$$p_{\bar{X}}(s,\theta) = \sqrt{n\lambda/(2\pi s^3)}\exp\left\{-n\lambda(s-\mu)^2/(2\mu^2 s)\right\} \quad (s>0),$$

$$p_T(t,\lambda) = \left[\left\{(\lambda/2)^{(n-1)/2}t^{(n-3)/2}\right\}/\Gamma((n-1)/2)\right]\exp(-\lambda t/2)\ (t>0)$$

となるから，$g(\theta)=1/\mu$ の UMVU 推定量は $(1/\bar{X})-\{T/n(n-1)\}$ になる．

(2) $Y=\sum_{i=1}^n X_i^p$ は θ に対する完備十分統計量で，Y の p.d.f. は

$$p_Y(y,\theta) = \left[y^{n-1}/\{\Gamma(n)\theta^{np}\}\right]\exp(-y/\theta^p) \quad (y>0)$$

となるから，$g(\theta)=\theta$ の UMVU 推定量は $\Gamma(n)Y^{1/p}/\Gamma(n+1/p)$．

(3) $Y=\sum_{i=1}^n X_i^2$ は θ に対する完備十分統計量で，Y の p.d.f. は

$$p_Y(y,\theta) = \left[y^{n-1}/\{2^n\Gamma(n)\theta^n\}\right]\exp\{-y/(2\theta)\} \quad (y>0),$$

すなわち Y/θ は χ^2_{2n} 分布に従うから，$g(\theta)=\theta^\nu$ の UMVU 推定量は $\Gamma(n)Y^\nu/\{2^\nu\Gamma(n+\nu)\}$．

(4) $Y=\sum_{i=1}^n \log X_i$ は θ に対する完備十分統計量で，Y の p.d.f. は

$$p_Y(y,\theta) = \{\theta^n/\Gamma(n)\}(y-n\log\lambda)^{n-1}\exp\{-\theta(y-n\log\lambda)\} \quad (y>n\log\lambda),$$

すなわち $2\theta(Y-n\log\lambda)$ は χ^2_{2n} 分布に従うから，$g(\theta)=\theta$ の UMVU 推定量は $(n-1)/(Y-n\log\lambda)$．

21. まず，スタインの補題については

$$E_\theta[g(X)(X-\theta)] = \frac{1}{\sqrt{2\pi}\sigma}\int_{-\infty}^{\infty} g(x)(x-\theta)e^{-(x-\theta)^2/(2\sigma^2)}dx$$

において $u=g(x)$, $v=-\sigma^2 e^{-(x-\theta)^2/(2\sigma^2)}$ とおいて，部分積分を行えば示すことができる．そこで

$$\begin{aligned}
R(\theta,\hat{\theta}^*) &= \sum_{i=1}^p E_\theta\left[\left\{\theta_i-\hat{\theta}_i^*(\boldsymbol{X})\right\}^2\right] \\
&= \sum_{i=1}^p E_\theta\left[\left\{\theta_i-\left(1-(p-2)\Big/\sum_{j=1}^p X_j^2\right)X_i\right\}^2\right] \\
&= \sum_{i=1}^p E_\theta\left[\left\{(\theta_i-X_i)+\left((p-2)\Big/\sum_{j=1}^p X_j^2\right)X_i\right\}^2\right] \\
&= \sum_{i=1}^p E_\theta\left[(\theta_i-X_i)^2\right] + 2\sum_{i=1}^p E_\theta\left[(\theta_i-X_i)\frac{p-2}{\sum_{j=1}^p X_j^2}X_i\right] \\
&\qquad + \sum_{i=1}^p E_\theta\left[\left(\frac{p-2}{\sum_{j=1}^p X_j^2}X_i\right)^2\right]
\end{aligned}$$

になり，この右辺の第 1 項目は p になり，第 3 項目は $(p-2)^2E_\theta\left[1/\sum_{j=1}^p X_j^2\right]$ になる．また，その第 2 項目については，各 i について X_k $(k\neq i)$ を固定する毎にスタインの補題を用いて

$$\sum_{i=1}^{p} E_\theta\left[(\theta_i - X_i)\frac{p-2}{\sum_{j=1}^{p} X_j^2}X_i\right] = -(p-2)\sum_{i=1}^{p} E_\theta\left[\frac{\partial}{\partial X_i}\frac{X_i}{\sum_{j=1}^{p} X_j^2}\right]$$

$$= -(p-2)\sum_{i=1}^{p} E_\theta\left[\frac{\sum_{j=1}^{p} X_j^2 - 2X_i^2}{\left(\sum_{j=1}^{p} X_j^2\right)^2}\right] = -(p-2)^2 E_\theta\left[1 \Big/ \sum_{j=1}^{p} X_j^2\right]$$

になる．よって

$$R(\theta, \hat{\theta}^*) = p - (p-2)^2 E_\theta\left[1 \Big/ \sum_{j=1}^{p} X_j^2\right] < p = R(\theta, \boldsymbol{X})$$

になる．

22. $R(p, \delta^*) \equiv 1$ より，δ^* とは別のミニマックス推定量があれば，そのリスクの最大値は高々 1 になる．そこで，δ を δ^* の別の任意の推定量とすれば，$B = \{x|\delta(x) > 0\} \neq \phi$ になるから，

$$R(p, \delta) = \sum\{1 - \delta(x)/p\}^2 f_X(x, p) \to \infty \quad (p \downarrow 0)$$

になる．ただし，f_X は X の p.m.f. とする．よって，δ はミニマックスでない．δ は任意であるから，δ^* は唯一つのミニマックスになる．

23. $\bar{x} = \sum_{i=1}^{n} x_i/n$ とすれば，例 A.7.3.2 と同様にして，$\pi(\theta|\bar{x}) \sim N(\delta_B(\bar{x}), V(\theta|\bar{x}))$ になる．ただし，$\delta_B(\bar{x}) = \sigma^2\mu/(\sigma^2 + n\tau^2) + n\tau^2\bar{x}/(\sigma^2 + n\tau^2)$，$V(\theta|\bar{x}) = \sigma^2\tau^2/(\sigma^2+n\tau^2)$ とする．θ の事後分布の下で，$\{\theta-\delta_B(\bar{x})\}/\sqrt{V(\theta|\bar{x})} \sim N(0,1)$ になるから，信頼係数 $1-\alpha$ の HPD 信頼域は

$$\{\theta|\pi(\theta|\bar{x}) \geq c\} = \left\{\theta \,\middle|\, |\theta - \delta_B(\bar{x})| \leq u_{\alpha/2}\sqrt{V(\theta|\bar{x})}\right\}$$

になる．

24. (1) δ_π をミニマックスでないと仮定する．このとき，

$$\sup_{\theta\in\Theta} R(\theta, \delta) < \sup_{\theta\in\Theta} R(\theta, \delta_\pi)$$

となる δ が存在する．よって，$B(\pi, \delta) \leq \sup_{\theta\in\Theta} R(\theta, \delta) < \sup_{\theta\in\Theta} R(\theta, \delta_\pi) \leq B(\pi, \delta_\pi)$ になり，δ_π が π に関するベイズであることに矛盾．

(2) $B(\theta, \delta) \equiv c$ となり $R(\theta, \delta) \equiv B(\pi, \delta) \equiv c$ になるから，(1) より δ はミニマックス．

(3) $R(\theta, \hat{p}_B^*) = 1/\left\{4(1+\sqrt{n})^2\right\}$ となるから (2) より $\hat{p}_B^*$ は p のミニマックス推定量．

参考書

統計学に関する書物は多い．特に，本書をまとめるに際して参考にしたのは以下の書物である．洋書では

[BL96] Berry, D. A. and Lendgren, B. W. (1996). *Statistics: Theory and Methods.* (2nd ed.), Duxbury Press, Belmont.

[BD77] Bickel, P. J. and Doksum, K. (1977). *Mathematical Statistics.* Prentice Hall, Englewood Cliffs.

[CB90] Casella, G. and Berger, R. L. (1990). *Statistical Inference.* Wadsworth, Belmont.

[H76] Hoel, P. G. (1976). *Elementary Statistics.* (4th ed.), Wiley, New York. (浅井晃, 村上正康 共訳 (1982). 初等統計学. 培風館).

[L59] Lehmann, E. L. (1959). *Testing Statistical Hypotheses.* Wiley, New York. (E. L. レーマン著, 渋谷政昭, 竹内啓 訳 (1969). 統計的検定論. 岩波書店).

[L83] Lehmann, E. L. (1983). *Theory of Point Estimation.* Wiley, New York.

[M83] Miller, J. G. (1983). *Statistics for Advanced Level.* Cambridge Univ. Press. (村上正康 訳 (1992). 統計学の基礎. 培風館).

[MGB74] Mood, A. M., Graybill, F. A. and Boes, D. C. (1974). *Introduction to the Theory of Statistics.* (3rd ed.), McGraw Hill Kogakusha, Tokyo.

[P98] Pestman, W. R. (1998). *Mathematical Statistics: An Introduction; ibid: Problems and Detailed Solutions.* Walter de Gruyter, Berlin.

[R73] Rao, C. R. (1973). *Linear Statistical Inference and Its Applications.* (2nd ed.), Wiley, New York. (奥野忠一 他 訳 (1977). 統計的推測とその応用. 東京図書).

[R97] Roussas, G. G. (1997). *A Course in Mathematical Statistics.* (2nd ed.), Academic Press, San Diego.

[Sc95] Schervish, M. J. (1995). *Theory of Statistics.* Springer, New York.

[Sp75] Spiegel, M. R. (1975). *Probability and Statistics: Schaum's Outline Series, Theory and Problems*, McGraw-Hill. (氏家勝巳, 土井誠 訳 (1981). 統計 (マグロウヒル大学演習シリーズ). マグロウヒル好学社).

邦書では

[H70] 本間鶴千代 (1970). 統計数学入門. 森北出版.

[K75] 草間時武 (1975). 統計学. サイエンス社.

[N78] 鍋谷清治 (1978). 数理統計学. 共立出版.

[Ta73] 竹内啓 (1973). 数理統計学. 東洋経済新報社.

[Ta89] 竹内啓 他編 (1989). 統計学辞典. 東洋経済新報社.

[To91] 東京大学教養学部統計学教室 (1991). 統計学入門. 東京大学出版会.

[WM72] 鷲尾泰俊・森本治樹 (1972). 数理統計学. 白日社.

である.

上記において, [H76], [M83], [To91] は統計学の入門書として分かり易く書かれている. また, [BL96] も統計学の入門書として丁寧に書かれていて, [Ta73], [WM72], [BD77], [MGB74], [CB90], [R97], [H70], [K75] は標準的な数理統計学の書物であり, また, [P98], [Sc95] はやや数学的側面が強い形で書かれてあり, [N78] は測度論を用いて数学的に厳密に理論を展開している. さらに, [Sp75] は演習書で含蓄のある問題が所収されている. [L83] は統計的推定論の大学院レベルの標準的な書物で, 1998 年に, その第 2 版が著者と G. Casella の共著として Springer 社から出版されている. [L59] は統計的検定論の大学院レベルの標準的な書物で, 1986 年にその第 2 版が出版されている. なお, 最近, 邦書についても数理統計学に関する多くの書物が出版されている.

最後に, 分布表については「簡約統計数値表」(日本規格協会) が要領よくまとめられていて便利である.

付　　表

正規分布の上側確率，上側パーセント点の値を与える正規分布表，そして χ^2 分布，t 分布，F 分布の上側パーセント点の値を与えるそれぞれの表および乱数表について簡単に解説する．

1　正規分布表 (上側確率)(付表 1，p.273)

標準正規分布 $N(0,1)$ の p.d.f. ϕ，c.d.f. Φ について，$u \in \boldsymbol{R}^1$ を与えるとき

$$Q(u) = 1 - \Phi(u) = \int_u^{\infty} \phi(x)dx$$

を $N(0,1)$ の上側確率 $Q(u)$ という (付表図 1 参照)．付表 1 で，たとえば $u = 2.98$ について，u の縦の欄の 2.9 と u の横の欄の .08 とが交差する点から，$Q(u) = .0^2 14412 = 0.0014412$ を得る．表にない u の値に対しては，線形補間を行えばよい．たとえば，$u = 0.755$ について，$u = 0.75$ と 0.76 の間で補間して次式を得る．

$$Q(0.755) = 0.22363 + \frac{0.76 - 0.755}{0.76 - 0.75} \times (0.22663 - 0.22363) = 0.22513$$

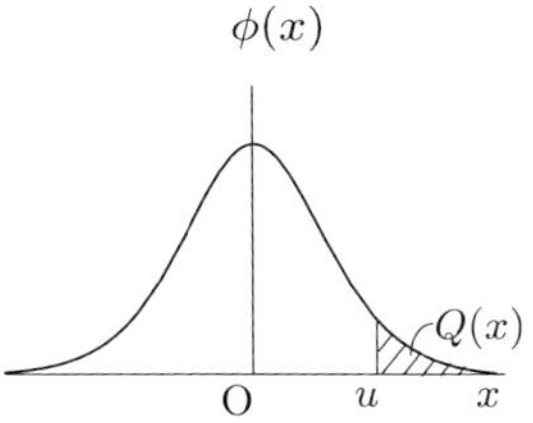

付表図 1

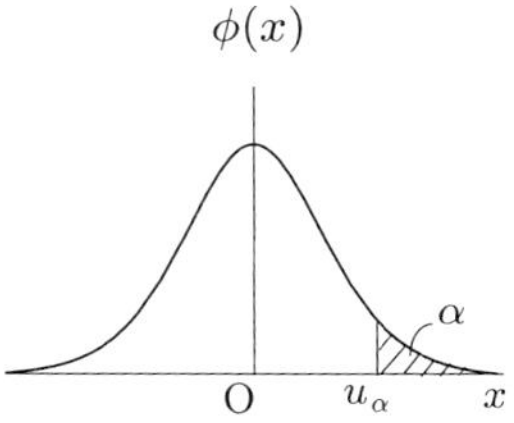

付表図 2

2　正規分布表 (パーセント点)(付表 2，p.274)

$N(0,1)$ の p.d.f. ϕ について，$\alpha\,(0 < \alpha < 1)$ を与えるとき

$$Q(u) = \int_u^{\infty} \phi(x)dx = \alpha$$

となる $u = u_\alpha$ を $N(0,1)$ の上側 $100\alpha\%$ 点という (付表図 2 参照)．付表 2 で，たとえば $\alpha = 0.050$ について，α の縦の欄の 0.05 と α の横の欄の.000 とが交差する点から，$N(0,1)$ の上側 5%点として $u_{0.050} = 1.64485$ を得る．また同様にして，$N(0,1)$ の上側 2.5% 点として $u_{0.025} = 1.95996$，上側 0.5%点として $u_{0.005} = 2.57583$ を得る．

3　χ^2 分布表 (付表 3，p.275)

χ^2_ν 分布 (自由度 ν の χ^2 分布) に従う r.v. X の p.d.f

$$f_X(x) = \frac{1}{2^{\nu/2}\Gamma(\nu/2)} x^{(\nu/2)-1} e^{-x/2} \quad (x > 0)$$

について，$\alpha\,(0 < \alpha < 1)$ を与えるとき

$$\int_{\chi^2}^{\infty} f_X(x)dx = \alpha$$

となる $\chi^2 = \chi^2_\alpha(\nu)$ を χ^2_ν 分布の上側 $100\alpha\%$点という (付表図 3 参照)．付表 3 から，たとえば $\nu = 24$, $\alpha = 0.025$ については $\chi^2_{0.025}(24) = 39.3641$ を得る．

4　t 分布表 (付表 4，p.276)

t_ν 分布 (自由度 ν の t 分布) に従う r.v. T の p.d.f.

$$f_T(x) = \frac{\Gamma((\nu+1)/2)}{\sqrt{\pi\nu}\,\Gamma(\nu/2)}\left(1 + \frac{x^2}{\nu}\right)^{-(\nu+1)/2} \quad (x \in \boldsymbol{R}^1)$$

について，$\alpha\,(0 < \alpha < 1)$ を与えるとき

$$\int_{t}^{\infty} f_T(x)dx = \alpha$$

となる $t = t_\alpha(\nu)$ を t_ν 分布の上側 $100\alpha\%$点という (付表図 4 参照)．特に $\nu \to \infty$ のとき，$t_\alpha(\nu)$ は $N(0,1)$ の上側 $100\alpha\%$点に収束する (演習問題 A-3 参照)．付表 4 から，たとえば $\nu = 12$, $\alpha = 0.025$ については $t_{0.025}(12) = 2.179$ を得る．

5　F 分布表 (付表 5-1, 5-2，p.277, 278)

F_{ν_1,ν_2} 分布 (自由度 ν_1, ν_2 の F 分布) に従う r.v. F の p.d.f.

$$f_F(x) = \frac{\nu_1^{\nu_1/2}\nu_2^{\nu_2/2}}{B(\nu_1/2,\ \nu_2/2)} \frac{x^{(\nu_1/2)-1}}{(\nu_1 x + \nu_2)^{(\nu_1+\nu_2)/2}} \quad (x > 0)$$

について，$\alpha\,(0 < \alpha < 1)$ を与えるとき

$$\int_{c}^{\infty} f_F(x)dx = \alpha$$

となる $c = F_\alpha(\nu_1,\ \nu_2)$ を $F_{\nu_1,\,\nu_2}$ 分布の上側 $100\alpha\%$点という (付表図 5 参照)．付表 5-1 から，たとえば $\alpha = 0.025$, $\nu_1 = 12$, $\nu_2 = 10$ については $F_{0.025}(12,\ 10) = 3.621$ を得る．

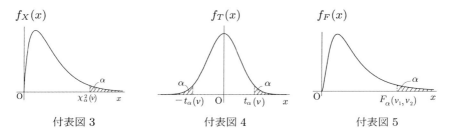

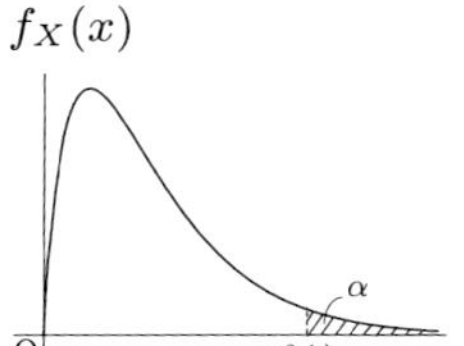

付表図 3

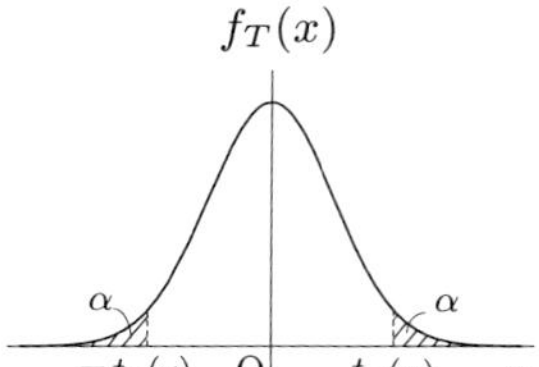

付表図 4

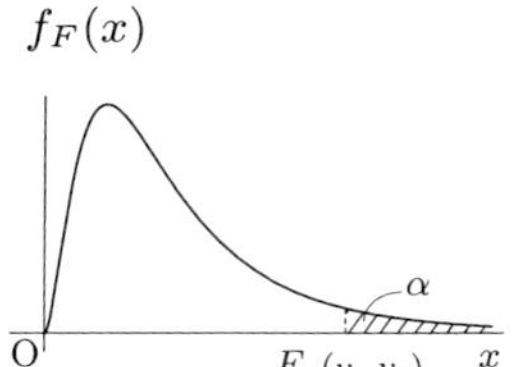

付表図 5

6　乱数表 (付表 6，p.279)

一様乱数表とも呼ばれ，どの数字もほぼ等確率で選ばれるように作成されている．

付表 1　正規分布表 (上側確率)

$Q(u) = 1 - \Phi(u) = \int_u^\infty \phi(x)dx$　(ϕ は $N(0,1)$ の p.d.f.)

$u = 0.00(0.01)4.99$ について，$N(0,1)$ の上側確率 $Q(u)$ の値を与える．

u	.00	.01	.02	.03	.04	.05	.06	.07	.08	.09
.0	.50000	.49601	.49202	.48803	.48405	.48006	.47608	.47210	.46812	.46414
.1	.46017	.45620	.45224	.44828	.44433	.44038	.43644	.43251	.42858	.42465
.2	.42074	.41683	.41294	.40905	.40517	.40129	.39743	.39358	.38974	.38591
.3	.38209	.37828	.37448	.37070	.36693	.36317	.35942	.35569	.35197	.34827
.4	.34458	.34090	.33724	.33360	.32997	.32636	.32276	.31918	.31561	.31207
.5	.30854	.30503	.30153	.29806	.29460	.29116	.28774	.28434	.28096	.27760
.6	.27425	.27093	.26763	.26435	.26109	.25785	.25463	.25143	.24825	.24510
.7	.24196	.23885	.23576	.23270	.22965	.22663	.22363	.22065	.21770	.21476
.8	.21186	.20897	.20611	.20327	.20045	.19766	.19489	.19215	.18943	.18673
.9	.18406	.18141	.17879	.17619	.17361	.17106	.16853	.16602	.16354	.16109
1.0	.15866	.15625	.15386	.15151	.14917	.14686	.14457	.14231	.14007	.13786
1.1	.13567	.13350	.13136	.12924	.12714	.12507	.12302	.12100	.11900	.11702
1.2	.11507	.11314	.11123	.10935	.10749	.10565	.10383	.10204	.10027	.098525
1.3	.096800	.095098	.093418	.091759	.090123	.088508	.086915	.085343	.083793	.082264
1.4	.080757	.079270	.077804	.076359	.074934	.073529	.072145	.070781	.069437	.068112
1.5	.066807	.065522	.064255	.063008	.061780	.060571	.059380	.058208	.057053	.055917
1.6	.054799	.053699	.052616	.051551	.050503	.049471	.048457	.047460	.046479	.045514
1.7	.044565	.043633	.042716	.041815	.040930	.040059	.039204	.038364	.037538	.036727
1.8	.035930	.035148	.034380	.033625	.032884	.032157	.031443	.030742	.030054	.029379
1.9	.028717	.028067	.027429	.026803	.026190	.025588	.024498	.024419	.023852	.023295
2.0	.022750	.022216	.021692	.021178	.020675	.020182	.019699	.019226	.018763	.018309
2.1	.017864	.017429	.017003	.016586	.016177	.015778	.015386	.015003	.014629	.014262
2.2	.013903	.013553	.013209	.012874	.012545	.012224	.011911	.011604	.011304	.011011
2.3	.010724	.010444	.010170	$.0^{2}99031$	$.0^{2}96419$	$.0^{2}93867$	$.0^{2}91375$	$.0^{2}88940$	$.0^{2}86563$	$.0^{2}84242$
2.4	$.0^{2}81975$	$.0^{2}79763$	$.0^{2}77603$	$.0^{2}75494$	$.0^{2}73436$	$.0^{2}71428$	$.0^{2}69469$	$.0^{2}67557$	$.0^{2}65691$	$.0^{2}63872$
2.5	$.0^{2}62097$	$.0^{2}60366$	$.0^{2}58677$	$.0^{2}57031$	$.0^{2}55426$	$.0^{2}53861$	$.0^{2}52336$	$.0^{2}50849$	$.0^{2}49400$	$.0^{2}47988$
2.6	$.0^{2}46612$	$.0^{2}45271$	$.0^{2}43965$	$.0^{2}42692$	$.0^{2}41453$	$.0^{2}40246$	$.0^{2}39070$	$.0^{2}37926$	$.0^{2}36811$	$.0^{2}35726$
2.7	$.0^{2}34670$	$.0^{2}33642$	$.0^{2}32641$	$.0^{2}31667$	$.0^{2}30720$	$.0^{2}29798$	$.0^{2}28901$	$.0^{2}28028$	$.0^{2}27179$	$.0^{2}26354$
2.8	$.0^{2}25551$	$.0^{2}24771$	$.0^{2}24012$	$.0^{2}23274$	$.0^{2}22557$	$.0^{2}21860$	$.0^{2}21182$	$.0^{2}20524$	$.0^{2}19884$	$.0^{2}19262$
2.9	$.0^{2}18658$	$.0^{2}18071$	$.0^{2}17502$	$.0^{2}16948$	$.0^{2}16411$	$.0^{2}15889$	$.0^{2}15382$	$.0^{2}14890$	$.0^{2}14412$	$.0^{2}13949$
3.0	$.0^{2}13499$	$.0^{2}13062$	$.0^{2}12639$	$.0^{2}12228$	$.0^{2}11829$	$.0^{2}11442$	$.0^{2}11067$	$.0^{2}10703$	$.0^{2}10350$	$.0^{2}10008$
3.1	$.0^{3}96760$	$.0^{3}93544$	$.0^{3}90426$	$.0^{3}87403$	$.0^{3}84474$	$.0^{3}81635$	$.0^{3}78885$	$.0^{3}76219$	$.0^{3}73638$	$.0^{3}71136$
3.2	$.0^{3}68714$	$.0^{3}66367$	$.0^{3}64095$	$.0^{3}61895$	$.0^{3}59765$	$.0^{3}57703$	$.0^{3}55706$	$.0^{3}53774$	$.0^{3}51904$	$.0^{3}50094$
3.3	$.0^{3}48342$	$.0^{3}46648$	$.0^{3}45009$	$.0^{3}43423$	$.0^{3}41889$	$.0^{3}40406$	$.0^{3}38971$	$.0^{3}37584$	$.0^{3}36243$	$.0^{3}34946$
3.4	$.0^{3}33693$	$.0^{3}32481$	$.0^{3}31311$	$.0^{3}30179$	$.0^{3}29086$	$.0^{3}28029$	$.0^{3}27009$	$.0^{3}26023$	$.0^{3}25071$	$.0^{3}24151$
3.5	$.0^{3}23263$	$.0^{3}22405$	$.0^{3}21577$	$.0^{3}20778$	$.0^{3}20006$	$.0^{3}19262$	$.0^{3}18543$	$.0^{3}17849$	$.0^{3}17180$	$.0^{3}16534$
3.6	$.0^{3}15911$	$.0^{3}15310$	$.0^{3}14730$	$.0^{3}14171$	$.0^{3}13632$	$.0^{3}13112$	$.0^{3}12611$	$.0^{3}12128$	$.0^{3}11662$	$.0^{3}11213$
3.7	$.0^{3}10780$	$.0^{3}10363$	$.0^{4}99611$	$.0^{4}95740$	$.0^{4}92010$	$.0^{4}88417$	$.0^{4}84957$	$.0^{4}81624$	$.0^{4}78414$	$.0^{4}75324$
3.8	$.0^{4}72348$	$.0^{4}69483$	$.0^{4}66726$	$.0^{4}64072$	$.0^{4}61517$	$.0^{4}59059$	$.0^{4}56694$	$.0^{4}54418$	$.0^{4}52228$	$.0^{4}50122$
3.9	$.0^{4}48096$	$.0^{4}46148$	$.0^{4}44274$	$.0^{4}42473$	$.0^{4}40741$	$.0^{4}39076$	$.0^{4}37475$	$.0^{4}35936$	$.0^{4}34458$	$.0^{4}33037$
4.0	$.0^{4}31671$	$.0^{4}30359$	$.0^{4}29099$	$.0^{4}27888$	$.0^{4}26726$	$.0^{4}25609$	$.0^{4}24536$	$.0^{4}23507$	$.0^{4}22518$	$.0^{4}21569$
4.1	$.0^{4}20658$	$.0^{4}19783$	$.0^{4}18944$	$.0^{4}18138$	$.0^{4}17365$	$.0^{4}16624$	$.0^{4}15912$	$.0^{4}15230$	$.0^{4}14575$	$.0^{4}13948$
4.2	$.0^{4}13346$	$.0^{4}12769$	$.0^{4}12215$	$.0^{4}11685$	$.0^{4}11176$	$.0^{4}10689$	$.0^{4}10221$	$.0^{5}97736$	$.0^{5}93447$	$.0^{5}89337$
4.3	$.0^{5}85399$	$.0^{5}81627$	$.0^{5}78015$	$.0^{5}74555$	$.0^{5}71241$	$.0^{5}68069$	$.0^{5}65031$	$.0^{5}62123$	$.0^{5}59340$	$.0^{5}56675$
4.4	$.0^{5}54125$	$.0^{5}51685$	$.0^{5}49350$	$.0^{5}47117$	$.0^{5}44979$	$.0^{5}42935$	$.0^{5}40980$	$.0^{5}39110$	$.0^{5}37322$	$.0^{5}35612$
4.5	$.0^{5}33977$	$.0^{5}32414$	$.0^{5}30920$	$.0^{5}29492$	$.0^{5}28127$	$.0^{5}26823$	$.0^{5}25577$	$.0^{5}24386$	$.0^{5}23249$	$.0^{5}22162$
4.6	$.0^{5}21125$	$.0^{5}20133$	$.0^{5}19187$	$.0^{5}18283$	$.0^{5}17420$	$.0^{5}16597$	$.0^{5}15810$	$.0^{5}15060$	$.0^{5}14344$	$.0^{5}13660$
4.7	$.0^{5}13008$	$.0^{5}12386$	$.0^{5}11792$	$.0^{5}11226$	$.0^{5}10686$	$.0^{5}10171$	$.0^{6}96796$	$.0^{6}92113$	$.0^{6}87648$	$.0^{6}83391$
4.8	$.0^{6}79333$	$.0^{6}75465$	$.0^{6}71779$	$.0^{6}68267$	$.0^{6}64920$	$.0^{6}61731$	$.0^{6}58693$	$.0^{6}55799$	$.0^{6}53043$	$.0^{6}50418$
4.9	$.0^{6}47918$	$.0^{6}45538$	$.0^{6}43272$	$.0^{6}41115$	$.0^{6}39061$	$.0^{6}37107$	$.0^{6}35247$	$.0^{6}33476$	$.0^{6}31792$	$.0^{6}30190$

付表 2　正規分布表 (パーセント点)

$u = u_\alpha : \int_u^\infty \phi(x)dx = \alpha$　(ϕ は $N(0,1)$ の p.d.f.)

$\alpha = 0.000(0.001)0.499$ について，$N(0,1)$ の上側 100α%点 u_α の値を与える．

α	.000	.001	.002	.003	.004	.005	.006	.007	.008	.009
.00	∞	3.09023	2.87816	2.74778	2.65207	2.57583	2.51214	2.45726	2.40892	2.36562
.01	2.32635	2.29037	2.25713	2.22621	2.19729	2.17009	2.14441	2.12007	2.09693	2.07485
.02	2.05375	2.03352	2.01409	1.99539	1.97737	1.95996	1.94313	1.92684	1.91104	1.89570
.03	1.88079	1.86630	1.85218	1.83842	1.82501	1.81191	1.79912	1.78661	1.77438	1.76241
.04	1.75069	1.73920	1.72793	1.71689	1.70604	1.69540	1.68494	1.67466	1.66456	1.65463
.05	1.64485	1.63523	1.62576	1.61644	1.60725	1.59819	1.58927	1.58047	1.57179	1.56322
.06	1.55477	1.54643	1.53820	1.53007	1.52204	1.51410	1.50626	1.49851	1.49085	1.48328
.07	1.47579	1.46838	1.46106	1.45381	1.44663	1.43953	1.43250	1.42554	1.41865	1.41183
.08	1.40507	1.39838	1.39174	1.38517	1.37866	1.37220	1.36581	1.35946	1.35317	1.34694
.09	1.34076	1.33462	1.32854	1.32251	1.31652	1.31058	1.30469	1.29884	1.29303	1.28727
.10	1.28155	1.27587	1.27024	1.26464	1.25908	1.25357	1.24808	1.24264	1.23723	1.23186
.11	1.22653	1.22123	1.21596	1.21073	1.20553	1.20036	1.19522	1.19012	1.18504	1.18000
.12	1.17499	1.17000	1.16505	1.16012	1.15522	1.15035	1.14551	1.14069	1.13590	1.13113
.13	1.12639	1.12168	1.11699	1.11232	1.10768	1.10306	1.09847	1.09390	1.08935	1.08482
.14	1.08032	1.07584	1.07138	1.06694	1.06252	1.05812	1.05374	1.04939	1.04505	1.04073
.15	1.03643	1.03215	1.02789	1.02365	1.01943	1.01522	1.01103	1.00686	1.00271	.99858
.16	.99446	.99036	.98627	.58220	.97815	.97411	.97009	.96609	.96210	.95812
.17	.95417	.95022	.94629	.94238	.93848	.93459	.93072	.92686	.92301	.91918
.18	.91537	.91156	.90777	.90399	.90023	.89647	.89273	.88901	.88529	.88159
.19	.87790	.87422	.87055	.86689	.86325	.85962	.85600	.85239	.84879	.84520
.20	.84162	.83805	.83450	.83095	.82742	.82389	.82038	.81687	.81338	.80990
.21	.80642	.80296	.79950	.79606	.79262	.78919	.78577	.78237	.77897	.77557
.22	.77219	.76882	.76546	.76210	.75875	.75542	.75208	.74876	.74545	.74214
.23	.73885	.73556	.73228	.72900	.72574	.72248	.71923	.71599	.71275	.70952
.24	.70630	.70309	.69988	.69668	.69349	.69031	.68713	.68396	.68080	.67764
.25	.67449	.67135	.66821	.66508	.66196	.65884	.65573	.65262	.64952	.64643
.26	.64335	.64027	.63719	.63412	.63106	.62801	.62496	.62191	.61887	.61584
.27	.61281	.60979	.60678	.60376	.60076	.59776	.59477	.59178	.58879	.58581
.28	.58284	.57987	.57691	.57395	.57100	.56805	.56511	.56217	.55924	.55631
.29	.55338	.55047	.54755	.54464	.54174	.53884	.53594	.53305	.53016	.52728
.30	.52440	.52153	.51866	.51579	.51293	.51007	.50722	.50437	.50153	.49869
.31	.49585	.49302	.49019	.48736	.48454	.48173	.47891	.47610	.47330	.47050
.32	.46770	.46490	.46211	.45933	.45654	.45376	.45099	.44821	.44544	.44268
.33	.43991	.43715	.43440	.43164	.42889	.42615	.42340	.42066	.41793	.41519
.34	.41246	.40974	.40701	.40429	.40157	.39886	.39614	.39343	.39073	.38802
.35	.38532	.38262	.37993	.37723	.37454	.37186	.36917	.36649	.36381	.36113
.36	.35846	.35579	.35312	.35045	.34779	.34513	.34247	.33981	.33716	.33450
.37	.33185	.32921	.32656	.32392	.32128	.31864	.31600	.31337	.31074	.30811
.38	.30548	.30286	.30023	.29761	.29499	.29237	.28976	.28715	.28454	.28193
.39	.27932	.27671	.27411	.27151	.26891	.26631	.26371	.26112	.25853	.25594
.40	.25335	.25076	.24817	.24559	.24301	.24043	.23785	.23527	.23269	.23012
.41	.22754	.22497	.22240	.21983	.21727	.21470	.21214	.20957	.20701	.20445
.42	.20189	.19934	.19678	.19422	.19167	.18912	.18657	.18402	.18147	.17892
.43	.17637	.17383	.17128	.16874	.16620	.16366	.16112	.15858	.15604	.15351
.44	.15097	.14843	.14590	.14337	.14084	.13830	.13577	.13324	.13072	.12819
.45	.12566	.12314	.12061	.11809	.11556	.11304	.11052	.10799	.10547	.10295
.46	.10043	.09791	.09540	.09288	.09036	.08784	.08533	.08281	.08030	.07778
.47	.07527	.07276	.07024	.06773	.06522	.06271	.06020	.05768	.05517	.05266
.48	.05015	.04764	.04513	.04263	.04012	.03761	.03510	.03259	.03008	.02758
.49	.02507	.02256	.02005	.01755	.01504	.01253	.01003	.00752	.00501	.00251

付表 3　χ^2 分布表

$$\chi^2 = \chi^2_\alpha(\nu) : \int_{\chi^2}^{\infty} f_X(x)dx = \alpha \quad (f_X \text{ は } \chi^2_\nu \text{ 分布の p.d.f.})$$

下記の α および自由度 ν について，χ^2_ν 分布の上側 $100\alpha\%$点 $\chi^2_\alpha(\nu)$ の値を与える．

ν	$\alpha=$ .995	.990	.975	.950	.900	.100	.050	.025	.010	.005
1	$.0^{4}39270$	$.0^{3}15709$	$.0^{3}98207$	$.0^{2}3932$	0.01579	2.70554	3.84146	5.02389	6.63490	7.87944
2	.0100251	.0201007	.0506356	.102587	.210721	4.60517	5.99146	7.37776	9.21034	10.5966
3	.0717218	.114832	.215795	.351846	.584374	6.25139	7.81473	9.34840	11.3449	12.8382
4	.206989	.297109	.484419	.710723	1.06362	7.77944	9.48773	11.1433	13.2767	14.8603
5	.411742	.554298	.831212	1.14548	1.61031	9.23636	11.0705	12.8325	15.0863	16.7496
6	.675727	.872090	1.23734	1.63538	2.20413	10.6446	12.5916	14.4494	16.8119	18.5476
7	.989256	1.23904	1.68987	2.16735	2.83311	12.0170	14.0671	16.0128	18.4753	20.2777
8	1.34441	1.64650	2.17973	2.73264	3.48954	13.3616	15.5073	17.5345	20.0902	21.9550
9	1.73493	2.08790	2.70039	3.32511	4.16816	14.6837	16.9190	19.0228	21.6660	23.5894
10	2.15586	2.55821	3.24697	3.94030	4.86518	15.9872	18.3070	20.4832	23.2093	25.1882
11	2.60322	3.05348	3.81575	4.57481	5.57778	17.2750	19.6751	21.9200	24.7250	26.7568
12	3.07382	3.57057	4.40379	5.22603	6.30380	18.5493	21.0261	23.3367	26.2170	28.2995
13	3.56503	4.10692	5.00875	5.89186	7.04150	19.8119	22.3620	24.7356	27.6882	29.8195
14	4.07467	4.66043	5.62873	6.57063	7.78953	21.0641	23.6848	26.1189	29.1412	31.3193
15	4.60092	5.22935	6.26214	7.26094	8.54676	22.3071	24.9958	27.4884	30.5779	32.8013
16	5.14221	5.81221	6.90766	7.96165	9.31224	23.5418	26.2962	28.8454	31.9999	34.2672
17	5.69722	6.40776	7.56419	8.67176	10.0852	24.7690	27.5871	30.1910	33.4087	35.7185
18	6.26480	7.01491	8.23075	9.39046	10.8649	25.9894	28.8693	31.5264	34.8053	37.1565
19	6.84397	7.63273	8.90652	10.1170	11.6509	27.2036	30.1435	32.8523	36.1909	38.5823
20	7.43384	8.26040	9.59078	10.8508	12.4426	28.4120	31.4104	34.1696	37.5662	39.9968
21	8.03365	8.89720	10.2829	11.5913	13.2396	29.6151	32.6706	35.4789	38.9322	41.4011
22	8.64272	9.54249	10.9823	12.3380	14.0415	30.8133	33.9244	36.7807	40.2894	42.7957
23	9.26042	10.1957	11.6886	13.0905	14.8480	32.0069	35.1725	38.0756	41.6384	44.1813
24	9.88623	10.8564	12.4012	13.8484	15.6587	33.1962	36.4150	39.3641	42.9798	45.5585
25	10.5197	11.5240	13.1197	14.6114	16.4734	34.3816	37.6525	40.6465	44.3141	46.9279
26	11.1602	12.1981	13.8439	15.3792	17.2919	35.5632	38.8851	41.9232	45.6417	48.2899
27	11.8076	12.8785	14.5734	16.1514	18.1139	36.7412	40.1133	43.1945	46.9629	49.6449
28	12.4613	13.5647	15.3079	16.9279	18.9392	37.9159	41.3371	44.4608	48.2782	50.9934
29	13.1211	14.2565	16.0471	17.7084	19.7677	39.0875	42.5570	45.7223	49.5879	52.3356
30	13.7867	14.9535	16.7908	18.4927	20.5992	40.2560	43.7730	46.9792	50.8922	53.6720
31	14.4578	15.6555	17.5387	19.2806	21.4336	41.4217	44.9853	48.2319	52.1914	55.0027
32	15.1340	16.3622	18.2908	20.0719	22.2706	42.5847	46.1943	49.4804	53.4858	56.3281
33	15.8153	17.0735	19.0467	20.8665	23.1102	43.7452	47.3999	50.7251	54.7755	57.6484
34	16.5013	17.7891	19.8063	21.6643	23.9523	44.9032	48.6024	51.9660	56.0609	58.9639
35	17.1918	18.5089	20.5694	22.4650	24.7967	46.0588	49.8018	53.2033	57.3421	60.2748
36	17.8867	19.2327	21.3359	23.2686	25.6433	47.2122	50.9985	54.4373	58.6192	61.5812
37	18.5858	19.9602	22.1056	24.0749	26.4921	48.3634	52.1923	55.6680	59.8925	62.8833
38	19.2889	20.6914	22.8785	24.8839	27.3430	49.5126	53.3835	56.8955	61.1621	64.1814
39	19.9959	21.4262	23.6543	25.6954	28.1958	50.6598	54.5722	58.1201	62.4281	65.4756
40	20.7065	22.1643	24.4330	26.5093	29.0505	51.8051	55.7585	59.3417	63.6907	66.7660
50	27.9907	29.7067	32.3574	34.7643	37.6886	63.1671	67.5048	71.4202	76.1539	79.4900
60	35.5345	37.4849	40.4817	43.1880	46.4589	74.3970	79.0819	83.2977	88.3794	91.9517
70	43.2752	45.4417	48.7576	51.7393	55.3289	85.5270	90.5312	95.0232	100.425	104.215
80	51.1719	53.5401	57.1532	60.3915	64.2778	96.5782	101.879	106.629	112.329	116.321
90	59.1963	61.7541	65.6466	69.1260	73.2911	107.565	113.145	118.136	124.116	128.299
100	67.3276	70.0649	74.2219	77.9295	82.3581	118.498	124.342	129.561	135.807	140.169
120	83.8516	86.9233	91.5726	95.7046	100.624	140.233	146.567	152.211	158.950	163.648
140	100.655	104.034	109.137	113.659	119.029	161.827	168.613	174.648	181.840	186.847
160	117.679	121.346	126.870	131.756	137.546	183.311	190.516	196.915	204.530	209.824
180	134.884	138.820	144.741	149.969	156.153	204.704	212.304	219.044	227.056	232.620
200	152.241	156.432	162.728	168.279	174.835	226.021	233.994	241.058	249.445	255.264
240	187.324	191.990	198.984	205.135	212.386	268.471	277.138	284.802	293.888	300.182

付表 4　t 分布表

$t=t_{\alpha}(\nu):\int_t^{\infty} f_T(x)dx=\alpha$　（f_T は t_ν 分布の p.d.f）

下記の α および自由度 ν について，t_ν 分布の上側 100α%点 $t_{\alpha}(\nu)$ の値を与える．

ν	$\alpha=$ .250	.200	.150	.100	.050	.025	.010	.005	.0005
1	1.000	1.376	1.963	3.078	6.314	12.706	31.821	63.657	636.619
2	.816	1.061	1.386	1.886	2.920	4.303	6.965	9.925	31.599
3	.765	.978	1.250	1.638	2.353	3.182	4.541	5.841	12.924
4	.741	.941	1.190	1.533	2.132	2.776	3.747	4.604	8.610
5	.727	.920	1.156	1.476	2.015	2.571	3.365	4.032	6.869
6	.718	.906	1.134	1.440	1.943	2.447	3.143	3.707	5.959
7	.711	.896	1.119	1.415	1.895	2.365	2.998	3.499	5.408
8	.706	.889	1.108	1.397	1.860	2.306	2.896	3.355	5.041
9	.703	.883	1.100	1.383	1.833	2.262	2.821	3.250	4.781
10	.700	.879	1.093	1.372	1.812	2.228	2.764	3.169	4.587
11	.697	.876	1.088	1.363	1.796	2.201	2.718	3.106	4.437
12	.695	.873	1.083	1.356	1.782	2.179	2.681	3.055	4.318
13	.694	.870	1.079	1.350	1.771	2.160	2.650	3.012	4.221
14	.692	.868	1.076	1.345	1.761	2.145	2.624	2.977	4.140
15	.691	.866	1.074	1.341	1.753	2.131	2.602	2.947	4.073
16	.690	.865	1.071	1.337	1.746	2.120	2.583	2.921	4.015
17	.689	.863	1.069	1.333	1.740	2.110	2.567	2.898	3.965
18	.688	.862	1.067	1.330	1.734	2.101	2.552	2.878	3.922
19	.688	.861	1.066	1.328	1.729	2.093	2.539	2.861	3.883
20	.687	.860	1.064	1.325	1.725	2.086	2.528	2.845	3.850
21	.686	.859	1.063	1.323	1.721	2.080	2.518	2.831	3.819
22	.686	.858	1.061	1.321	1.717	2.074	2.508	2.819	3.792
23	.685	.858	1.060	1.319	1.714	2.069	2.500	2.807	3.768
24	.685	.857	1.059	1.318	1.711	2.064	2.492	2.797	3.745
25	.684	.856	1.058	1.316	1.708	2.060	2.485	2.787	3.725
26	.684	.856	1.058	1.315	1.706	2.056	2.479	2.779	3.707
27	.684	.855	1.057	1.314	1.703	2.052	2.473	2.771	3.690
28	.683	.855	1.056	1.313	1.701	2.048	2.467	2.763	3.674
29	.683	.854	1.055	1.311	1.699	2.045	2.462	2.756	3.659
30	.683	.854	1.055	1.310	1.697	2.042	2.457	2.750	3.646
31	.682	.853	1.054	1.309	1.696	2.040	2.453	2.744	3.633
32	.682	.853	1.054	1.309	1.694	2.037	2.449	2.738	3.622
33	.682	.853	1.053	1.308	1.692	2.035	2.445	2.733	3.611
34	.682	.852	1.052	1.307	1.691	2.032	2.441	2.728	3.601
35	.682	.852	1.052	1.306	1.690	2.030	2.438	2.724	3.591
36	.681	.852	1.052	1.306	1.688	2.028	2.434	2.719	3.582
37	.681	.851	1.051	1.305	1.687	2.026	2.431	2.715	3.574
38	.681	.851	1.051	1.304	1.686	2.024	2.429	2.712	3.566
39	.681	.851	1.050	1.304	1.685	2.023	2.426	2.708	3.558
40	.681	.851	1.050	1.303	1.684	2.021	2.423	2.704	3.551
41	.681	.850	1.050	1.303	1.683	2.020	2.421	2.701	3.544
42	.680	.850	1.049	1.302	1.682	2.018	2.418	2.698	3.538
43	.680	.850	1.049	1.302	1.681	2.017	2.416	2.695	3.532
44	.680	.850	1.049	1.301	1.680	2.015	2.414	2.692	3.526
45	.680	.850	1.049	1.301	1.679	2.014	2.412	2.690	3.520
46	.680	.850	1.048	1.300	1.679	2.013	2.410	2.687	3.515
47	.680	.849	1.048	1.300	1.678	2.012	2.408	2.685	3.510
48	.680	.849	1.048	1.299	1.677	2.011	2.407	2.682	3.505
49	.680	.849	1.048	1.299	1.677	2.010	2.405	2.680	3.500
50	.679	.849	1.047	1.299	1.676	2.009	2.403	2.678	3.496
60	.679	.848	1.045	1.296	1.671	2.000	2.390	2.660	3.460
80	.678	.846	1.043	1.292	1.664	1.990	2.374	2.639	3.416
120	.677	.845	1.041	1.289	1.658	1.980	2.358	2.617	3.373
240	.676	.843	1.039	1.285	1.651	1.970	2.342	2.596	3.332
∞	.674	.842	1.036	1.282	1.645	1.960	2.326	2.576	3.291

付表 5-1　F 分布表 ($\alpha = 0.025$)

$c = F_\alpha(\nu_1, \nu_2)$: $\int_c^\infty f_F(x)dx = \alpha$　(f_F は $F_{\nu_1,\,\nu_2}$ 分布の p.d.f.)

下記の自由度 ν_1, ν_2 について，$F_{\nu_1,\,\nu_2}$ 分布の上側 100α%点 $F_\alpha(\nu_1\ \nu_2)$ の値を与える.

ν_2	$\nu_1 = 1$	3	5	8	10	12	20	40	120	∞
1	647.789	864.163	921.848	956.656	968.627	976.708	993.103	1005.598	14.020	1018.258
2	38.506	39.165	39.298	39.373	39.398	39.415	39.448	39.473	39.490	39.498
3	17.443	15.439	14.885	14.540	14.419	14.337	14.167	14.037	13.947	13.902
4	12.218	9.979	9.364	8.980	8.844	8.751	8.560	8.411	8.309	8.257
5	10.007	7.764	7.146	6.757	6.619	6.525	6.329	6.175	6.069	6.015
6	8.813	6.599	5.988	5.600	5.461	5.366	5.168	5.012	4.904	4.849
7	8.073	5.890	5.285	4.899	4.761	4.666	4.467	4.309	4.199	4.142
8	7.571	5.416	4.817	4.433	4.295	4.200	3.999	3.840	3.728	3.670
9	7.209	5.078	4.484	4.102	3.964	3.868	3.667	3.505	3.392	3.333
10	6.937	4.826	4.236	3.855	3.717	3.621	3.419	3.255	3.140	3.080
11	6.724	4.630	4.044	3.664	3.526	3.430	3.226	3.061	2.944	2.883
12	6.554	4.474	3.891	3.512	3.374	3.277	3.073	2.906	2.787	2.725
13	6.414	4.347	3.767	3.388	3.250	3.153	2.948	2.780	2.659	2.595
14	6.298	4.242	3.663	3.285	3.147	3.050	2.844	2.674	2.552	2.487
15	6.200	4.153	3.576	3.199	3.060	2.963	2.756	2.585	2.461	2.395
16	6.115	4.077	3.502	3.125	2.986	2.889	2.681	2.509	2.383	2.316
17	6.042	4.011	3.438	3.061	2.922	2.825	2.616	2.442	2.315	2.247
18	5.978	3.954	3.382	3.005	2.866	2.769	2.559	2.384	2.256	2.187
19	5.922	3.903	3.333	2.956	2.817	2.720	2.509	2.333	2.203	2.133
20	5.871	3.859	3.289	2.913	2.774	2.676	2.464	2.287	2.156	2.085
21	5.827	3.819	3.250	2.874	2.735	2.637	2.425	2.246	2.114	2.042
22	5.786	3.783	3.215	2.839	2.700	2.602	2.389	2.210	2.076	2.003
23	5.750	3.750	3.183	2.808	2.668	2.570	2.357	2.176	2.041	1.968
24	5.717	3.721	3.155	2.779	2.640	2.541	2.327	2.146	2.010	1.935
25	5.686	3.694	3.129	2.753	2.613	2.515	2.300	2.118	1.981	1.906
26	5.659	3.670	3.105	2.729	2.590	2.491	2.276	2.093	1.954	1.878
27	5.633	3.647	3.083	2.707	2.568	2.469	2.253	2.069	1.930	1.853
28	5.610	3.626	3.063	2.687	2.547	2.448	2.232	2.048	1.907	1.829
29	5.588	3.607	3.044	2.669	2.529	2.430	2.213	2.028	1.886	1.807
30	5.568	3.589	3.026	2.651	2.511	2.412	2.195	2.009	1.866	1.787
31	5.549	3.573	3.010	2.635	2.495	2.396	2.178	1.991	1.848	1.768
32	5.531	3.557	2.995	2.620	2.480	2.381	2.163	1.975	1.831	1.750
33	5.515	3.543	2.981	2.606	2.466	2.366	2.148	1.960	1.815	1.733
34	5.499	3.529	2.968	2.593	2.453	2.353	2.135	1.946	1.799	1.717
35	5.485	3.517	2.956	2.581	2.440	2.341	2.122	1.932	1.785	1.702
36	5.471	3.505	2.944	2.569	2.429	2.329	2.110	1.919	1.772	1.687
37	5.458	3.493	2.933	2.558	2.418	2.318	2.098	1.907	1.759	1.674
38	5.446	3.483	2.923	2.548	2.407	2.307	2.088	1.896	1.747	1.661
39	5.435	3.473	2.913	2.538	2.397	2.298	2.077	1.885	1.735	1.649
40	5.424	3.463	2.904	2.529	2.388	2.288	2.068	1.875	1.724	1.637
41	5.414	3.454	2.895	2.520	2.379	2.279	2.059	1.866	1.714	1.626
42	5.404	3.446	2.887	2.512	2.371	2.271	2.050	1.856	1.704	1.615
43	5.395	3.438	2.879	2.504	2.363	2.263	2.042	1.848	1.694	1.605
44	5.386	3.430	2.871	2.496	2.355	2.255	2.034	1.839	1.685	1.596
45	5.377	3.422	2.864	2.489	2.348	2.248	2.026	1.831	1.677	1.586
46	5.369	3.415	2.857	2.482	2.341	2.241	2.019	1.824	1.668	1.578
47	5.361	3.409	2.851	2.476	2.335	2.234	2.012	1.816	1.661	1.569
48	5.354	3.402	2.844	2.470	2.329	2.228	2.006	1.809	1.653	1.561
49	5.347	3.396	2.838	2.464	2.323	2.222	1.999	1.803	1.646	1.553
50	5.340	3.390	2.833	2.458	2.317	2.216	1.993	1.796	1.639	1.545
60	5.286	3.343	2.786	2.412	2.270	2.169	1.944	1.744	1.581	1.482
80	5.218	3.284	2.730	2.355	2.213	2.111	1.884	1.679	1.508	1.400
120	5.152	3.227	2.674	2.299	2.157	2.055	1.825	1.614	1.433	1.310
240	5.088	3.171	2.620	2.245	2.102	1.999	1.766	1.549	1.354	1.206
∞	5.024	3.116	2.567	2.192	2.048	1.945	1.708	1.484	1.268	1.000

付表 5-2　F 分布表 $(\alpha = 0.05)$

ν_2	$\nu_1 = 1$	3	5	8	10	12	20	40	120	∞
1	161.448	215.707	230.162	238.883	241.882	243.906	248.013	251.143	253.253	254.314
2	18.513	11.164	19.296	19.371	19.396	19.413	19.446	19.471	19.487	19.496
3	10.128	9.277	9.013	8.845	8.786	8.745	8.660	8.594	8.549	8.526
4	7.709	6.591	6.256	6.041	5.964	5.912	5.803	5.717	5.658	5.628
5	6.608	5.409	5.050	4.818	4.735	4.678	4.558	4.464	4.398	4.365
6	5.987	4.757	4.387	4.147	4.060	4.000	3.874	3.774	3.705	3.669
7	5.591	4.347	3.972	3.726	3.637	3.575	3.445	3.340	3.267	3.230
8	5.318	4.066	3.687	3.438	3.347	3.284	3.150	3.043	2.967	2.928
9	5.117	3.863	3.482	3.230	3.137	3.073	2.936	2.826	2.748	2.707
10	4.965	3.708	3.326	3.072	2.978	2.913	2.774	2.661	2.580	2.538
11	4.844	3.587	3.204	2.948	2.854	2.788	2.646	2.531	2.448	2.404
12	4.747	3.490	3.106	2.849	2.753	2.687	2.544	2.426	2.341	2.296
13	4.667	3.411	3.025	2.767	2.671	2.604	2.459	2.339	2.252	2.206
14	4.600	3.344	2.958	2.699	2.602	2.534	2.388	2.266	2.178	2.131
15	4.543	3.287	2.901	2.641	2.544	2.475	2.328	2.204	2.114	2.066
16	4.494	3.239	2.852	2.591	2.494	2.425	2.276	2.151	2.059	2.010
17	4.451	3.197	2.810	2.548	2.450	2.381	2.230	2.104	2.011	1.960
18	4.414	3.160	2.773	2.510	2.412	2.342	2.191	2.063	1.968	1.917
19	4.381	3.127	2.740	2.477	2.378	2.308	2.155	2.026	1.930	1.878
20	4.351	3.098	2.711	2.447	2.348	2.278	2.124	1.994	1.896	1.843
21	4.325	3.072	2.685	2.420	2.321	2.250	2.096	1.965	1.866	1.812
22	4.301	3.049	2.661	2.397	2.297	2.226	2.071	1.938	1.838	1.783
23	4.279	3.028	2.640	2.375	2.275	2.204	2.048	1.914	1.813	1.757
24	4.260	3.009	2.621	2.355	2.255	2.183	2.027	1.892	1.790	1.733
25	4.242	2.991	2.603	2.337	2.236	2.165	2.007	1.872	1.768	1.711
26	4.225	2.975	2.587	2.321	2.220	2.148	1.990	1.853	1.749	1.691
27	4.210	2.960	2.572	2.305	2.204	2.132	1.974	1.836	1.731	1.672
28	4.196	2.947	2.558	2.291	2.190	2.118	1.959	1.820	1.714	1.654
29	4.183	2.934	2.545	2.278	2.177	2.104	1.945	1.806	1.698	1.638
30	4.171	2.922	2.534	2.266	2.165	2.092	1.932	1.792	1.683	1.622
31	4.160	2.911	2.523	2.255	2.153	2.080	1.920	1.779	1.670	1.608
32	4.149	2.901	2.512	2.244	2.142	2.070	1.908	1.767	1.657	1.594
33	4.139	2.892	2.503	2.235	2.133	2.060	1.898	1.756	1.645	1.581
34	4.130	2.883	2.494	2.225	2.123	2.050	1.888	1.745	1.633	1.569
35	4.121	2.874	2.485	2.217	2.114	2.041	1.878	1.735	1.623	1.558
36	4.113	2.866	2.477	2.209	2.106	2.033	1.870	1.726	1.612	1.547
37	4.105	2.859	2.470	2.201	2.098	2.025	1.861	1.717	1.603	1.537
38	4.098	2.852	2.463	2.194	2.091	2.017	1.853	1.708	1.594	1.527
39	4.091	2.845	2.456	2.187	2.084	2.010	1.846	1.700	1.585	1.518
40	4.085	2.839	2.449	2.180	2.077	2.003	1.839	1.693	1.577	1.509
41	4.079	2.833	2.443	2.174	2.071	1.997	1.832	1.686	1.569	1.500
42	4.073	2.827	2.438	2.168	2.065	1.991	1.826	1.679	1.561	1.492
43	4.067	2.822	2.432	2.163	2.059	1.985	1.820	1.672	1.554	1.485
44	4.062	2.816	2.427	2.157	2.054	1.980	1.814	1.666	1.547	1.477
45	4.057	2.812	2.422	2.152	2.049	1.974	1.808	1.660	1.541	1.470
46	4.052	2,807	2.417	2.147	2.044	1.969	1.803	1.654	1.534	1.463
47	4.047	2.802	2.413	2.143	2.039	1.565	1.798	1.649	1.528	1.457
48	4.043	2.798	2.409	2.138	2.035	1.960	1.793	1.644	1.522	1.450
49	4.038	2.794	2.404	2.134	2.030	1.956	1.789	1.639	1.517	1.444
50	4.034	2.790	2.400	2.130	2.026	1.952	1.784	1.634	1.511	1.438
60	4 001	2 758	2.368	2.097	1.993	1.917	1.748	1.594	1.467	1.389
80	3.960	2.719	2.329	2.056	1.951	1.875	1.703	1.545	1.411	1.325
120	3.920	2.680	2.290	2.016	1.910	1.834	1.659	1.495	1.352	1.254
240	3.880	2.642	2.252	1.977	1.870	1.793	1.614	1.445	1.290	1.170
∞	3.841	2.605	2.214	1.938	1.831	1.752	1.571	1.394	1.221	1.000

付表 6　乱数表

01 53 29 21 56	50 46 16 99 42	48 23 96 03 37	14 03 19 12 96	49 47 80 44 89
43 27 31 39 50	15 53 36 71 58	66 08 27 43 53	14 96 82 75 13	19 67 36 90 99
48 25 55 19 82	00 76 13 04 29	30 50 77 78 01	31 94 29 93 22	50 69 76 81 71
83 16 78 66 24	42 35 20 34 08	63 10 24 11 93	81 73 21 29 45	16 90 78 41 26
85 53 46 96 45	16 44 84 07 83	71 43 77 07 52	60 45 15 43 38	66 84 73 09 80
93 04 84 21 54	22 68 12 38 91	79 63 11 06 19	81 29 90 58 61	09 35 47 53 70
98 25 64 23 43	59 93 47 01 08	03 75 35 29 90	23 69 11 04 13	05 15 01 03 80
74 40 12 64 23	91 97 10 72 76	90 32 14 95 07	32 69 59 58 42	13 70 51 19 95
68 93 61 12 34	60 95 14 27 30	65 35 13 17 02	62 33 22 17 65	22 03 12 37 51
53 56 06 13 94	96 61 21 97 48	73 00 54 60 29	95 68 15 01 11	67 15 12 66 19
45 52 60 39 72	81 87 48 83 14	21 49 22 43 39	74 53 07 86 90	64 11 79 17 12
97 20 05 40 84	66 63 43 23 21	69 70 68 12 44	45 83 60 47 19	14 16 46 62 34
70 14 77 53 91	91 03 13 59 54	28 96 43 86 42	94 28 52 56 59	92 04 09 07 93
49 69 71 57 09	80 87 82 00 86	38 23 16 03 97	28 34 43 06 13	62 31 53 19 13
59 92 02 09 37	48 37 23 41 06	06 04 90 57 41	68 60 22 29 49	78 83 36 06 64
32 91 63 43 50	48 59 44 46 28	88 25 25 48 68	63 70 61 82 05	57 80 42 37 98
87 35 14 05 19	62 61 02 56 87	02 12 61 79 92	11 09 79 90 73	68 59 73 21 85
02 97 22 79 66	24 86 93 78 00	32 15 84 66 91	78 67 22 19 44	95 92 98 85 51
26 06 23 27 01	71 99 28 32 54	79 94 34 96 14	50 16 46 74 97	45 08 92 13 65
06 83 99 40 91	67 89 41 45 97	08 09 87 92 48	20 15 26 10 27	70 64 58 88 83
07 73 59 10 43	33 61 87 91 34	32 22 75 93 48	44 15 85 48 81	01 19 04 43 38
56 40 89 44 95	25 04 05 20 92	64 94 69 24 37	42 81 26 12 19	60 49 64 74 61
94 67 35 05 23	23 21 80 53 81	42 02 16 30 58	82 54 53 94 19	93 89 47 83 35
47 17 11 66 52	22 51 70 90 69	36 83 63 49 99	50 33 85 67 78	68 89 14 94 81
17 64 73 79 50	29 79 36 27 30	76 30 90 42 80	08 60 33 28 13	14 18 27 71 76
60 56 41 90 93	84 03 02 26 55	44 30 02 32 22	30 89 19 51 96	45 83 20 61 68
57 36 91 05 25	26 42 57 23 34	99 30 85 99 20	49 74 55 47 23	99 98 24 14 30
57 04 33 47 32	30 82 43 12 13	73 47 21 19 39	13 43 33 28 68	07 85 97 26 41
92 32 14 32 86	38 45 94 54 88	25 15 10 59 47	99 03 86 91 98	93 39 84 58 66
59 84 69 53 14	44 35 32 41 39	33 19 76 28 84	31 59 77 22 20	81 94 98 09 44
76 56 88 62 36	64 67 72 87 02	42 31 47 99 84	09 00 50 47 19	03 28 03 19 52
19 39 09 12 49	97 16 39 29 02	61 62 77 13 62	37 90 38 70 00	96 13 58 14 02
57 31 17 47 89	03 50 68 78 58	19 80 49 87 48	58 80 86 27 36	44 64 27 19 37
28 93 88 30 43	52 43 97 91 27	38 65 19 39 98	02 09 80 59 17	11 27 88 01 48
81 89 95 43 48	94 89 96 89 36	44 53 22 32 20	74 11 29 64 86	12 37 90 29 17
22 30 94 50 57	55 09 38 95 57	99 71 01 19 96	17 34 85 72 00	00 99 03 48 63
61 29 27 53 67	81 89 76 30 88	41 54 61 63 14	91 04 57 11 12	73 17 04 94 55
59 88 56 57 14	03 44 17 71 43	08 43 19 14 52	25 02 05 02 03	96 08 42 02 48
35 89 11 24 77	39 61 67 00 68	14 68 43 19 52	28 73 84 32 98	95 65 07 37 97
76 43 28 83 48	89 62 47 19 94	91 76 60 62 62	42 09 25 75 92	47 13 24 43 86
95 72 71 62 57	21 72 28 93 15	77 82 40 60 36	13 29 84 33 43	69 37 16 04 38
27 22 55 95 38	20 63 11 69 38	76 22 23 79 40	62 79 06 37 21	86 96 11 10 04
09 32 79 51 03	68 78 40 15 90	84 40 39 31 25	02 24 16 04 23	64 65 27 19 21
08 93 78 00 12	86 53 10 51 26	57 98 02 78 74	41 07 20 35 84	09 53 60 38 60
62 53 50 23 56	14 59 03 88 18	21 89 96 81 35	45 39 16 39 36	12 26 48 62 11
29 96 47 29 72	74 98 65 37 22	34 55 05 49 02	40 58 99 34 11	40 87 46 44 48
41 11 67 98 86	57 41 41 04 37	96 51 65 11 33	71 19 63 55 91	54 45 53 20 56
28 02 62 79 26	79 12 72 11 63	03 94 73 46 00	21 71 69 46 74	41 61 93 30 40
75 05 15 66 88	94 02 48 77 67	53 78 44 07 90	23 57 55 52 75	64 60 05 36 12
08 66 54 75 81	46 27 86 85 43	93 69 31 31 48	64 31 93 35 36	91 54 66 34 20

索　引

著 者 略 歴

赤平　昌文 (あかひら・まさふみ)
1969 年　早稲田大学理工学部数学科卒業
1971 年　早稲田大学大学院理工学研究科修了
1978 年　電気通信大学助教授
1987 年　筑波大学教授
2009 年　筑波大学理事・副学長
現在に至る (理学博士)

新数学入門シリーズ 21
統計解析入門

2003 年 6 月 24 日　第 1 版第 1 刷発行

2010 年 2 月 25 日　第 1 版第 3 刷発行

著　　者　赤平昌文
発 行 者　森北博巳
発 行 所　**森北出版株式会社**
東京都千代田区富士見 1–4–11(〒 102–0071)
電話 03–3265–8341 ／ FAX 03–3264–8709
日本書籍出版協会・自然科学書協会・工学書協会　会員
http://www.morikita.co.jp/
JCOPY ＜（社）出版者著作権管理機構 委託出版物＞

落丁・乱丁本はお取替えいたします　印刷/モリモト印刷・製本/協栄製本

Printed in Japan /ISBN978–4–627–03711–3

統計解析入門［POD版］

2018年9月15日　発行

著　者　赤平　昌文

発行者　森北　博巳

発　行　森北出版株式会社
〒102-0071
東京都千代田区富士見1-4-11
TEL　03-3265-8341　FAX　03-3264-8709
http://www.morikita.co.jp/

印刷・製本　ココデ印刷株式会社
〒173-0001
東京都板橋区本町34-5

ISBN978-4-627-03719-9　Printed in Japan

さ　行

た　行

な 行

は 行

ま 行

や 行

ら 行

わ 行